朱以荣　李海峰　编著

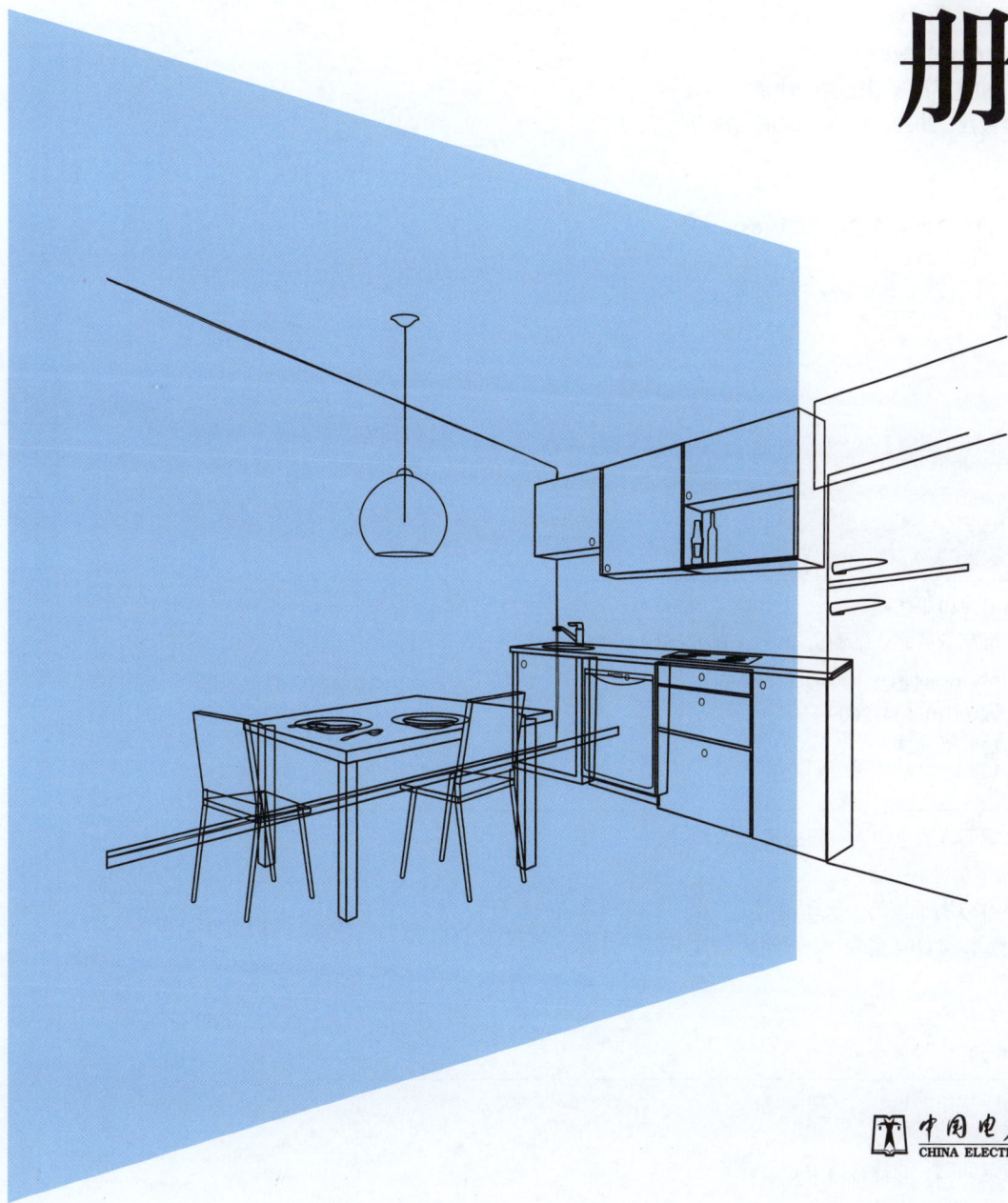

室内装饰节点构造手册

中国电力出版社
CHINA ELECTRIC POWER PRESS

内容提要

本书在内容的编写上充分考虑了建筑装饰行业的发展趋势，结合国家有关规范、标准，全面讲述了顶棚、墙体、楼地面、门窗、楼梯等建筑装饰构造设计的各个方面。在内容呈现上，采取了图文并茂的方式，将节点图、三维示意图以及实景图相结合，力求简明、生动地将构造做法进行详细分析，帮助读者全面学习和掌握建筑装饰构造设计的基本方法和技能，最终使方案设计达到预期的效果，并完美地展现出来。

本书内容的适用性和实际操作性较强，可供建筑装饰专业的在校学生、初入行的新人设计师以及施工人员学习和参考。

图书在版编目（CIP）数据

室内装饰节点构造手册 / 朱以荣，李海峰编著 .
北京：中国电力出版社，2025. 7. -- ISBN 978-7
-5198-9721-5

Ⅰ . TU767-62

中国国家版本馆 CIP 数据核字第 2024M6856H 号

出版发行：中国电力出版社
地　　址：北京市东城区北京站西街 19 号（邮政编码 100005）
网　　址：http://www.cepp.sgcc.com.cn
责任编辑：曹　巍（010-63412609）
责任校对：黄　蓓　常燕昆
责任印制：杨晓东

印　　刷：北京博海升彩色印刷有限公司
版　　次：2025 年 7 月第一版
印　　次：2025 年 7 月北京第一次印刷
开　　本：889 毫米 × 1194 毫米　16 开本
印　　张：18.5
字　　数：554 千字
定　　价：98.00 元

前　言　FOREWORD

　　室内装饰构造需要解决的核心问题为：采取什么方式将饰面装饰材料或制品连接固定到建筑主体上，以及互相之间的衔接、收口、饰边、填缝等问题。其专业性较强，同时也是落实建筑装饰设计构思的具体技术措施，因此十分重要。可以说，如果没有建筑装饰构造设计，那么，再好的方案构思也只能停留在效果图阶段，而无法呈现在人们面前。

　　本书在成书时，主要考虑的问题是如何较全面地覆盖当下常用及流行的室内装饰构造节点，以及如何将复杂、专业的构造做法讲解清楚。针对第一个问题，本书共5章，分别为顶棚、墙体、楼地面、门窗和楼梯，共涉及173个节点构造的做法。而针对第二个问题，本书中的每个节点构造均匹配了CAD图和三维示意图，将专业的内容通俗化，以方便读者在尝试设计时选择对应的节点加以应用，或者在与施工人员交底时能够更好地进行沟通。另外，书中还配有相应的实景图，让读者可以清晰地看到节点图最终落地的成品效果。需要说明的是，由于在设计中需根据实际情况来考虑节点的尺寸问题，因此本书中的尺寸皆为一般情况下的常规尺寸，仅供参考。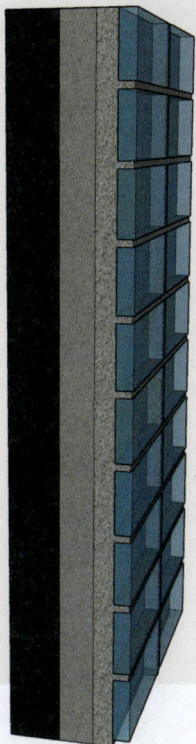

　　本书在编写的过程中，详细查阅了国家的有关规范、标准等，力求做到专业性和严谨性兼顾，但是由于装饰节点的内容细致而庞杂，尽管编者竭尽全力，反复推敲核实，但难免有疏漏及不妥之处，恳请广大读者批评指正，以便再版时进一步修改和完善。

　　另外，本书在资料整理、内容组织等方面，得到乐山师范学院民宿发展研究中心的资助，在此表示感谢。

编者

目 录

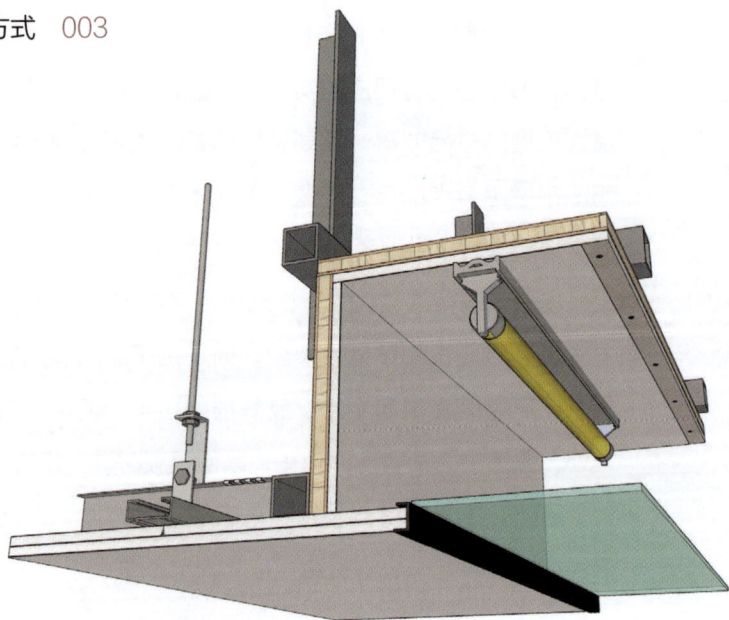

第二章

墙体装饰节点构造

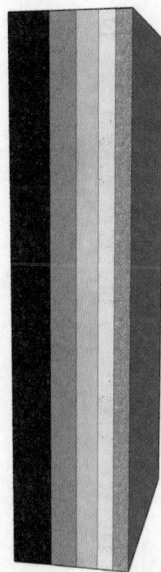

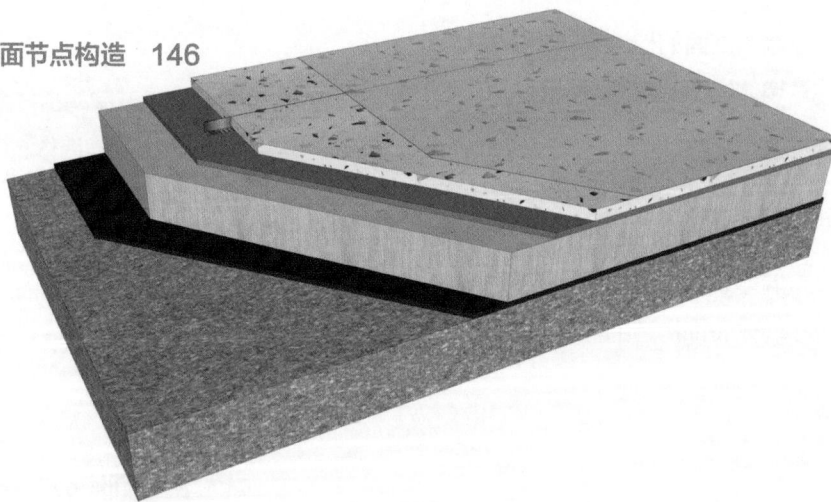

第三章

楼地面装饰节点构造

第四章

门窗装饰节点构造

第五章

楼梯装饰节点构造

第一章

顶棚装饰节点构造

顶棚又称为吊顶、天棚、天花，是位于承重结构下部的装饰构件，位于房间的上方，其上布置有照明灯光、音响设备、空调及管线等，因此顶棚构造与承重结构的连接要求牢固、安全、稳定。另外，顶棚是室内空间的视觉界面，要具有一定的装饰效果，设计时需结合建筑内部的装饰要求、设备安装情况、经济条件、技术要求以及安全问题等方面综合考虑。

一、顶棚的基础知识

1. 顶棚的分类

按构造方式可分为： 直接式顶棚和悬吊式顶棚。

按外观形式可分为： 平滑式顶棚、井格式顶棚、悬浮式顶棚、分层式顶棚等。

按施工方法可分为： 抹灰刷浆类顶棚、裱糊类顶棚、贴面类顶棚、装配式板材顶棚等。

按结构构造层的显露状况可分为： 开敞式顶棚、隐蔽式顶棚等。

按表面材料可分为： 木质顶棚、石膏板顶棚、各种金属板顶棚、玻璃镜面顶棚等。

2. 顶棚的功能和作用

改善环境条件，满足使用要求： 顶棚能够改善室内的光环境、热环境及声环境，提高室内的舒适度。如在房间内做顶棚，可以增加楼层的隔声能力；在顶棚空间敷设保温、隔热材料，或者利用顶棚形成通风层，可以改善室内的热工环境；顶棚的形状、质地能够调整光线反射，改善亮度环境。

提升室内装饰效果： 顶棚是室内平面较大、较为醒目的界面，其装饰对室内整体装饰效果具有较大的影响，恰当的吊顶装饰处理，能从空间、造型、色彩、光线等多方面给人耳目一新的感觉。

调整室内空间体积和形状： 当建筑本身的空间不理想时，可以通过顶棚的形状、高度、色彩等来调整室内空间的体积和形状。

隐藏设备管线和结构构件： 现代建筑的功能越来越多，顶部需要安装的管线和设备也越来越多，如灯具管线、通风空调设备管线以及监控、音响、网络、消防等设备管线，顶棚可以将它们隐藏起来，使室内更整洁。

二、顶棚装饰构造的设计原则与规范

1. 顶棚装饰构造的设计原则

耐久性： 顶棚装饰的耐久性具有以下两方面含义。一方面为使用上的耐久性，指抵御使用上的损伤、功能减退等；另一方面为装饰质量的耐久性，包括固定材料的牢固程度和材质特性等。顶棚装饰的耐久性会影响房屋的正常使用，因此顶棚装饰应从上述两个方面来提高耐久性。

安全性： 安全性包括顶棚面层与基层连接的牢固程度以及材料本身的强度和力学性能。顶棚位于上方，其装饰的安全性比墙面和地面更重要。因此，应恰当地选择材料的固定方法，并尽量减轻材料的自重，必要时应进行结构验算，以确保安全。

施工复杂性： 顶棚装饰在装饰工程项目中，技术较为复杂，施工难度较大，因此，其施工方式应以安装方便、操作简单、省工省料为原则。

美观性： 顶棚系统构造设计应根据室内设计的总体要求、环境特点及装修标准进行，并确保满足安全、使用功能和美观的要求。另外，顶棚的形式、高度、色彩、质地设计，应与建筑室内空间的环境总体气氛相协调，形成特定的风格与效果。

2. 顶棚装饰构造的标准规范

不上人顶棚的设计标准：吊杆宜采用带丝扣的 $\phi6$ 钢筋及 $\phi4$ 镀锌钢筋（10 号镀锌低碳钢丝）或直径不小于 2mm 的镀锌低碳退火钢丝，直接将顶棚系统连接到房间顶部结构受力部位上。吊杆的间距不应大于 1200mm，主龙骨的间距不应大于 1200mm。

上人顶棚的设计标准：吊杆应采用不小于 $\phi8$ 带丝扣钢筋。主龙骨应选用 DU50X15X1.2 或 60XBX1.2（B=24~30）的龙骨，吊杆的间距不应大于 1200mm，主龙骨的间距不应大于 1200mm。

吊杆的选择与安装标准：长度不宜大于 1500mm，当吊杆长度大于 1500mm 时，宜设反支撑。反支撑间距不宜大于 3600mm，距墙不应大于 1800mm。当吊杆与管道等设备相遇、顶棚造型复杂或内部空间较高时，应调整吊杆间距、增设吊杆或增加钢结构转换层。吊杆不得直接吊挂在设备或设备的支架上。

吊顶龙骨的选用及安装标准：龙骨的排布宜与空调送回风口、灯具、消防烟感器、喷淋头、检修孔、广播喇叭、监测等设备设施的位置错开，不应切断主龙骨。曲线等复杂造型的顶棚工程，弧形主龙骨宜采用型钢等材料。次龙骨宜按径向布置，并应在施工前放样。

轻钢龙骨石膏板顶棚的承重标准：若顶棚为轻钢龙骨石膏板，重量不大于 1kg 的筒灯、石英射灯等设施可直接安装在饰面板上；重量小于 5kg 的灯具等设施可安装在 U 形次龙骨上；重量不小于 5kg 的灯具、吊扇、空调等或有震颤的设施，应直接吊挂在建筑承重结构上。

纸面石膏板顶棚的伸缩缝处理标准：当纸面石膏板顶棚面积大于 100m^2 时，纵、横方向每 12~18m 距离处宜做伸缩缝处理。在建筑变形缝处，顶棚宜根据建筑变形量设计变形缝尺寸及构造。

3. 顶棚装饰特殊构造的处理方式

顶棚内部管线敷设的构造方法：可以先在顶棚内部敷设管线，管线敷设也可与顶棚安装同时进行，其构造做法如下：①先确定顶棚吊杆位置，放安装线。②而后用膨胀螺栓固定支架，将线槽管线敷设在位置上。③最后安装顶棚龙骨和顶棚面板，预留好灯具、送风口、自动喷淋头和烟感器等安装口。

顶棚检修通道的构造方法：检修通道也称"马道"，为顶棚内的韧性通道，主要用于顶棚中各类设备、管线、灯具、通风口安装及维修，分为简易马道和普通马道两类。这两类马道的宽度均不宜过大，一般以一人能通过为宜。其中，简易马道为不常上人的马道，采用 30mm×60mm 的 U 形龙骨 2 根，槽口朝下固定于顶棚的主龙骨，吊杆直径为 8mm，并在吊杆上焊 30mm×30mm×3mm 的角钢做水平栏杆扶手，高度为 600mm。普通马道为常上人马道，采用 30mm×60mm 的 U 形龙骨 4 根，槽口朝下固定于顶棚的主龙骨上，设立杆和扶手，立杆中距 1000mm，扶手高 600mm；或者采用 8mm 圆钢按中距 60mm 做踏面材料，圆钢焊于两端 50mm×5mm 的角钢上，设立杆和扶手，立杆中距 800mm，扶手高 600mm。

顶棚吸声的构造方法：顶棚吸声是在顶棚面层装饰吸声材料，顶棚面层材料的吸声系数越大，对声音的吸收能力越强；反之，对声音的反射能力就越强。铜管选择吸声系数大的顶棚材料，如超细玻璃棉板、矿棉板、木丝板、穿孔板材等，使顶棚具有更佳的吸声能力，从而达到降噪目的。

顶棚隔声的构造方法：顶棚隔声的有效途径是使顶棚与结构层分离，也就是在楼板下加设顶棚，这样对隔绝撞击声和空气声都具有一定的作用。但由于固体声存在侧向间接穿透的特性，部分声音能通过吊杆传至顶棚面层，进而通过四周刚性连接的墙体传至楼下，所以，顶棚隔声处理必须与楼板隔声同时进行，如在两者之间架设弹性垫层等。

三、不同构造方式的顶棚节点构造

顶棚按照构造方式可分为直接式顶棚和悬吊式顶棚。直接式顶棚无论装饰效果，还是施工方法均比较简洁。悬吊式顶棚的施工相对较为复杂，但是装饰效果较好。

1. 直接式顶棚

直接式顶棚是在屋面板或楼板上直接抹灰，然后再喷浆或贴壁纸等，从而达到装饰目的。直接式顶棚构造简单，构造层厚度小，可以充分利用空间；材料用量少，施工方便，造价较低。但直接式顶棚不能提供隐藏管线、设备等的内部空间，小口径的管线应预埋在楼屋盖结构或构造层内，大口径的管道则无法隐藏。直接式顶棚适用于普通建筑及功能较为简单、空间尺度较小的场所。

直接式顶棚的常见分类

类型	概述	适用空间
直接抹灰式顶棚	·在上部屋面板或楼板的底面直接抹灰的顶棚 ·这种顶棚的装饰不仅简单，还可以有效地提高房间的高度 ·采用直接抹灰式顶棚时，应该注意在底部混合砂浆找平层抹完灰后，中间层的抹灰应先抹顶棚四周，再抹大面，抹完后用刮尺顺平，并用抹子抹平	一般建筑或简易建筑，在家居空间中，适用于冷淡粗犷的家庭风格
直接喷刷式顶棚	·在上部屋面或楼板的底面上直接用浆料喷刷而成。常用的材料有石灰浆、大白浆、色粉浆、彩色水泥浆、可赛银等 ·在采用直接喷刷式顶棚时，基层要处理得表面平整、纹理质感均匀一致，否则会因光影作用而使涂膜颜色显得深浅不一	主要用于办公空间、宿舍等建筑
直接裱糊式顶棚	·直接在做平的屋顶和楼板下面贴壁纸、贴壁布及其他织物的顶面装饰装修方式称为直接裱糊式顶棚 ·裱糊壁纸、壁布及其他织物时，各幅拼接应横平竖直，拼接处花纹、图案吻合，不离缝、不搭接，在距墙面 1.5m 处正视时，不显拼缝	主要用于装饰要求较高、面积较小的建筑，如宾馆的客房、住宅的卧室等空间
直接贴面式顶棚	·在上部屋面板或楼板的底面上，直接粘贴面砖等块材、石膏板或石膏条，从而通过不同材质的面材，达到很好的保温、隔热和吸声的效果 ·中间层的混合砂浆采用 5~8mm 厚水泥石灰砂浆，以保证必要的平整度	主要用于希望提高层高的建筑
结构式顶棚	·将屋盖或楼盖结构暴露在外，利用结构本身的造型做装饰，不再另做顶棚 ·在网架结构中，构成网架的杆件排列很有规律，充分利用结构本身的艺术表现力，能获得优美的韵律感；在拱结构屋盖中，利用拱结构的优美曲面，可形成拱面顶棚	一般应用于大型超市、体育馆、展览厅等大型公共性建筑中

参考案例 1　直接抹灰顶棚

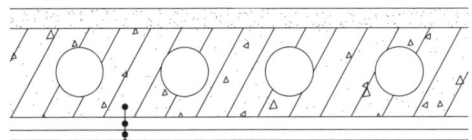

楼板或屋面板
1：1：6 的混合砂浆找平层
抹灰中间层
抹灰饰面层

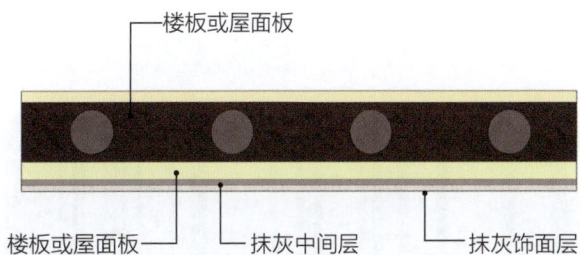

节点图

楼板或屋面板

楼板或屋面板
抹灰中间层
抹灰饰面层

三维示意图

直接抹灰式顶棚具有原始的粗犷感，呈现出的室内环境十分硬朗

① 施工流程

基层处理→找规矩→浇水湿润→刷找平层→抹中层灰→抹面层灰→养护。

② 重点工艺解析

①按抹灰层的厚度用墨线在四周墙面上弹出水平线，作为控制抹灰层厚度的基准线。

②大面积顶棚要根据基准线沿墙每隔 1.5m 用 1：3 水泥砂浆做标志，用以控制面层的厚度。待标志块硬结后，再以标志块的厚度做出纵横方向统长的标筋以控制面层的厚度，标筋用 1：3 水泥砂浆，宽度为 6cm。

参考案例2　直接喷刷乳胶漆顶棚

喷刷乳胶漆的黑色顶棚与墙面色彩保持一致，增强了室内的整体感

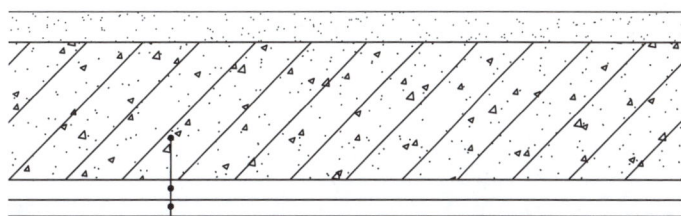

————— 楼板或屋面板

————— 混合砂浆找平层

————— 抹灰中间层

————— 油漆或其他涂料饰面层

节点图

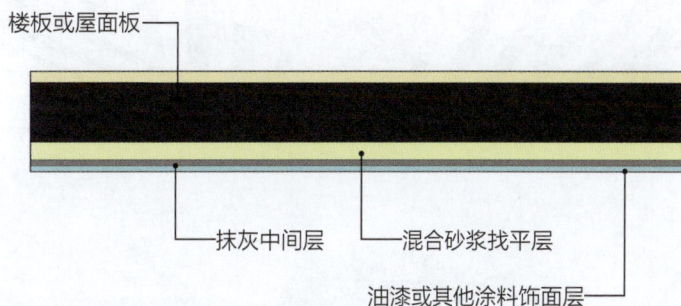

楼板或屋面板——

抹灰中间层 · · 混合砂浆找平层

油漆或其他涂料饰面层

三维示意图

1 施工流程

基层处理→刷界面剂→防裂处理→刷找平层→抹中层灰→涂刷油漆或其他涂料→打磨。

2 重点工艺解析

乳胶漆涂刷的施工方法有手刷、滚涂和喷涂。其中手刷材料的损耗较少，质量比较有保证，是家庭装修中使用较多的方法。但手刷的工期较长，所以可与滚涂相结合。

参考案例3 **直接裱糊壁纸顶棚**

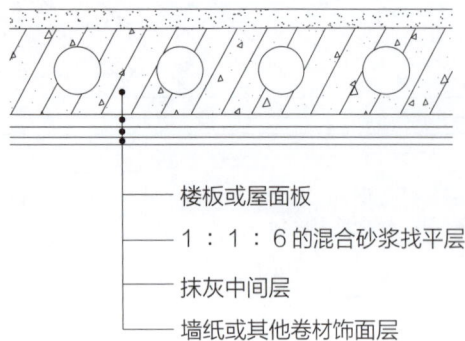

- 楼板或屋面板
- 1:1:6 的混合砂浆找平层
- 抹灰中间层
- 墙纸或其他卷材饰面层

节点图

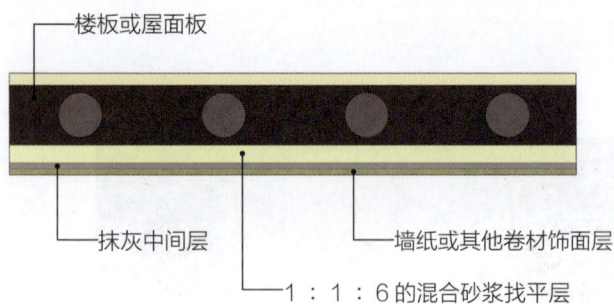

- 楼板或屋面板
- 抹灰中间层
- 墙纸或其他卷材饰面层
- 1:1:6 的混合砂浆找平层

三维示意图

① 施工流程

基层处理→找规矩→浇水湿润→刷找平层→抹中层灰→裁纸→刷胶→裱糊墙纸或其他卷材。

② 重点工艺解析

①裁纸注意花纹的上下方向，每条纸上端根据印花对应，在花纹循环的同一部位裁，并应裁成方角。长度根据墙的高度而定。比较每条纸的颜色，如有微小差别应予以分类，分别安排在不同的墙面上。

②墙纸及卷材的裱糊由对缝一边开始，上下同时用干净胶刷（不用橡胶碾）从纸幅中间向上、下划动，不能从上下端向中间赶。压迫壁纸贴在墙面上，不留气泡。赶气泡时，应注意纸对缝的地方，不要搭缝或离缝。

以交错的黑白线条为图案的壁纸很适合温馨中透露出简洁的室内环境，给人以清爽、舒适的视觉感受

参考案例4 **直接贴石膏条顶棚**

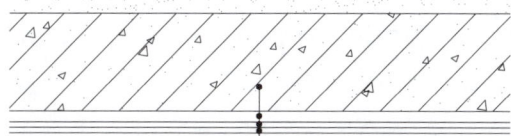

节点图

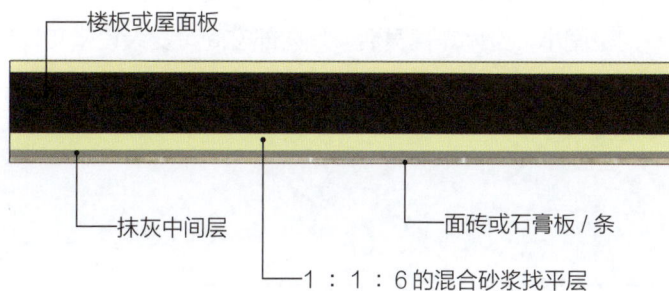

三维示意图

节点图标注：
- 楼板或屋面板
- 1：1：6的混合砂浆找平层
- 抹灰中间层
- 面砖或石膏板／条

三维示意图标注：
- 楼板或屋面板
- 抹灰中间层
- 面砖或石膏板／条
- 1：1：6的混合砂浆找平层

厨房顶棚直接贴石膏条，表面光洁、耐腐蚀、耐高温的优点可以很好地满足空间的装饰要求。同时，浅色的石膏使狭窄的厨房显得宽敞、明亮

① 施工流程

基层处理→找规矩→浇水湿润→刷找平层→抹中层灰→安装面砖、石膏板或石膏条。

② 重点工艺解析

选择外观光滑、洁白、干燥的石膏线，注意无变形、扭曲、破损。使用石膏线专用快粘粉固定，并使用枪钉加固，衔接部分用嵌缝石膏修补。

2. 悬吊式顶棚

悬吊式顶棚类型多、构造复杂，施工技术要求较高，造价相对较高。其形式不必与结构层的形式相对应，但顶棚在空间高度上会发生变化，呈现一定的立体造型。另外，悬吊式顶棚质轻、施工便捷、成本低、所占室内空间小、空间布局灵活，其内部空间可安装设备和管线，消除了设备空间与建筑空间的矛盾。但悬吊式顶棚对房子的层高有一定的要求，层高过低时会产生压迫感。一般适用于住宅、宾馆、音乐厅、展馆、影视厅等各类场所。

悬吊式顶棚的常用材料

类型	概述
纸面石膏板顶棚	• 一般由轻钢龙骨、大块纸面石膏板和饰面层组成，具有自重轻、耐火性能好、抗震性能好、施工方便等特点 • 面板材料常用的有普通纸面石膏板、防火纸面石膏板、石膏装饰板、石膏吸声板等 • 常采用薄壁轻钢作为龙骨，吊筋为直径不小于 6mm 的钢筋，用吊件和螺栓将吊筋与主龙骨进行连接，再用吊件把次龙骨固定在主龙骨上，板材固定在次龙骨上，常用固定方式有挂接方式、卡接方式和钉接方式三种 • 吊筋间距为 900~1200mm；主龙骨间距一般为 1500~2000mm；次龙骨间距需根据装饰板的规格来决定
矿棉板顶棚	• 质轻、保温、防火、耐高温、吸声，适合有防火要求的顶棚 • 板材多为方形和矩形，一般直接安装在金属龙骨上 • 架构方式有暴露骨架（明架）、部分暴露骨架（明暗架）和隐蔽骨架（暗架）三种。其中，暴露骨架的构造是将方形或矩形纤维板直接搁置在倒 T 形龙骨的翼缘上；部分暴露骨架的构造是将板材两边做成卡口，卡入倒 T 形龙骨的翼缘中，另两边搁置在翼缘上；隐蔽式骨架是将板材的每边都做成卡口，卡入骨架的翼缘中
金属顶棚	• 采用铝合金板和薄钢板等金属材料面层的顶棚，防火等级为 A 级 • 特点是自重轻、色泽美观大方，具有独特的质感，平挺、线条刚劲明快，且构造简单、安装方便、耐火、耐久 • 金属板有打孔和不打孔的条形、矩形等型材
木饰面板顶棚	• 采用木饰面板作为面层的顶棚，木饰面板的样式众多，可以营造出温暖、自然的家居氛围，无论家装还是工装都经常使用 • 需要注意的是，在防火等级要求高的项目中，不能在顶棚上使用木饰面板，木饰面板属于易燃物质，其防火等级为 B2，可以用木纹转印铝板或者复合木饰面板（木纹覆于金属板或石膏板基层上）来代替 • 根据顶棚木饰面板安装方式的不同，可以分为干挂木饰面板顶棚及粘贴木饰面板顶棚

参考案例 1　跌级纸面石膏板顶棚

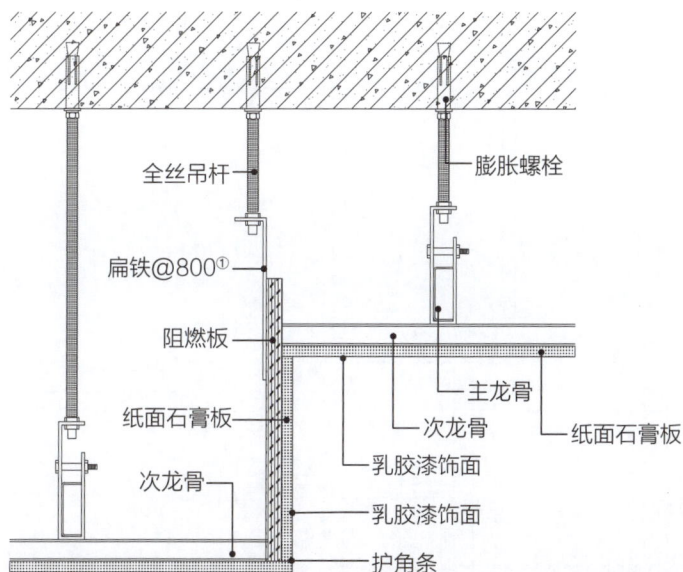

全丝吊杆

膨胀螺栓

扁铁@800①

阻燃板

纸面石膏板

次龙骨

主龙骨

次龙骨

纸面石膏板

乳胶漆饰面

乳胶漆饰面

护角条

注：①@是指间距，@800mm 的意思是其构体的间距为 800mm。

节点图

1 施工流程

定高度、弹线→安装吊杆→安装龙骨→封板。

2 重点工艺解析

①根据室内四周墙面，弹好水平控制线，要求弹线清晰、准确，误差应不大于 2mm。

②使用 1mm×8mm 膨胀螺栓固定吊杆，在弹好的顶棚标高水平线或者龙骨分档线后，要确定好吊杆下头的标高，吊杆不要和专业的管道进行接触。同时根据施工图纸中跌级的位置来对处跌级侧面的吊杆进行单独设置。

③同时在划分好的主、次龙骨的顶棚标高线上划分龙骨分档线。为了保证整个骨架的稳定性，要用膨胀螺栓进行固定。

④对石膏板分块弹线、切割，再使用纸面石膏板进行封板。

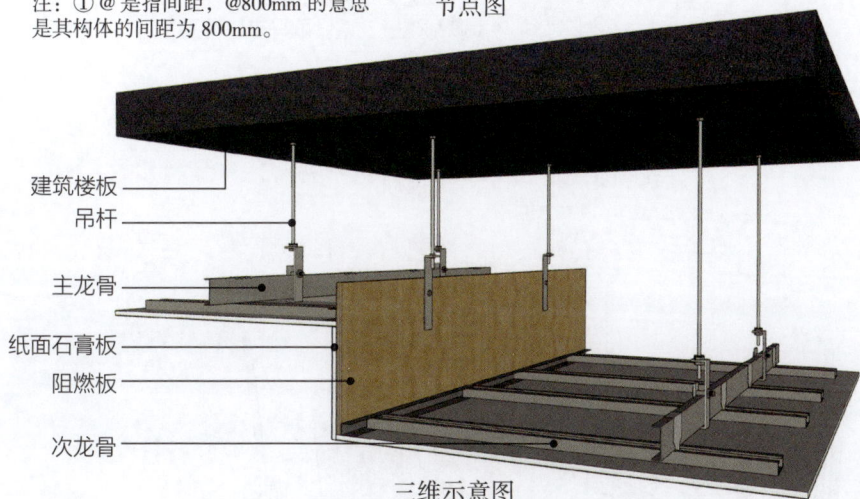

建筑楼板

吊杆

主龙骨

纸面石膏板

阻燃板

次龙骨

三维示意图

跌级纸面石膏板顶棚具有错落的层次感，为空间增添了一定的表现力

参考案例 2 纸面石膏板面饰马来漆顶棚

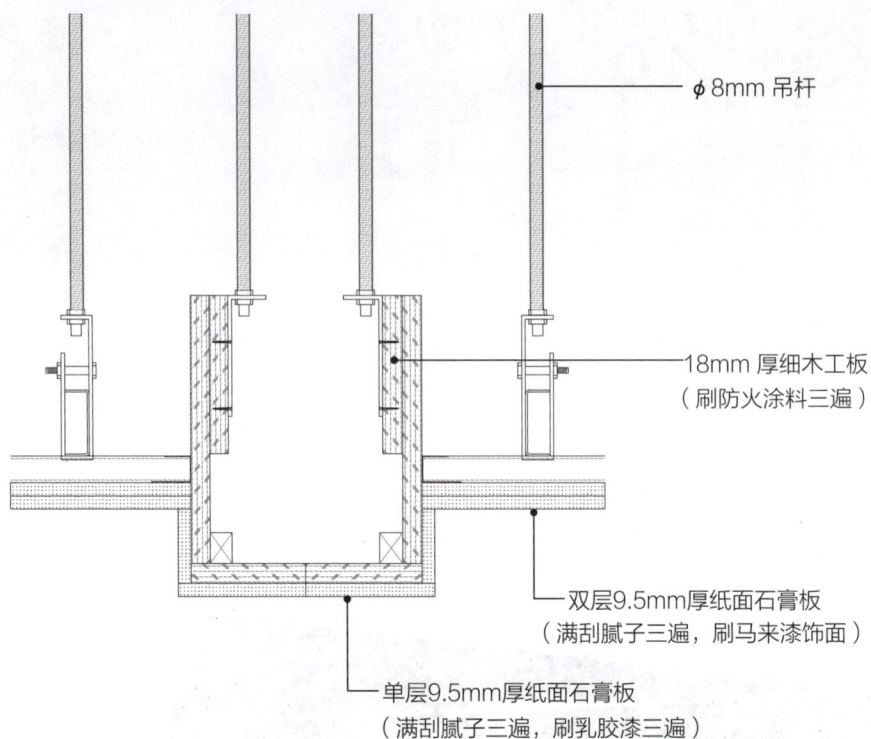

φ8mm 吊杆

18mm 厚细木工板
（刷防火涂料三遍）

双层9.5mm厚纸面石膏板
（满刮腻子三遍，刷马来漆饰面）

单层9.5mm厚纸面石膏板
（满刮腻子三遍，刷乳胶漆三遍）

节点图

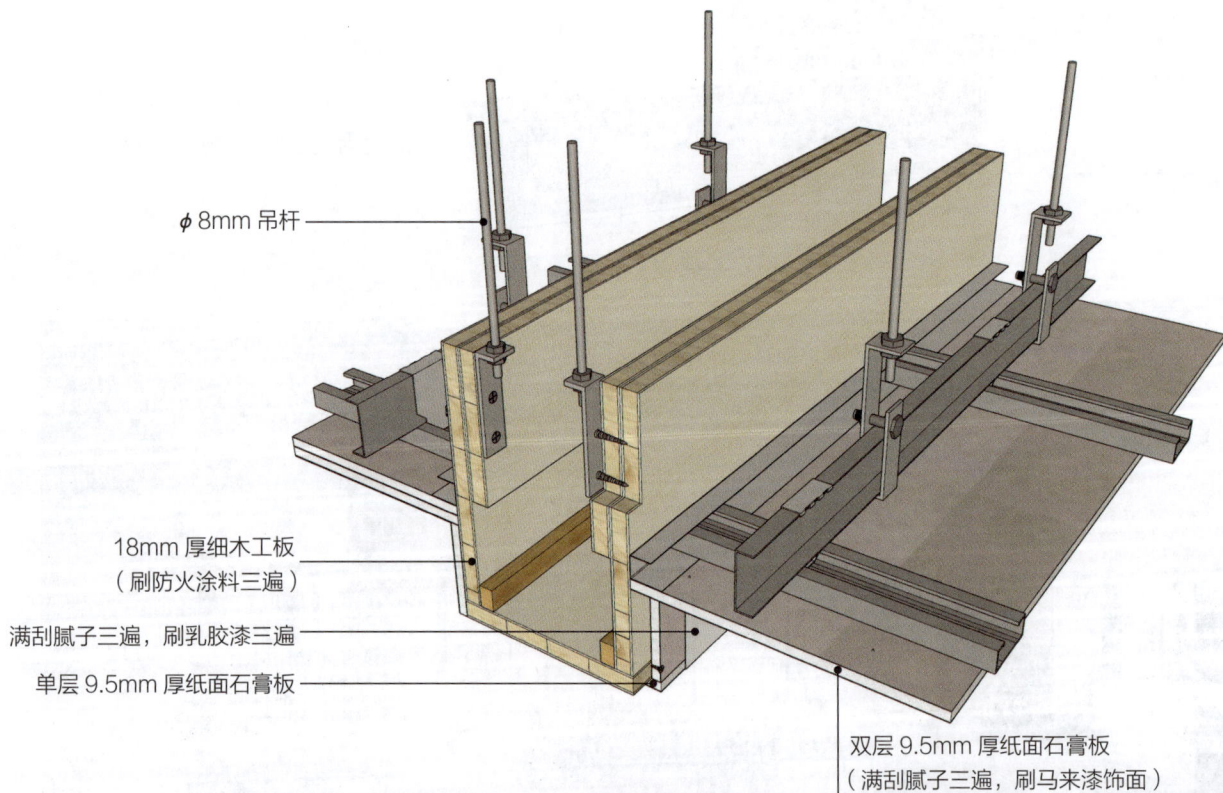

φ8mm 吊杆

18mm 厚细木工板
（刷防火涂料三遍）

满刮腻子三遍，刷乳胶漆三遍

单层9.5mm 厚纸面石膏板

双层9.5mm 厚纸面石膏板
（满刮腻子三遍，刷马来漆饰面）

三维示意图

餐厅、客厅采用马来漆涂刷顶棚，可以给人以石材的质感，营造典雅和谐的氛围，同时相比于采用石材饰面，马来漆饰面的造价更为低廉

① 施工流程

弹线→固定吊件→固定龙骨→安装纸面石膏板→刷马来漆第一遍→刷马来漆第二遍→刷马来漆第三遍→抛光。

② 重点工艺解析

①龙骨的吸顶吊件用膨胀螺栓与钢筋混凝土板固定。

②用 ϕ8mm 吊杆和配件固定 D50 主龙骨，主龙骨的间距为 900mm，再依次固定 D50 次龙骨，以增强结构的稳定性。

③用自攻螺钉将龙骨和纸面石膏板固定。

④用马来漆批刀在纸面石膏板基层上批类似于长方形的图案，图案尽量不重叠，且每个长方形角度尽可能朝向不一样，图案与图案间最好留半个图案大小的间隙。

⑤第二遍同样用马来漆刀补第一道留下来的空隙，要与第一道施工图案的边角错开。

⑥第三遍检查是否还有空隙、毛糙的地方，用 500 号砂纸轻轻打磨，好的马来漆是可以打出光泽的，接下来再刷第三道马来漆，按照之前的方法在上面一刀刀批刮，边批刮边打磨。

⑦三道批刮完成后已经形成马来漆图案的效果，用不锈钢刀调整好角度批刮抛光，直到墙面有如大理石般的光泽，即可完成。

> **小贴士**
>
> 马来漆作为一种新型墙面艺术漆，漆面光洁且有石质效果，成品具有较高的强度及硬度，很难出现破损、开裂等问题。另外，马来漆通过不同的批刮工具，产生的纹理不同，做出的装饰效果也有所不同。

参考案例3 纸面石膏板抽缝顶棚

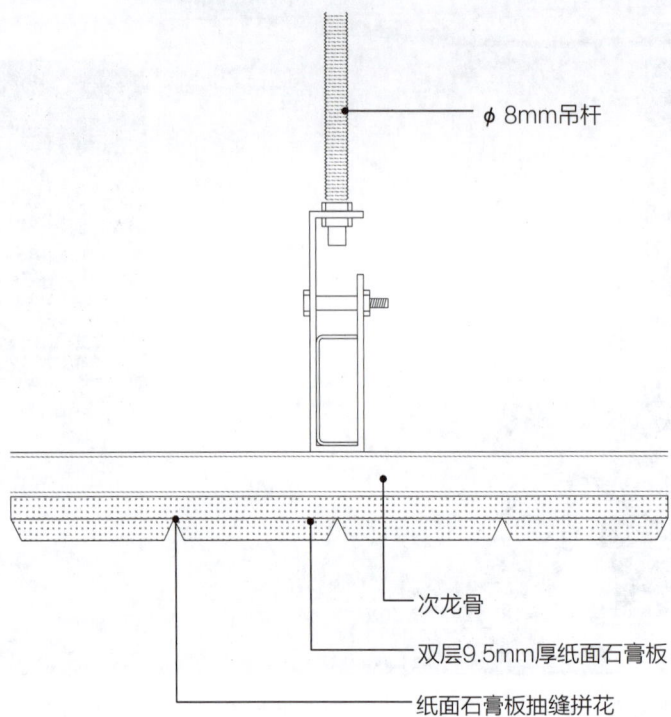

φ8mm吊杆

次龙骨

双层9.5mm厚纸面石膏板

纸面石膏板抽缝拼花

节点图

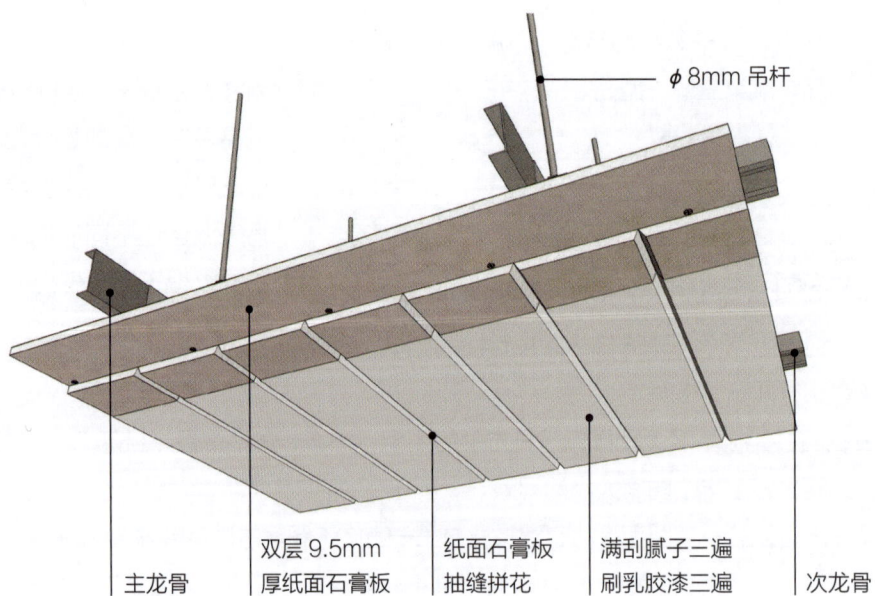

φ8mm 吊杆

主龙骨　双层9.5mm　纸面石膏板　满刮腻子三遍　次龙骨
　　　　厚纸面石膏板　抽缝拼花　刷乳胶漆三遍

三维示意图

纸面石膏板抽缝顶棚给原本单调的室内空间带来了视觉上的变化，增强了可看度

① 施工流程

弹线→固定吊件→固定主龙骨→固定次龙骨→安装纸面石膏板→抽缝→刷乳胶漆。

② 重点工艺解析

①龙骨的吸顶吊件用膨胀螺栓与钢筋混凝土板或钢架转换层固定。

②用 ϕ8mm 吊杆和配件固定 D50 主龙骨，主龙骨与混凝土板的间距为 900mm。

③依次固定 D50 次龙骨。

④安装双层 9.5mm 厚纸面石膏板，用自攻螺钉与龙骨固定封底。

⑤第二层纸面石膏板抽缝、拼花，刷胶后用自攻螺钉固定在第一层纸面石膏板上。

⑥先对石膏板进行满刮腻子三遍，再用乳胶漆涂刷三遍。

/ 小贴士 /

纸面石膏板上的抽缝会影响到整个空间的美观效果，正常抽缝的宽度 > 10mm，两个抽缝之间的距离一般为 300mm，会从视觉上拓宽空间。另外，抽缝除了做横向或是竖向的，也可以做交叉的菱形格子，形式多样，多用在商业空间中。

参考案例 4　纸面石膏板顶棚金属槽留缝造型

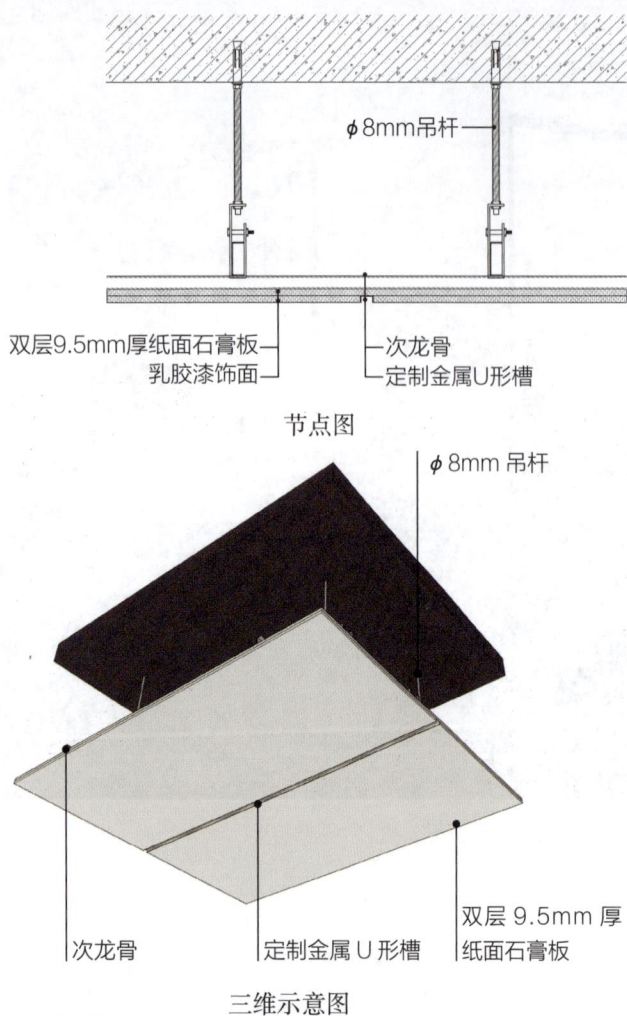

φ8mm吊杆

双层9.5mm厚纸面石膏板
乳胶漆饰面

次龙骨
定制金属U形槽

节点图

φ8mm 吊杆

次龙骨

定制金属U形槽

双层9.5mm厚
纸面石膏板

三维示意图

1　施工流程

弹线→用膨胀螺栓固定吊件→固定龙骨→安装石膏板→涂刷饰面材料。

2　重点工艺解析

①先安装第一层纸面石膏板，用自攻螺钉与龙骨进行固定，在第二层纸面石膏板上预留凹槽尺寸后，再安装U形金属槽，并用自攻螺钉与龙骨进行固定。

②在纸面石膏板上进行满刮腻子三遍，再涂刷乳胶漆三遍。

/ 小贴士 /

石膏板顶棚留缝的常见宽度尺寸有 10mm、15mm、20mm，高度以一块或两块石膏板厚度为宜，为 10~20mm。

围绕方形石膏板顶棚安装刷金色漆的金属槽，配合造型繁复的吊灯，可以轻松营造出奢华的感觉

参考案例5 **纸面石膏板顶棚墙角留缝造型**

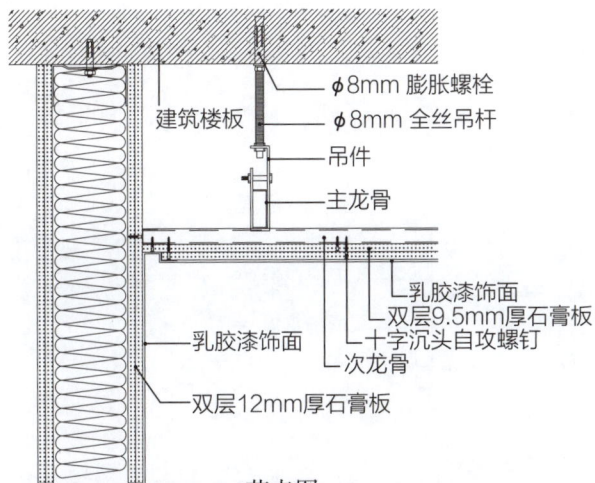

- φ8mm 膨胀螺栓
- 建筑楼板
- φ8mm 全丝吊杆
- 吊件
- 主龙骨
- 乳胶漆饰面
- 双层9.5mm厚石膏板
- 乳胶漆饰面
- 十字沉头自攻螺钉
- 次龙骨
- 双层12mm厚石膏板

节点图

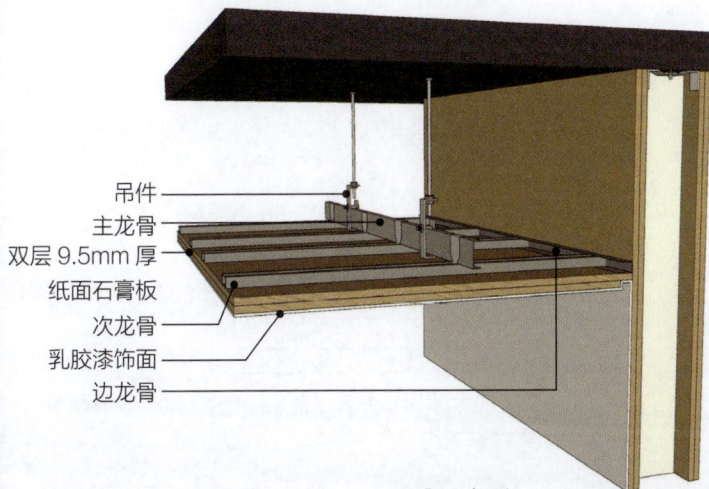

- 吊件
- 主龙骨
- 双层 9.5mm 厚纸面石膏板
- 次龙骨
- 乳胶漆饰面
- 边龙骨

三维示意图

1 施工流程

定高度、弹线→用 φ8mm 的膨胀螺栓固定吊杆→固定主龙骨→固定次、边龙骨→安装纸面石膏板。

2 重点工艺解析

在纸面石膏板上进行满刮腻子三遍，再安装纸面石膏板，每一层纸面石膏板都用十字沉头自攻螺钉进行固定，在墙角的位置，预留一定的距离后，将第二层纸面石膏板用护角条或者定制石膏线进行安装、固定。

/ 小贴士 /

顶角留缝对工艺要求较高，同时设计时要注意留缝尽量不要跨越不同的高差，否则留缝造型会不美观。

顶棚和墙角间的留缝让空间更有呼吸感，不会因连接太过紧密而使空间显得死板和僵硬

参考案例6 矿棉板顶棚（明架）

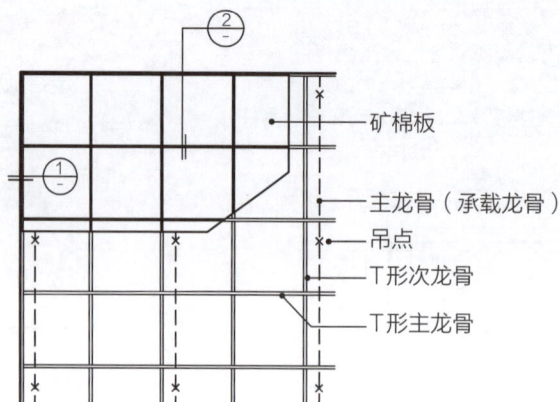

- 矿棉板
- 主龙骨（承载龙骨）
- 吊点
- T形次龙骨
- T形主龙骨

平面图

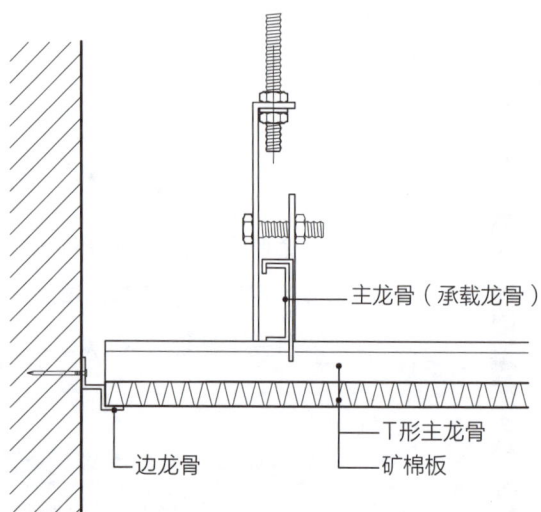

- 主龙骨（承载龙骨）
- 边龙骨
- T形主龙骨
- 矿棉板

①节点详图

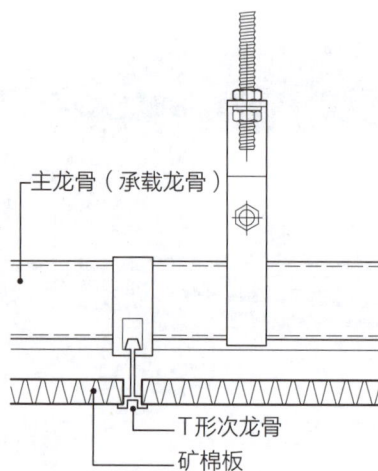

- 主龙骨（承载龙骨）
- T形次龙骨
- 矿棉板

②节点详图

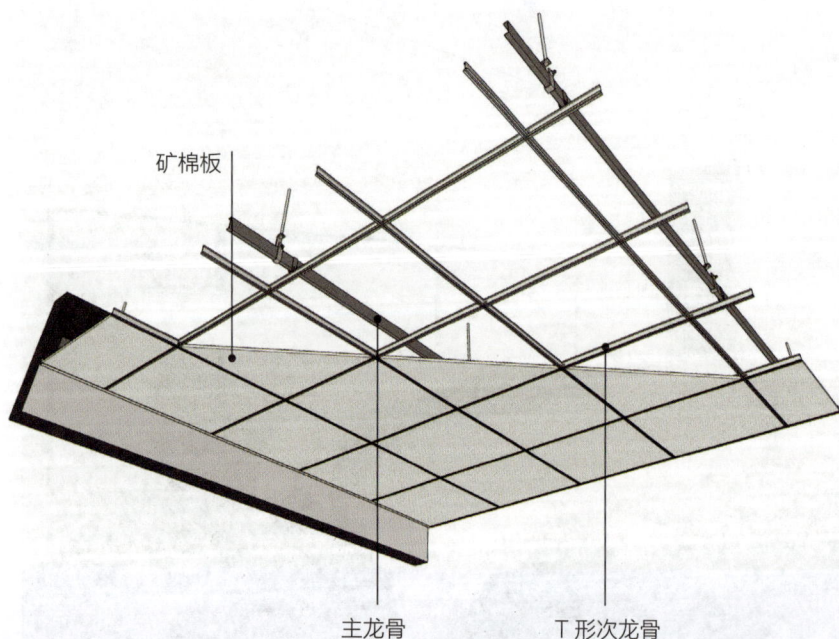

- 矿棉板
- 主龙骨
- T形次龙骨

三维示意图

/ 小贴士 /

矿棉板成本低，明龙骨也易于安装，十分适合用于大面积的开放型办公空间中。另外，需要注意的是，要达到吸声和隔声效果往往需要降低矿棉板的密度，使其中空或冲孔，因此会降低其强度，导致吊装的时候容易损坏。

1 施工流程

定高度、弹线→预排→固定吊杆→安装龙骨→调平→安装矿棉板。

2 重点工艺解析

①根据设计图纸结合现场情况，将吊点位置弹在楼板上，龙骨间距和吊杆间距一般都控制在 1.2m 以内。再将设计标高线弹到四周墙面或柱面上，若顶棚有不同标高，那么，应将变截面的位置弹到楼板上。

②对矿棉板进行预排，一般可根据中分原则进行，若两边出现小块的矿棉板，可换一种排法，尽量使靠墙的矿棉板大于 1/3 的宽度。

③用膨胀螺栓将吊杆固定，吊杆悬吊宜沿主龙骨方向，间距不宜大于 1.2m，在主龙骨的端部或接长处，需加设吊杆或悬挂铅丝。

④主、次龙骨宜从同一方向同时安装，根据已确定的主龙骨位置及标高线先大致就位，将连接件与主龙骨方孔相连，再全面校正主、次龙骨的位置及水平度，连接件应错位安装。

⑤调平时一定要从一端调向另一端，要做到纵横平直。

⑥将龙骨吊装、调直、找平后，可将饰面板搁在主、次龙骨组成的框内，板搭在龙骨上即可，但要注意，饰面板的四边必须与龙骨紧密相贴，不能因翘曲留下可见缝。

办公区域的矿棉板顶棚结合灯具设计，整体感较强，视觉感也简洁、利落

参考案例 7 矿棉板顶棚（明暗架）

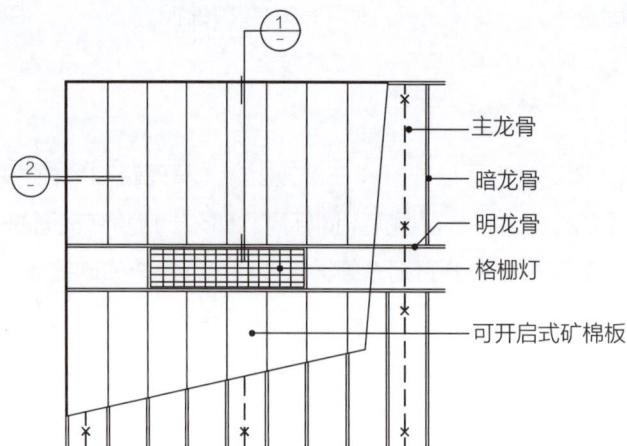

主龙骨
暗龙骨
明龙骨
格栅灯
可开启式矿棉板

平面图

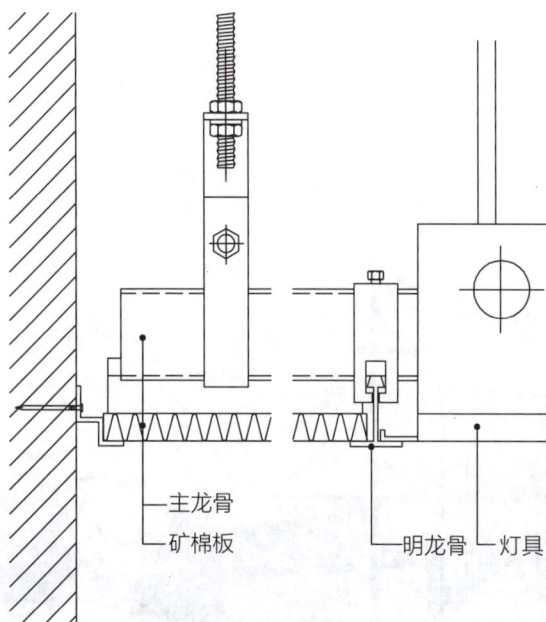

主龙骨
矿棉板
明龙骨
灯具

①节点详图

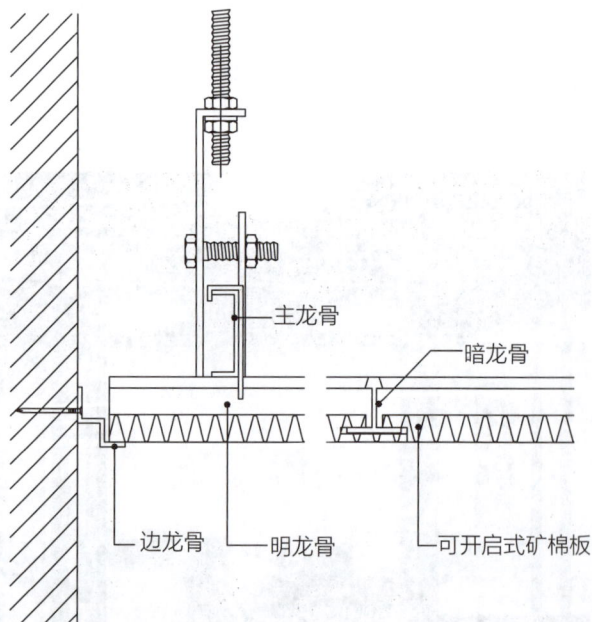

主龙骨
暗龙骨
边龙骨
明龙骨
可开启式矿棉板

②节点详图

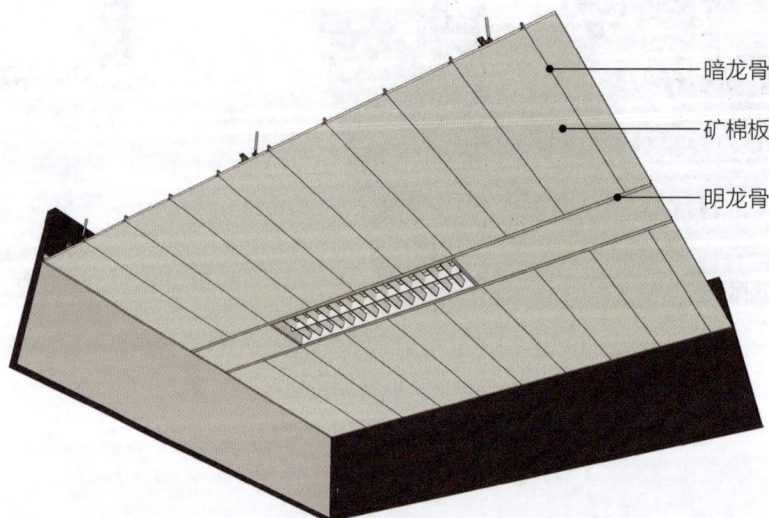

暗龙骨
矿棉板
明龙骨

三维示意图

1 施工流程

定高度、弹线→安装吊杆→安装主、次龙骨→安装边龙骨→安装矿棉板。

2 重点工艺解析

①确定顶棚的高度，弹出顶棚线，确定矿棉板安装标准线，同时也要确定两种不同安装方式吊杆的位置，方便后续结构的安装。

②制作好的吊杆应做防锈处理，用膨胀螺栓固定在楼板上，用冲击电锤打孔，孔径应稍大于膨胀螺栓的直径，安装时上端与预埋件焊接，下端套丝后与吊杆连接，安装完的吊杆端头外露长度不小于3mm。

③一般采用C38龙骨做主龙骨，主龙骨间距一般为900~1200mm，主龙骨安装时应根据要求顶棚起拱1/200，随时检查龙骨平整度。配套次龙骨一般选用T形龙骨，间距与饰面板横向规格相同，再与主龙骨平行方向安装600mm的横撑龙骨，间距为600mm或1200mm。

④采用L形边龙骨，与墙体用自攻螺钉固定，安装边龙骨前墙面应用腻子找平，以免将来墙面刮腻子时出现污染和不易找平的情况。

矿棉板顶棚的运用与办公室整体简约的气质相符，融合度较高

⑤在安装矿棉板之前，必须对顶棚内的各种管线设备进行检查验收，待消防验收及其他水管经打压试验合格后，才允许安装矿棉板。

/ 小贴士 /

明暗龙骨结合的方式发挥了明龙骨和暗龙骨二者的优点，根据不同的需求灵活决定局部矿棉板的安装方式。在具体操作时，由于顶棚大部分都采用暗龙骨而属于无缝状态，灯具及风口则可以用明龙骨来固定，使整个顶棚非常干净、整洁，通常使用在办公空间当中。

参考案例 8 | **矿棉板顶棚（暗架）**

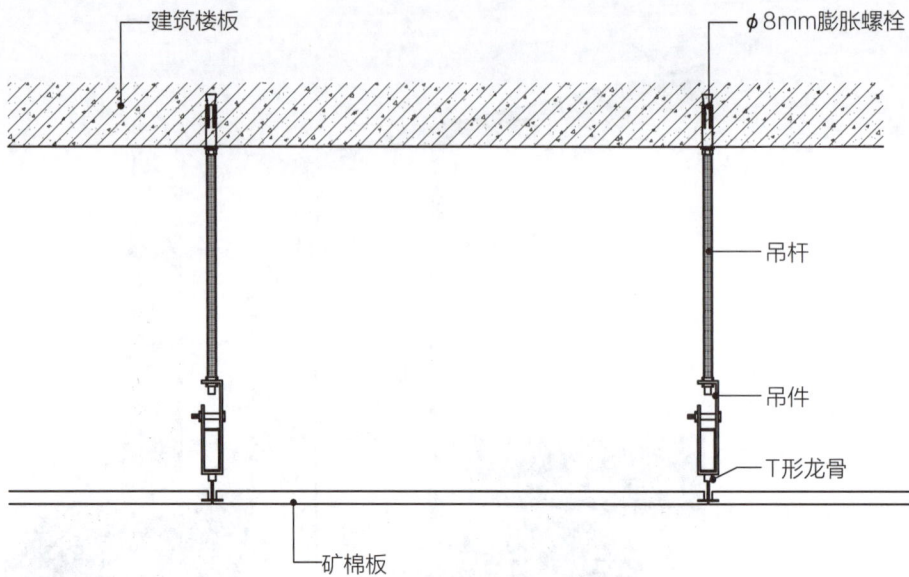

建筑楼板 —
φ8mm膨胀螺栓 —
吊杆 —
吊件 —
T形龙骨 —
矿棉板 —

节点图

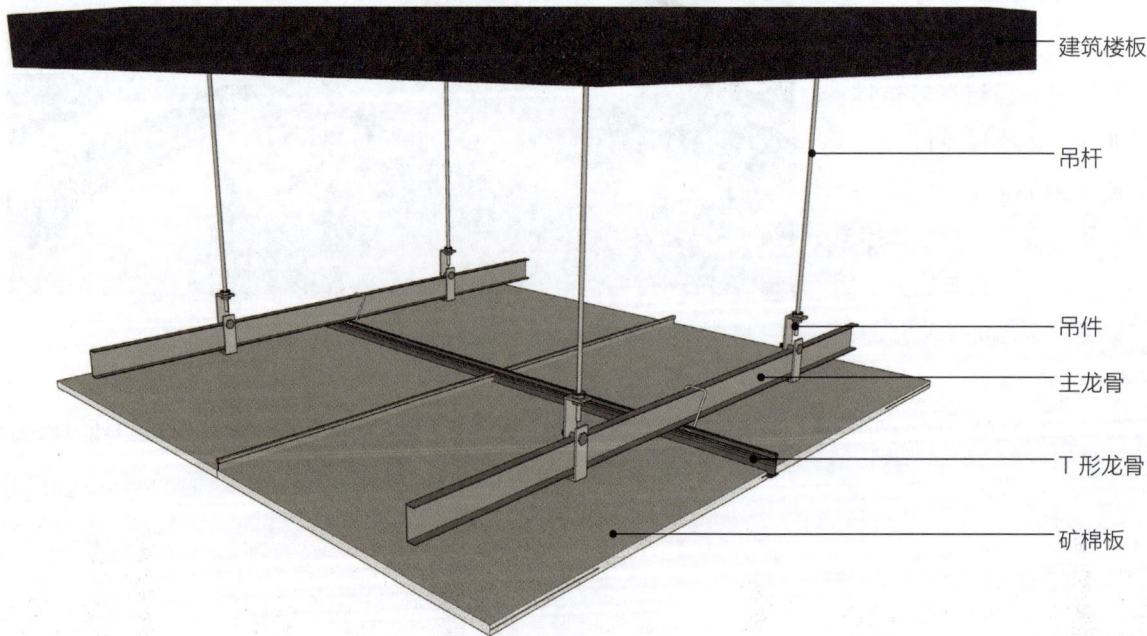

建筑楼板
吊杆
吊件
主龙骨
T形龙骨
矿棉板

三维示意图

1 施工流程

定高度、弹线→安装吊杆→安装主、次龙骨→安装边龙骨→安装矿棉板。

2 重点工艺解析

①确定顶棚的高度，弹出顶棚线，确定矿棉板安装标准线。

②采用膨胀螺栓固定吊挂杆件。吊杆的一端同 L30×30×3 角码焊接（角码的孔径应根据吊杆和膨胀螺栓的直径确定），另一端可以用攻丝套出大于 100mm 的丝杆，也可以买成品丝杆焊接。

③将吊挂杆件连接在主龙骨上，拧紧螺栓，采用 T 形龙骨做次龙骨，将次龙骨通过挂件吊挂在大龙骨上。

④采用 L 形边龙骨，与墙体用塑料胀管或自攻螺钉固定，固定间距为 200mm。

⑤矿棉板的规格、厚度应根据具体的设计要求确定，一般为 600mm×600mm×15mm。

—— / 小贴士 / ——

　　暗龙骨的安装方式使矿棉板顶棚表面缝隙较小，从下方看几乎达到无缝的效果。在安装矿棉板时，要注意插片的深度，板间应连接紧密，不允许有明显的缺棱、掉角和翘曲的现象。

矿棉板顶棚的运用与办公室整体简约的气质相符，融合度较高

参考案例9 铝单板顶棚

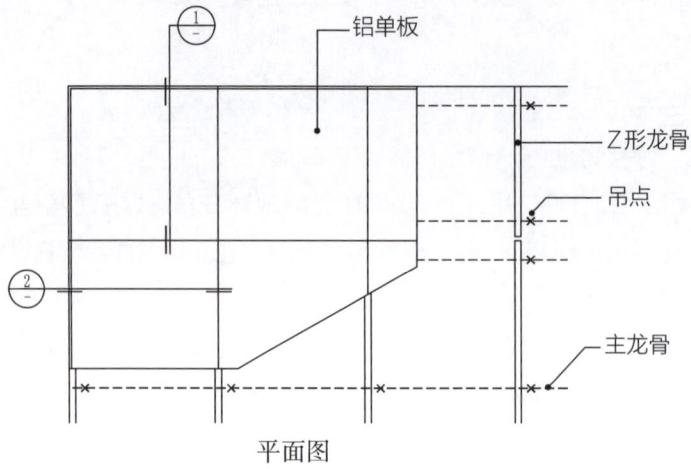

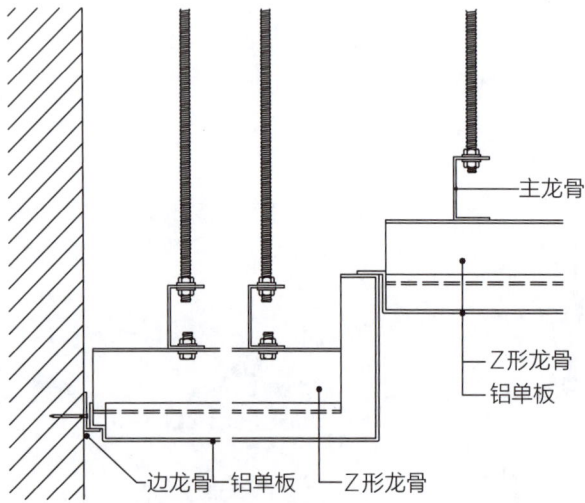

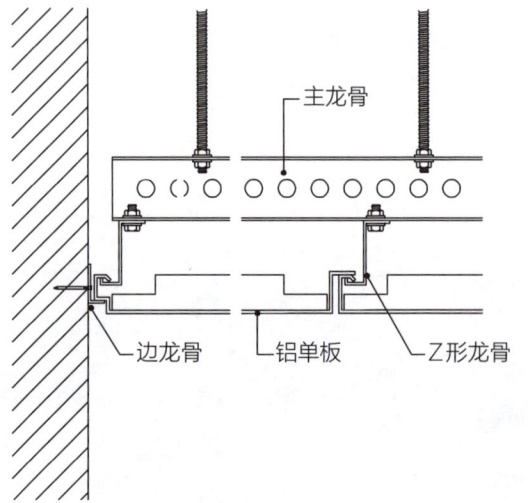

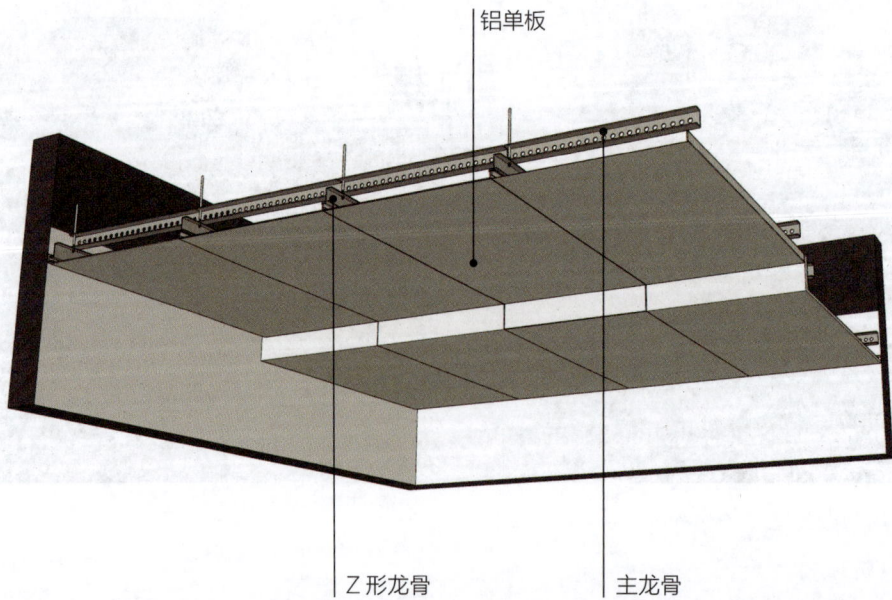

铝单板

① ②

Z形龙骨

吊点

主龙骨

平面图

主龙骨

Z形龙骨
铝单板

边龙骨 铝单板 Z形龙骨

①节点详图

主龙骨

边龙骨 铝单板 Z形龙骨

②节点详图

铝单板

Z形龙骨 主龙骨

三维示意图

1 施工流程

定高度、弹线→安装吊杆→安装主龙骨→安装边龙骨→安装 Z 形龙骨→安装铝单板。

2 重点工艺解析

①根据设计图纸在墙面上弹出顶棚的高度，其偏差不大于 ±3mm，同时弹出吊杆的位置，即吊点。

②根据弹线的位置以及吊杆下头的标高来安装吊杆，按主龙骨位置及吊挂间距，将吊杆无螺栓的一端用膨胀螺栓固定在楼板下，吊杆用 ϕ6mm 的钢筋。

③根据吊杆的位置，将预先安好吊挂件的主龙骨与吊杆相连接，拧好螺母，安装连接件，拉线调整标高和平直，安装洞口附加主龙骨，用连接卡固定。

④选用 L 形镀锌轻钢条做边龙骨，用自攻螺钉与墙面相固定。

⑤Z 形龙骨又名钩挂龙骨或勾搭龙骨，用自攻螺钉将 Z 形龙骨和主龙骨相接。

⑥铝单板的边缘带有钩挂，能够直接与 Z 形龙骨勾在一起，达到稳固的效果。

相同大小的铝板镀漆错缝拼接，取得了良好的装饰效果

── / 小贴士 / ──

　　铝单板顶棚具有良好的抗压性和耐用性，但是相对来说，形式比较单一，安装时对平整度的要求较高，不适用于大面积的顶部空间。

参考案例 10 | **不锈钢折板顶棚**

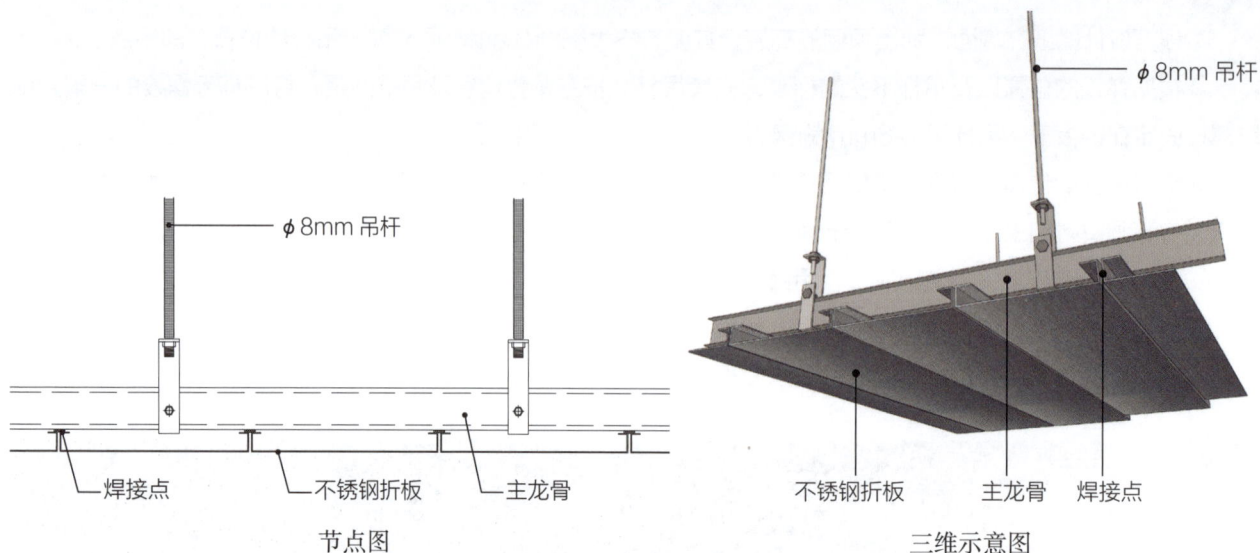

节点图

三维示意图

1 施工流程

定高度、弹线→固定吊杆→固定龙骨→安装不锈钢折板。

2 重点工艺解析

逐步干挂安装不锈钢，点焊时需考虑间隙缝。

/ 小贴士 /

不锈钢耐腐蚀性和耐高温性很强，但是成本会比普通钢要高，其效果也会比较单一，不太适合在小面积居室中使用。

刷上亚光漆的不锈钢折板用在室内可以改善其表面反射、影响视野的问题

参考案例 11 条形铝扣板顶棚（无缝拼接）

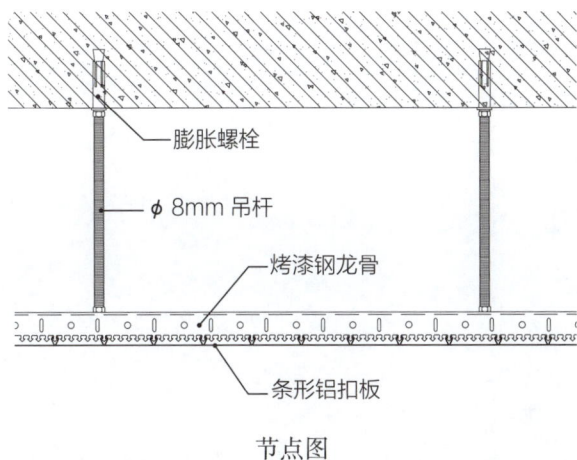

节点图

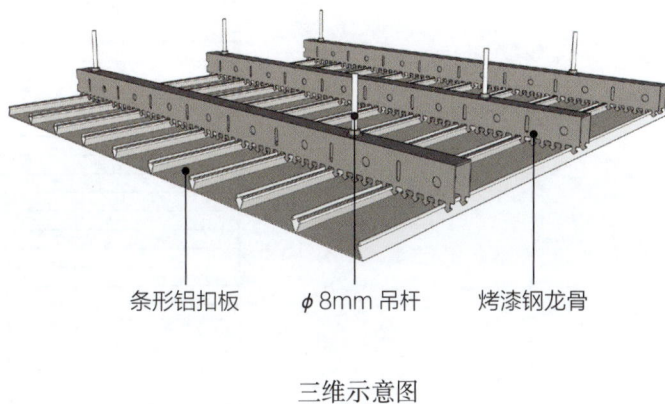

三维示意图

① 施工流程

定高度、弹线→固定吊杆→固定龙骨→安装条形铝扣板。

② 重点工艺解析

安装条形铝扣板时，应把龙骨调直，保证扣板平整、不翘曲，顶棚平整，误差不得超过 5mm。

/ 小贴士 /

无缝拼接的形式使顶棚浑然一体，使空间更加具有整体性，但是也会使空间缺乏变化，因此多用于家装空间的客厅中。

条形铝扣板顶棚搭配点状光源，形成了类似星空的感觉，为家居空间增添了韵味

参考案例 12 **条形铝扣板顶棚（空隙较大）**

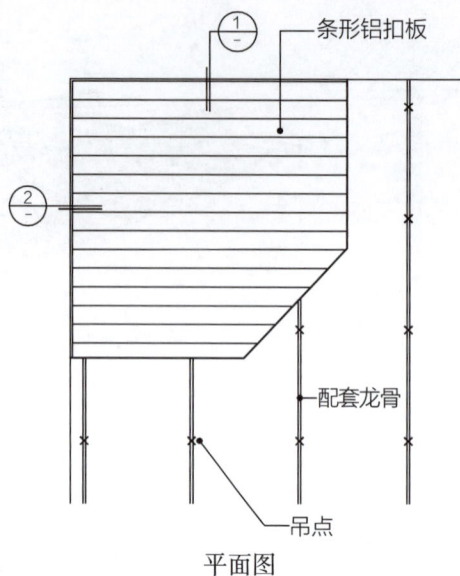

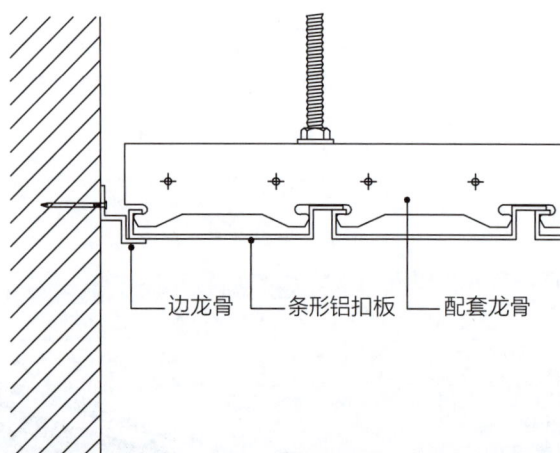

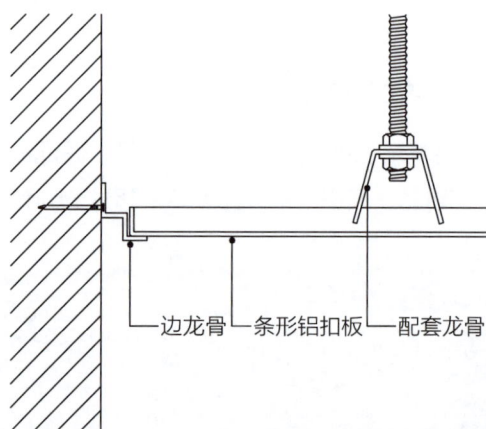

平面图

①节点详图

②节点详图

1 施工流程

定高度、弹线→固定吊杆→固定龙骨→安装条形铝扣板。

2 重点工艺解析

空隙较大的条形铝扣板顶棚的边龙骨可采用 L 形和 W 形。W 形龙骨更加贴合铝扣板的形状，它们之间的接口更加美观、自然。

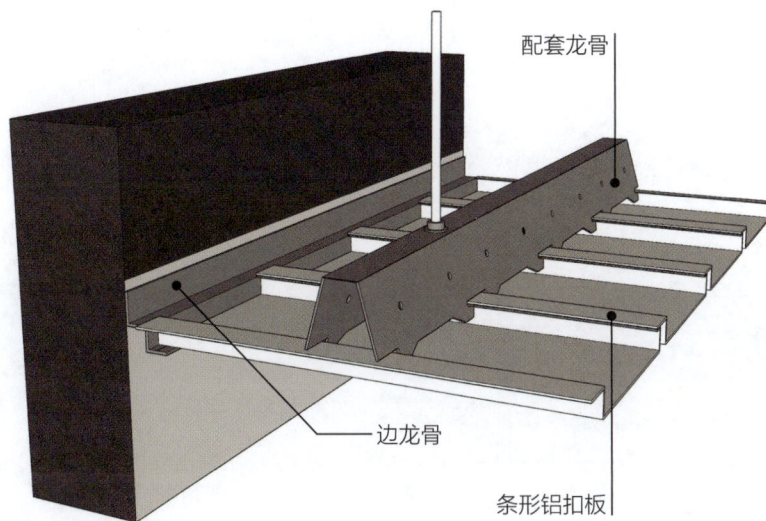

配套龙骨

边龙骨

条形铝扣板

三维示意图

在条形铝扣板顶棚中加入黑色装饰板，丰富了顶棚的色彩表现力

参考案例 13 条形铝扣板顶棚（圆弧倒角）

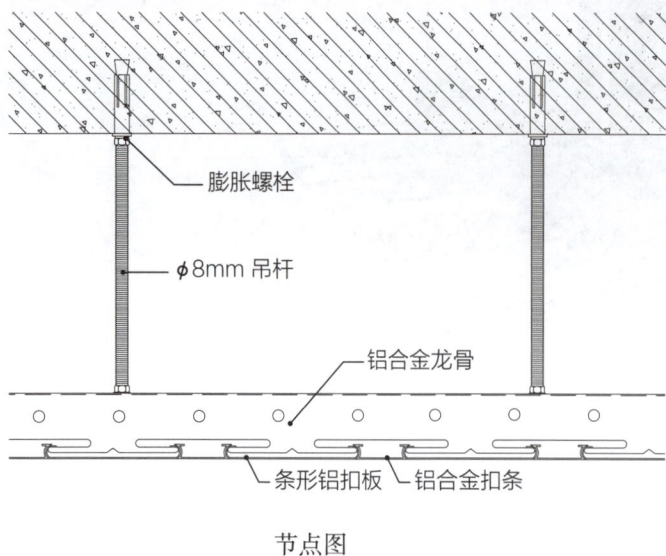

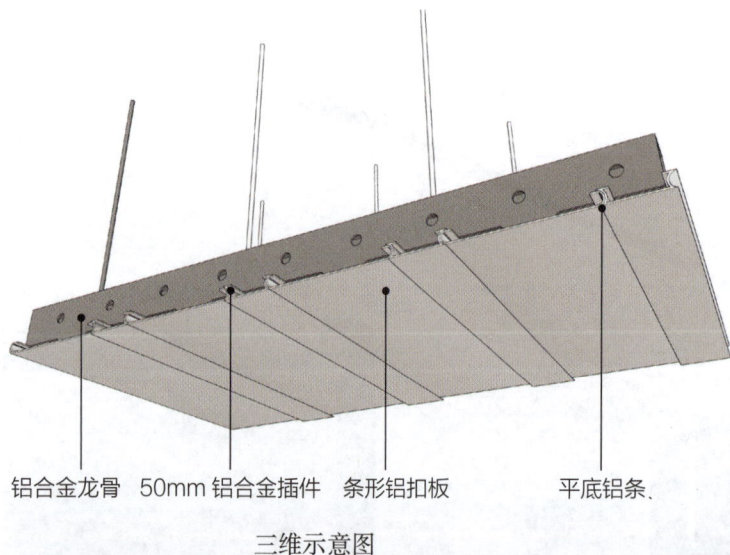

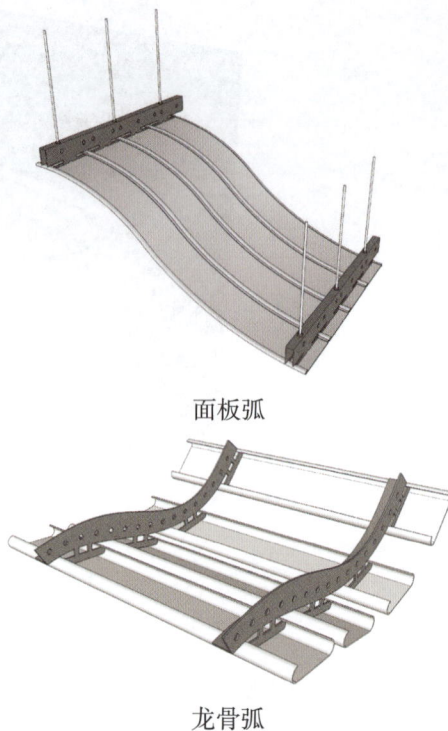

膨胀螺栓

φ8mm 吊杆

铝合金龙骨

条形铝扣板 —— 铝合金扣条

节点图

面板弧

龙骨弧

铝合金龙骨　50mm 铝合金插件　条形铝扣板　平底铝条、

三维示意图

1 施工流程

定高度、弹线→固定吊杆→固定龙骨→安装条形铝扣板。

2 重点工艺解析

采用铝扣板做二维曲面顶棚其实并不复杂，只需要根据需求对面板或者龙骨进行弯曲处理，即可达到弧面、斜面等造型效果。

/ 小贴士 /

通过龙骨弧面的方式可达到顶棚弧形的效果，弧形顶棚虽在一定程度上降低了层高，但是视觉冲击力更强。

利用条形铝扣板制作成类似波浪的形态，动感十足

参考案例 14　条形铝扣板顶棚（拼插）

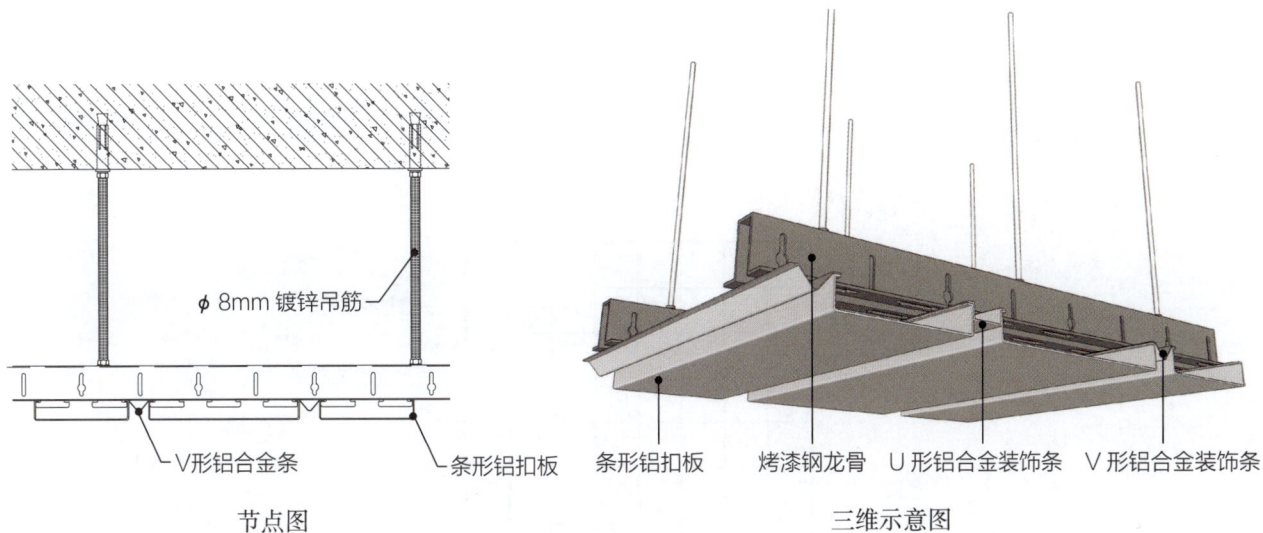

φ 8mm 镀锌吊筋

V形铝合金条　　　条形铝扣板

节点图

条形铝扣板　烤漆钢龙骨　U形铝合金装饰条　V形铝合金装饰条

三维示意图

1　施工流程

定高度、弹线→固定吊杆→固定龙骨→安装条形铝扣板。

2　重点工艺解析

在条形铝扣板大面积施工前，应先做样板间，对顶棚的起拱度、灯槽、窗帘盒、通风口等进行处理，经鉴定没有问题后，再进行大面积施工。

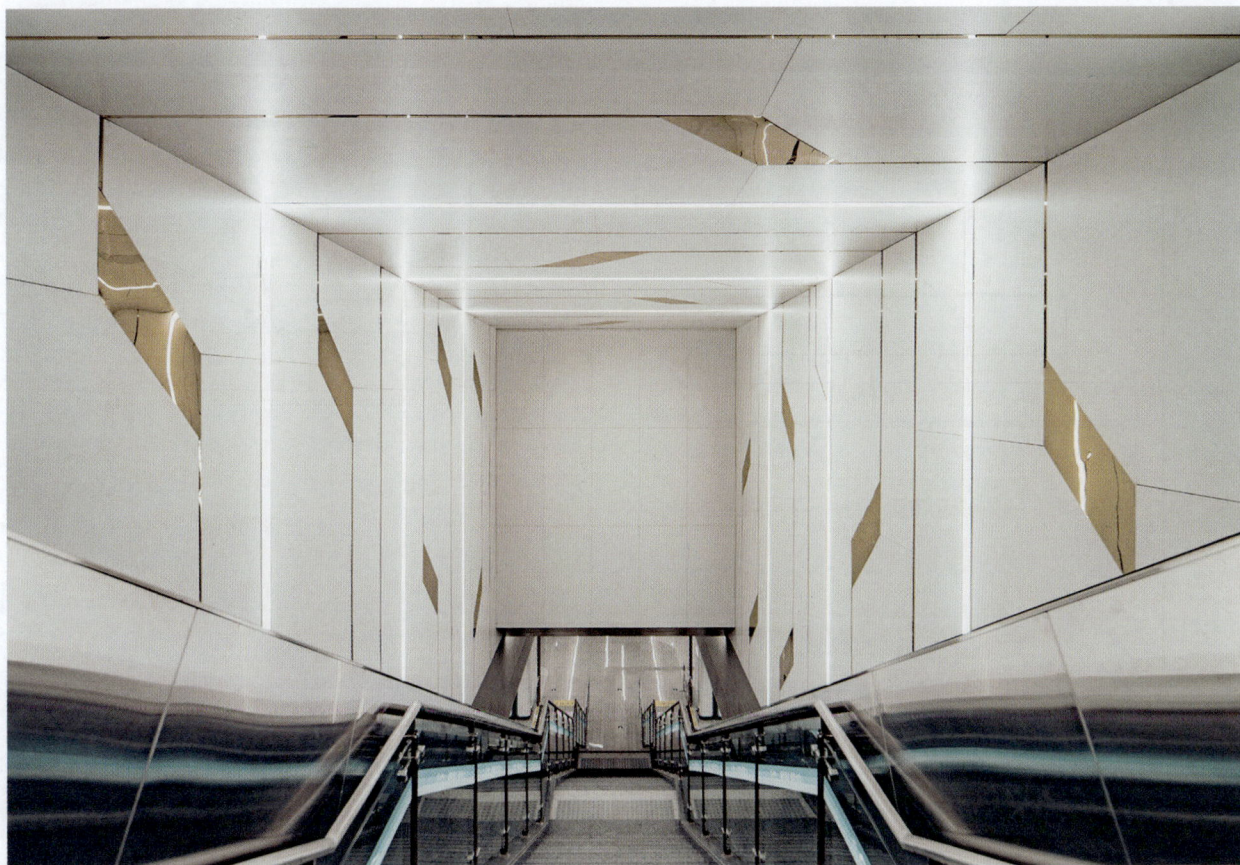

将条形铝扣板与金色烤漆的不锈钢板相结合用在扶梯空间中，加上充足的照明，营造出大气、明亮的空间感

参考案例 15 **方形铝扣板顶棚**

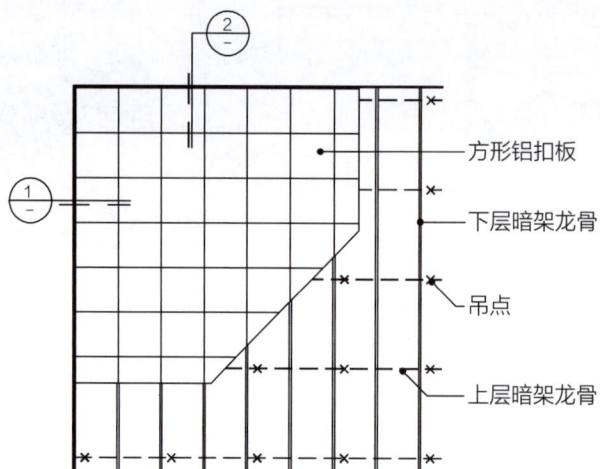

平面图

方形铝扣板

下层暗架龙骨

吊点

上层暗架龙骨

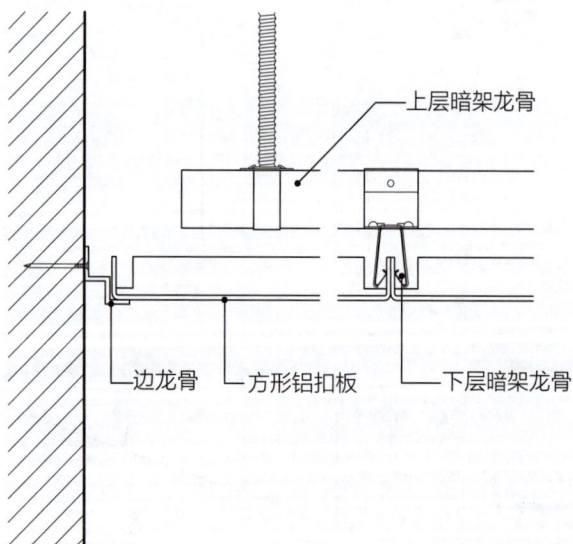

上层暗架龙骨

边龙骨　方形铝扣板　下层暗架龙骨

①节点详图

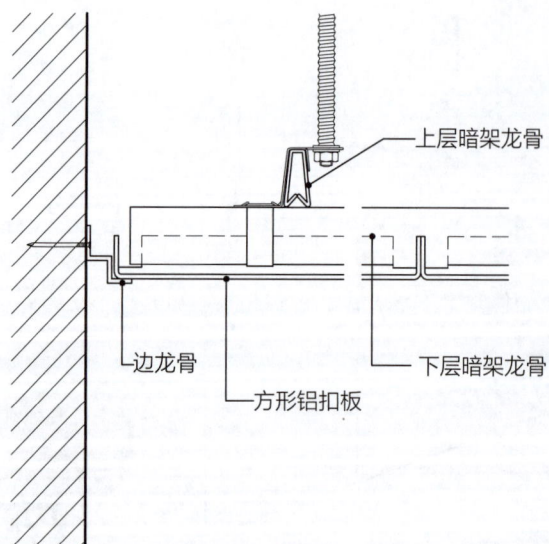

上层暗架龙骨

边龙骨

方形铝扣板

下层暗架龙骨

②节点详图

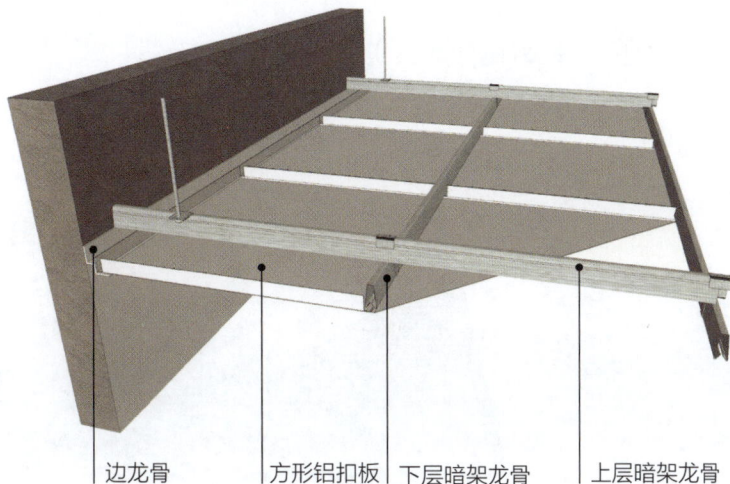

边龙骨　　　方形铝扣板　下层暗架龙骨　　上层暗架龙骨

三维示意图

① 施工流程

定高度、弹线→固定吊杆→固定龙骨→安装方形铝扣板。

② 重点工艺解析

轻钢龙骨固定好后，直接把方形铝扣板压在轻钢龙骨中即可。

/ 小贴士 /

铝扣板顶棚质轻、防水性能好，但款式和形态比较单一，适用于厨卫空间及公装空间当中。另外，条形铝扣板的安装更加考验工人的安装水平，对平整度要求较高，但是如果达到了平整度要求，其装饰效果较好，使顶棚显得更加干净、整齐。

白色的方形铝扣板不会压缩层高，顶棚设计显得十分干净、自然

参考案例 16 | 铝格栅顶棚（弹簧吊扣安装）

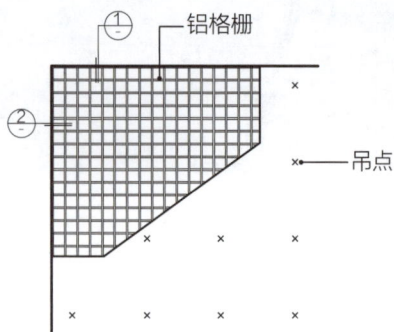

铝格栅

吊点

节点图

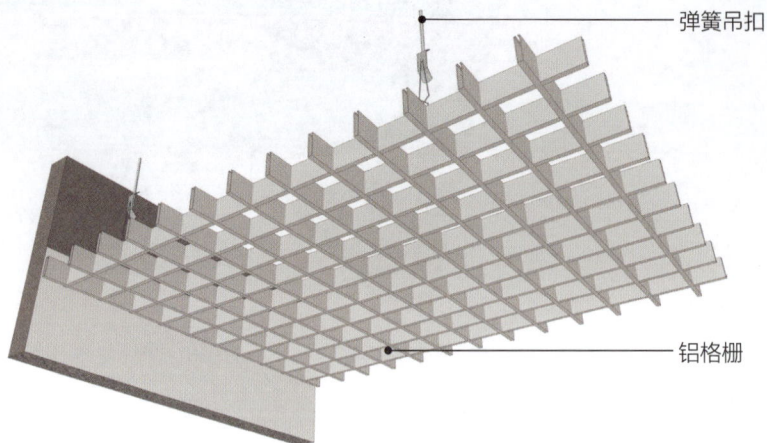

弹簧吊扣

铝格栅

三维示意图

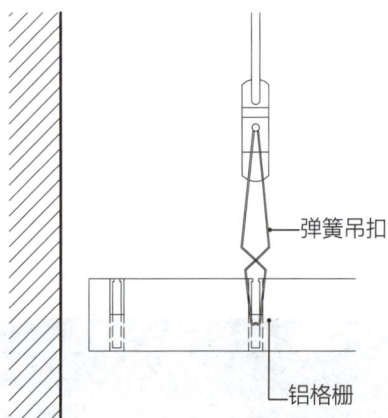

弹簧吊扣

铝格栅

①节点详图

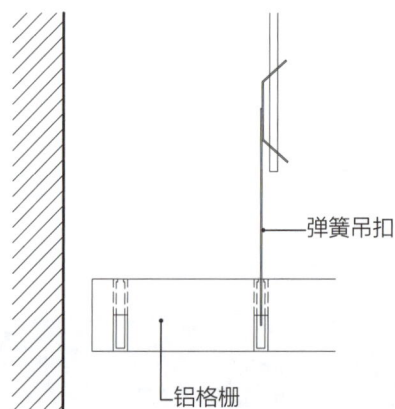

弹簧吊扣

铝格栅

②节点详图

① 施工流程

定高度、弹线→固定吊杆→固定弹簧扣→组合铝格栅→安装铝格栅。

② 重点工艺解析

①一般应尽可能在地面将铝格栅拼装完成，然后再悬挂。

②用弹簧吊扣穿在主龙骨孔内，将整个格栅天花连接后，调整至水平即可。

铝格栅顶棚丰富了空旷又宽阔的空间，格栅中央的风口分割了连续的格栅，避免了大面积使用格栅造成的单调感

参考案例 17　铝格栅顶棚（吊件式安装）

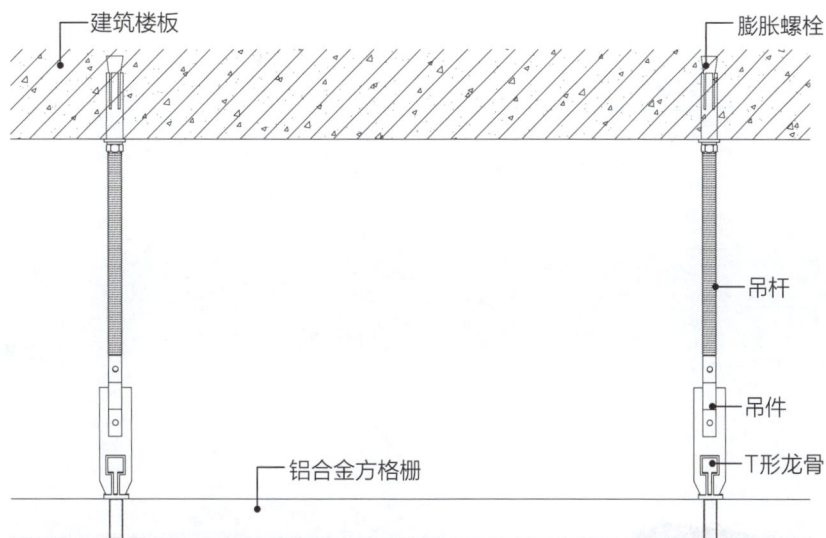

建筑楼板　膨胀螺栓

吊杆

吊件

T形龙骨

铝合金方格栅

节点图

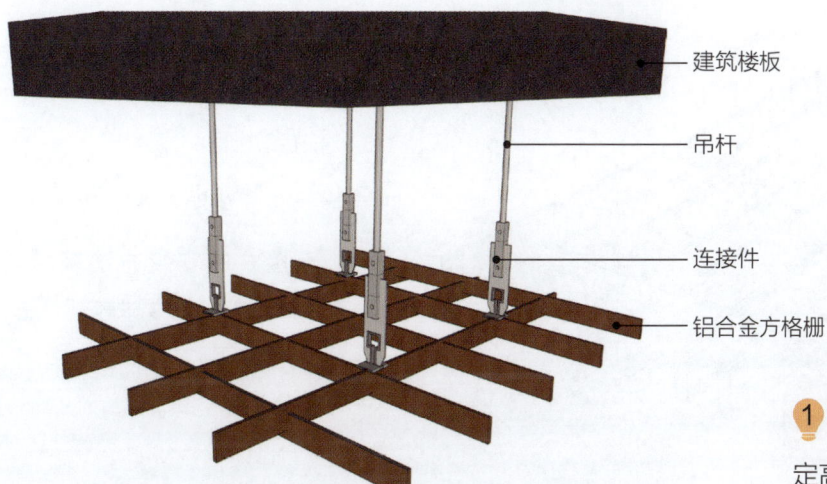

建筑楼板

吊杆

连接件

铝合金方格栅

三维示意图

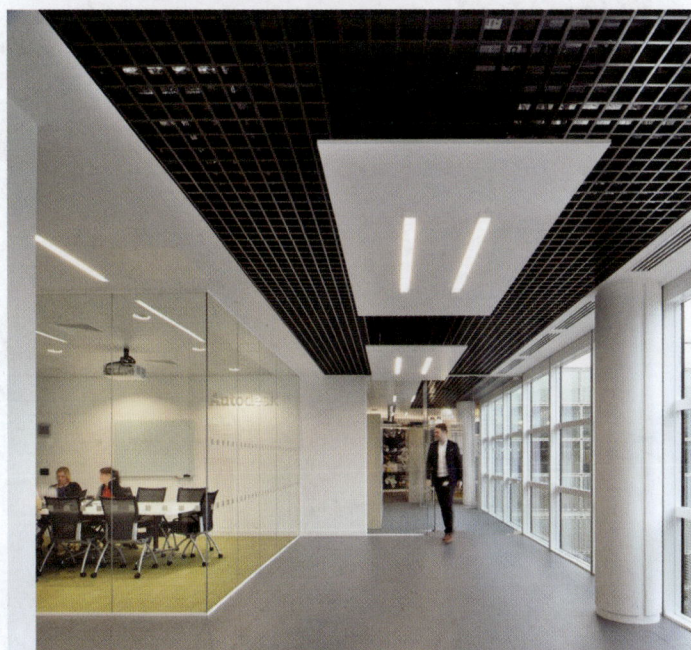

1 施工流程

定高度、弹线→固定吊杆→固定连接件→组合铝格栅→安装铝格栅。

2 重点工艺解析

①弹线时预先留出风口及各种明露孔口的位置。

②通过T形龙骨将铝格栅和连接件相接，将其固定好。

/ 小贴士 /

铝格栅吊件式安装方式的承载力比弹簧吊扣安装更高，因此更适合大面积的空间使用。

格栅在视觉上让空间的宽度和深度都有了一定的延伸感，具有放大空间的视觉效果

参考案例 18 铝方通顶棚（卡接式安装）

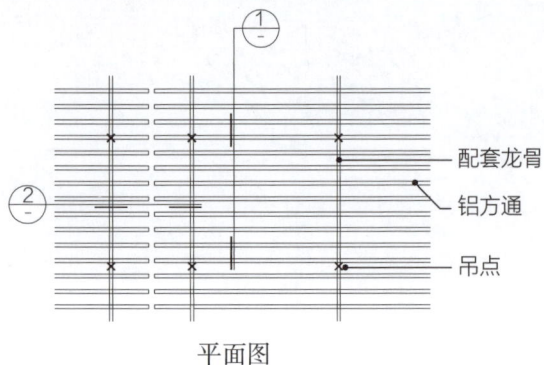

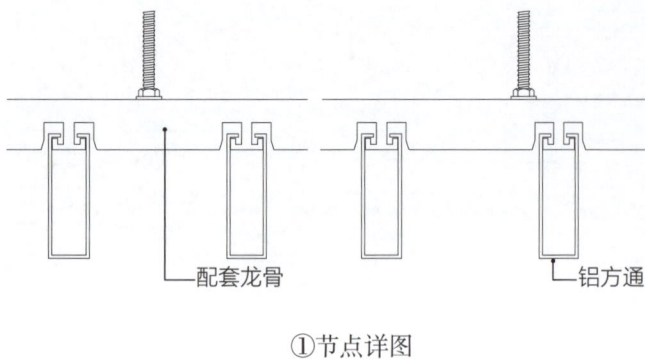

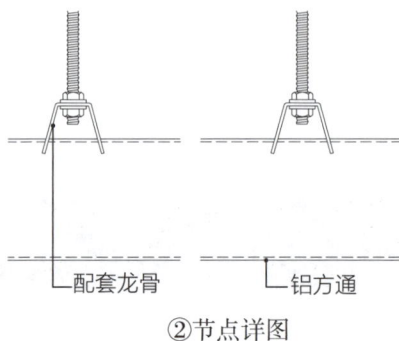

平面图

配套龙骨
铝方通
吊点

①节点详图

配套龙骨
铝方通

②节点详图

铝方通
配套龙骨

三维示意图

/ 小贴士 /

　　卡接式的安装方法简单，对施工人员的能力要求较低，注意铝方通的平整度即可，适用于大部分公装空间。

1 施工流程

　　定高度、弹线→固定吊杆→固定龙骨→安装铝方通。

2 重点工艺解析

　　不同的铝方通只有与其配套的龙骨相接才会稳定，安装时要注意细部和接口位置的处理。

　　在铝方通中间加入线性灯，不规律的分布让顶棚设计更加灵动

参考案例 19 **铝方通顶棚（螺接式安装）**

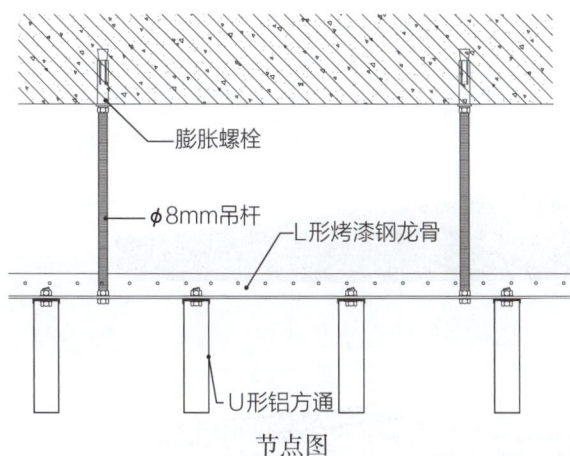

膨胀螺栓

φ8mm吊杆

L形烤漆钢龙骨

U形铝方通

节点图

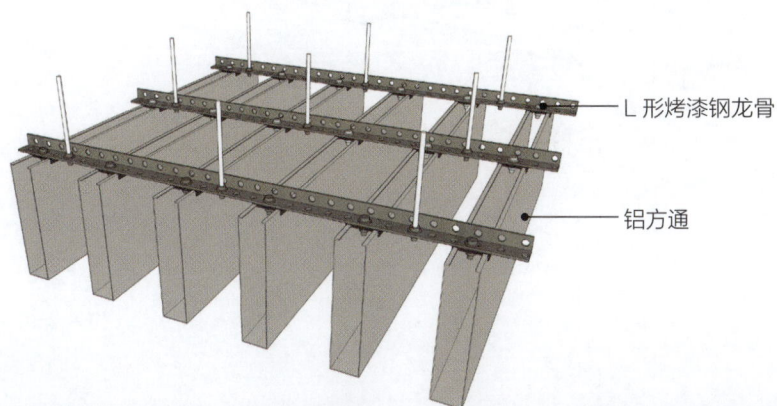

L形烤漆钢龙骨

铝方通

三维示意图

1 施工流程

定高度、弹线→用膨胀螺栓固定吊件→固定基角钢龙骨→安装铝方通。

2 重点工艺解析

用螺钉将与铝方通配套的金属连接片与基角钢龙骨固定在一起，对铝方通进行调平即可。

/ 小贴士 /

铝方通通过螺栓与基角钢龙骨连接，增强了稳固性。但维修和维护成本比卡接式安装更高，适用于大部分公装空间。

铝方通呈条纹状，使空间更加开阔

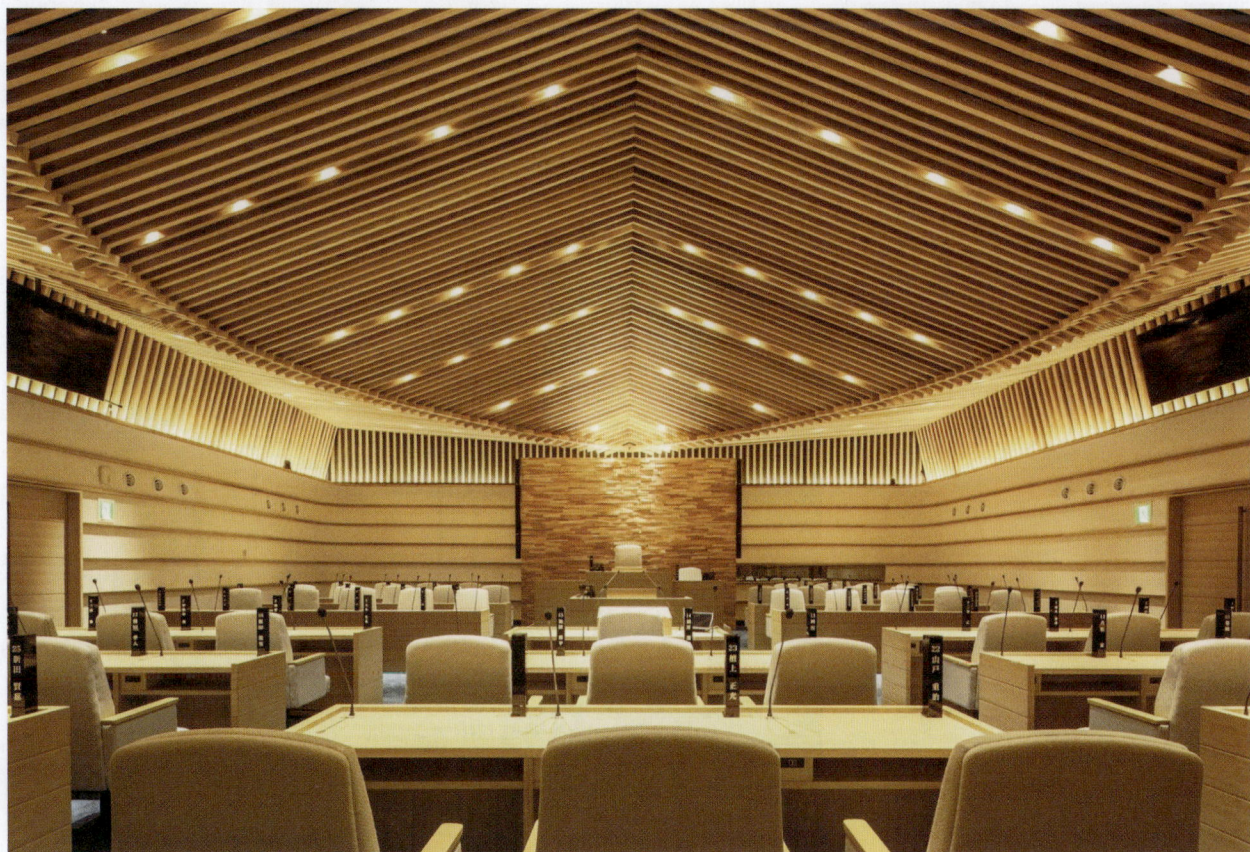

参考案例 20 铝圆通顶棚（卡接式安装）

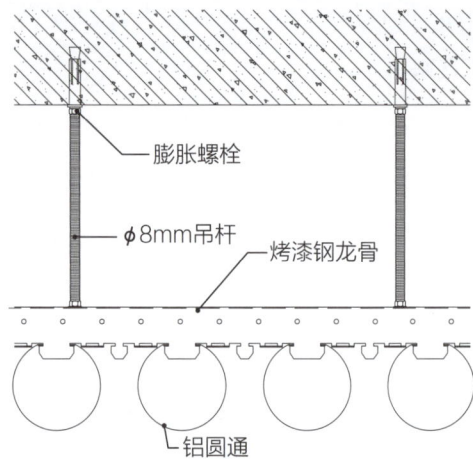

膨胀螺栓

φ8mm吊杆

烤漆钢龙骨

铝圆通

节点图

吊杆

30 U 形件龙骨

D70 铝圆通

三维示意图

1 施工流程

定高度、弹线→固定吊杆→固定龙骨→安装铝圆通。

2 重点工艺解析

卡接的安装方式利用配套龙骨来连接铝圆通，若是不配套，则无法相接。

/ 小贴士 /

铝圆通吊顶整体会显得更加柔和，能够弱化空间的尖锐感。另外，需要注意的是卡接的方式利用了配套龙骨来连接铝圆通，若是不配套，则无法相接。

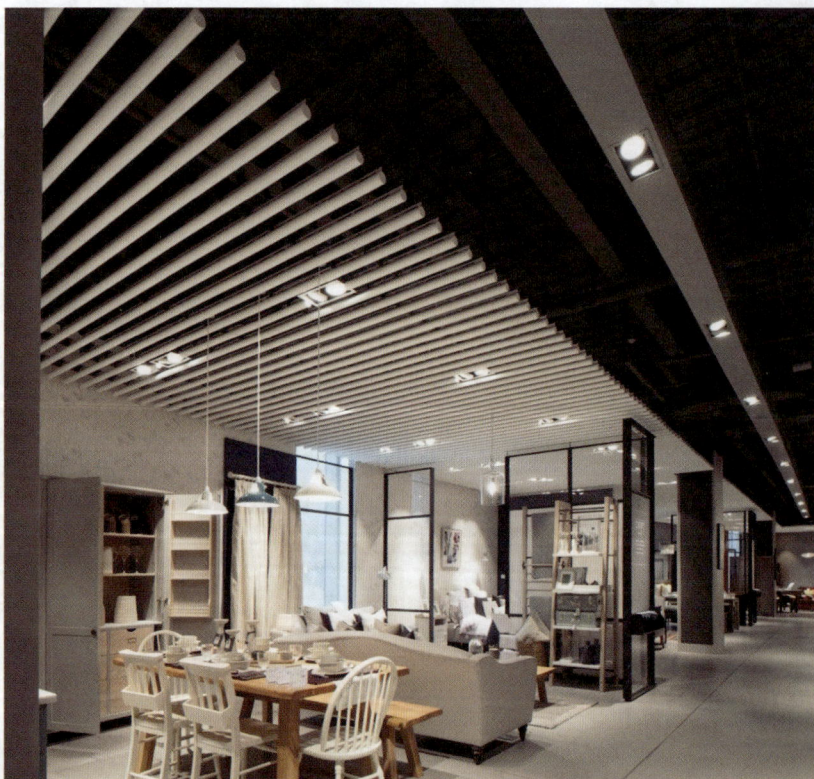

悬吊式铝圆通整齐地排布，增强了顶面的律动性

参考案例 21　铝圆通顶棚（螺接式安装）

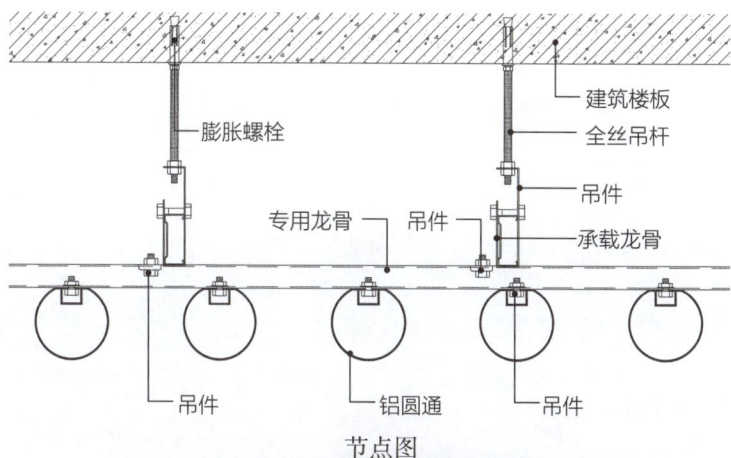

节点图

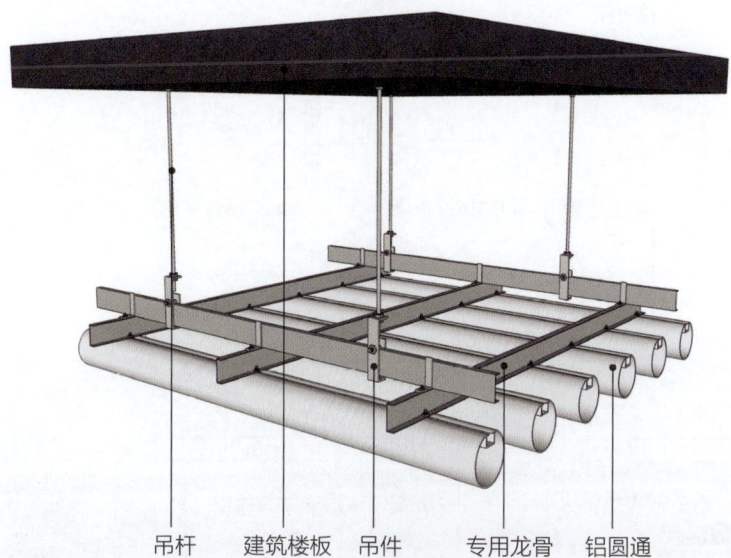

三维示意图

吊杆　建筑楼板　吊件　专用龙骨　铝圆通

1 施工流程

定高度、弹线→固定吊件→固定主龙骨→固定专用龙骨→固定铝圆通→安装盖板。

2 重点工艺解析

①根据设计图纸的标注，在相应高度上弹线，弹线时要注意预留出风口、灯具以及其他明露孔的位置。

②龙骨的吸顶吊件用膨胀螺栓与钢筋混凝土板固定。

③用螺钉将吊件与 D50 或 D60 轻钢主龙骨相固定，主龙骨的间距不得大于 1200mm。

④用 6mm 螺栓将专用龙骨与主龙骨固定，且专用龙骨与主龙骨的方向要垂直。

⑤用 6mm 螺栓将铝圆通与专用龙骨固定在一起，铝圆通的间距与设计图纸相符，铝圆通的安装方向与主龙骨方向一致。

⑥在铝圆通的端头位置安装盖板，遮盖住铝圆通内部的螺栓等结构。

铝圆通间距的变化及色彩差异，能为空间营造出不同的装饰效果

参考案例 22 **铝蜂窝复合板顶棚**

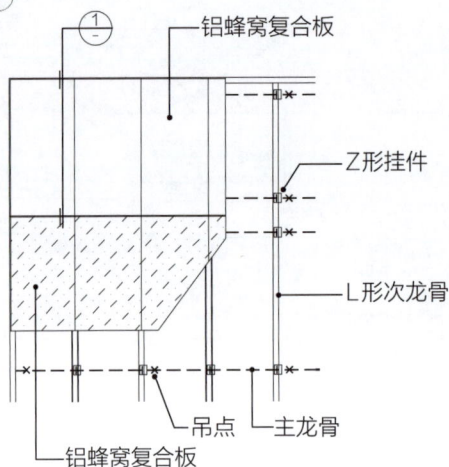

铝蜂窝复合板

Z形挂件

L形次龙骨

吊点 主龙骨

铝蜂窝复合板

平面图

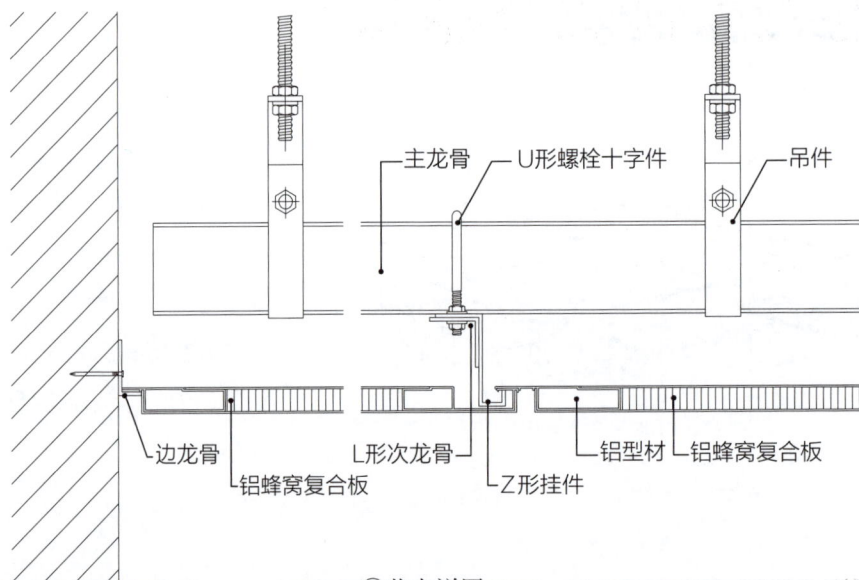

主龙骨 U形螺栓十字件 吊件

边龙骨 L形次龙骨 铝型材 铝蜂窝复合板

铝蜂窝复合板 Z形挂件

①节点详图

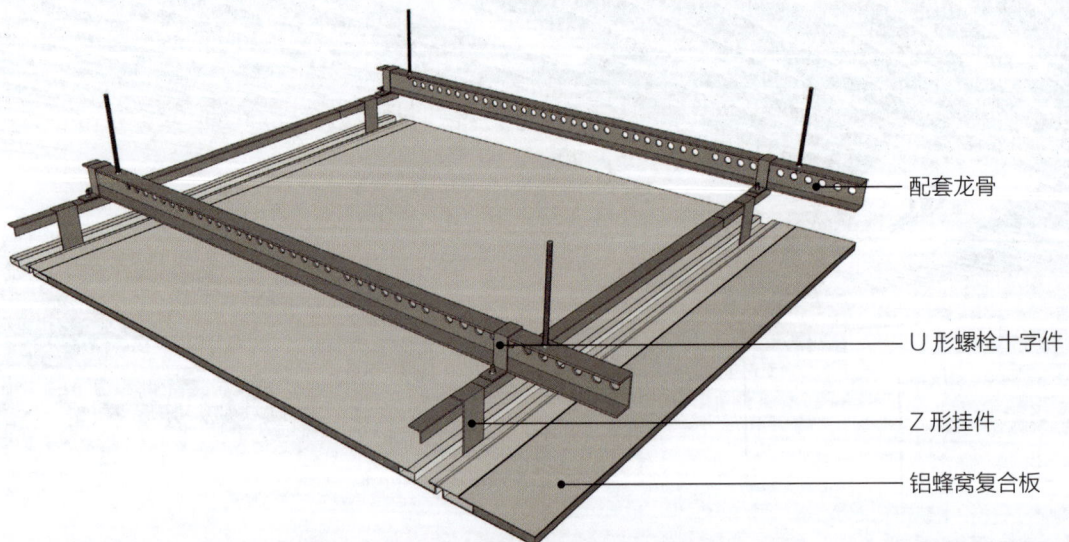

配套龙骨

U形螺栓十字件

Z形挂件

铝蜂窝复合板

三维示意图

1　施工流程

定高度、弹线→固定吊件→安装龙骨→安装边龙骨→安装次龙骨→安装铝蜂窝复合板。

2　重点工艺解析

①根据设计图纸所设定的高度，在空间的四面墙体上进行弹线，并弹出吊点的位置，以便安装吊杆。

②使用膨胀螺栓将全丝吊杆与建筑楼板相固定。

③使用 ϕ8mm 螺钉将龙骨与吊件相接，固定好主龙骨。

④根据顶棚的高度在四周的墙体上安装边龙骨，用自攻螺钉将边龙骨与墙体固定。

⑤采用 U 形螺栓十字件将次龙骨和 Z 形挂件相固定，次龙骨和主龙骨将 Z 形挂件夹在中间，使安装更加稳固。

⑥将铝蜂窝复合板直接搭在边龙骨以及 Z 形挂件上。这种安装方式简单，加工方便，吊装后还可以上人进行维修，适用于任何造型的顶棚安装。

穿孔的铝蜂窝复合板中孔眼等大，有规则地分布，光线从孔眼中透出，均匀地照亮整个房间

—— / 小贴士 / ——

需要注意的是，潮湿区域的铝蜂窝复合板周边需要做封闭处理。

参考案例 23　干挂木饰面板顶棚

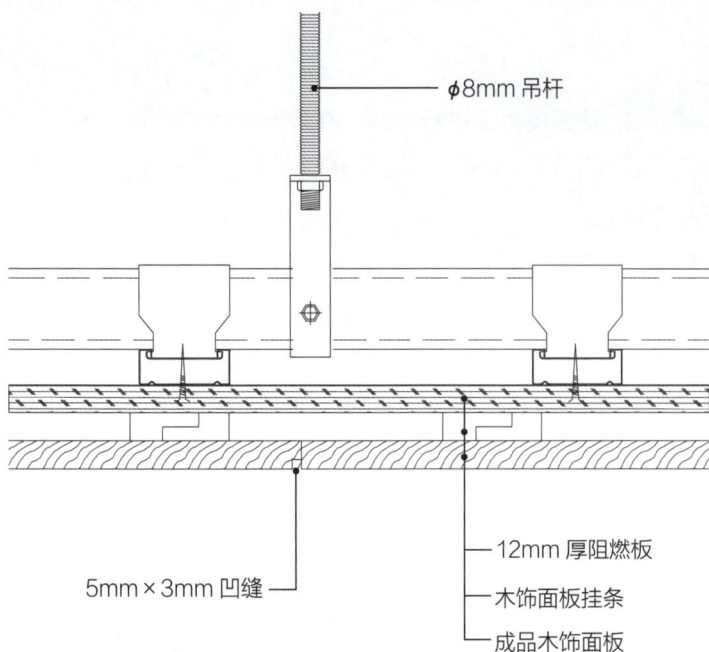

φ8mm 吊杆

12mm 厚阻燃板
木饰面板挂条
成品木饰面板

5mm×3mm 凹缝

节点图

/ 小贴士 /

　　木饰面板顶棚采用干挂法能够更好地调整顶棚的平整度，同时，木饰面板纹理清晰，不同的木料做成饰面板有不同的质地或纹理。另外，木饰面板顶棚除了用整块饰面板外，还可以采用窄木条拼接的方式，这样会使空间更显通透，避免过于死板。

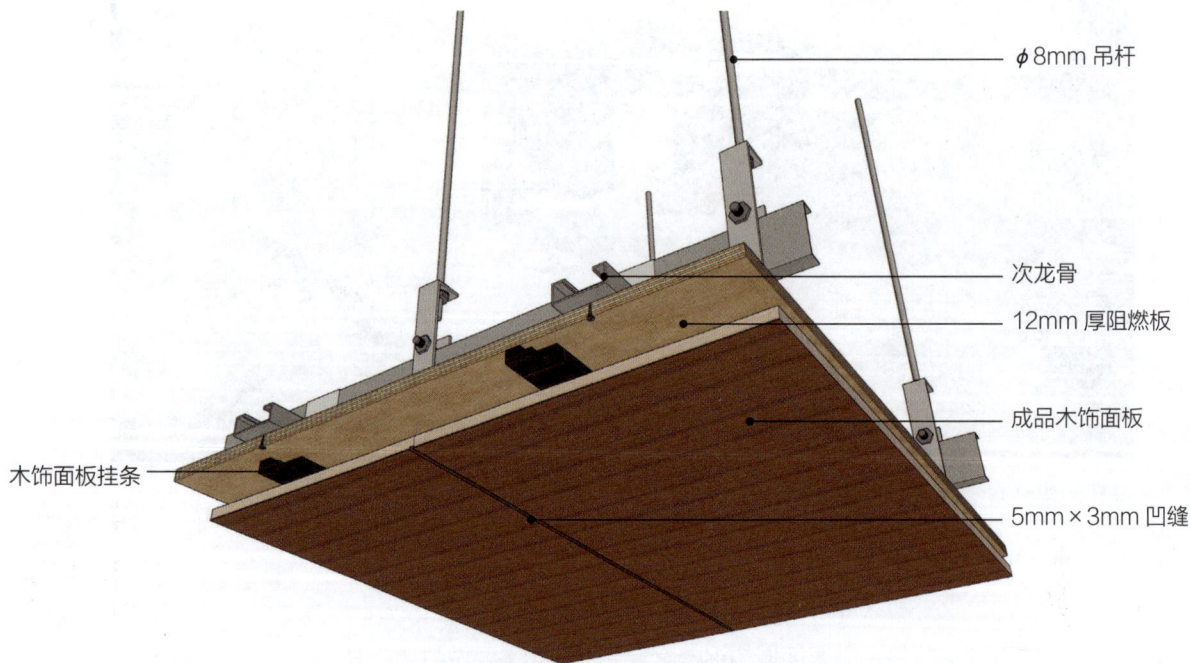

φ8mm 吊杆

次龙骨
12mm 厚阻燃板

成品木饰面板

5mm×3mm 凹缝

木饰面板挂条

三维示意图

1 施工流程

定高度、弹线→安装吊杆→安装次龙骨→安装阻燃板→安装木饰面板→修补木饰面板。

2 重点工艺解析

①根据设计图纸并结合现场情况，在楼板层上弹出主龙骨的位置，主龙骨应从顶棚中心向两边分，如果梁和管道固定点大于设计和规程要求，就要增加吊杆的固定点。

②采用 φ8mm 吊杆和配件固定 D50 主龙骨，龙骨间距一般为 900mm。

③配套的次龙骨一般选用烤漆 T 形龙骨，间距与板的横向规格相同。

④先将 12mm 厚阻燃板基层安装上，再用自攻螺钉固定阻燃板与龙骨。

⑤根据木饰面板的情况选择相适应的挂条，挂条要经过防腐、防锈、防水处理，若龙骨间距为 300mm，那么挂条的距离就是 300mm，挂条用自攻螺钉固定在阻燃板基层上，在木饰面板的背面打胶，用胶和自攻螺钉与挂条相固定。

⑥安装好木饰面板后，用油漆将自攻螺钉等空缺位置修补好。

木饰面板顶棚的自然感十足，且给人以温馨感

四、顶棚特殊部位的装饰构造

顶棚除了利用大面积的单一材质进行塑造外，也常用不同材料相接的形式来大幅提升空间的装饰效果。另外，在吊顶的装饰构造中，顶棚与窗帘盒、通风口的连接形式也不容忽视。

1. 不同材质顶棚的连接处理

顶棚的饰面材料很多时候都是由不同的材料拼接构成的，不同材料间的收口也会影响到顶棚的整体效果。其中，石膏板是顶棚材料中最常见的一种，大多数材料与其相接都十分合适。材料的颜色、纹理等不同，会产生不同的装饰效果。金属材料独具特色，由于本身的特质足够吸睛，因此一般情况下与之搭配的都是比较常见的白色系顶棚材料，如纸面石膏板、乳胶漆、矿棉板、透光板以及透光软膜等。木饰面板也可以与多种不同属性的顶棚材料相搭配，从而产生不同的装饰效果。木饰面板与其他材料进行衔接时，因为构造不同，通常采用细木工板、金属条等做收口，在保证美观的同时，也能够起到一定的稳固效果。

参考案例 1 | **纸面石膏板与石膏线条相接（粘贴法）**

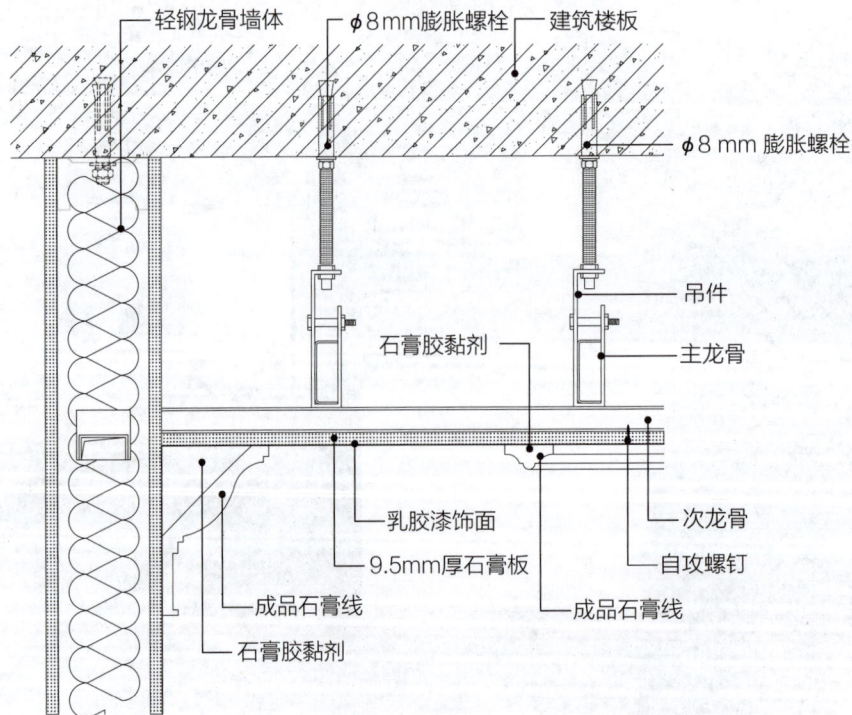

节点图

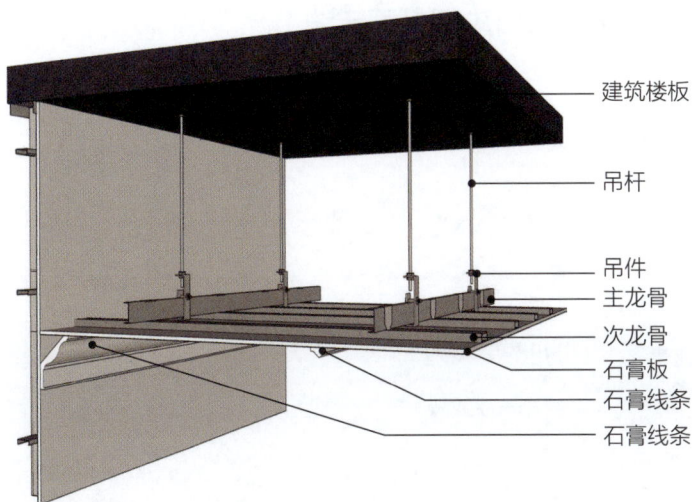

建筑楼板

吊杆

吊件
主龙骨
次龙骨
石膏板
石膏线条
石膏线条

三维示意图

① 施工流程

定高度、弹线→固定吊杆→安装主龙骨→安装次龙骨→安装边龙骨→安装纸面石膏板→涂刷石膏胶黏剂→安装成品石膏线。

② 重点工艺解析

①均匀地涂刷石膏胶黏剂，同时要快刷，避免胶黏剂过早干掉。

②施工时要做到快粘快调整，边固定边调整，调整好后在最短的时间内把该补的地方补到位，该清理的地方清理到位，然后用清水清理干净，保证装饰面干净整洁。

—— / 小贴士 / ——

石膏线通常安装在顶棚与墙面的交接处，也可以直接粘贴在顶棚上做装饰，以丰富顶棚层次。另外，石膏线在施工时应先从正面做起，使正面的接头少，保证石膏线的美观。

将石膏线条融入顶棚的设计之中，增加了细节感

参考案例 2　纸面石膏板与石膏线条相接（十字沉头自攻螺钉固定法）

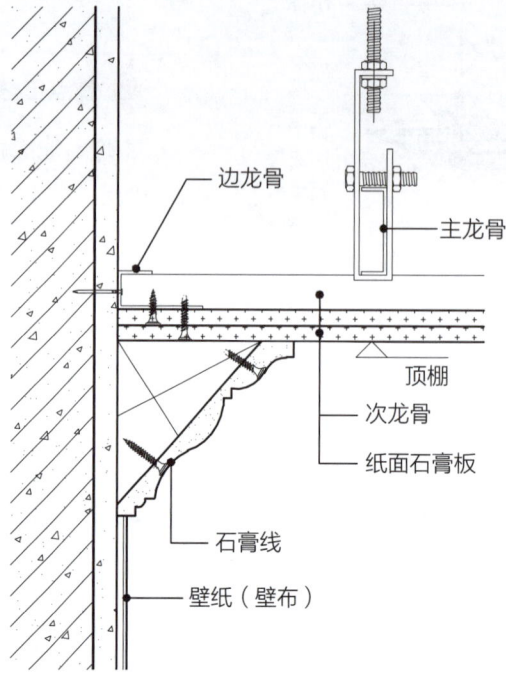

边龙骨

主龙骨

顶棚

次龙骨

纸面石膏板

石膏线

壁纸（壁布）

节点图

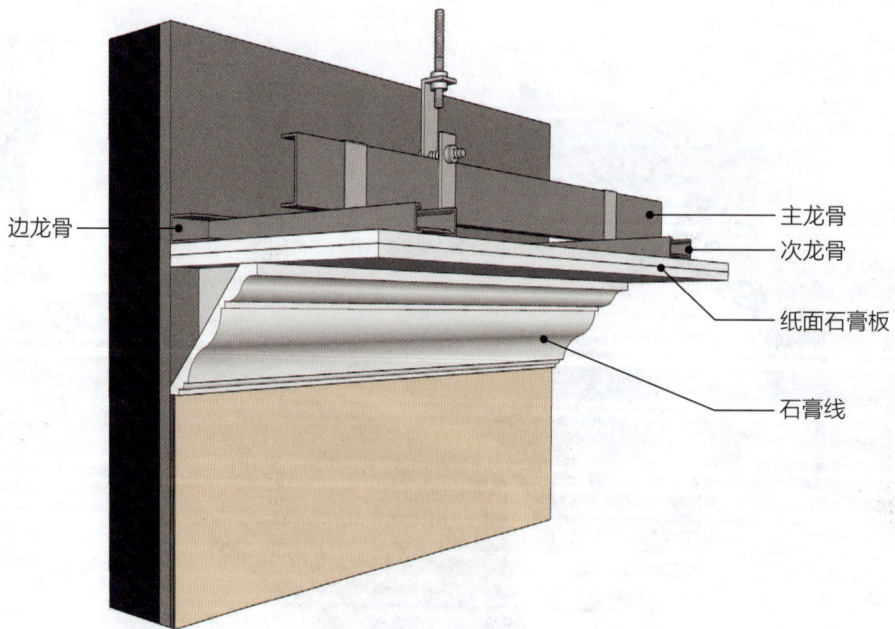

边龙骨

主龙骨

次龙骨

纸面石膏板

石膏线

三维示意图

1 施工流程

定高度、弹线→固定吊杆→安装主龙骨→安装次龙骨→安装边龙骨→安装石膏板→裁切木方→安装夹芯板→安装成品石膏线。

2 重点工艺解析

①根据石膏线的角度和长度裁切出相应的木方，作为夹芯板，并给夹芯板涂刷防火涂料。

②用十字沉头自攻螺钉将夹芯板分别与墙面、顶面相固定。

③将成品石膏线与夹芯板用自攻螺钉加以固定。

——— / 小贴士 / ———

石膏线条与顶棚相接时，除了采用粘接的方式外，还可以采用十字沉头自攻螺钉进行固定，这种固定方式更加稳固。

多层石膏线装饰顶棚，视觉效果丰富多样

参考案例 3 纸面石膏板与矿棉板相接

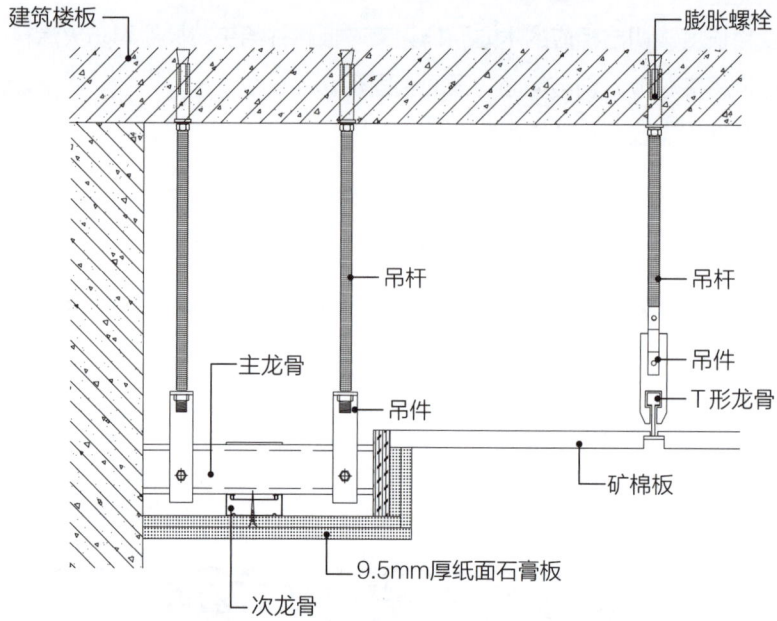

建筑楼板
膨胀螺栓
吊杆
吊杆
主龙骨
吊件
吊件
T 形龙骨
矿棉板
9.5mm 厚纸面石膏板
次龙骨

节点图

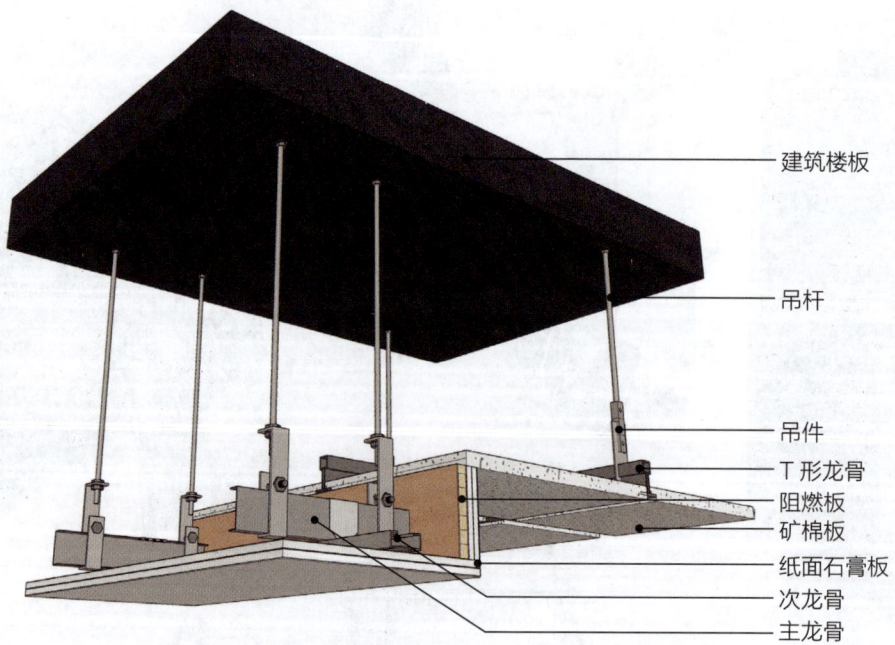

建筑楼板
吊杆
吊件
T 形龙骨
阻燃板
矿棉板
纸面石膏板
次龙骨
主龙骨

三维示意图

纸面石膏板和矿棉板主色都为白色，但是形式不同，两者相接时，白色顶棚有了变化，不再是死板而又单一的造型

1 施工流程

定高度、弹线→固定吊杆→安装龙骨→安装纸面石膏板→安装矿棉板→安装木方→安装侧边纸面石膏板。

2 重点工艺解析

①两种材料组合的顶棚安装，在弹线时要在顶面上弹出主龙骨的位置和嵌入式设备的外形尺寸线，以更好地区分两种材料。

②若是两种材料的高度不同，其吊杆的长度也应不同，在安装时要注意区分不同吊杆的安装位置，确保不会安错。

③在纸面石膏板的区域安装主龙骨与次龙骨，在矿棉板的区域则安装 T 形龙骨。

④根据图纸中设计的顶棚高差来切割木方，并在顶棚的侧面安装木方。

── / 小贴士 / ──

矿棉板与纸面石膏板都是安装简便并且造价低廉的顶棚材料，纸面石膏板与矿棉板相接的固定方式更加稳固。

参考案例 4　纸面石膏板面饰乳胶漆与玻璃相接

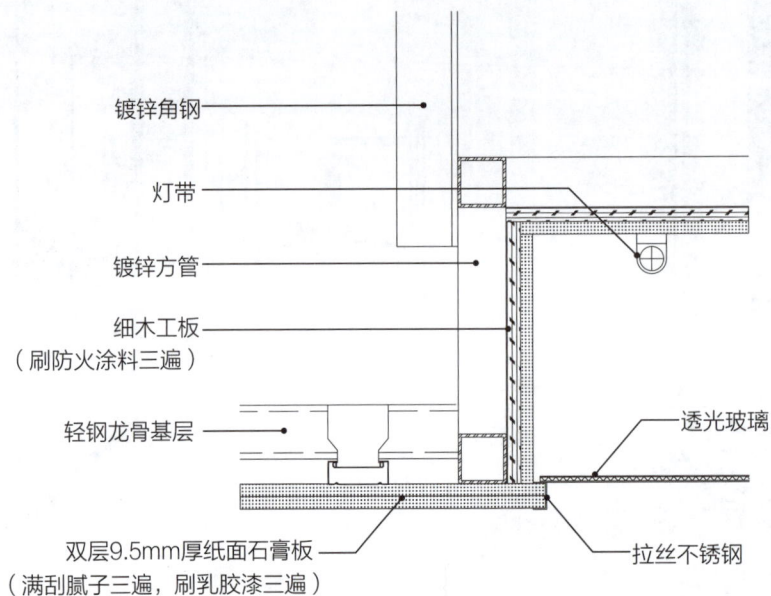

镀锌角钢

灯带

镀锌方管

细木工板
（刷防火涂料三遍）

轻钢龙骨基层

透光玻璃

双层9.5mm厚纸面石膏板
（满刮腻子三遍，刷乳胶漆三遍）

拉丝不锈钢

节点图

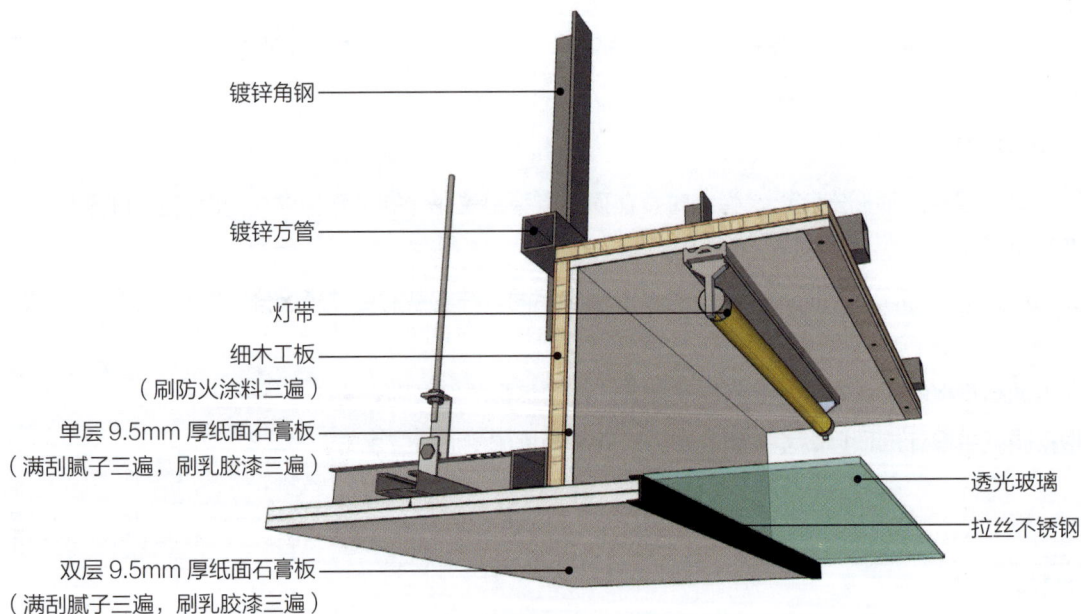

镀锌角钢

镀锌方管

灯带

细木工板
（刷防火涂料三遍）

单层9.5mm厚纸面石膏板
（满刮腻子三遍，刷乳胶漆三遍）

双层9.5mm厚纸面石膏板
（满刮腻子三遍，刷乳胶漆三遍）

透光玻璃

拉丝不锈钢

三维示意图

1 施工流程

定高度、弹线→固定吊杆→安装轻钢龙骨做基层→安装镀锌角钢→焊接镀锌钢管→安装细木工板→安装纸面石膏板→用 U 形不锈钢收边→在不锈钢上方放置透光玻璃。

2 重点工艺解析

①采用 5 号镀锌角钢，并用膨胀螺栓将其与钢筋混凝土板进行固定。

②在灯箱处用镀锌方管焊接基层，加以固定。

③将 9.5mm 厚纸面石膏板用自攻螺钉进行固定，并对细木工板涂刷三遍防火涂料，对纸面石膏板满刷氯偏乳液或乳化光油防潮涂料两道。

灰色的透明玻璃不仅不会在视觉上挤压层高，还可以丰富顶棚的造型

— / 小贴士 / —

透光玻璃可直接放置于不锈钢封口的上方，无须打胶处理，也方便检修，因此常被用一公装空间。

参考案例 5　纸面石膏板面饰乳胶漆与镜子相接

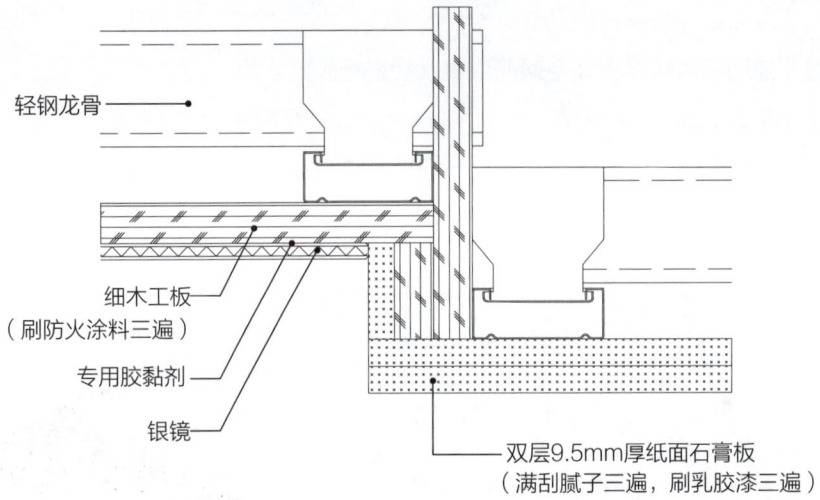

轻钢龙骨

细木工板
（刷防火涂料三遍）

专用胶黏剂

银镜

双层9.5mm厚纸面石膏板
（满刮腻子三遍，刷乳胶漆三遍）

节点图

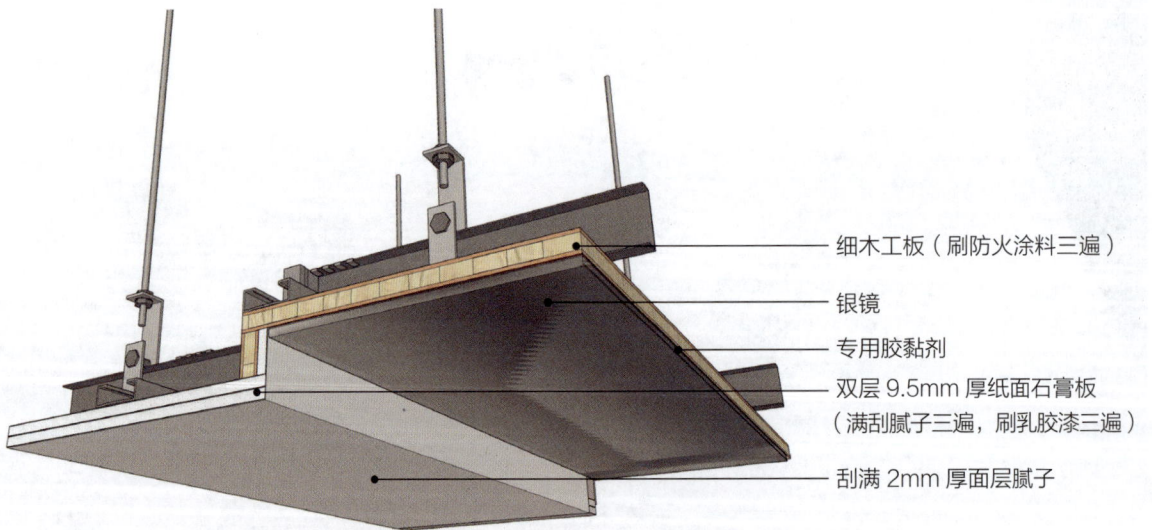

细木工板（刷防火涂料三遍）

银镜

专用胶黏剂

双层 9.5mm 厚纸面石膏板
（满刮腻子三遍，刷乳胶漆三遍）

刮满 2mm 厚面层腻子

三维示意图

1 施工流程

定高度、弹线→固定吊杆→安装轻钢龙骨做基层→固定细木工板→安装石膏板→满刮腻子（厚 2mm）→固定银镜。

2 重点工艺解析

使用银镜专用黏合剂将银镜与涂刷了三遍防火涂料的细木工板相固定，且与纸面石膏板间留 1mm 宽的距离。

不规则形状的银镜造型为规则的空间增添了更多的变化感与造型感

───── / 小贴士 / ─────

银镜是玻璃镜子的一种，是室内空间中常见的镜面材料。银镜比普通镜面要清晰得多，同时也比普通镜子更易于大规模生产，成本较低。在家装空间中一般小面积使用，但是在公装空间中则可以大面积使用。

参考案例6 纸面石膏板面饰乳胶漆与透光板相接

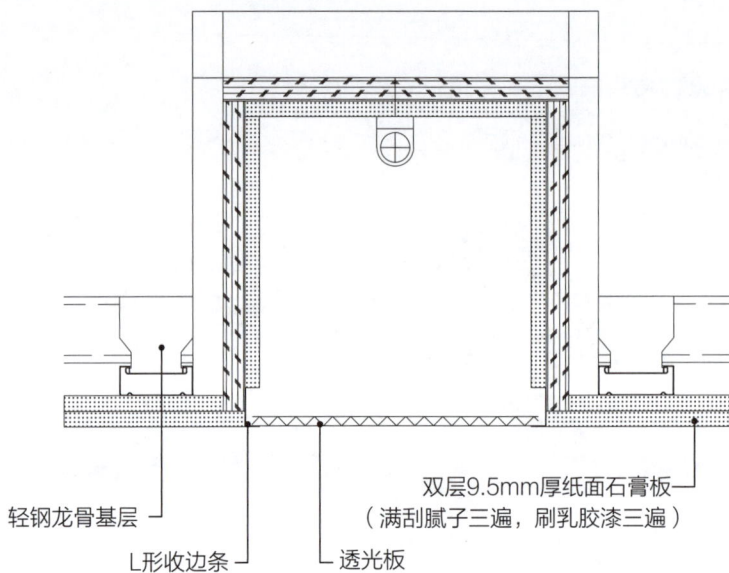

轻钢龙骨基层

L形收边条　　透光板

双层9.5mm厚纸面石膏板
（满刮腻子三遍，刷乳胶漆三遍）

节点图

1 施工流程

定高度、弹线→固定吊杆→安装轻钢龙骨做基层→固定阻燃板→安装石膏板→满刮腻子三遍→刷乳胶漆三遍→安装灯带→安装收条→安装透光板。

2 重点工艺解析

①采用12mm厚阻燃板做基层，刷防火涂料三遍，使用自攻螺钉将其固定于龙骨上。

②将L形不锈钢收边条安装在透光板的边缘，并用自攻螺钉固定于12mm厚阻燃板基层上。

/ 小贴士 /

透光板又称透光云石，是一种新型的复合材料，既具有透光性，又带有大理石的纹理。另外，透光板隔声、隔热性能好，易于清洁，还具有一定的抗污、抗腐蚀性，同时抗弯折能力也较强，可以做出任意形状，具有很强的可塑性。透光板通常和纸面石膏板相接使用，不会做整面的透光板顶棚。但其造价相对较高，因此通常不会大面积使用，一般用于特殊位置。

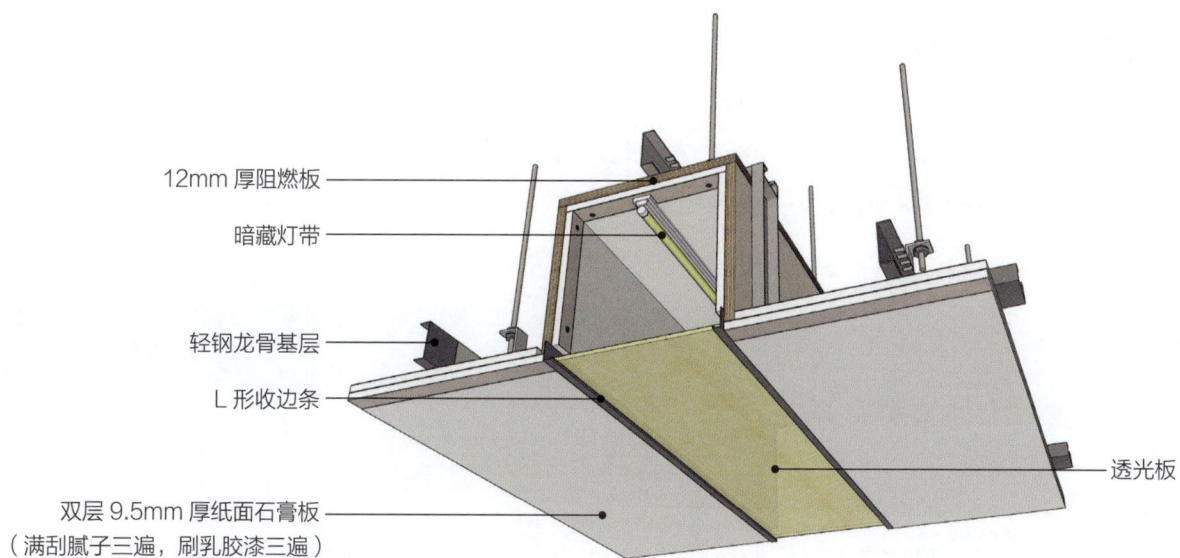

12mm 厚阻燃板

暗藏灯带

轻钢龙骨基层

L 形收边条

透光板

双层 9.5mm 厚纸面石膏板
（满刮腻子三遍，刷乳胶漆三遍）

三维示意图

会议室大面积采用透光板，保证了室内所需的充足光源，避免出现局部照明不足的问题

参考案例 7　GRG 石膏板与乳胶漆相接

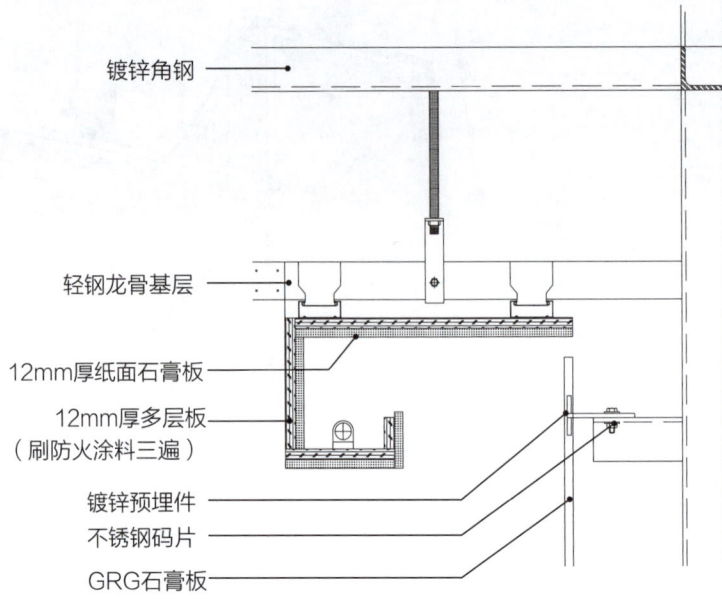

镀锌角钢

轻钢龙骨基层

12mm厚纸面石膏板

12mm厚多层板
（刷防火涂料三遍）

镀锌预埋件

不锈钢码片

GRG石膏板

节点图

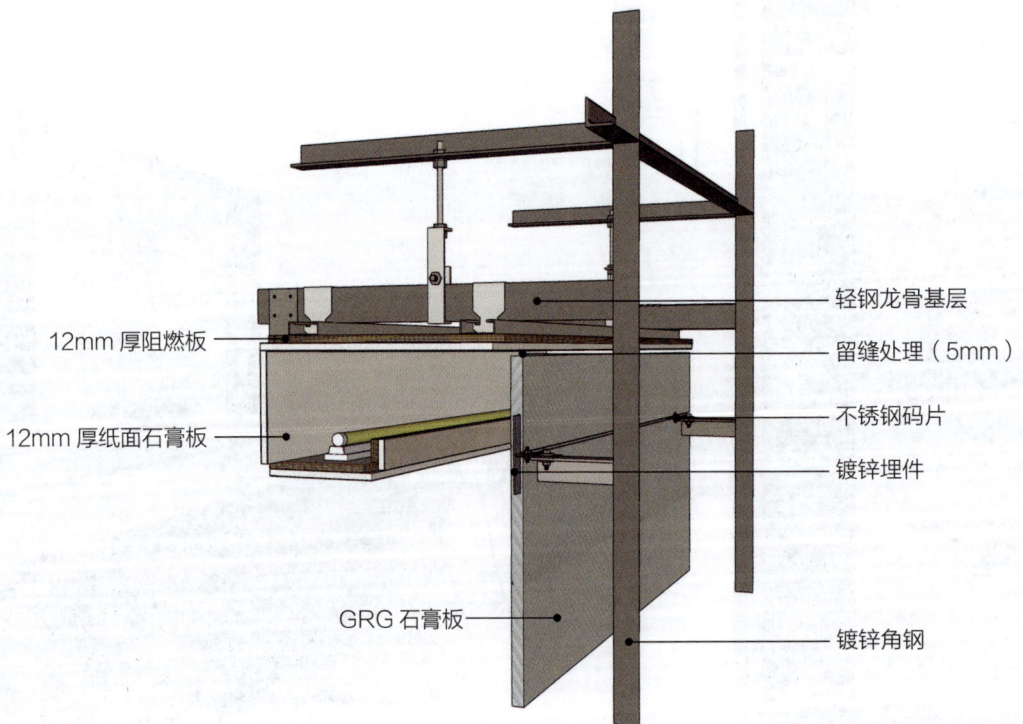

12mm 厚阻燃板

12mm 厚纸面石膏板

GRG 石膏板

轻钢龙骨基层

留缝处理（5mm）

不锈钢码片

镀锌埋件

镀锌角钢

三维示意图

1 施工流程

定高度、弹线→固定吊杆→安装轻钢龙骨做纸面石膏板基层→安装 12mm 厚阻燃板→安装 12mm 厚纸面石膏板→固定镀锌角钢→固定 GRG 石膏板→满刮腻子三遍→乳胶漆三遍。

2 重点工艺解析

①使用 M10 膨胀螺栓将 4 号镀锌角钢与顶面进行固定。角钢之间的焊接处理应满足完成面的尺寸要求。

②将 GRG 石膏板用不锈钢挂件固定在镀锌角钢上，且 GRG 石膏板与纸面石膏板间应留 5mm 宽的间隙。

— / 小贴士 / —

GRG 石膏板能够打造很多新颖、独特的造型，一般分块安装，对不同块之间的接缝处理工艺要求较高。

将 GRG 石膏板被做成绿叶的形状，这种艺术表现形式给室内增添了自然的生动感，并让视线聚焦在绿叶延伸的茎杆上

参考案例 8 金属板与纸面石膏板相接

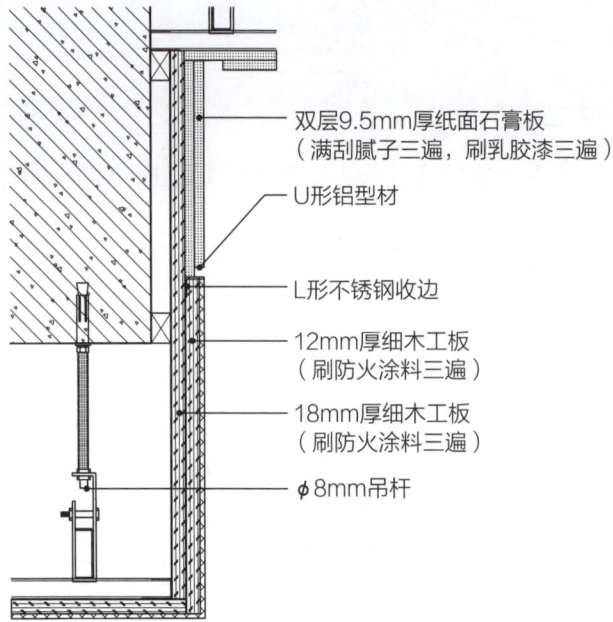

双层9.5mm厚纸面石膏板
（满刮腻子三遍，刷乳胶漆三遍）

U形铝型材

L形不锈钢收边

12mm厚细木工板
（刷防火涂料三遍）

18mm厚细木工板
（刷防火涂料三遍）

φ8mm吊杆

节点图

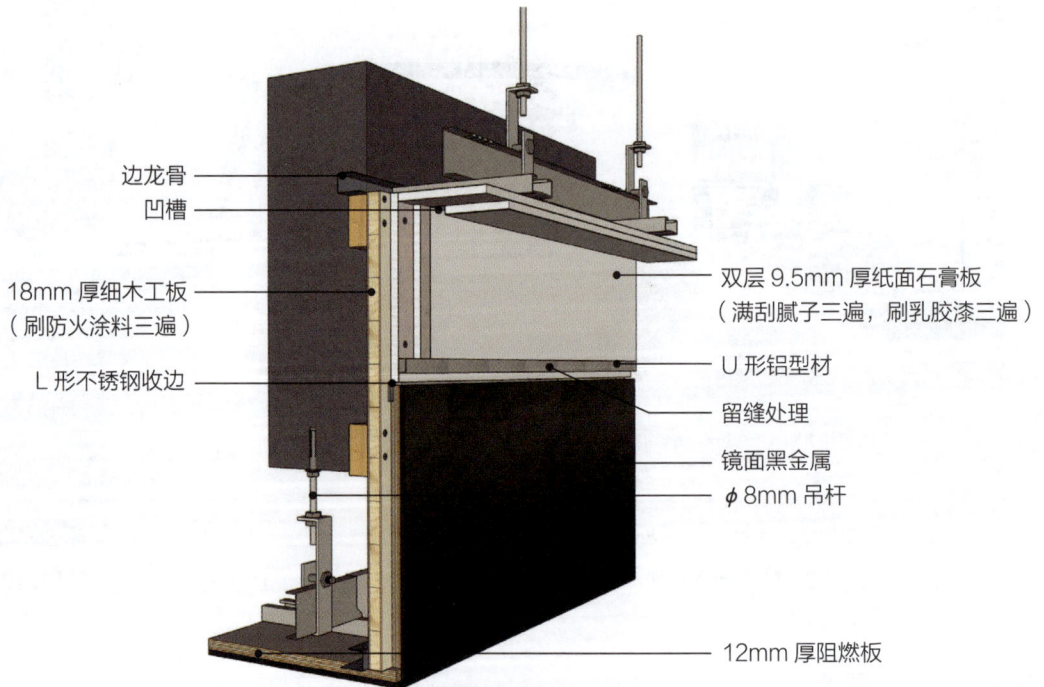

边龙骨

凹槽

18mm 厚细木工板
（刷防火涂料三遍）

L 形不锈钢收边

双层 9.5mm 厚纸面石膏板
（满刮腻子三遍，刷乳胶漆三遍）

U 形铝型材

留缝处理

镜面黑金属

φ8mm 吊杆

12mm 厚阻燃板

三维示意图

将不同形状的金属板分块拼接在一起，与纸面石膏板产生了一定的高度差，使顶棚呈现波浪的形态

💡 1　施工流程

定高度、弹线→固定吊杆→安装轻钢龙骨做基层→安装 9.5mm 厚纸面石膏板→安装收边→满刮腻子三遍→刷乳胶漆三遍→安装金属板→固定收边。

💡 2　重点工艺解析

①在纸面石膏板的边缘处增加 U 形铝型材做收边。

②采用胶黏剂将黑镜面金属与基层板固定。

③在金属边缘处安装 L 形不锈钢型材收边。

────── **/ 小贴士 /** ──────

　　金属板与纸面石膏板相接处安装 L 形不锈钢型材进行收边，与金属材料融合在一起，不会显得突兀，并且在任何场景下都适用，可根据设计要求来选择。

参考案例 9 **木饰面板与铝方通相接**

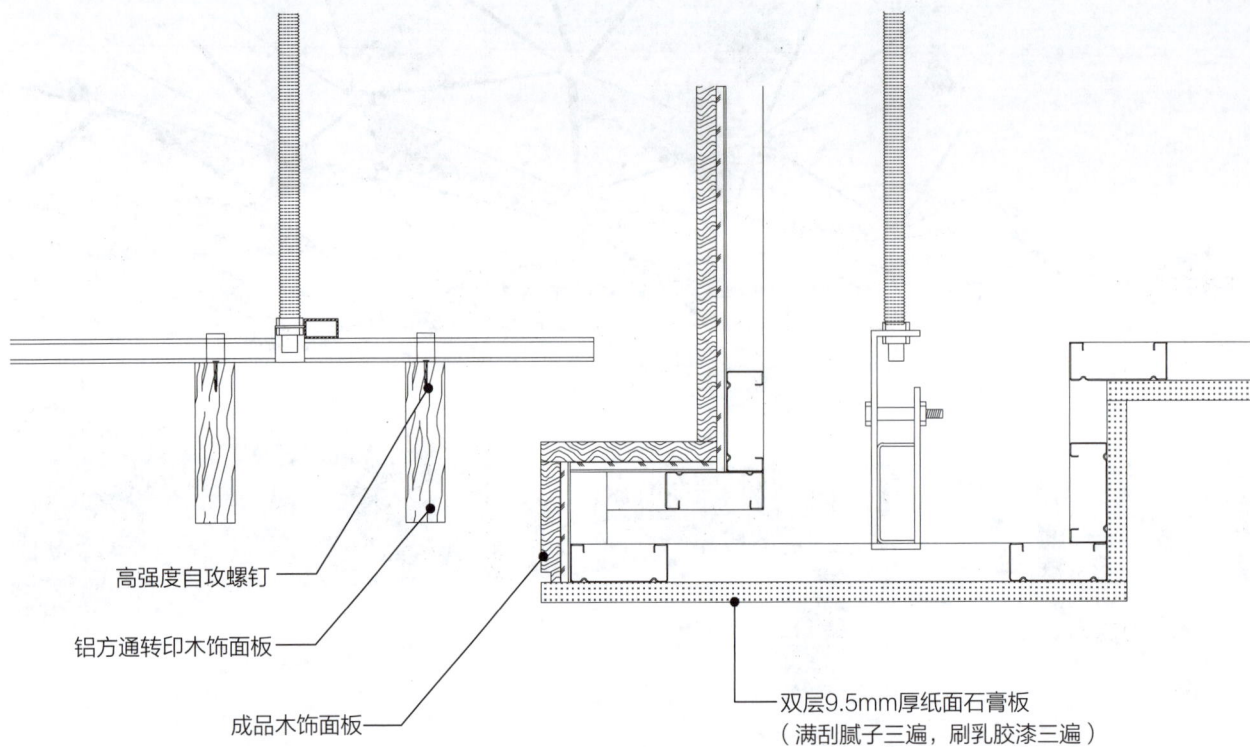

节点图

高强度自攻螺钉

铝方通转印木饰面板

成品木饰面板

双层9.5mm厚纸面石膏板
（满刮腻子三遍，刷乳胶漆三遍）

① 施工流程

定高度、弹线→固定吊杆→固定龙骨→固定扁铁吊件→安装铝方通。

② 重点工艺解析

①根据顶棚设计图，弹出构件材料的纵横布置线、造型复杂部位的轮廓线及顶棚标高线。

②在铝方通安装完成后，进行最后的调平，在铝方通和木饰面板的交接处留 50mm 宽的缝隙。

成品木饰面板

阻燃板

双层 9.5mm 厚纸面石膏板
（满刮腻子三遍，刷乳胶漆三遍）

高强度自攻螺钉

铝方通转印木纹

三维示意图

在铝方通表面印木纹，与木饰面板纹理相契合。另外，铝方通中间穿插着筒灯和风口，有规律地分布在顶棚上，形成了带有节奏的韵律感

参考案例 10　木饰面板与镜子相接

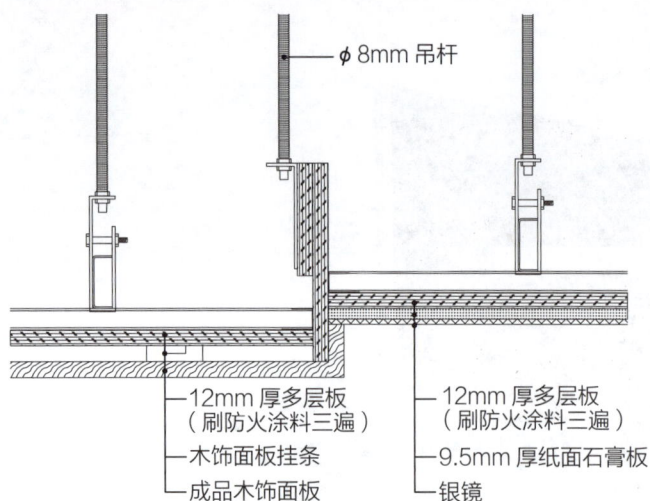

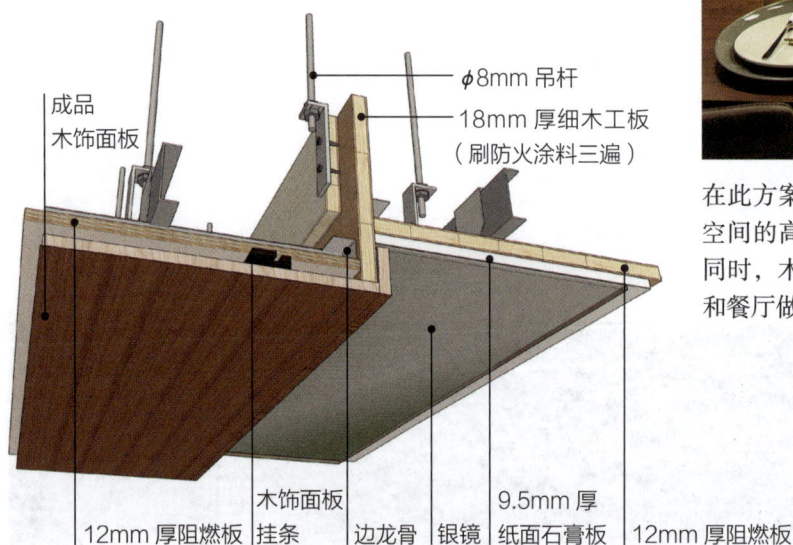

- φ8mm 吊杆
- 12mm 厚多层板（刷防火涂料三遍）
- 木饰面板挂条
- 成品木饰面板
- 12mm 厚多层板（刷防火涂料三遍）
- 9.5mm 厚纸面石膏板
- 银镜

节点图

- 成品木饰面板
- φ8mm 吊杆
- 18mm 厚细木工板（刷防火涂料三遍）
- 12mm 厚阻燃板
- 木饰面板挂条
- 边龙骨
- 银镜
- 9.5mm 厚纸面石膏板
- 12mm 厚阻燃板

三维示意图

在此方案中，镜子映照餐桌，从视觉上延伸了餐厅空间的高度，让一些低矮的顶面显得不那么压迫，同时，木饰面板和镜子两种不同的材料，也将客厅和餐厅做了一个隐形分割

1　施工流程

定高度、弹线→固定吊杆→安装主龙骨→安装次龙骨→安装阻燃板→固定镜面。

2　重点工艺解析

①用 12mm 厚阻燃板做基层，表面粘贴 9.5mm 厚纸面石膏板，并用自攻螺钉或枪钉进行固定。

②用中性硅胶来粘贴镜面，使用免钉胶打法时要考虑到镜子的自重，粘贴后需要用固定物固定，24 小时后才能取下固定物。

─── / 小贴士 / ───

木饰面板若颜色较深，很容易令空间产生压抑感，而镜面则有扩大空间的效果，两者搭配让整体空间具有变化性。

参考案例 11　木饰面板与透光软膜相接

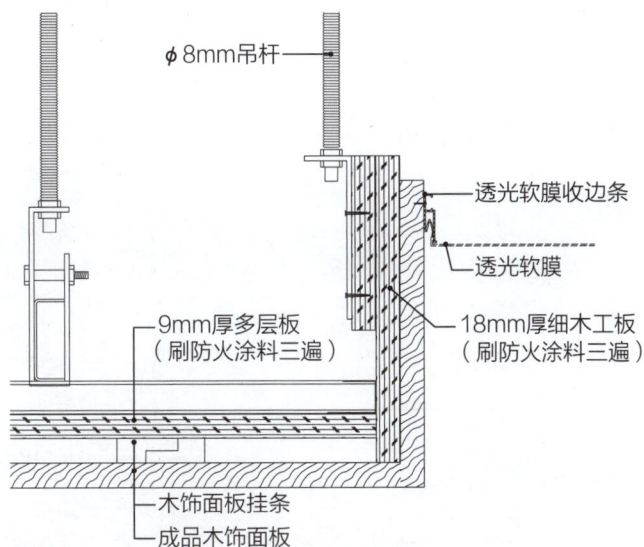

- φ8mm吊杆
- 透光软膜收边条
- 透光软膜
- 18mm厚细木工板（刷防火涂料三遍）
- 9mm厚多层板（刷防火涂料三遍）
- 木饰面板挂条
- 成品木饰面板

节点图

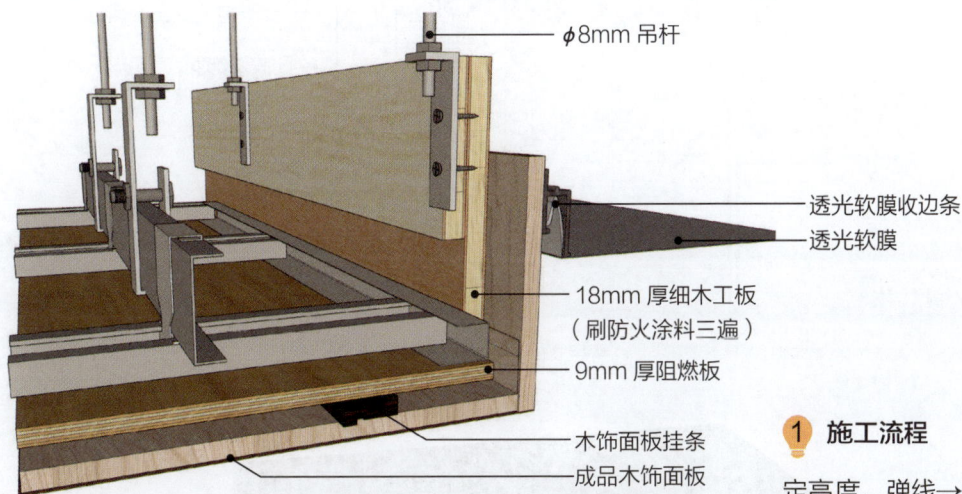

- φ8mm 吊杆
- 透光软膜收边条
- 透光软膜
- 18mm 厚细木工板（刷防火涂料三遍）
- 9mm 厚阻燃板
- 木饰面板挂条
- 成品木饰面板

三维示意图

① 施工流程

定高度、弹线→固定吊杆→固定主龙骨→固定次龙骨→安装阻燃板→木饰面板用挂条固定→安装透光软膜。

② 重点工艺解析

在安装透光软膜时，注意一定要拉紧，将软膜安装平整，灯具与软膜的距离为25~30cm，所有的消防、筒灯等需要打孔的位置要预先开好孔。

透光软膜在服务台的正上方，无形之中成为格外醒目的设计，具有一定的导向作用。另外，木饰面板与透光软膜交接处用收边条进行收边，并用自攻螺钉将收边条固定在阻燃板上

2. 顶棚与窗帘盒连接

顶棚中的窗帘盒常见的有三种：一是只在窗口部位有，长度一般比窗口的宽度长 200~300mm；二是在窗口所在的墙上连续布置，不间断；三是无论有无窗口，在房间所有的墙面上均设窗帘盒。

明装式窗帘盒（高于窗户）

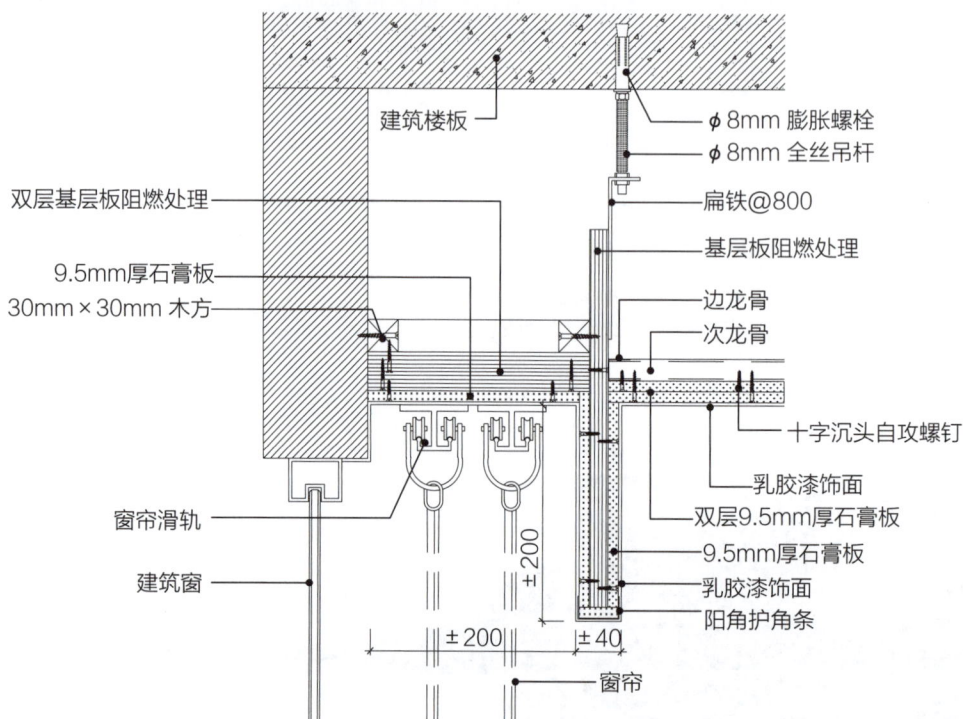

建筑楼板

双层基层板阻燃处理

9.5mm厚石膏板
30mm × 30mm 木方

窗帘滑轨

建筑窗

ϕ 8mm 膨胀螺栓
ϕ 8mm 全丝吊杆
扁铁@800
基层板阻燃处理
边龙骨
次龙骨
十字沉头自攻螺钉
乳胶漆饰面
双层9.5mm厚石膏板
9.5mm厚石膏板
乳胶漆饰面
阳角护角条

±200
±200   ±40
窗帘

节点图

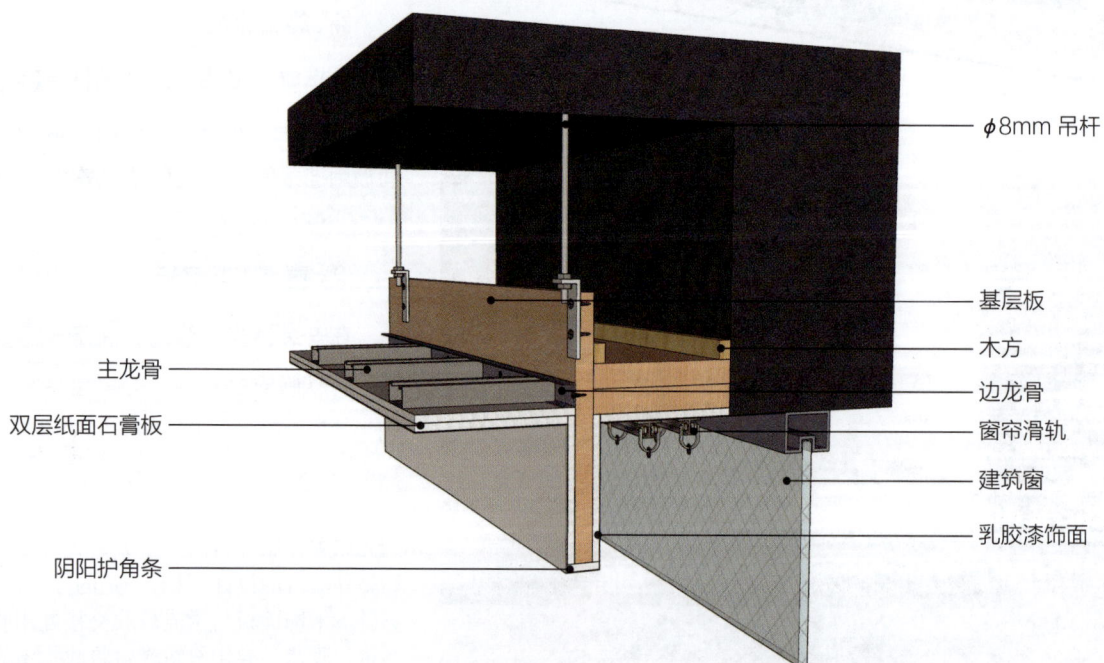

主龙骨
双层纸面石膏板

阴阳护角条

ϕ 8mm 吊杆
基层板
木方
边龙骨
窗帘滑轨
建筑窗
乳胶漆饰面

三维示意图

1 施工流程

定高度、弹线→固定吊杆、扁铁吊件→固定主龙骨→固定次龙骨→固定细木工板→封板→满刮腻子三遍→刷乳胶漆三遍。

2 重点工艺解析

①将 18mm 厚细木工板在涂刷防火涂料三遍后，用自攻螺钉将其与吸顶吊件相固定。

②在窗帘盒部位的顶部先封一层 12mm 厚的阻燃板，再封一层 9.5mm 厚纸面石膏板。在其余的顶棚部位则采用双层的 9.5mm 厚的纸面石膏板，将其用自攻螺钉与龙骨固定。

/ 小贴士 /

窗帘盒宽度一般为 200mm（双帘，一层纱帘，一层遮光帘），若是单帘（仅一层遮光帘），则可以考虑宽度留 150mm。电动窗帘则一般预留 250mm 的宽度。窗帘盒盖板的厚度不宜小于 15mm，小于 15mm 的盖板应选用机螺钉固定窗帘轨，否则窗帘轨道会脱落。当顶棚高度不适合安装窗帘盒或设计风格需要时，可设计明装式窗帘盒。

双层帘给居住者提供了两种选择，白天当光线刺眼时拉上纱帘，可以柔和光线，避免炫光，晚上睡觉则拉上遮光帘，有助于睡眠

参考案例2 | **明装式窗帘盒（低于窗户）**

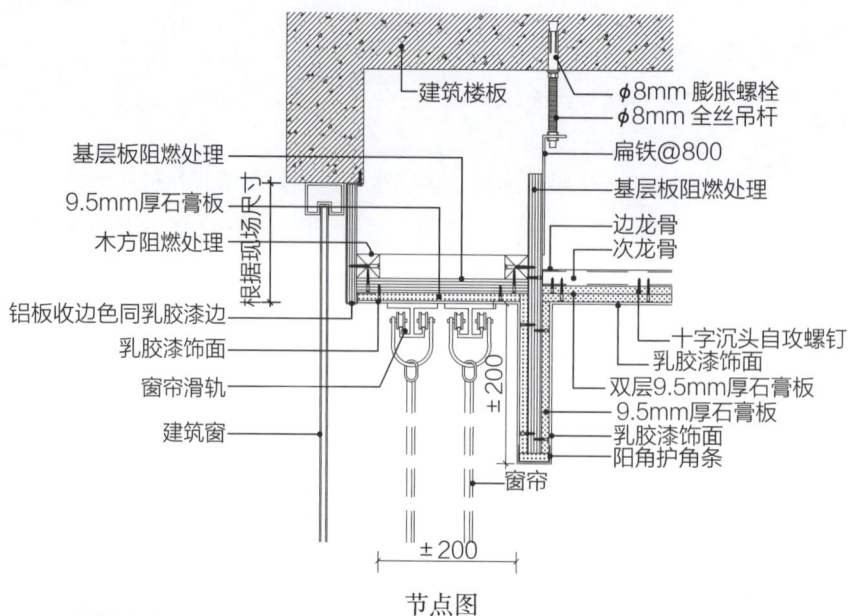

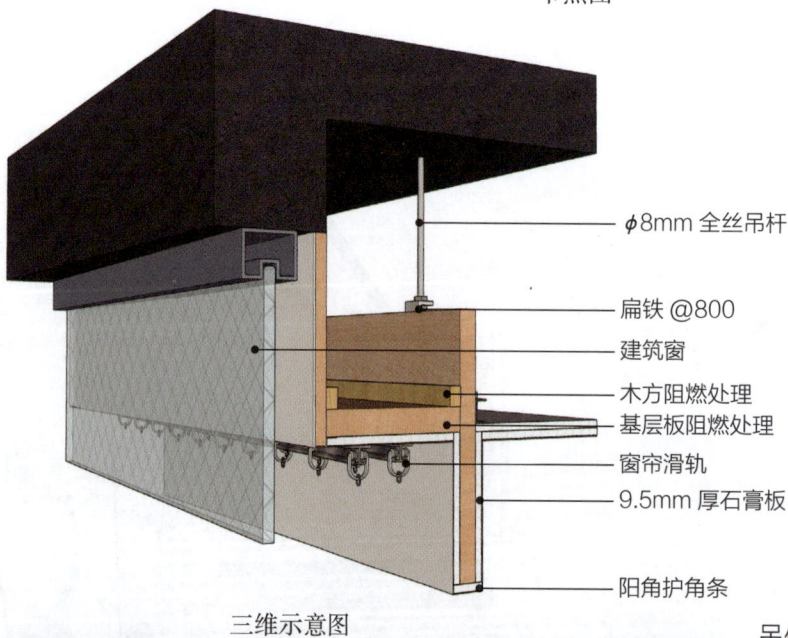

建筑楼板
基层板阻燃处理
9.5mm厚石膏板
木方阻燃处理
根据现场尺寸
铝板收边色同乳胶漆边
乳胶漆饰面
窗帘滑轨
建筑窗

φ8mm 膨胀螺栓
φ8mm 全丝吊杆
扁铁@800
基层板阻燃处理
边龙骨
次龙骨
十字沉头自攻螺钉
乳胶漆饰面
双层9.5mm厚石膏板
9.5mm厚石膏板
乳胶漆饰面
阳角护角条
窗帘
±200
±200

节点图

φ8mm 全丝吊杆
扁铁 @800
建筑窗
木方阻燃处理
基层板阻燃处理
窗帘滑轨
9.5mm 厚石膏板
阳角护角条

三维示意图

1 施工流程

定高度、弹线→固定吊杆、扁铁吊件→固定主龙骨→固定次龙骨→固定细木工板→封板→满刮腻子三遍→刷乳胶漆三遍。

2 重点工艺解析

窗帘盒的安装位置低于窗户时要做相应的竖向挡板与窗框相接，并对挡板朝向窗户一侧进行饰面处理。

卷帘和双开帘相结合，遮光性更好，而且双开帘弥补了卷帘在两侧处可能会漏光的缺陷

参考案例3　暗装式窗帘盒（高于窗户）

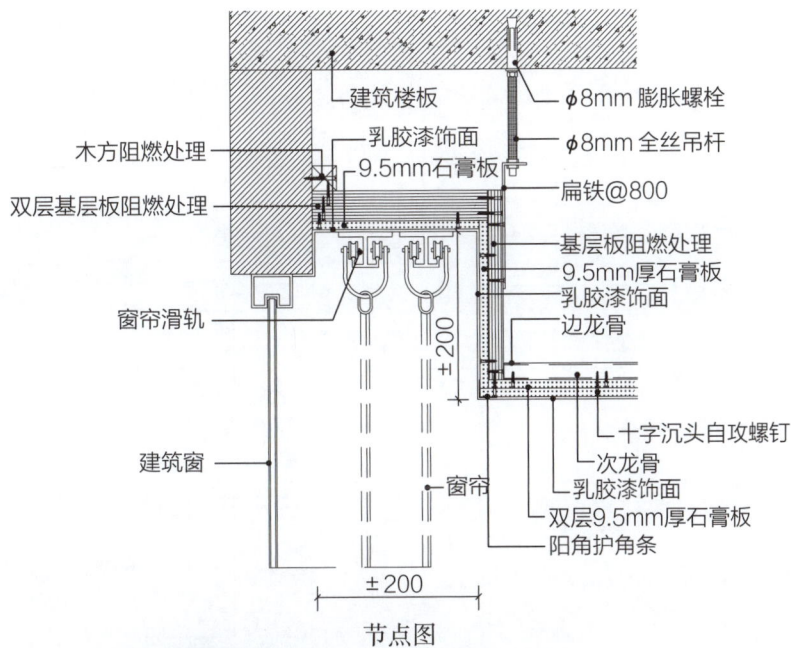

建筑楼板
φ8mm 膨胀螺栓
木方阻燃处理
乳胶漆饰面
φ8mm 全丝吊杆
9.5mm石膏板
扁铁@800
双层基层板阻燃处理
基层板阻燃处理
9.5mm厚石膏板
乳胶漆饰面
边龙骨
窗帘滑轨
±200
十字沉头自攻螺钉
次龙骨
建筑窗
乳胶漆饰面
窗帘
双层9.5mm厚石膏板
阳角护角条
±200

节点图

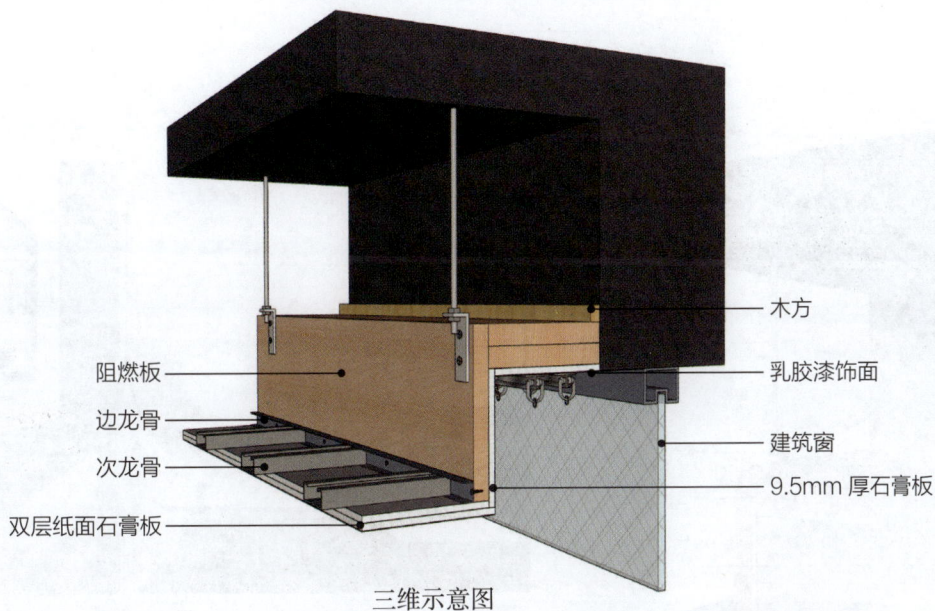

木方
阻燃板
乳胶漆饰面
边龙骨
次龙骨
建筑窗
9.5mm 厚石膏板
双层纸面石膏板

三维示意图

💡 **① 施工流程**

定高度、弹线→固定吊杆、扁铁吊件→固定主龙骨→固定次龙骨→固定细木工板→封板→满刮腻子三遍→刷乳胶漆三遍。

💡 **② 重点工艺解析**

窗帘盒的深度达到 200mm 才能起到隐藏窗帘杆的作用。

暗装式窗帘盒和顶棚设计融为一体，不会使窗帘盒显得突兀

参考案例 4 暗装式窗帘盒（低于窗户）

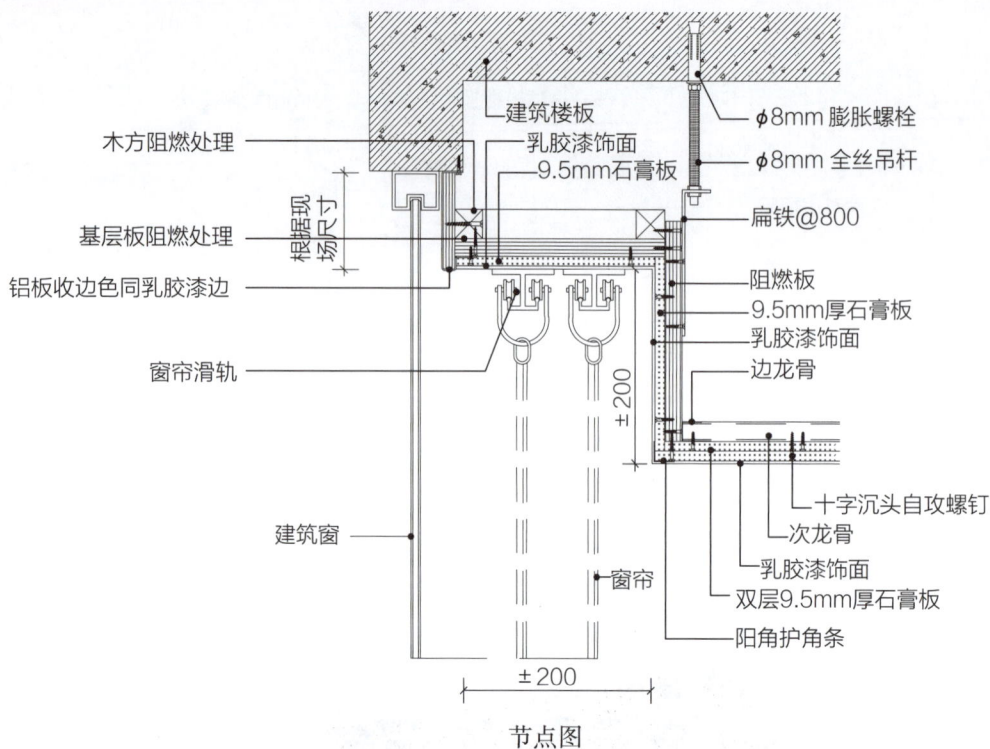

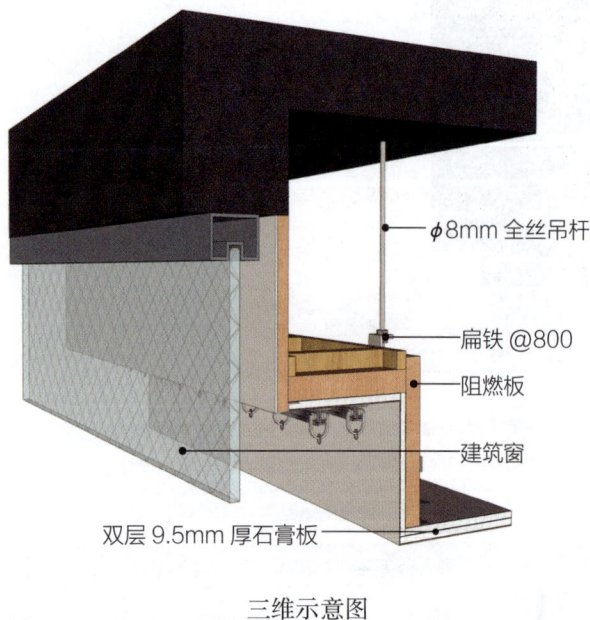

木方阻燃处理
基层板阻燃处理
铝板收边色同乳胶漆边
窗帘滑轨
建筑窗

根据现场尺寸 楼
±200
±200

建筑楼板
乳胶漆饰面
9.5mm石膏板

φ8mm 膨胀螺栓
φ8mm 全丝吊杆
扁铁@800
阻燃板
9.5mm厚石膏板
乳胶漆饰面
边龙骨
十字沉头自攻螺钉
次龙骨
乳胶漆饰面
双层9.5mm厚石膏板
阳角护角条

窗帘

节点图

φ8mm 全丝吊杆
扁铁 @800
阻燃板
建筑窗
双层 9.5mm 厚石膏板

三维示意图

暗装式窗帘盒包裹住窗帘杆等窗帘的设备部分，使窗帘盒处更加整洁

① 施工流程

定高度、弹线→固定吊杆、扁铁吊件→固定主龙骨→固定次龙骨→固定细木工板→封板→满刮腻子三遍→刷乳胶漆三遍。

② 重点工艺解析

需要在吊顶处预留一个内凹宽槽，在槽内安装窗帘轨道或者窗帘杆。

3. 顶棚与通风口、检修口连接

通风口安装在顶棚的表面或侧立面，通常安装在附加龙骨边框上，边框规格不小于次龙骨规格，并用橡胶垫做降噪处理。通风口有单个的定型产品，一般用铝片、塑料片或薄木片做成。检修口的设置与构造既要考虑检修顶棚及顶棚内的各类设备的方便，又要尽量隐蔽，以保持顶棚的完整性。一般用活动板作顶棚进入孔，进入孔的尺寸一般不小于 600mm×600mm。

参考案例 1　下通风口

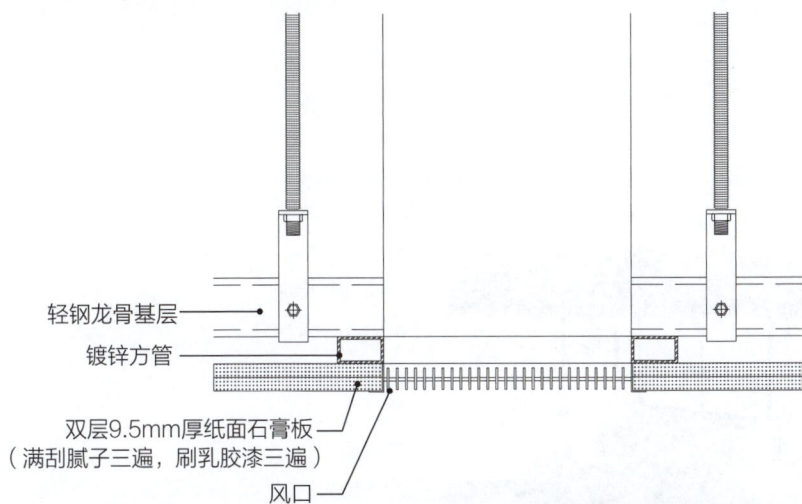

轻钢龙骨基层
镀锌方管
双层 9.5mm 厚纸面石膏板
（满刮腻子三遍，刷乳胶漆三遍）
风口

节点图

在顶棚设计时，根据风口的宽度，预留一定的位置，白色的风口和顶棚融为一体，不影响顶棚的装饰性

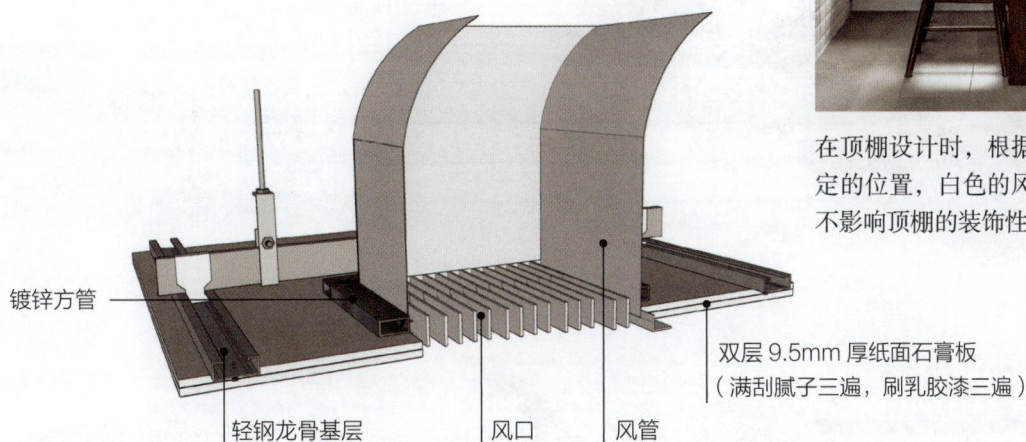

镀锌方管

双层 9.5mm 厚纸面石膏板
（满刮腻子三遍，刷乳胶漆三遍）

轻钢龙骨基层　　风口　　风管

三维示意图

① 施工流程

定高度、弹线→固定吊杆→安装轻钢龙骨做基层→安装纸面石膏板→安装木龙骨基层→将成品风口用自攻螺钉固定于木龙骨基层上。

② 重点工艺解析

①在风口的边缘处安装木龙骨基层，并对木龙骨做防火、防腐处理。

②预先测量风口的大小，并根据其尺寸以及顶棚设计中风口的位置在纸面石膏板上裁切好，给风口留孔，然后将 9.5mm 厚纸面石膏板用自攻螺钉安装在龙骨上。

参考案例2 侧通风口

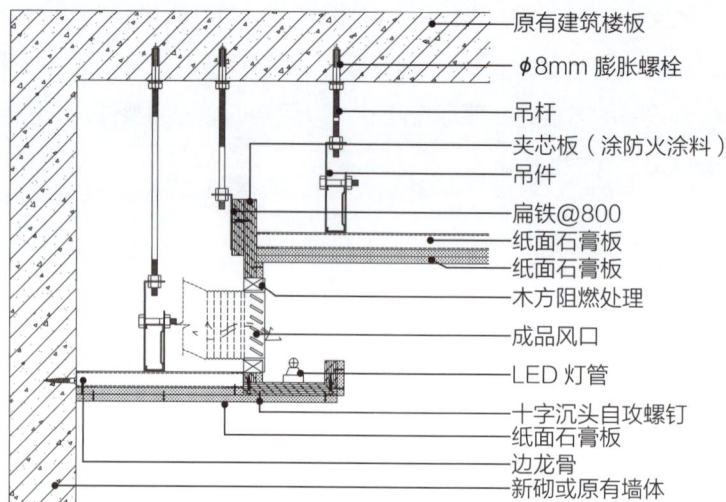

原有建筑楼板
ϕ8mm 膨胀螺栓
吊杆
夹芯板（涂防火涂料）
吊件
扁铁@800
纸面石膏板
纸面石膏板
木方阻燃处理
成品风口
LED 灯管
十字沉头自攻螺钉
纸面石膏板
边龙骨
新砌或原有墙体

节点图

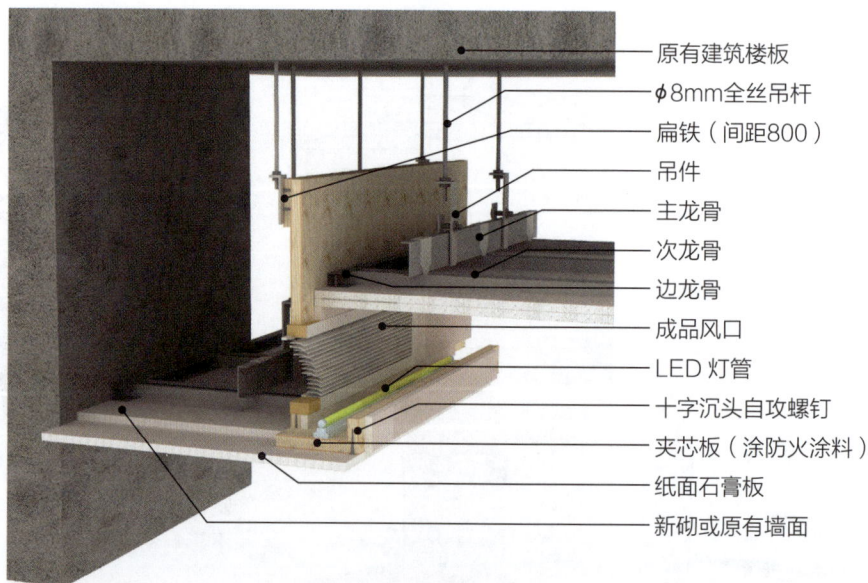

原有建筑楼板
ϕ8mm全丝吊杆
扁铁（间距800）
吊件
主龙骨
次龙骨
边龙骨
成品风口
LED 灯管
十字沉头自攻螺钉
夹芯板（涂防火涂料）
纸面石膏板
新砌或原有墙面

三维示意图

空调隐蔽在顶棚中，风口设置在顶棚的侧面会更加隐蔽，且不会影响顶棚的装饰效果

1 施工流程

定高度、弹线→固定吊杆→安装轻钢龙骨做基层→安装纸面石膏板→安装木龙骨基层→将成品风口用自攻螺钉固定于木龙骨基层上。

2 重点工艺解析

风口水平安装的水平度偏差不应大于 3/1000，风口垂直安装的垂直度偏差不应大于 2/1000。

参考案例 3 成品铝边石膏检修口加固

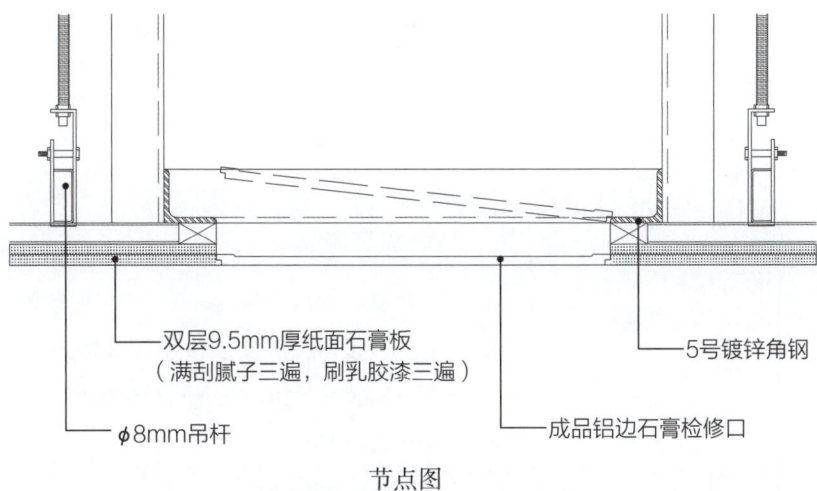

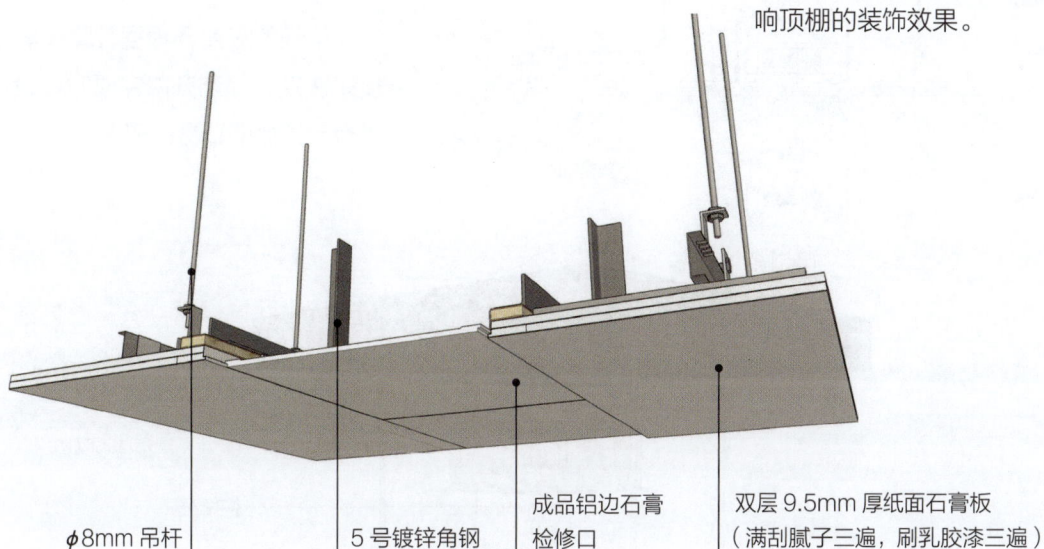

双层9.5mm厚纸面石膏板
（满刮腻子三遍，刷乳胶漆三遍）

5号镀锌角钢

φ8mm吊杆

成品铝边石膏检修口

节点图

1 施工流程

高度、弹线→安装吊杆→安装龙骨→5号镀锌角钢加固→检查隐蔽工程→石膏板封板。

2 重点工艺解析

成品铝边石膏检修口一般以高强石膏、玻璃增强纤维、铝合金为基材倒模挤压而成，和顶棚材料连接可以形成一个完美的整体，不影响顶棚的装饰效果。

φ8mm 吊杆

5 号镀锌角钢

成品铝边石膏检修口

双层 9.5mm 厚纸面石膏板
（满刮腻子三遍，刷乳胶漆三遍）

三维示意图

/ 小贴士 /

成品铝边石膏检修口安装方便，具有耐候性及耐火性，为 A 级不燃材料，满足建筑消防安全的需求。

用成品铝边衔接石膏板顶棚与检修口，除可起加固的作用外，还便于将检修口同石膏板顶棚区分开来，且不显得突兀

4. 顶棚与投影设备连接

投影设备主要包括投影仪与幕布。吊装的投影仪一般在机器的底部有专用的吊装孔位，通过符合规范要求强度的螺钉与一定强度的吊架连接，以免因螺钉质量或旋入深度不够导致投影仪掉落；投影幕布安装槽的深度和宽度皆宜在 18cm 左右，并应根据背景墙的大小选择幕布尺寸。

参考案例 1　升降投影仪

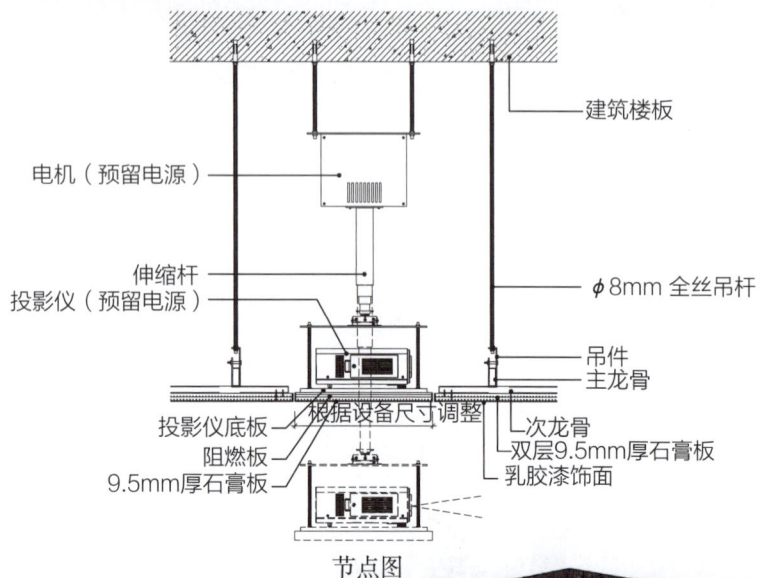

建筑楼板

电机（预留电源）

伸缩杆
投影仪（预留电源）

φ8mm 全丝吊杆

吊件
主龙骨

投影仪底板
阻燃板
9.5mm 厚石膏板
根据设备尺寸调整
次龙骨
双层9.5mm厚石膏板
乳胶漆饰面

节点图

① 施工流程

定高度、弹线→固定吊杆→固定角钢→安装电机及投影仪→安装投影仪底板→安装阻燃板→安装 9.5mm 厚纸面石膏板。

② 重点工艺解析

吊杆的长度要根据升降投影仪的升降高度来决定，保证升降完成时，设备底面的石膏板与顶棚的石膏板相平。

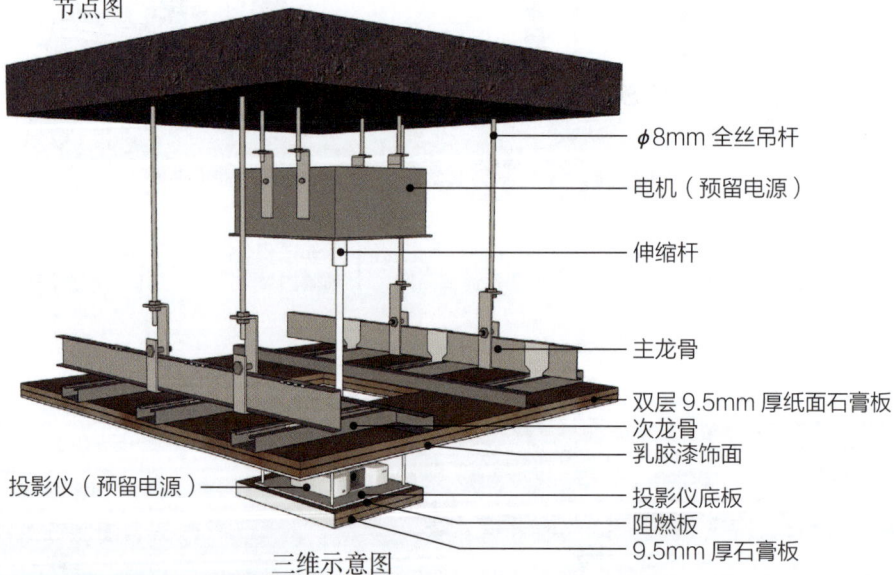

φ8mm 全丝吊杆

电机（预留电源）

伸缩杆

主龙骨

双层 9.5mm 厚纸面石膏板
次龙骨
乳胶漆饰面

投影仪（预留电源）

投影仪底板
阻燃板
9.5mm 厚石膏板

三维示意图

／ 小贴士 ／

在做顶棚设计时，需要考虑幕布的规格尺寸，如果采用大型幕布则需要考虑相应的构造称重。另外，由于升降投影仪安装在顶棚内部，因此可以通过安装无线触发器的方法使投影仪和幕布同步。

可升降投影仪在不用时可以隐藏在顶棚内部，将电线等不宜露出的设备全部隐藏起来

参考案例 2　暗装式投影幕布（靠墙）

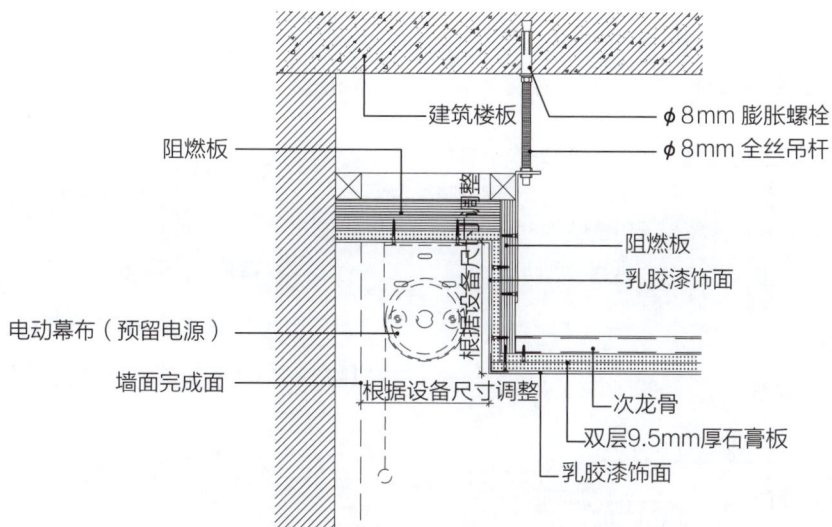

建筑楼板
阻燃板
ϕ 8mm 膨胀螺栓
ϕ 8mm 全丝吊杆
阻燃板
乳胶漆饰面
电动幕布（预留电源）
墙面完成面
根据设备尺寸调整
根据设备尺寸调整
次龙骨
双层9.5mm厚石膏板
乳胶漆饰面

节点图

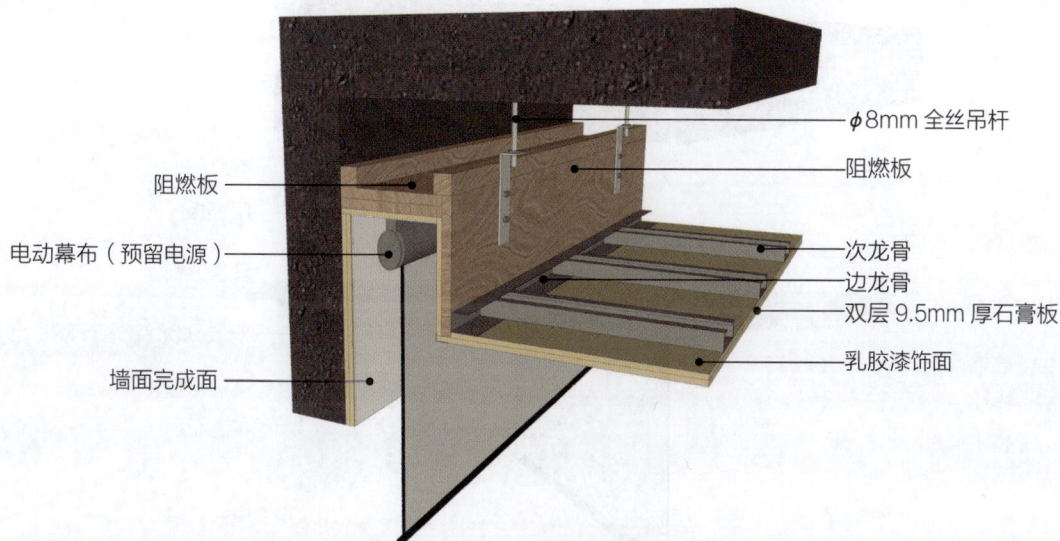

ϕ 8mm 全丝吊杆
阻燃板
阻燃板
电动幕布（预留电源）
次龙骨
边龙骨
双层 9.5mm 厚石膏板
乳胶漆饰面
墙面完成面

三维示意图

1 施工流程

定高度、弹线→固定吊杆→安装角钢→安装阻燃板做基层→安装幕布。

2 重点工艺解析

在 9mm 厚阻燃板上涂刷三遍防火涂料后，再用螺钉将其与角钢进行固定。

投影幕布靠墙处理，能够更加完美地隐藏起来，与整体装饰空间的风格更加贴合

参考案例 3 暗装式投影幕布（居中）

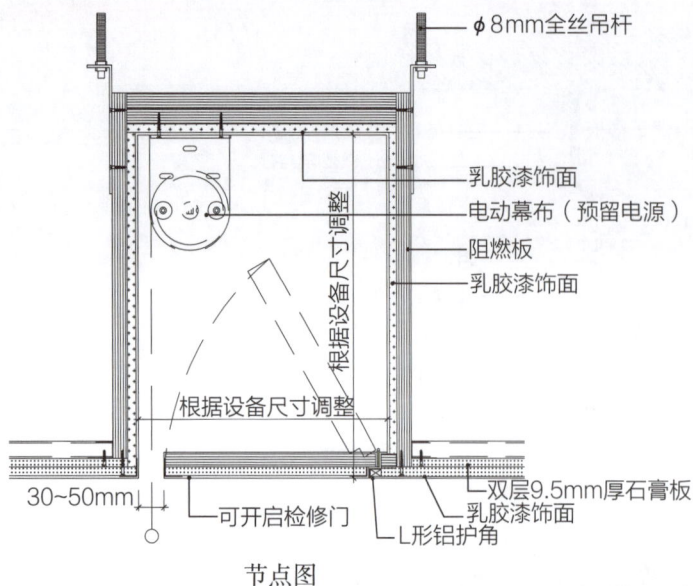

- φ8mm全丝吊杆
- 乳胶漆饰面
- 电动幕布（预留电源）
- 阻燃板
- 乳胶漆饰面
- 根据设备尺寸调整
- 根据设备尺寸调整
- 30~50mm
- 可开启检修门
- L形铝护角
- 乳胶漆饰面
- 双层9.5mm厚石膏板

节点图

1 施工流程

定高度、弹线→固定吊杆→安装角钢→安装阻燃板做基层→阻燃板加固→安装幕布。

2 重点工艺解析

当投影幕布设置在中间位置时，可以使用角钢吊挂的方式，将悬空的基层板固定住。

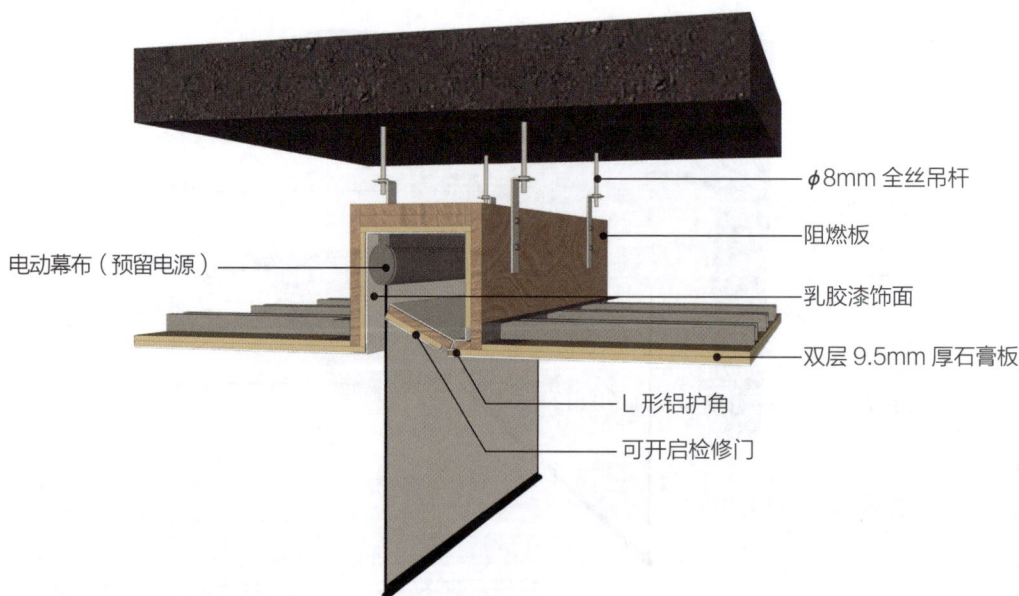

- φ8mm 全丝吊杆
- 阻燃板
- 乳胶漆饰面
- 双层 9.5mm 厚石膏板
- L 形铝护角
- 可开启检修门
- 电动幕布（预留电源）

三维示意图

居中的投影幕布不靠墙，墙体的颜色不会透在幕布上

5. 顶棚与隔断连接

　　隔断之间一般采用承插槽口结合，可在槽口中衬垫薄层海绵橡胶，安装时压紧。另外，隔断与顶棚之间常通过上下槽轨连接；槽轨固定在顶棚或地坪上，壁板插进槽内。

参考案例 1　纸面石膏板面饰乳胶漆与玻璃隔断相接

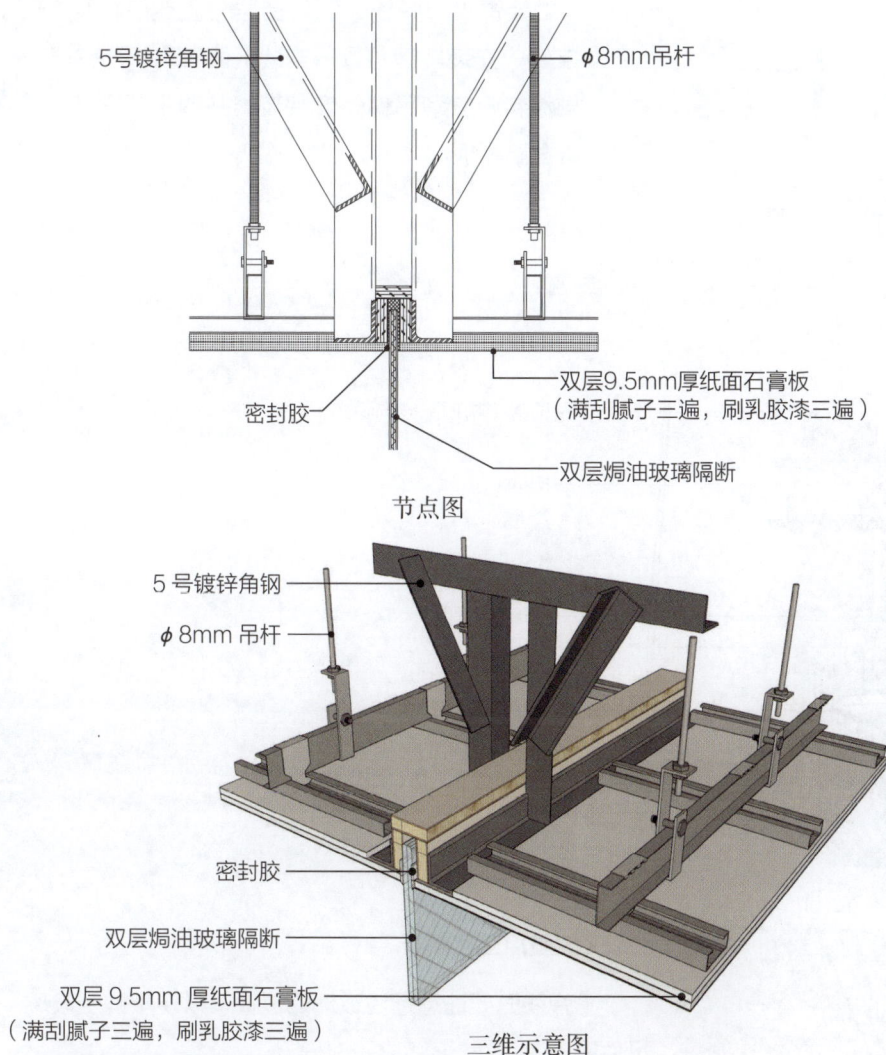

5号镀锌角钢　　　　　φ8mm吊杆

密封胶

双层9.5mm厚纸面石膏板
（满刮腻子三遍，刷乳胶漆三遍）

双层焗油玻璃隔断

节点图

5号镀锌角钢

φ8mm吊杆

密封胶

双层焗油玻璃隔断

双层9.5mm厚纸面石膏板
（满刮腻子三遍，刷乳胶漆三遍）

三维示意图

① 施工流程

　　定高度、弹线→固定下部固件→安装玻璃隔断→填充→密封。

② 重点工艺解析

　　①在顶棚和地面上弹出玻璃隔断的位置线。

　　②根据弹线的位置安装并固定玻璃隔断下部的锚固件。

　　③将玻璃隔断与石膏板相接的位置进行固定。

　　④在玻璃隔断上部和石膏板相接的位置填充橡皮垫或密封胶，以填满空隙。

　　⑤最后用密封胶密封隔断和纸面石膏板。

/ 小贴士 /

　　玻璃隔断是室内常见的隔断形式。玻璃隔断最好到顶，这样隔声效果更好。另外，玻璃隔断能够规划出独立的空间，同时也不会影响整体空间的采光，是办公空间及餐厅、客厅空间中常用的隔断。

　　空间中采用玻璃隔断来划分空间，可增强室内的通透感。玻璃隔断与纸面石膏板顶棚相接，显得简洁而利落

参考案例 2　**纸面石膏板面饰乳胶漆与玻璃隔断门相接**

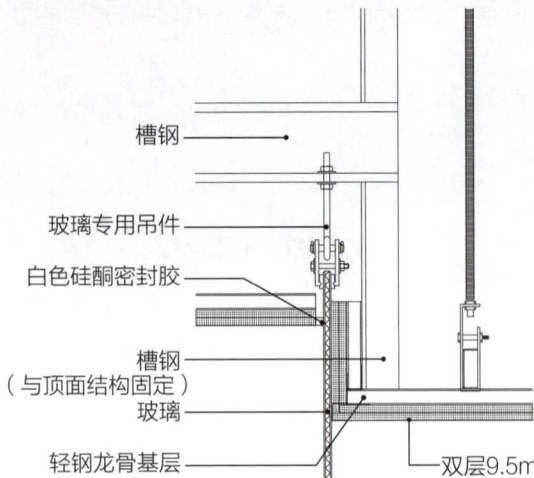

槽钢

玻璃专用吊件

白色硅酮密封胶

槽钢
（与顶面结构固定）

玻璃

轻钢龙骨基层

双层9.5mm厚纸面石膏板
（满刮腻子三遍，刷乳胶漆三遍）

节点图

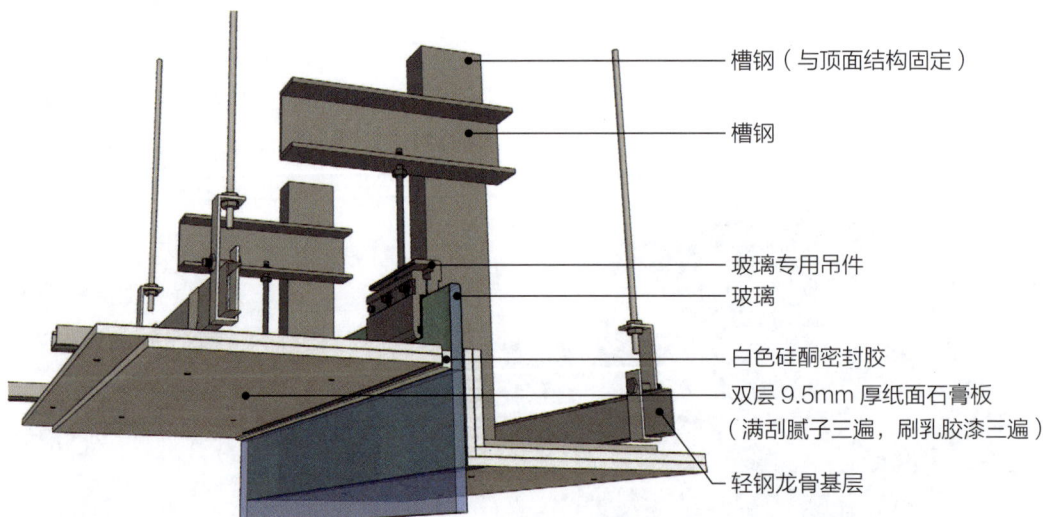

槽钢（与顶面结构固定）

槽钢

玻璃专用吊件

玻璃

白色硅酮密封胶

双层 9.5mm 厚纸面石膏板
（满刮腻子三遍，刷乳胶漆三遍）

轻钢龙骨基层

三维示意图

1 施工流程

定高度、弹线→制作基层→固定吊杆及挂件→安装轻钢龙骨→安装纸面石膏板→涂刷涂料→安装吊件→安装玻璃并调平→安装纸面石膏板。

2 重点工艺解析

①弹线时要注意标注玻璃的位置，以便于确定玻璃吊件的安装位置。

②采用 10 号槽钢焊接，制作基层时预留出玻璃吊件的空间。

③优先制作 L 面纸面石膏板，并用自攻螺钉将其固定于轻钢龙骨上。

④对 L 面的纸面石膏板满刷氯偏乳液或乳化光油防潮涂料两遍。然后满刮腻子三遍，刷乳胶漆三遍。

⑤安装玻璃的专用吊件固定于槽钢基层。

⑥安装另一面纸面石膏板，与玻璃交接处用白色硅酮密封胶固定。

无框的清玻璃隔断门让空间更加清透，作为室内走廊与外界的隔断，使原本狭窄的走廊在视觉上变得较为宽阔

第二章

墙体装饰节点构造

　　墙体是建筑物的重要组成部分，它的形态是垂直的，属于室内空间中的侧界面。墙体作为建筑中室内面积最大的区域，其的装饰构造对整个空间的影响是巨大的，其装饰效果的好坏会影响到整体的空间装饰效果。另外，不同的墙体有不同的使用和装饰要求，从装饰工程的意义上来说，应根据不同的使用和装饰要求，选择不同的构造方法、材料和施工工艺。

一、墙体饰面的基础知识

1. 墙体饰面的分类

按材料可分为：涂料饰面、石材饰面、木质饰面、金属饰面、玻璃饰面、布艺饰面等。

按构造技术可分为：抹灰类、贴面类、涂刷类、镶板类、裱糊类等。

2. 墙体饰面的构造层次

墙体的构造层次主要可以分基层和面层。其中，基层的主要作用为支托面层。施工要求坚实、平整、牢固。 在结构上，可以使用原建筑构件，也可以因装修、装饰需要重新制作。通常分为实体基层和骨架基层两种类型。面层主要具有覆盖结构层的作用。 施工要求美观、无瑕疵。在结构上，可以根据使用材料的不同，采用不同的做法。

3. 墙体饰面的作用

美化、改善环境条件：通过设计，可以将墙体上装饰面层的色彩、造型、材质、尺寸等元素巧妙地结合在一起，改变原有建筑的环境，从视觉、触觉上，让人感觉到美。

满足房屋的使用功能要求：对建筑物室内墙面的装饰、装修，可以改善室内的卫生条件，并增强室内的采光性、保温性、隔热性和隔声性。在墙面上设置的一些设备，如散热器、电器开关插座、卫生洁具等，可以改变建筑的原有面貌，使建筑更加美观和适用；合理的墙面布局可使室内空间显得更宽敞；对装饰层的合理设计，能够提高墙体的保温、隔热能力，需要作吸声处理的房间，则可通过饰面吸声来降低噪声。

保护作用：建筑物内的构配件若直接暴露在大气中，可能会变得疏松、炭化；钢铁制品会因为氧化而锈蚀；构配件可能因为温度变化引起的热胀冷缩而导致节点被拉裂，影响牢固度与安全性。而对界面进行饰面装饰、装修处理后，建筑构配件被掩盖起来，能够增强其对外界不利因素的抵抗能力，避免直接受到外力的磨损、碰撞和破坏，进而提高其使用寿命。

二、墙体装饰构造的设计原则与规范

1. 墙体装饰构造的设计原则

稳定性：墙体的稳定性主要是指墙体在遭受荷载及外力冲击时，维持原有平衡状态的能力。墙体的稳定性与墙体的材料、墙体厚度与高度的比值大小以及墙体的施工质量有关。

保温、隔热性：隔热是由室外向室内以及室内向室外的热传递过程，以 24 小时为周期的波动传热来衡量。保温是指由室内向室外的热传递过程，以稳定传热来衡量。建筑物的保温性能主要取决于其传热系数 K 值或传热阻 R_0 值的大小，而建筑物的隔热性能主要取决于夏季室外和室内计算条件下内表面最高温度的高低。

　　隔声性：传进建筑空间内的声能通常小于外部的声音或能量，这往往是由于墙体隔绝了外部空间产生的部分声能。墙体的隔声性越好，隔绝的声能越多，传入建筑内部的声音就越小。

　　防潮性：为隔绝地面及空气中的水分，可在靠近地面处设置防潮层，如水平防潮层及垂直防潮层，防潮层应低于室内地面 60mm（刚性垫层处）或高于室内地面 60mm，避免地坪下的回填土中的水分的毛细作用的影响。

2. 墙体装饰构造的标准规范

　　墙体材料的一般规定：①砌筑燕压砖、燕压加气混凝土砌块、混凝土小型空心砌块、石膏砌块墙体时，宜采用专用砌筑砂浆。②有机材料制成的墙体材料产品说明书中应标注其使用年限。③墙体不应采用非蒸压硅酸盐砖（砌块）及非蒸压加气混凝土制品。④使用氯氧镁墙材制品时应进行吸潮返卤、翘曲变形及附水性试验，并应在其试验指标满足使用要求后再使用。

　　墙体的裂缝控制：①墙体设计时，宜选用有利于裂缝控制的墙体材料。②多层砌体结构房屋顶层墙体应采取下列措施：加强屋面保温；提高房屋顶层砌体的砌筑砂浆强度等级；在建筑物的温度和变形集中敏感区城，应采取增强抵抗温度应力或释放温度应变的构造措施；现浇钢筋混凝土檐口应设置分隔缝，并用柔性嵌缝材料填实，屋面保温层应覆盖全部檐口。③非烧结块材砌体房屋的墙体应根据块体材料类型采取下列措施：应根据所用块体材料，在窗肚墙水平灰缝内设置一定量钢筋；在承重外墙底层窗台板下，应配置通长水平钢筋或设置现浇混凝土配筋带；混凝土小型空心砌块房屋的门窗洞口，其两侧不少于一个孔洞中应配置钢筋并用灌孔混凝土灌芯，钢筋应在基础梁或楼层圈梁中锚固；墙长大于 8m 的非烧结块材框架填充墙，应设置控制缝或增设钢筋混凝土构造柱，其间距不应大于 4m；承重墙体局部开洞处及不利墙垛部位应采取加强措施。④夹心保温复合墙的内、外叶墙宜采用可调节变形的拉结件。夹心保温复合墙的外叶墙应根据块体材料固有特性设置控制缝。⑤墙体控制缝的设置应满足抗震设计要求，且应采取防渗漏措施。⑥保温墙体的女儿墙应采取保温措施。⑦内保温复合墙与梁、柱相接触部位，应采取防裂措施。⑧设计时应根据所用隔墙板的具体性能指标，沿墙长方向每隔一定距离设置竖向分隔缝，用柔性嵌缝材料填实并做好建筑盖缝处理。⑨隔墙板拼装墙体的饰面层宜采用双层玻璃纤维网格布，两层网格布的纬向应相互垂直。

------ / 小贴士 / ------

　　在设计时，应采取减少正常使用荷载作用下结构变形对填充墙的影响的措施。砌块砌体水平灰缝钢筋宜采用平焊网片，并应保证钢筋被砂浆或灌浆包裹。多孔砖墙体内拉结筋的锚固长度应为实心砖墙体的 1.4 倍。当填充墙高大于 4m 时，应在墙半高处设置与柱（墙）连接且沿墙全长的贯通钢筋混凝土板带或系梁。块材高度大于 53mm 的墙体采用的预制窗台板不得嵌入墙内。

三、不同构造技术的墙体节点构造

墙体表面按照不同的构造技术大致可以分为抹灰类、贴面类、涂料类、罩面板类、裱糊类等。不同的装饰构造可以塑造出不同的室内风格，也可以反映出造价的高低。

1.抹灰类墙体

抹灰类墙体饰面指的是加色或不加色水泥砂浆、水泥石灰浆、混合砂浆、石膏砂浆、水泥石碴浆等做成的各种饰面抹灰层。抹灰类墙体取材简单、施工方便、技术要求低，且造价足够低廉，它与墙体的黏结力较强，能够在一定程度上对墙体进行保护。但是，抹灰类墙体手工操作多，湿作业量大，劳动强度高，易龟裂、粉化和剥落。一般适用于盥洗室、试验室、冷藏库和化工车间等易受潮湿或受到酸、碱腐蚀的房间。

抹灰类墙体的分类

类型	概述	适用空间
一般饰面抹灰	·指采用石灰砂浆、混合砂浆、聚合物水泥砂浆、麻刀灰、纸筋灰等材料，对建筑物内墙的面层进行抹灰和石膏浆罩面，可分成面层、中层和底层三个层次。 ·按照室内建筑标准及墙体类型的不同，可以分为高级抹灰、中级抹灰及低级抹灰三种类型。高级抹灰包括一层底灰、数层中灰、一层面灰；中级抹灰包括一层底灰、一层中灰、一层面灰，或一层底灰、一层面灰；低级抹灰包括一层底灰、一层中灰、一层面灰或不分层一遍成活	高级抹灰适用于大型公共建筑物及有特殊要求的高级建筑物；中级抹灰适用于一般住宅、公共和工业建筑；低级抹灰适用于简易住宅、大型临时设施和非居住性房屋，以及建筑物的地下室、储藏室等
装饰抹灰饰面	·通过水泥砂浆的着色或水泥砂浆表面形态的艺术加工，获得一定色彩、线条、纹理质感，以达到装饰的目的 ·装饰抹灰饰面包括弹涂饰面，拉毛、甩毛、喷毛及搓毛饰面，拉条抹灰、扫毛抹灰饰面，以及假面砖饰面	用于音响要求较高的建筑内墙、公共建筑门厅、影剧院内墙、一般建筑内墙局部装饰等
石碴类饰面	·将以水泥为胶结材料、石碴为骨料的水泥石碴浆涂抹在墙体基层表面，通过水洗、剁斧、水磨等方法去除表面的水泥浆皮，露出石碴颜色和质感的饰面做法 ·石碴俗称米石，由天然的大理石、花岗石以及其他天然石材经破碎而成。常用的规格有小八厘、中八厘、大八厘 ·石碴类饰面的基本构造与一般抹灰类饰面的基本构造相同，总体来说，由底层、中间层、黏结层、面层等几个层次组成，不同类型略有增减或变化。常用的石碴饰面有假石饰面、水刷石饰面、干粘石饰面等类型	用于公共建筑的重点装饰部位、低档公共建筑的局部装饰、民用建筑等

参考案例 1 **一般饰面抹灰混凝土墙**

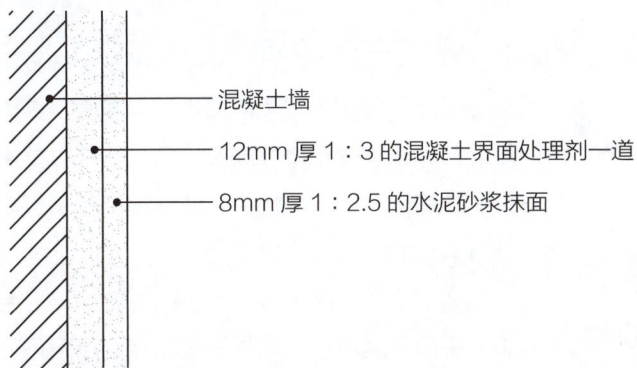

—— 混凝土墙

—— 12mm 厚 1：3 的混凝土界面处理剂一道

—— 8mm 厚 1：2.5 的水泥砂浆抹面

节点图

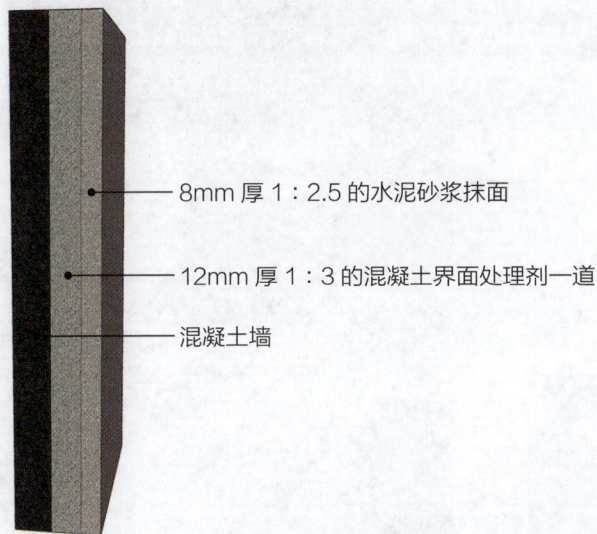

—— 8mm 厚 1：2.5 的水泥砂浆抹面

—— 12mm 厚 1：3 的混凝土界面处理剂一道

—— 混凝土墙

三维示意图

1 **施工流程**

基层清理→抹混凝土界面处理剂→弹线分隔→抹水泥砂浆面层→养护。

2 **重点工艺解析**

将墙面上残存的砂浆、污垢、灰尘等清理干净，用水浇墙，将砖缝中的尘土冲掉，将墙面润湿。水泥砂浆抹面应喷水养护。

一般饰面抹灰混凝土墙的颜色应与顶面和地面颜色属于同一色系，共同打造出一个带有原始旷野感觉的居室

参考案例 2　**一般饰面抹灰加气混凝土墙**

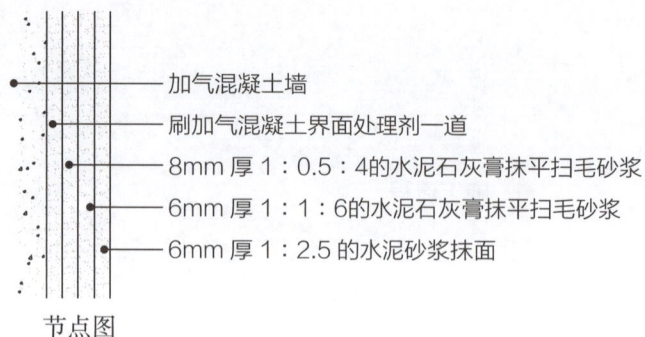

节点图

加气混凝土墙
刷加气混凝土界面处理剂一道
8mm 厚 1 : 0.5 : 4的水泥石灰膏抹平扫毛砂浆
6mm 厚 1 : 1 : 6的水泥石灰膏抹平扫毛砂浆
6mm 厚 1 : 2.5 的水泥砂浆抹面

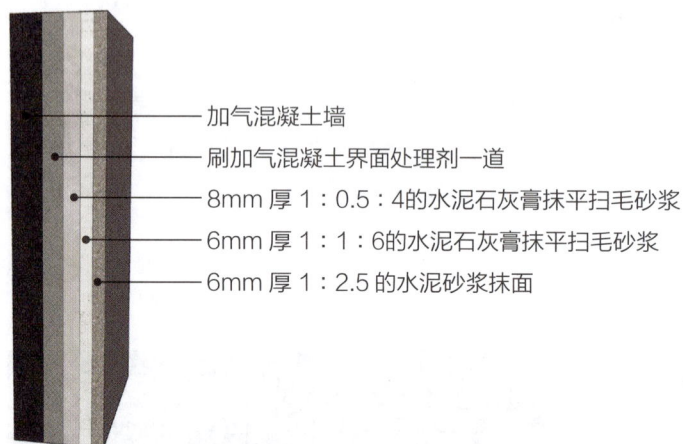

三维示意图

加气混凝土墙
刷加气混凝土界面处理剂一道
8mm 厚 1 : 0.5 : 4的水泥石灰膏抹平扫毛砂浆
6mm 厚 1 : 1 : 6的水泥石灰膏抹平扫毛砂浆
6mm 厚 1 : 2.5 的水泥砂浆抹面

1 施工流程

基层清理→抹加气混凝土界面处理剂→弹线分隔→抹底层扫毛砂浆→抹中层扫毛砂浆→抹水泥砂浆面层→养护。

2 重点工艺解析

①抹底层扫毛砂浆前洒水润湿墙面，并事先用混合砂浆勾缝和修补缺棱掉角。抹灰时要用力抹压，将砂浆挤入墙缝中，达到糙灰和基层紧密结合的目的。

②待底层扫毛砂浆凝固后，抹中层扫毛砂浆，采用分层填抹，用长刮尺赶平，阴阳角处用阴阳角尺通直，然后用木抹子搓平表面，做到表面毛、墙面平、棱角直。做完墙面扫毛砂浆以后，再做墙裙或踢脚的扫毛砂浆，墙面和墙裙或踢脚扫毛砂浆做完后，进行局部修整，经检验合格后再涂抹罩面灰及罩面涂料。

灰色的墙面具有高级感，与室内的金属元素相搭配，为空间注入了精致的气息

参考案例 3 假面砖饰面墙体

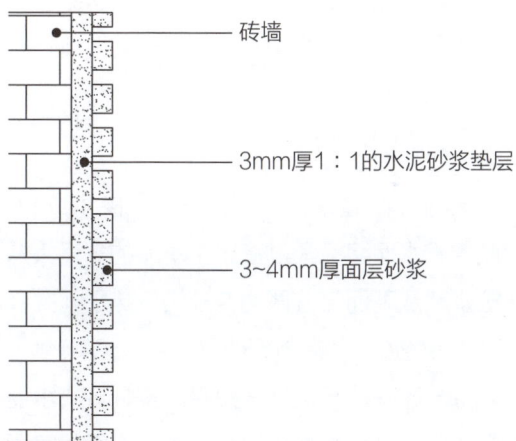

砖墙

3mm厚1：1的水泥砂浆垫层

3~4mm厚面层砂浆

节点图

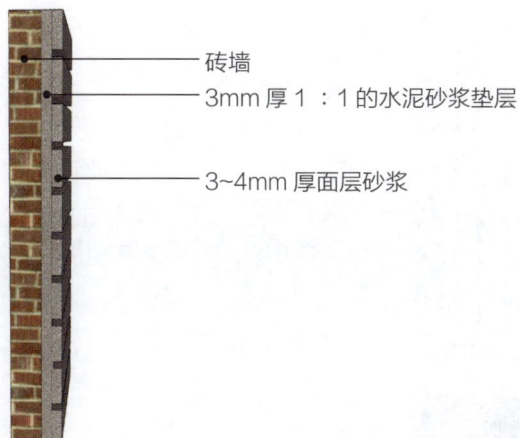

砖墙

3mm 厚 1：1 的水泥砂浆垫层

3~4mm 厚面层砂浆

三维示意图

1 施工流程

基层处理→吊线找方→做水泥砂浆垫层→抹面层砂浆→做面砖→清扫墙面。

2 重点工艺解析

①涂抹面层砂浆前先将垫层水泥砂浆用水均匀浇湿，再弹水平线，按一个水平作业段，在上、中、下各弹一条水平通线，以便控制面层划沟平直度。抹面层砂浆，厚度为 3~4mm。

②待面层砂浆稍收水后，先用铁梳子沿木靠尺由上向下划纹，深度以 1~2mm 为宜，然后再根据标准砖的室度用铁皮刨子沿木靠尺横向划沟，沟深为 3~4mm，深度以露出底层灰为准。

带有装饰纹样的黑色墙面，极具视觉冲击力，提升了餐厅的格调

参考案例 4 水刷石饰面墙体

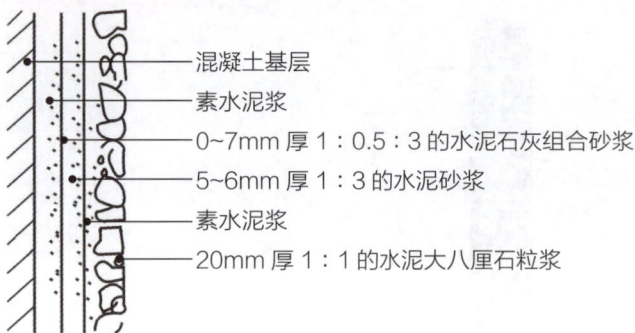

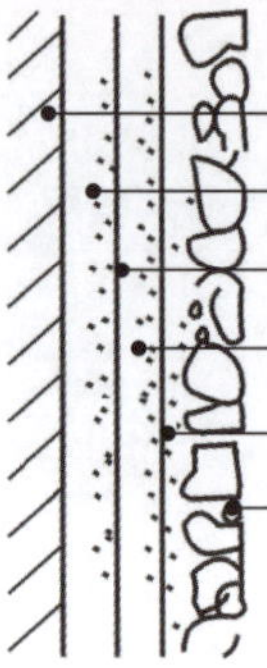
混凝土基层
素水泥浆
0~7mm 厚 1：0.5：3 的水泥石灰组合砂浆
5~6mm 厚 1：3 的水泥砂浆
素水泥浆
20mm 厚 1：1 的水泥大八厘石粒浆

节点图

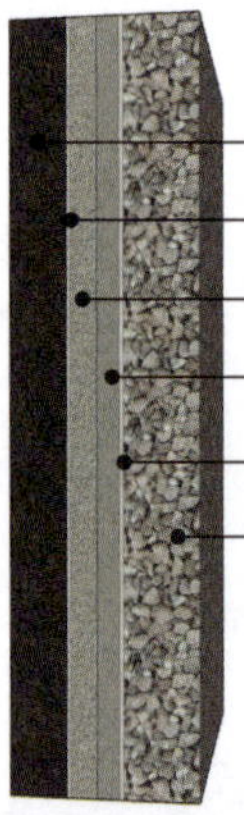
混凝土基层
素水泥浆
0~7mm 厚 1：0.5：3 的水泥石灰组合砂浆
5~6mm 厚 1：3 的水泥砂浆
素水泥浆
20mm 厚 1：1 的水泥大八厘石粒浆

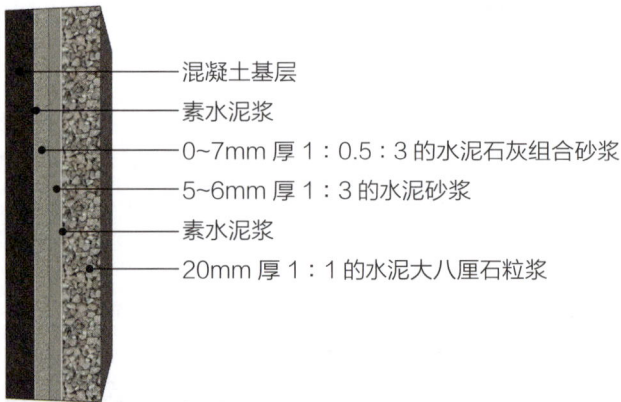

三维示意图

1 施工流程

基层处理→抹素水泥浆→抹水泥石灰组合砂浆→抹水泥砂浆→弹线→抹石粒浆→修整、喷刷。

2 重点工艺解析

①抹水泥石碴浆面层：刮一道内掺 10% 的 107 胶的素水泥浆，紧跟着抹 1 ： 1 的水泥大八厘石粒浆，从下而上分两遍与分格条抹平，并及时检查其平整度，然后将石碴层压平、压实。

②将已抹好的石粒面层拍平压实，将成水泥浆挤出，用水刷蘸水将水泥浆刷去，重新压实溜光，反复操作 3~4 遍，待面层开始初凝，以指捺无痕，用水刷子刷不掉石粒为度。一人用刷子蘸水刷去水泥浆，一人紧跟着用手压泵的喷头从上往下喷水冲洗，喷头一般距墙面 10~20cm，把表面的水泥浆冲洗至露出石碴，最后用小水壶浇水，将石碴表面冲净。待墙面水分控干后，及时用水泥膏勾缝。

带有粗犷感的墙面，令室内空间产生了来自户外的自然力量

拓展知识

抹灰类饰面的细部处理及饰面缺陷弥补措施

　　大面积的抹灰面，会因为材料的干缩或冷缩而开裂，进而使饰面出现开裂、起壳、脱落等现象；因为手工操作、材料调配以及气候等因素的影响，还容易出现色泽不均、表面不平的问题。

　　为了避免出现这些问题，要求抹灰时基层具有足够的强度。同时，还可对其进行分块和设缝处理。分块的大小应与里面处理相结合，缝隙的宽度应根据整体的比例和表面所用材料的质地来具体设定，但总体来说，缝隙不宜过宽或过窄，一般 20mm 左右比较适宜。抹灰缝有凸线、凹线和嵌线三种方式。

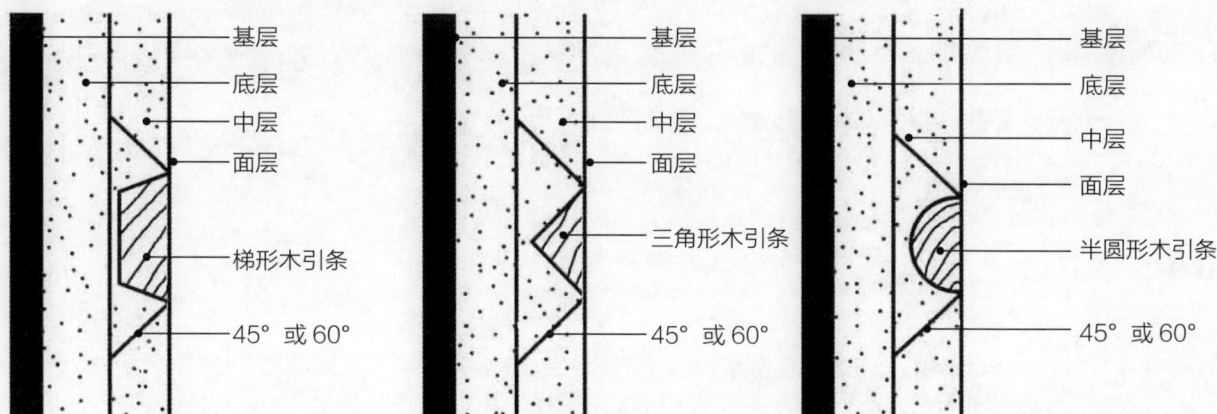

基层
底层
中层
面层
梯形木引条
45° 或 60°

基层
底层
中层
面层
三角形木引条
45° 或 60°

基层
底层
中层
面层
半圆形木引条
45° 或 60°

抹灰面引条线的形式

2. 贴面类墙体

贴面类墙体指的是将各种天然或人造的板、块作为装饰材料的墙体。因为贴面材料的形状、重量、适用部位不同，与墙体的构造方法也就有一定的差异。轻而小的块材可以直接镶贴，大而厚的块材则必须采用贴挂的方式。贴面类墙体具有坚固耐用、色泽稳定、易清洗、耐腐蚀、防水、装饰效果丰富的优点。但是，贴面类墙体饰面的施工价格稍高，定制贴面饰面所需时间较长，下雨、起雾时，墙体会反水珠，使室内较易受潮。一般来说，质感细腻的瓷砖、大理石板多用于室内装修；质感粗放、耐久性较好的陶瓷面砖、马赛克、花岗岩板等多用于室外装修。

贴面类墙体的分类

类型	概述	适用空间
釉面砖饰面	·釉也叫作瓷砖、瓷片、釉面陶土砖等，釉面有白色和彩色两种，后者较为常用 ·釉面砖颜色稳定，不易褪色，美观，吸水率低，表面细腻光滑，不易积灰、积垢，便于清洁	用于潮湿、易脏的空间，如厨卫空间
陶瓷锦砖和玻璃锦砖饰面	·锦砖也叫作马赛克，是一种小尺寸的砖。陶瓷锦砖和玻璃锦砖均属于锦砖，只是两者的制作材料不同 ·陶瓷锦砖为瓷土烧制的小块瓷砖，质地坚硬、经久耐用，耐酸碱等性能极好。与面砖相比，其造价低、面层薄、自重轻，且具有装饰效果美观、耐磨、不吸水、易清洗等优点 ·玻璃锦砖就是玻璃马赛克，由片状、小块的玻璃制成。与陶瓷锦砖相比，其色彩更为鲜艳，颜色更多样，表面更光滑、不易被污染，并具有透明感和极强的光泽感，能够装饰出清丽雅致的效果	用于厨卫空间的局部点缀
石材饰面板饰面	·包含预制人造石材饰面板饰面与天然石材饰面板饰面 ·各类石材饰面板按照厚度都可分为薄板和厚板两类，厚度在40mm以下的称为板材，厚度不低于40mm的称为块材 ·预制人造石材饰面板具有制作工艺合理，可加工性强，不容易开裂，施工速度快等优点，天然石材饰面板花色多样、纹理自然，具有天然美感，且质地坚硬、经久耐用、耐磨，但因为开采的限制及矿源等原因，价格较高，属于高档饰面板材	用于客厅、起居室和主卧室

参考案例 1 **粘贴式釉面砖饰面墙体**

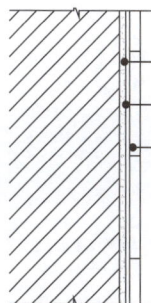

基体（基层）表面处理
7 厚 1：3 的水泥砂浆找平层（打底层）
黏结层（1：2 的水泥砂浆、聚合物水泥砂浆或水泥浆、瓷砖胶黏剂等）

节点图

基体（基层）表面处理
7 厚 1：3 的水泥砂浆找平层（打底层）
黏结层（1：2 的水泥砂浆、聚合物水泥砂浆或水泥浆、瓷砖胶黏剂等）

三维示意图

马卡龙色调的釉面砖饰面墙既清新又可爱，十分减压

1　施工流程

基层处理→抹底层砂浆→弹线分格→排砖→浸砖→镶贴面砖→面砖勾缝与擦缝。

2　重点工艺解析

①依据大样图及墙面尺寸进行横竖向排砖，以保证砖缝隙匀称，符合设计图纸要求，留意大墙面要排整砖，以及在同一墙面上的横竖排列，均不得有一行以上的非整砖。

②浸砖：釉面砖和外墙面砖镶贴前，首先要将面砖清扫洁净，放入净水中浸泡 2h 以上，取出待外表晾干或擦净方可用法。

参考案例 2 混凝土基层陶瓷墙砖干挂墙面

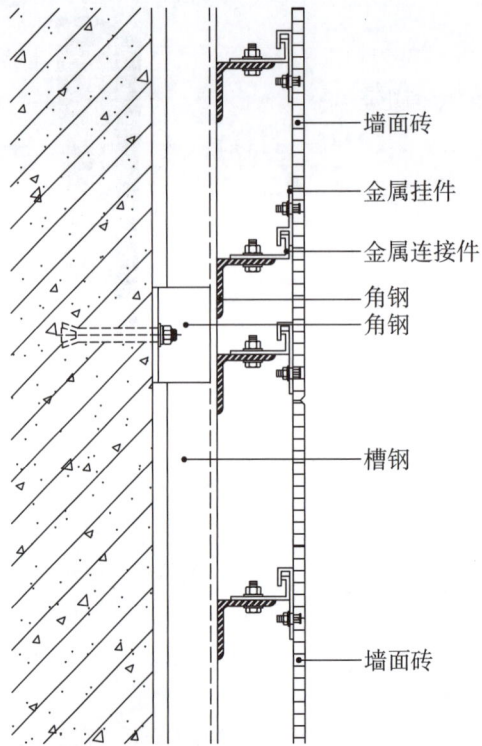

墙面砖

金属挂件

金属连接件

角钢
角钢

槽钢

墙面砖

节点图

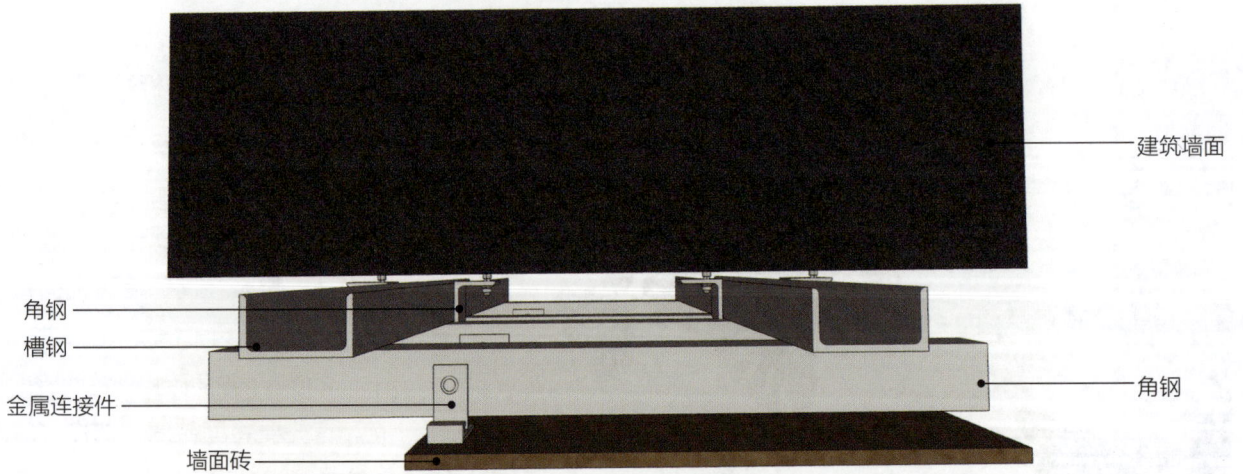

建筑墙面

角钢

槽钢

金属连接件

角钢

墙面砖

三维示意图

1 施工流程

基层处理→放线→安装龙骨及挂件→瓷砖钻孔及切槽→安装瓷砖→注胶→擦缝及进行饰面清理。

2 重点工艺解析

①偏差实测采取经纬仪投测与垂直、水平挂线相结合的方法；及时记录测量结果并绘制实测成果，提交技术负责人。基层墙面必须清理干净，不得有浮土、浮灰，进行找平并涂好防潮层。

②瓷砖干挂施工前需按照设计标高在墙体上弹出50cm水平控制线和每层瓷砖标高线，并在墙上做控制桩，找出房间及墙面的规矩和方正。根据瓷砖分隔图弹线后，还要确定膨胀螺栓的安装位置。

③用角钢连接件将与结构槽钢三面围焊。焊接完成后按规定进行焊缝隐检，检查合格后刷防锈漆三遍。待连接件或次龙骨焊接完成后，用不锈钢螺钉对金属挂件进行连接。

④采用销钉式挂件和挂钩式挂件时，可用冲击钻在瓷砖上钻孔。采用插片式挂件时可用角磨机在瓷砖上切槽。为保证所开孔、槽的准确度和减少瓷砖破损，应使用专门的机架，以固定板材和钻机等。

蓝色釉面砖铺贴的墙面增强了空间的清新感，使人仿佛可以呼吸到来自海洋的气息

⑤按照放线位置在墙面上打出略长于膨胀螺栓套管长度的孔位，在安装膨胀螺栓的同时，将直角连接板固定，然后安装锚固件连接板，在上层瓷砖底面的切槽和下层瓷砖上端的切槽内涂胶。瓷砖就位后，将插片插入上、下层瓷砖的槽内，调整位置后拧紧连接板螺钉。

⑥为保证拼缝两侧瓷砖不被污染，应在拼缝两侧的瓷砖上贴胶带纸加以保护，打完胶后再撕掉。瓷砖安装完毕后，经检查无误，清扫拼接缝后即可嵌入橡胶条或泡沫条。然后打勾缝胶封闭，注胶要均匀，胶缝应平整饱满，亦可稍凹于板面。

⑦瓷砖安装完毕后，清除所有的石膏和余浆痕迹，用麻布擦洗干净。按瓷砖的出厂颜色调成色浆嵌缝，边嵌边擦干净，以使缝隙密实均匀、干净、颜色一致。

───── / 小贴士 / ─────

瓷砖墙面清洁方便，只需清水和干布就可将瓷砖的污渍清除，所以经常用于卫生间、厨房等污渍集中的空间。需要注意的是，由于瓷砖墙面做的背景墙，在定制后一至两个星期才能收到成品，为了不拖延室内装修的进度，应提前定制和购买。

参考案例3 玻璃锦砖墙体

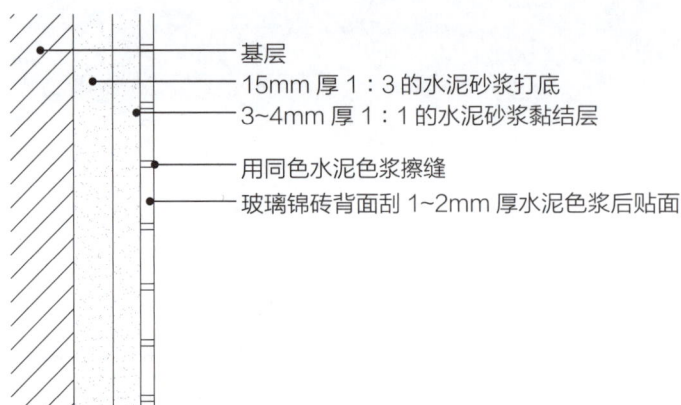

基层
15mm 厚 1：3 的水泥砂浆打底
3~4mm 厚 1：1 的水泥砂浆黏结层

用同色水泥色浆擦缝
玻璃锦砖背面刮 1~2mm 厚水泥色浆后贴面

节点图

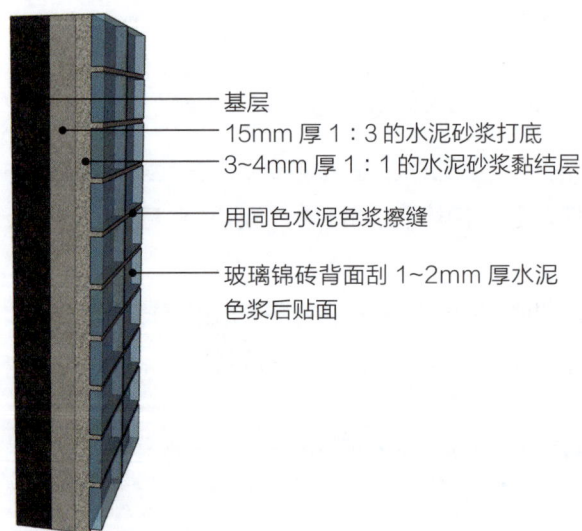

基层
15mm 厚 1：3 的水泥砂浆打底
3~4mm 厚 1：1 的水泥砂浆黏结层

用同色水泥色浆擦缝

玻璃锦砖背面刮 1~2mm 厚水泥
色浆后贴面

三维示意图

1 施工流程

基层处理→抹底层砂浆→弹线分格→抹水泥砂浆黏结层→镶贴玻璃锦砖→擦缝清洁。

2 重点工艺解析

玻璃锦砖镶贴完成后残留杂质及粘贴时被挤出缝隙的水泥砂浆可用毛刷醮清水适当擦洗。用同色水泥色浆将锦砖缝隙填满，再用棉纱或布片将砖面擦至不留残浆为止。

玻璃锦砖墙体既不会影响室内的光线，又具备较强的装饰效果，集实用与美感于一身

参考案例 4 石材贴墙干挂墙体

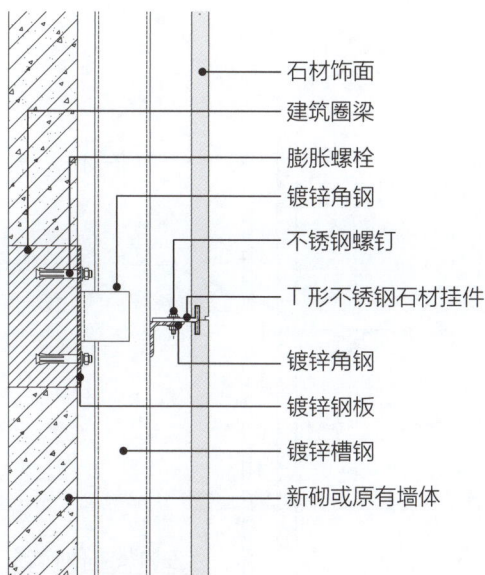

石材饰面
建筑圈梁
膨胀螺栓
镀锌角钢
不锈钢螺钉
Ｔ形不锈钢石材挂件
镀锌角钢
镀锌钢板
镀锌槽钢
新砌或原有墙体

节点图

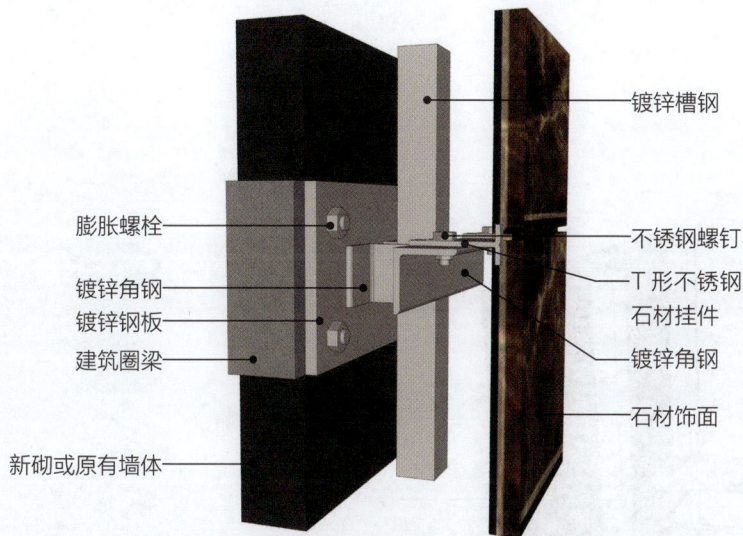

镀锌槽钢
膨胀螺栓
镀锌角钢
镀锌钢板
建筑圈梁
新砌或原有墙体
不锈钢螺钉
Ｔ形不锈钢石材挂件
镀锌角钢
石材饰面

三维示意图

1 施工流程

基层处理→测量放线→预埋钢板→基层钢架焊接→隐蔽工程验收→石材安装→板缝处理。

2 重点工艺解析

①采取经纬仪投测与垂直、水平挂线相结合的方法进行弹线。基层墙面清理干净，不得有浮土、浮灰，进行找平并涂好防水剂。

②施工前按照设计标高在墙体上弹出水平控制线和每层石材标高线。根据石材分隔图弹线后，还要确定膨胀螺栓的安装位置。

③将镀锌钢板用膨胀螺栓预埋在新砌或原有墙体的建筑圈梁上。

④镀锌槽钢通过连接件与预埋的钢板焊接，角钢焊接在槽钢上，Ｔ形不锈钢石材挂件用不锈钢螺钉与角钢固定。

⑤在上述施工程序经过自检、互检和专检合格后，及时对墙中设备管线的安装以及水管等有特殊要求的隐蔽项目进行验收。

⑥将石材饰面与挂件嵌缝安装，并测试板面的稳定性。

⑦石材安装完毕后，经检查无误，清扫拼接缝后即可嵌入橡胶条或泡沫条。然后打勾缝胶封闭，注胶要均匀，胶缝要饱满，也可稍凹于板面。然后按石材的颜色调成色浆嵌缝，边嵌边用抹布清除所有的石膏和余浆痕迹，使缝隙密实均匀、干净且颜色一致。

石材贴墙干挂墙体给人以理性的质感，营造出一个适合男性业主的居住空间

石材离墙干挂墙体

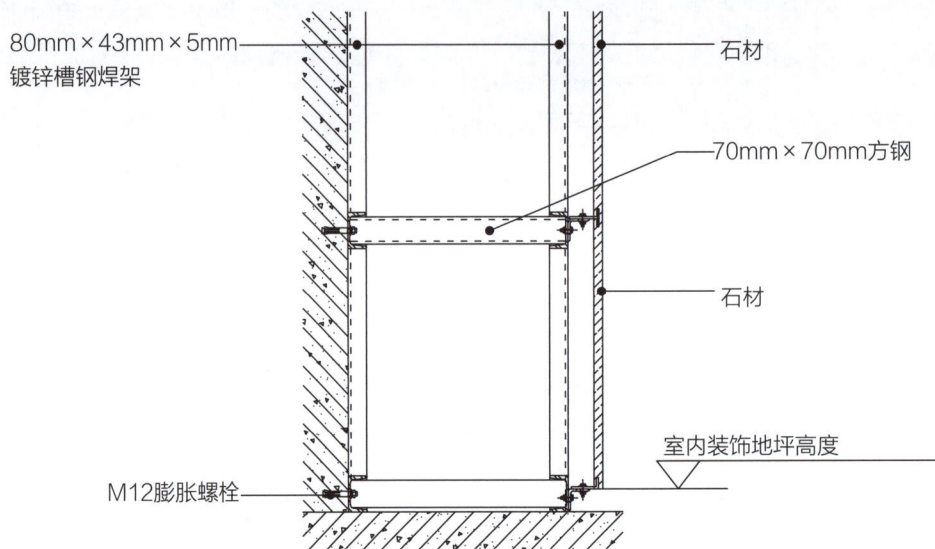

80mm×43mm×5mm
镀锌槽钢焊架

石材

70mm×70mm方钢

石材

室内装饰地坪高度

M12膨胀螺栓

节点图

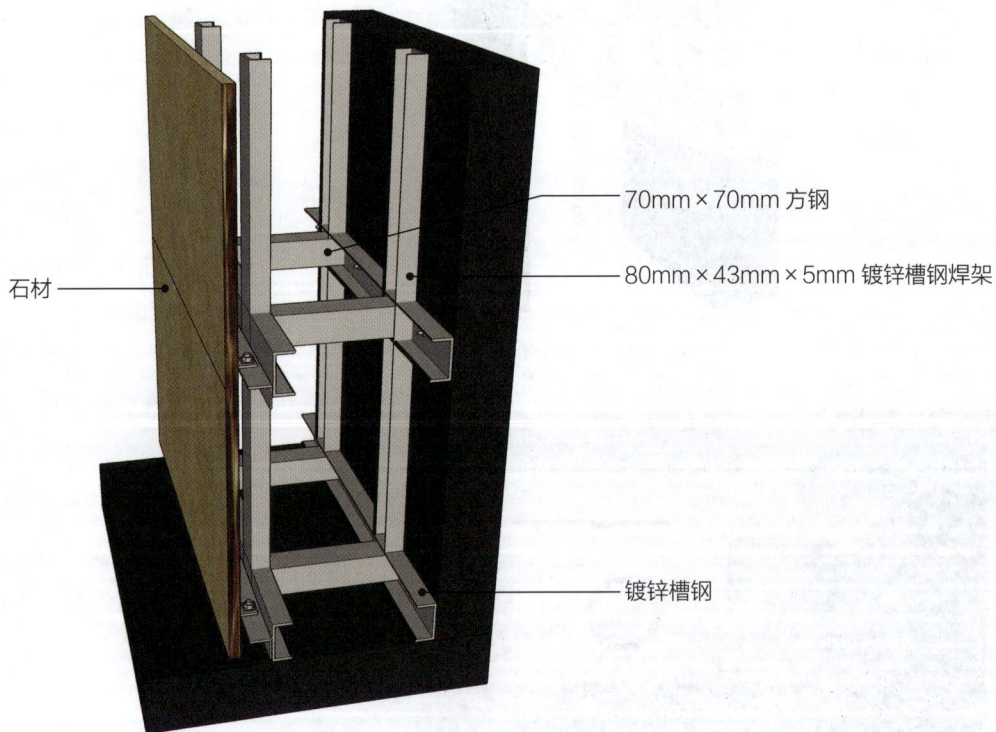

石材

70mm×70mm 方钢

80mm×43mm×5mm 镀锌槽钢焊架

镀锌槽钢

三维示意图

1 施工流程

石材准备→基层准备→安装骨架→安装挂件→安装石材→板缝处理。

2 重点工艺解析

①挑选表面颜色一致，无缺棱掉角及裂纹的石材，石材表面涂刷两遍石材防护剂，并按设计图纸要求，在石材背面开槽，最后按安装顺序给石材板块进行编号。

②清理基层表面，同时进行吊直、套方、找规矩，弹出垂直线与水平线。根据施工图纸与实际需要弹出钢架及石材安装的位置线。

③将 80mm×43mm×5mm 的槽钢按垂直位置线安装，将同样规格的槽钢按水平位置线嵌入竖向槽钢，横竖向槽钢相接的节点处用 M12 膨胀螺栓固定在原建筑墙面上方。70mm×70mm 方钢在横竖槽钢形成的接口处嵌入焊接。方钢另一头与相同的横竖槽钢进行焊接以形成钢架。

④用螺钉将 50mm×50mm×5mm 的镀锌角钢与横竖槽钢节点相接处进行固定，不锈钢 T 形挂件也用螺钉固定在镀锌角钢上方。

⑤从底层开始，根据编号依次将石材向上安装，石材开槽处与挂件安装，确认安装无误后，在槽内注入结构胶进行固定。

⑥石材安装完毕后，将板面及缝隙清扫干净后嵌入橡胶条及泡沫条，并将勾缝胶均匀注入封闭板缝，打胶后的胶缝须饱满，也可以稍稍凹于板面。调制与石材相同颜色的色浆进行嵌缝。完成后将所有残余的污渍清理干净。

博物馆外墙采用石材离墙干挂的形式，造型感十足，也显得十分硬朗

—— / 小贴士 / ——

对石材进行打孔时，首先将专用模具固定在台钻上，将石材放在事先钉出的定型石材托架上，保证位置正确。钻孔时石材面须与钻头垂直，这样打出的孔更为精确。

3. 涂刷类墙体

涂刷类墙体是指利用各种涂料涂敷于基层表面，形成完整牢固的膜层，起到保护和美化墙面的一种饰面墙体，是饰面装修中最简便的一种形式。尽管大多数涂料的使用年限较短，但与传统的墙面装修相比，涂刷类墙体具有造价低、装饰性好、工期短、工效高、自重轻，以及施工操作、维修、更新都比较方便等特点。

涂刷类墙体的分类

类型	概述	适用空间
合成树脂乳液饰面墙体	•以合成树脂乳液为黏结料，加入颜料、填料及各种助剂，经研磨而成的薄型内墙涂料 •包括溶剂型涂料、乳液型涂料、水溶性涂料及硅酸无机盐涂料四种类型 •饰面构造通常包括四层，即基层、找平层、封闭涂层和面层 •一般有较好的硬度、光泽、耐水性、耐化学药品性及一定的耐老化性，且无毒、不污染环境 •缺点是合成树脂乳液中的溶剂型涂料存在着污染环境、浪费能源、施工环境严苛以及成本高等缺点	用于一般建筑的内墙
油漆饰面墙体	•指涂刷在材料表面能够干结成膜的有机涂料，用这种涂料做成的饰面称为油漆饰面 •油漆的种类很多，按使用效果分为清漆、色漆等；按使用方法分为喷漆、烘漆等；按漆膜外观分为有光漆、亚光漆、皱纹漆等；按成膜物不同分为油基漆、含油合成树脂漆、不含油合成树脂漆、纤维衍生物漆、橡胶衍生物漆等 •油漆耐水、易清洗，装饰效果好 •缺点是油漆涂层的耐光性差，施工工序复杂，工期长 •用油漆做墙体装饰时，要求基层平整，充分干燥，且无任何细小裂纹	用于一般建筑的内外墙

参考案例 1　加气砌块基层乳胶漆墙体

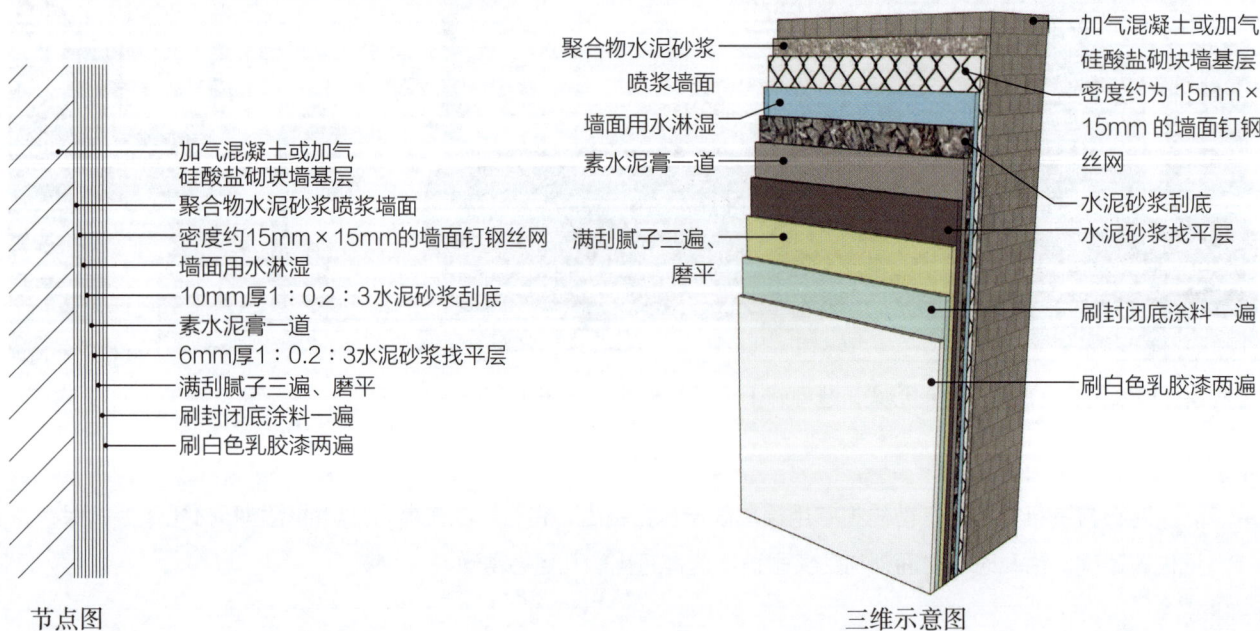

节点图标注（从左到右）：
- 加气混凝土或加气硅酸盐砌块墙基层
- 聚合物水泥砂浆喷浆墙面
- 密度约15mm×15mm的墙面钉钢丝网
- 墙面用水淋湿
- 10mm厚1：0.2：3水泥砂浆刮底
- 素水泥膏一道
- 6mm厚1：0.2：3水泥砂浆找平层
- 满刮腻子三遍、磨平
- 刷封闭底涂料一遍
- 刷白色乳胶漆两遍

三维示意图标注：
- 聚合物水泥砂浆喷浆墙面
- 墙面用水淋湿
- 素水泥膏一道
- 满刮腻子三遍、磨平
- 加气混凝土或加气硅酸盐砌块墙基层
- 密度约为15mm×15mm的墙面钉钢丝网
- 水泥砂浆刮底
- 水泥砂浆找平层
- 刷封闭底涂料一遍
- 刷白色乳胶漆两遍

节点图　　　　　　　　　　　　　　　　三维示意图

1 施工流程

石材准备→挂网→满刮腻子→打磨腻子→涂刷封闭底涂料→涂刷乳胶漆。

2 重点工艺解析

①确保墙面坚实、平整，清理墙面使水泥墙面尽量无浮土、浮尘。在墙面上均匀辊一遍混凝土界面剂，待其干燥（一般在 2h 以上）。同时对墙面阴阳角进行处理，保证阴阳角垂直方正。

蓝色乳胶漆墙面与黄色单人坐凳形成色彩上的对比，增强了室内的色彩表现力，提升了空间的美感度

②将聚合物水泥砂浆喷浆喷涂在加气混凝土或加气硅酸盐砌块墙基层上，为挂网做好准备，待其干透后再用墙面钉将密度约为 15mm×15mm 的钢丝网钉在墙面上，用水淋湿并用比例为 1∶0.2∶3 的水泥砂浆进行刮底，涂刷一道素水泥膏以使表面光滑。

③一般墙面刮两遍腻子即可。平整度较差的腻子需要在局部多刮几遍。如果平整度极差，可考虑先刮一遍 6mm 厚的水泥∶水∶砂为 1∶0.2∶3 的水泥砂浆进行找平，然后再刮腻子。每遍腻子批刮的间隔时间应为表面干透的时间。当腻子干燥后，用砂纸将腻子磨光，然后将墙面清扫干净。

④耐水腻子完全凝实之后（5~7 天）会变得坚实无比，此时再进行打磨就会异常困难。因此，建议刮过腻子之后 1~2 天便开始进行腻子打磨。打磨可在夜间进行，用 200W 以上的电灯泡贴近墙面照明，一边打磨一边查看平整度。

⑤封闭底涂料涂刷一遍即可，务必涂刷均匀，待其干透后可以进行下一步骤。涂刷每面墙面宜按先左后右、先上后下、先难后易、先边后面的顺序进行，避免漏涂或涂刷过厚、涂刷不均匀等。通常用排笔涂刷，使用新排笔时要注意将活动的毛笔清理干净。

⑥乳胶漆通常要刷两遍，每遍的间隔时间应视其表面干透时间而定，第二遍乳胶漆刷完干透前应注意防水、防旱、防晒，以及防止漆膜出现问题。乳胶漆的漆膜干得快，所以应连续迅速操作，逐渐涂刷至另一边。一定要注意上下顺刷、互相衔接，避免出现接槎明显的问题。

───── / 小贴士 / ─────

加气砌块墙体基层乳胶漆墙体的配色较为灵活，装修完后如果施工方保留了相应的有色漆，就可以省去重新调色和选色卡的额外支出。

参考案例 2 卡式龙骨基层乳胶漆墙体

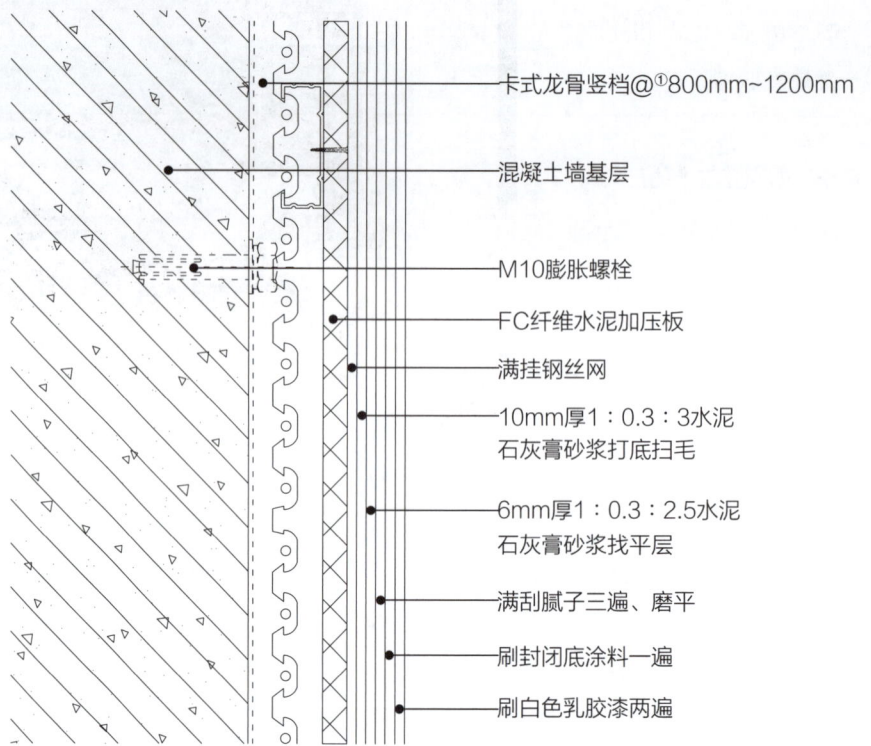

卡式龙骨竖档@①800mm~1200mm

混凝土墙基层

M10膨胀螺栓

FC纤维水泥加压板

满挂钢丝网

10mm厚1∶0.3∶3水泥
石灰膏砂浆打底扫毛

6mm厚1∶0.3∶2.5水泥
石灰膏砂浆找平层

满刮腻子三遍、磨平

刷封闭底涂料一遍

刷白色乳胶漆两遍

节点图

注：① @ 表示卡式龙骨竖档安装的间
距，即卡式龙骨竖档以 800mm~1200mm
进行安装。

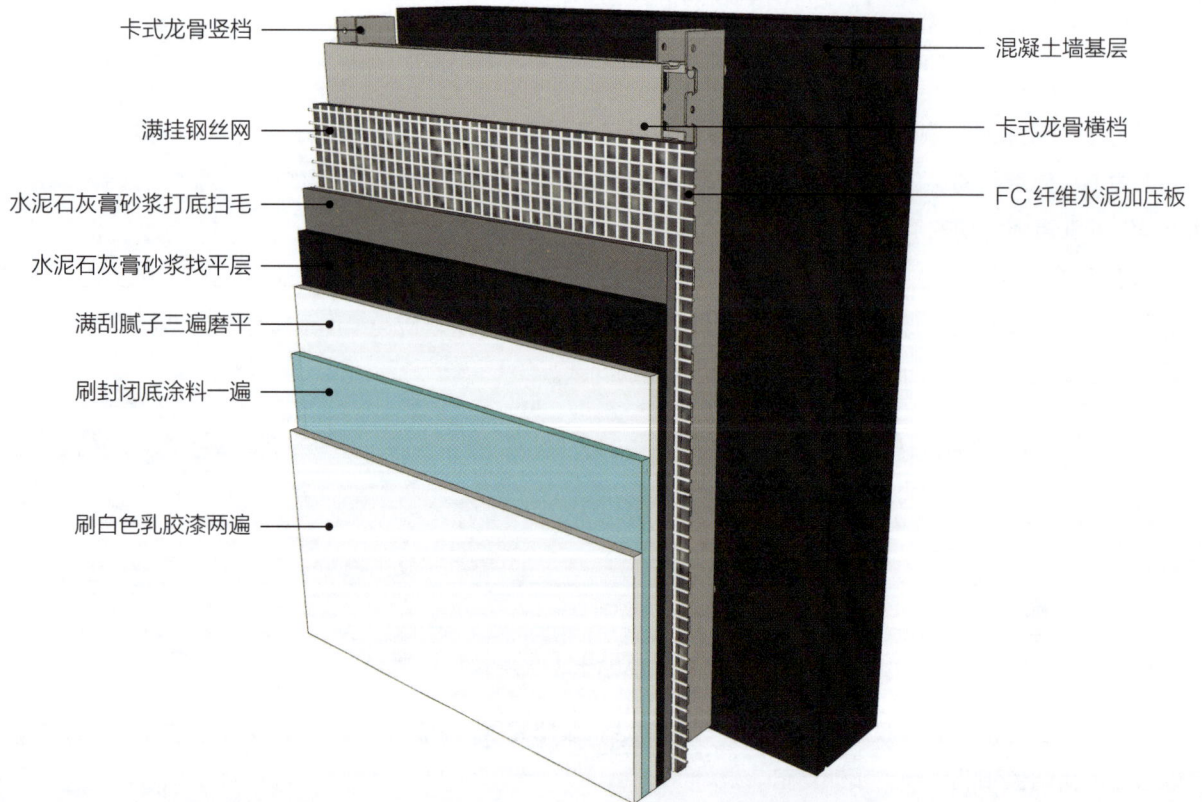

卡式龙骨竖档

满挂钢丝网

水泥石灰膏砂浆打底扫毛

水泥石灰膏砂浆找平层

满刮腻子三遍磨平

刷封闭底涂料一遍

刷白色乳胶漆两遍

混凝土墙基层

卡式龙骨横档

FC 纤维水泥加压板

三维示意图

1 施工流程

固定龙骨→基层处理→满刮腻子→刷封闭底涂料→刷乳胶漆。

2 重点工艺解析

①用膨胀螺栓将卡式龙骨固定在墙面上，将 U 形轻钢龙骨与卡式龙骨卡槽连接固定，U 形轻钢龙骨之间的距离为 300mm。

②用自攻螺钉将 FC 纤维水泥加压板与 U 形轻钢龙骨固定，满挂钢丝网，用 10mm 厚 1：0.2：3 的水泥砂浆进行打底扫毛，在水泥面达到一定强度后，再用水泥：水：砂为 1：0.2：3 的水泥砂浆进行找平。

③腻子一般要满刮 2~3 遍，墙面的批刮方式一般是上下左右直刮，要刮得方正平整，与其他平面的连接处要整齐、清洁，孔洞处和缝隙处的腻子要压平实，嵌得饱满，但不能高出基层表面，待腻子干透后，用砂纸将高出的和较为粗糙的地方打磨平整。

④刷封闭底涂料可采用刷涂、滚涂、喷涂等方式，操作应连续、迅速，一次刷完，待干燥后进行找平、修补、打磨。

⑤涂刷乳胶漆不仅可以采用人工滚涂的方式（滚涂须循序渐进），也可以采用机械喷涂。喷涂的效果比滚涂的效果更好，墙面更加光滑细致，白色乳胶漆须涂刷两次。

/ 小贴士 /

为避免涂料在涂装在混凝土隔墙的面上或凹凸面处时，涂膜立即向下流，使涂膜薄厚不均，涂料应选用较快干燥的品种，并添加缓干稀释剂，适量涂抹。

灰白色的墙面没有任何装饰，但很洁净，给人十分舒适的感觉

参考案例3 轻钢龙骨基层乳胶漆墙体

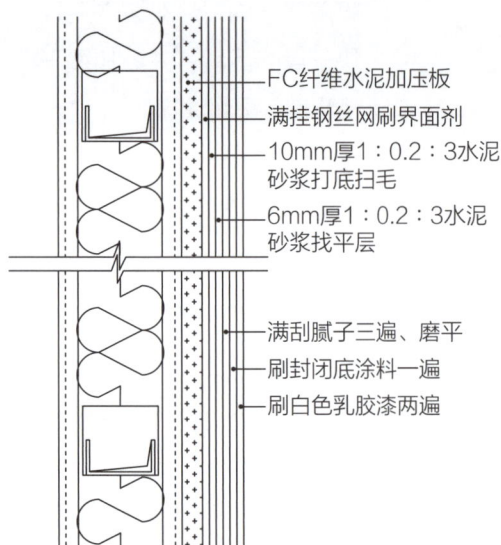

FC纤维水泥加压板
满挂钢丝网刷界面剂
10mm厚1：0.2：3水泥砂浆打底扫毛
6mm厚1：0.2：3水泥砂浆找平层

满刮腻子三遍、磨平
刷封闭底涂料一遍
刷白色乳胶漆两遍

节点图

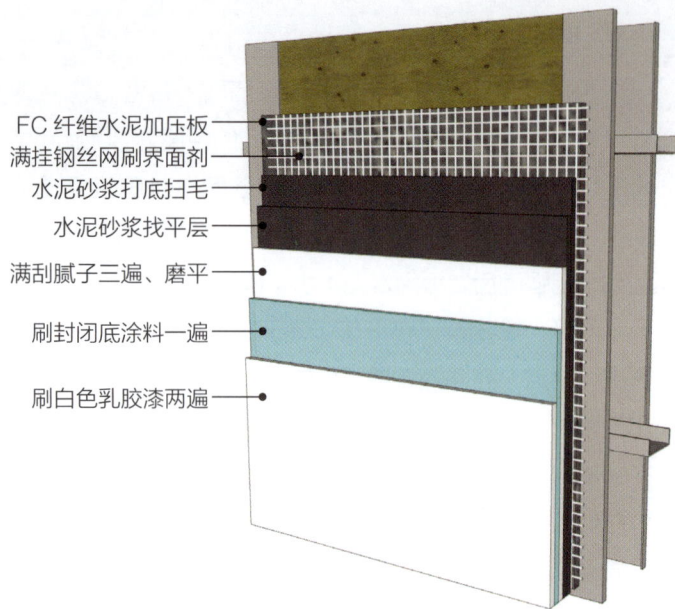

FC 纤维水泥加压板
满挂钢丝网刷界面剂
水泥砂浆打底扫毛
水泥砂浆找平层
满刮腻子三遍、磨平
刷封闭底涂料一遍
刷白色乳胶漆两遍

三维示意图

① 施工流程

安装龙骨→基层处理→涂刷界面剂→满刮腻子→刷封闭底涂料→刷乳胶漆。

② 重点工艺解析

①用抽芯铆钉对已准确定位的 Q75 竖向龙骨以 300mm 的间距进行固定，竖向龙骨安装完后，用支撑卡将 Q38 穿心龙骨与竖向龙骨连接，并用自攻螺钉将纸面石膏板固定在竖向龙骨上作为基层。

②用自攻螺钉将 FC 纤维水泥加压板固定在竖向龙骨上作为基层。

③为增强腻子和基层材料的吸附力，应涂刷界面剂，避免出现空鼓、剥落、开裂等问题。

室内的家具及装饰物的色彩比较多样，因此墙面运用了白色乳胶漆涂刷，整个室内的配色既简洁，又富有变化

参考案例 4 纸面石膏板基层乳胶漆墙体

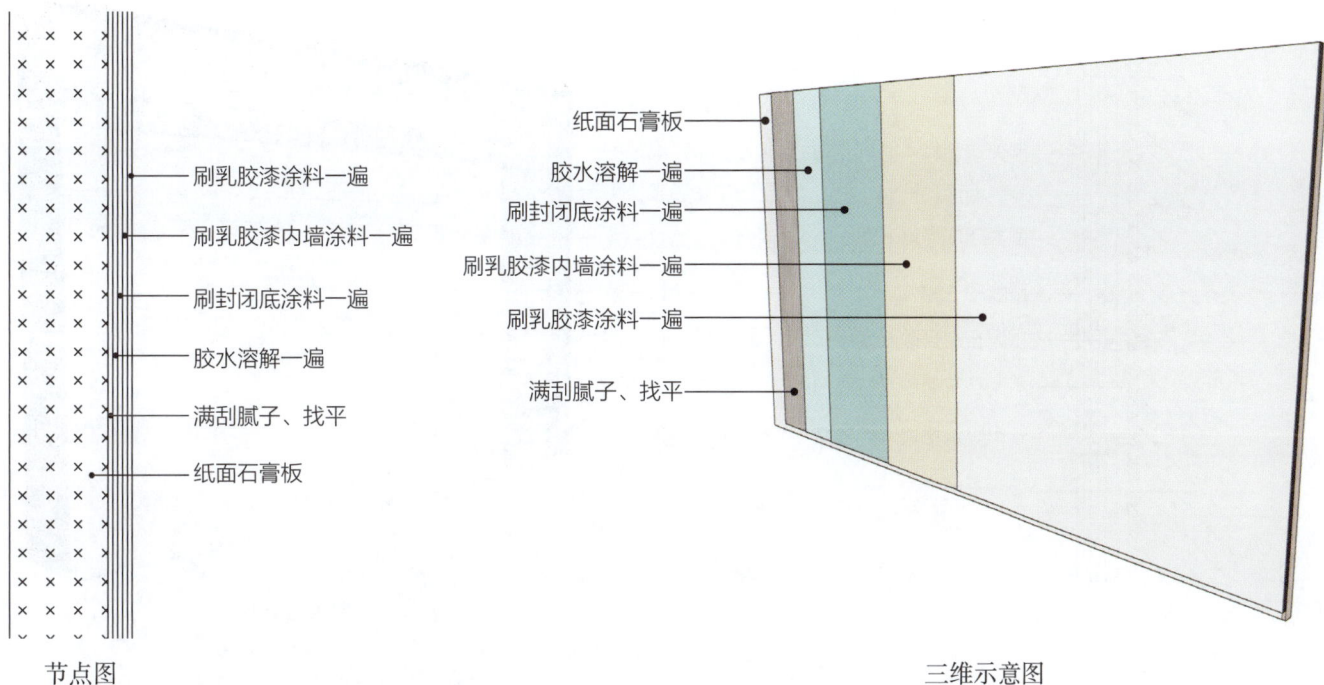

刷乳胶漆涂料一遍

刷乳胶漆内墙涂料一遍

刷封闭底涂料一遍

胶水溶解一遍

满刮腻子、找平

纸面石膏板

节点图

纸面石膏板

胶水溶解一遍

刷封闭底涂料一遍

刷乳胶漆内墙涂料一遍

刷乳胶漆涂料一遍

满刮腻子、找平

三维示意图

1 施工流程

安装纸面石膏板→满刮腻子→刷胶水→刷封闭底涂料→刷乳胶漆。

2 重点工艺解析

①隔墙处有门洞口，从洞口开始安装，无门洞口则从墙的一端开始，用自攻螺钉将纸面石膏板与墙体固定。

②在刷涂底漆及面漆前，先刷一道胶水以增加乳胶漆与基层表面的黏结力，涂刷时应均匀，避免出现遗漏的情况。

淡蓝色的乳胶漆墙面带来清新宜人的气息，且与深蓝色的橱柜形成色彩上的渐变

参考案例5 混凝土基层乳胶漆墙体

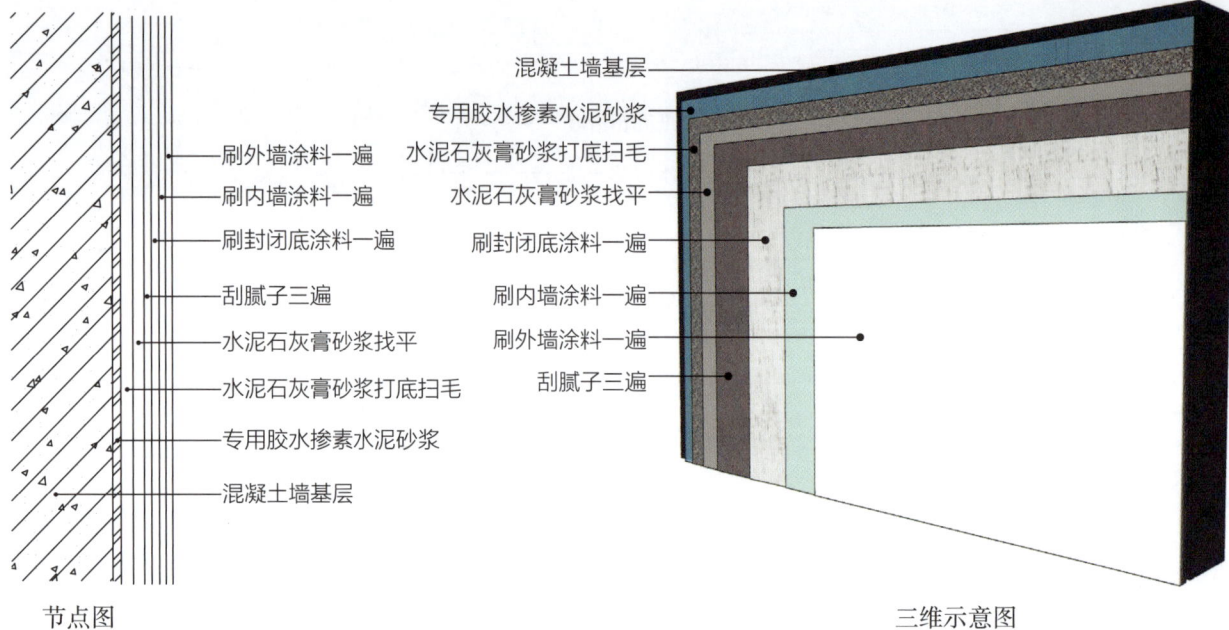

刷外墙涂料一遍
刷内墙涂料一遍
刷封闭底涂料一遍
刮腻子三遍
水泥石灰膏砂浆找平
水泥石灰膏砂浆打底扫毛
专用胶水掺素水泥砂浆
混凝土墙基层

节点图

混凝土墙基层
专用胶水掺素水泥砂浆
水泥石灰膏砂浆打底扫毛
水泥石灰膏砂浆找平
刷封闭底涂料一遍
刷内墙涂料一遍
刷外墙涂料一遍
刮腻子三遍

三维示意图

1 施工流程

基层处理→刷胶水→刮腻子→刷封闭底涂料→刷乳胶漆。

2 重点工艺解析

①专用胶水掺素水泥砂浆后，均匀地涂抹在混凝土墙基层上。

②先用水泥石灰膏砂浆打底扫毛并进行找平后，再刮腻子三遍。

米灰色的乳胶漆墙面营造出淡雅又不寡淡的雅致氛围

参考案例6　油漆饰面墙体

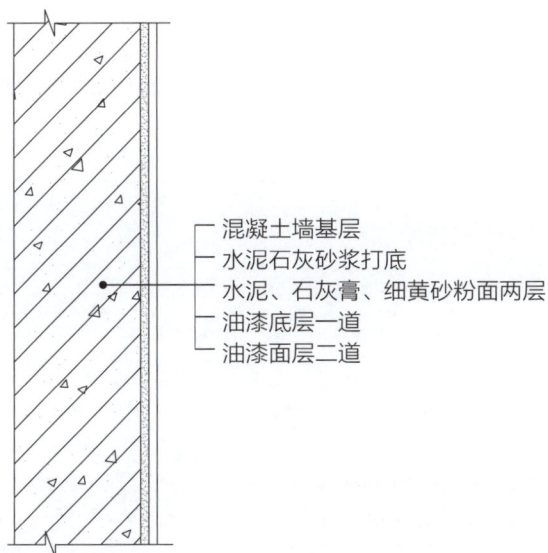

节点图

- 混凝土墙基层
- 水泥石灰砂浆打底
- 水泥、石灰膏、细黄砂粉面两层
- 油漆底层一道
- 油漆面层二道

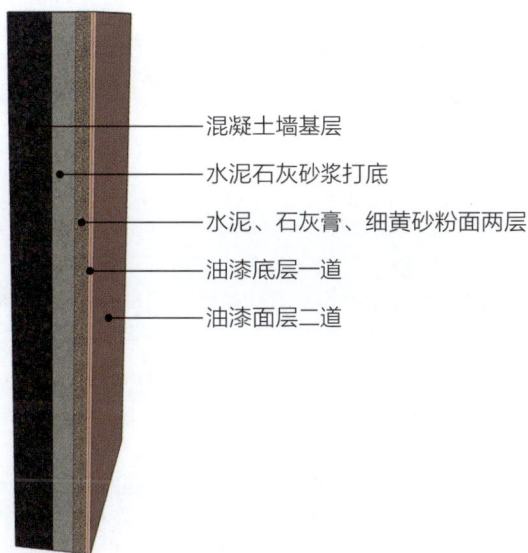

三维示意图

- 混凝土墙基层
- 水泥石灰砂浆打底
- 水泥、石灰膏、细黄砂粉面两层
- 油漆底层一道
- 油漆面层二道

①　施工流程

基层处理→抹水泥石灰砂浆→抹水泥、石灰膏、细黄砂粉面两层→刷油漆→完成面保护。

②　重点工艺解析

先刷第一遍油漆，厚薄要均匀，油漆干后抹腻子使其表面平整，再用细砂纸打磨平整。接着刷第二遍油漆，油漆干后，还要用细砂纸蘸水打磨表面。刷最后一遍漆，由于调和漆黏度较大，涂刷时动作要敏捷，力求不流不坠、光亮均匀、色泽一致。

蓝色油漆饰面墙与红色的丝绒沙发形成色彩上的对比，令空间具有了强烈的视觉表现力

4. 罩面板类墙体

镶板类墙体饰面也称为"罩面板类墙体饰面",指以天然木板、胶合板、石膏板、金属薄板、金属复合板、塑料板、玻璃板及具有装饰吸声功能的面板,通过镶钉、拼贴等方式所制成的内墙饰面。罩面板类墙体装饰效果丰富、耐久性能好且施工安装简便。与其他类型的墙体相比,罩面板类墙体的施工成本及罩面板饰面本身的造价稍高。

罩面板类墙体的常见材料选择

类型	概述	适用空间
木质类罩面板墙体	·木质类罩面板墙体饰面的构造,总体可分为基本构造和细部构造两部分 ·基本构造包括木质基层和饰面层,木质基层的主要作用是找平和造型,并使饰面层牢固地附着其上;饰面层则起到装饰、保护墙体的作用	用于客厅、卧室等空间
硬木条和竹条墙体	·硬木条墙体与基层之间通常会预留一定的空隙形成空气层,或者使用玻璃棉、矿棉、石棉或泡沫塑料等吸声材料,一起形成具有吸声效果的墙体饰面 ·竹条墙体一般应选用直径均匀的竹材,约 ϕ20mm 的整圆或半圆,较大直径的竹材可剖成竹片使用,取其竹青作面层,根据设计尺寸固定在木框上,再嵌在墙体上	—
金属板饰面墙体	·金属板饰面墙体的构造层次与木质类罩面墙体基本相同,但是在具体连接固定和用料上又有区别 ·基层有木质和金属龙骨两种。基层不同,连接固定方式也不同。金属饰面板通常采用插接、螺钉连接或胶粘等方式与龙骨或基层板固定	用于商业建筑,或民用住宅中的部分墙体
玻璃饰面墙体	·玻璃饰面可使视觉延伸、扩大空间感、与灯具和照明结合起来会形成各种不同的环境气氛及光影趣味 ·但玻璃容易破碎,故不宜设在墙、柱面较低的部位,否则须加以保护	用于厨房、客厅、浴室、卫生间等空间

参考案例 1 木饰面板干挂墙体

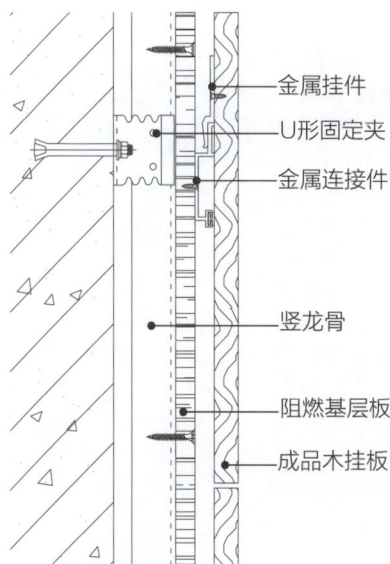

金属挂件
U形固定夹
金属连接件
竖龙骨
阻燃基层板
成品木挂板

节点图

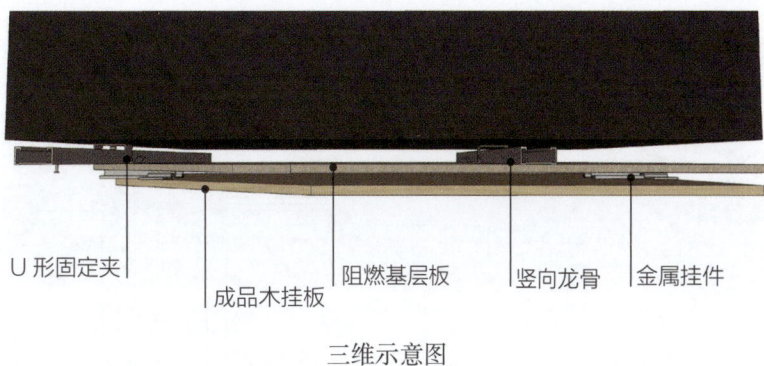

U形固定夹　成品木挂板　阻燃基层板　竖向龙骨　金属挂件

三维示意图

1 施工流程

定位弹线→安装踢脚板→固定边龙骨→安装竖向龙骨→填充隔声材料→安装基层板→挂装饰面板。

2 重点工艺解析

选好的成品木挂板间留 3~5mm 的结构缝，用金属挂件及金属连接件通过干挂法将其直接吊挂或空挂于钢架之上，无须再用胶水粘贴。

木饰面板餐厅背景墙与木质的餐桌椅在材质和色彩上均相协调，使空间呈现出典雅的格调

参考案例2 木饰面板粘贴墙体

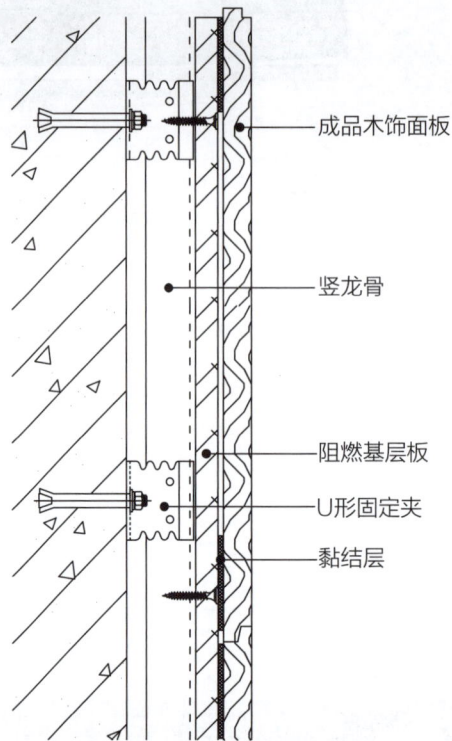

成品木饰面板

竖龙骨

阻燃基层板

U形固定夹

黏结层

节点图

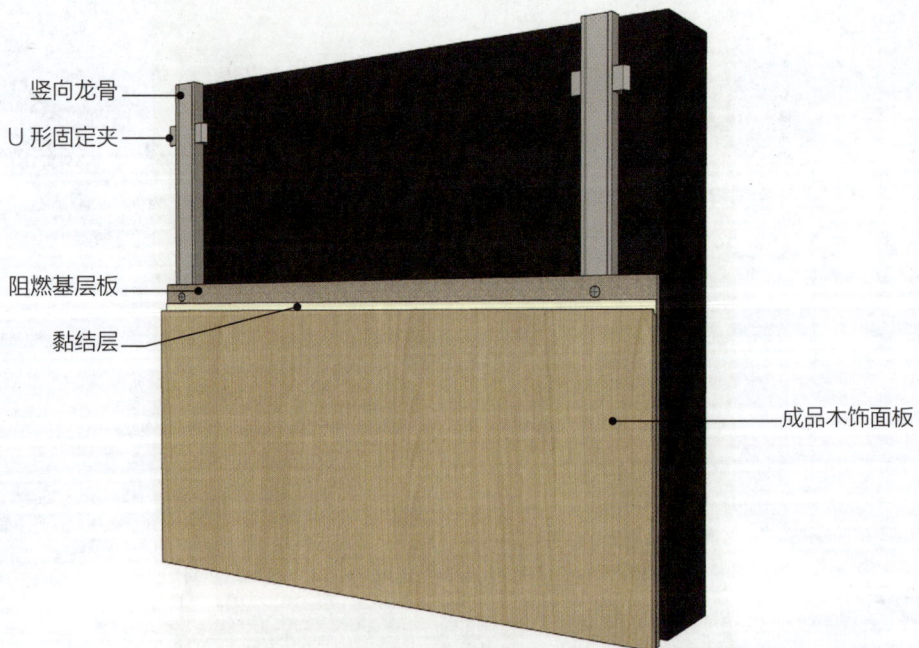

竖向龙骨

U 形固定夹

阻燃基层板

黏结层

成品木饰面板

三维示意图

1 施工流程

定位弹线→安装踢脚板→固定边龙骨→安装竖向龙骨→填充隔声材料→安装基层板→贴装饰面板。

2 重点工艺解析

①按图纸的设计要求弹出隔墙的四周边线，同时按面板的长、宽分档，以确定竖向龙骨、横撑龙骨及附加龙骨的位置。如果原建筑基面凹凸不平，要进行处理，以保证安装龙骨后的平整度。

②如果设计要求设置踢脚板，则应按照踢脚板详图先进行踢脚板施工。将地面凿毛清扫后，立即洒水并浇注混凝土。在踢脚板施工时应预埋防腐木砖，以便于固定沿地龙骨。

③龙骨边线应与弹线重合。在 U 形沿地龙骨、沿顶龙骨与建筑基面的接触处，先铺设橡胶条、密封膏或沥青泡沫塑料条，再用射钉或金属膨胀螺栓沿地龙骨、沿顶龙骨固定，也可以采用预埋浸油木模的固定方式。

④将 U 形龙骨套在 C 形龙骨的接缝处，用抽芯拉铆钉或自攻螺钉固定。边龙骨与墙体间也要先进行密封处理，再固定，最后安装横撑龙骨。

⑤一般采用玻璃棉或岩棉板进行隔声、防火处理，采用苯板进行保温处理。填充材料应铺满、铺平。在墙体内铺放玻璃棉、岩棉板、苯板等填充材料，应同时安装另一侧的纸面石膏板。

⑥基层板进行阻燃处理，一般用 U 形固定夹将基层板与竖向龙骨紧密贴合在一起，再用自攻螺钉进行固定，安装时从上往下或由中间向两头固定，为避免日后收缩变形，板与板拼接处应留 3~5mm 的缝隙。

⑦成品饰面板安装前须进行排板挑选，饰面板表面颜色要相近、无明显结疤且纹路相通，在基层板和饰面板背面均匀涂刷万能胶。当胶水干燥到不粘手的程度后，将饰面板沿所弹墨线由一端向另一端慢慢压上，再用锤子垫木块由一端向另一端敲实。

木饰面板卧室背景墙为空间注入了自然气息，特有的木质纹理具有一定的装饰性

参考案例 3 硬木条吸声墙体

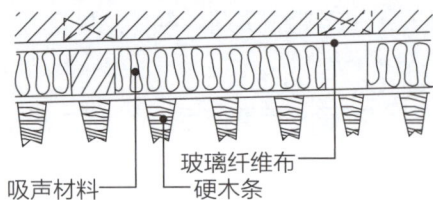

吸声材料　　玻璃纤维布　　硬木条

节点图

玻璃纤维布

吸声材料

硬木条

三维示意图

1 施工流程

基层处理→粘贴玻璃纤维布→定位弹线→定位龙骨固定点→固定木龙骨→填充吸声材料→固定胶合板→安装硬木条。

2 重点工艺解析

弹好定位线后，如结构施工时已预埋锚件，则应检查锚件是否在墨线内。如果锚件与墨线偏离较大，就要在中心线上重新钻孔，打入防腐木楔。门框边应单独设立固定点。隔墙顶部如果没有预埋锚件，就要在中心线上重新钻孔以固定上槛。

硬木条吸声墙体不仅具有功能性，还具有一定的装饰性，同时也具有视觉延展性

参考案例4 竹条饰面墙体

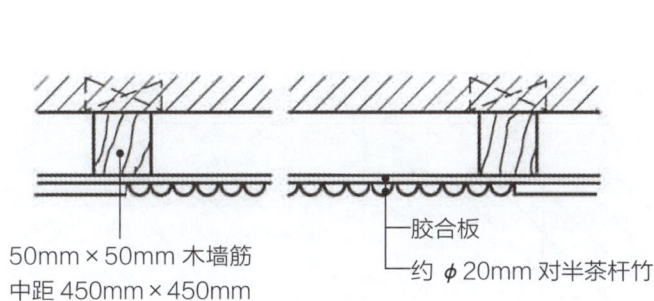

50mm×50mm 木墙筋
中距 450mm×450mm

胶合板
约 φ20mm 对半茶杆竹

节点图

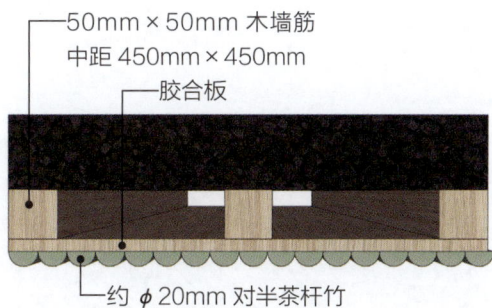

50mm×50mm 木墙筋
中距 450mm×450mm

胶合板

约 φ20mm 对半茶杆竹

三维示意图

1 施工流程

基层处理→定位弹线→定位龙骨固定点→固定木龙骨→固定胶合板→安装茶杆竹。

2 重点工艺解析

①先安装靠墙立筋，再安装上、下槛。中间的竖向立筋之间的距离根据罩面板材的宽度来决定，要使罩面板材的两头都搭在立筋上，并用胶钉牢固固定。横撑、斜撑的安装应以横向龙骨为先，在安装龙骨的同时，要将隔墙内的线路布好。

②竹条饰面一般应选用直径均匀的竹材，约 φ20mm 的整圆或半圆，较大直径的竹材可剖成竹片使用，取其竹青作面层，根据设计尺寸固定在木框上，再嵌在墙面上。

竹条饰面墙体与地面的鹅卵石搭配，打造出富有自然野趣的庭院一角

参考案例5 金属板干挂墙体

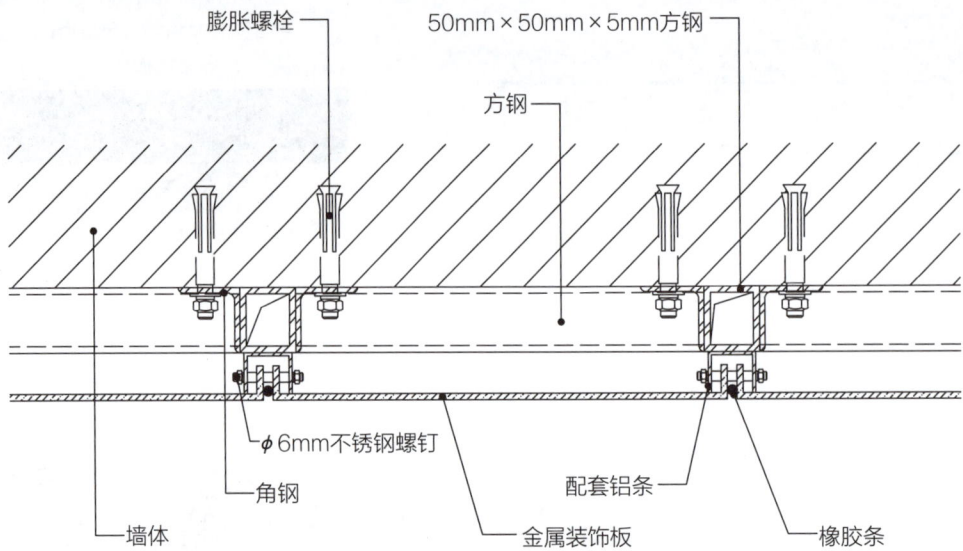

膨胀螺栓　　　50mm×50mm×5mm方钢

方钢

φ6mm不锈钢螺钉

角钢　　　配套铝条

墙体　　　金属装饰板　　　橡胶条

节点图

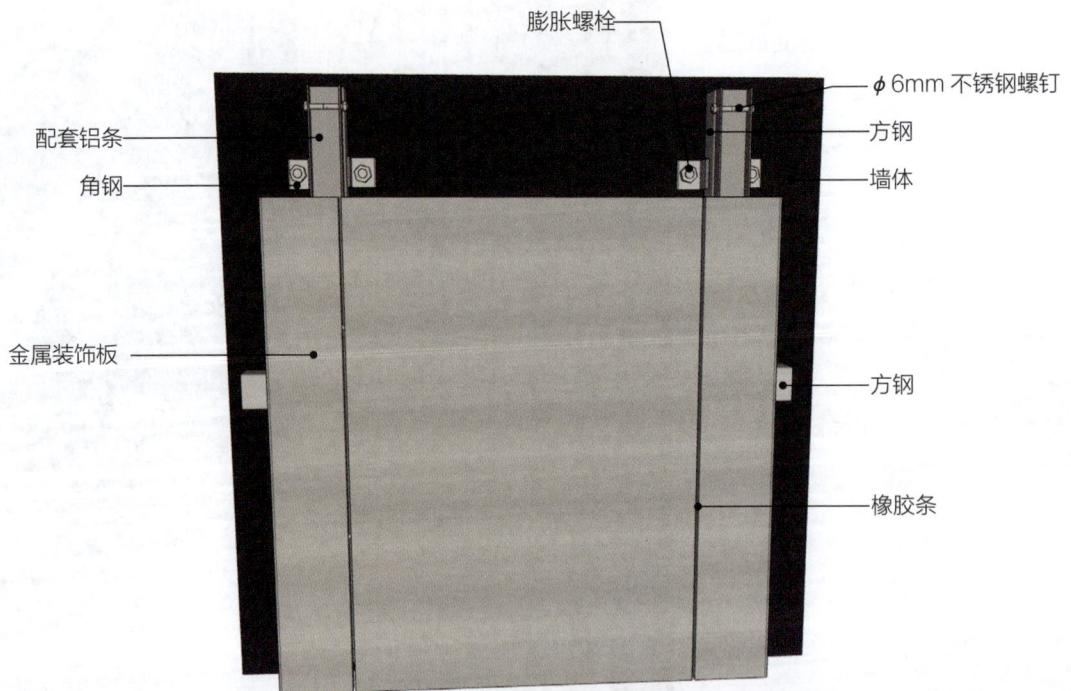

膨胀螺栓

配套铝条　　　φ6mm 不锈钢螺钉

角钢　　　方钢

墙体

金属装饰板　　　方钢

橡胶条

三维示意图

1 施工流程

定位弹线→安装钢架→安装挂件→安装金属板。

2 重点工艺解析

①在建筑墙体上弹出角钢、方钢及金属饰面板安装的位置线，同时弹出水平与横向控制线。

②将成对的角钢用膨胀螺栓固定在建筑墙面上，竖向方钢与角钢焊接。横向方钢沿位置线与竖向方钢进行固定。

③将与金属装饰板配套的铝条用自攻螺钉和方钢固定，铝条侧面开孔，为不锈钢螺钉预留出安装的孔隙。

④在金属饰面板上打孔，不锈钢螺钉穿过开孔处进行安装。金属板之间的竖向缝隙用橡胶垫及橡胶条进行填充。

——————— / 小贴士 / ———————

金属板在电线老化或用电不当的情况下，容易造成导电的安全事故，故作为电视背景墙等处的饰面板时，须对金属板进行绝缘处理，如喷漆、橡胶包埋、镀层处理及表面氧化等。

运用亚光金属板塑造出的墙体带有隐隐的光泽，带来与众不同的空间感受

参考案例6 混凝土基层玻璃挂板墙体

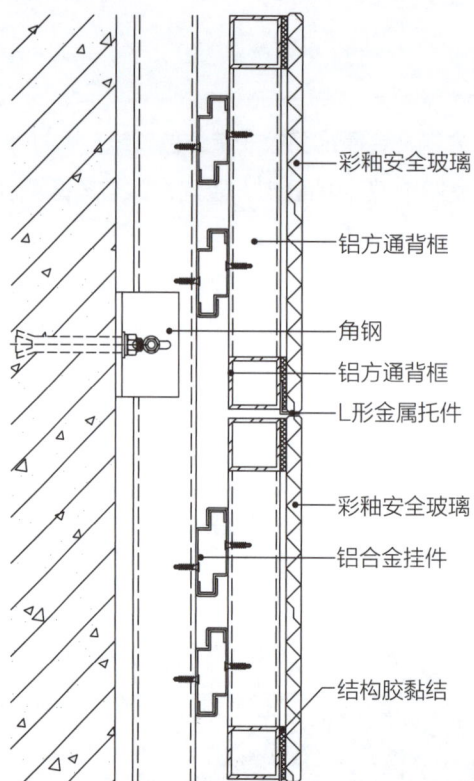

彩釉安全玻璃

铝方通背框

角钢

铝方通背框

L形金属托件

彩釉安全玻璃

铝合金挂件

结构胶黏结

节点图

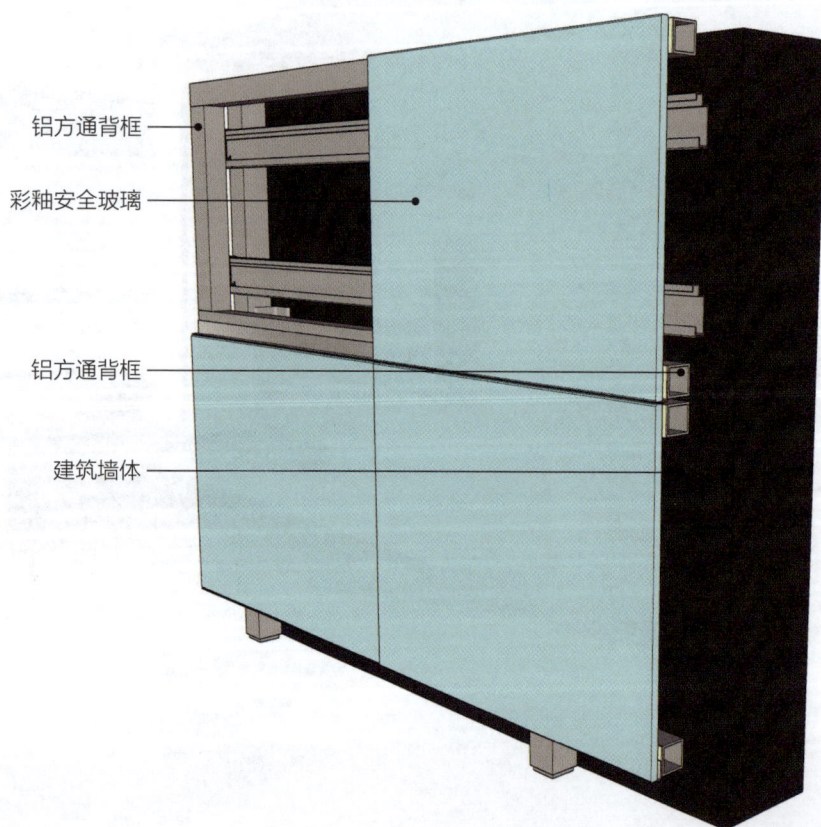

铝方通背框

彩釉安全玻璃

铝方通背框

建筑墙体

三维示意图

1 施工流程

测量放线→安装方通→安装挂件材料→安装玻璃→清理保护。

2 重点工艺解析

①用水平仪在墙体安装装饰玻璃的位置放出垂直线及水平控线，并按长宽分档，来确定龙骨位置，同时弹出墙面的中心线及边线。

②用膨胀螺栓与 L 形角钢将镀锌的方通竖向固定在建筑墙面、顶面上，同时按一定的间距将横向方钢管用螺钉固定在竖向方钢管上方，经拉拔检验合格后，进行下一步操作。

③用螺钉将铝合金挂件两边分别固定在方管和铝方通背框上，金属挂件安装的数量根据装饰玻璃的面积大小确定。

④将彩釉安全玻璃通过铝方通背框伸出的 L 形金属托件自下而上分段用结构胶进行贴装，玻璃钢贴装完成后要对板块进行调整，保证玻璃横平竖直，调整完成后再进行固定。彩釉安全玻璃可与成品金属踢脚相接。

⑤将玻璃表面及墙面的胶迹、灰尘等清理干净后，对安装好的彩釉安全玻璃进行成品保护，以免受到外界污染。

/ 小贴士 /

因玻璃安装后，另一面是封闭的，需要在安装前清洁玻璃表面。最好使用专用的玻璃清洁剂，且须等玻璃干燥后检查确实没有污痕方可安装，安装时最好戴干净的建筑专用手套。另外，与瓷砖墙面相比，玻璃墙面的安装程序更加简单，只需用铁条固定在墙面即可，同时也可按照个性化需求定制所需的图案。

带有水墨纹样的装饰玻璃墙体作为室内的隔墙，提升了空间的中式韵味，令整个空间更有韵味

5.裱糊类墙体

裱糊类墙体指将卷材类软质饰面装饰材料用胶粘贴到平整基层上的内墙饰面。裱糊类墙体饰面装饰性强，造价较经济，施工方法简捷、效率高，饰面材料更换方便，在曲面和墙面转折处粘贴可以顺应基层获得连续的饰面效果。

裱糊类墙体的分类及材料的选择

类型	材料
墙纸	•室内装饰常用的饰面材料，具有色彩及质感丰富、图案装饰性强、易于擦洗、价格低廉、更换方便等优点 •多为塑料墙纸。分为普通纸基墙纸、发泡墙纸和特种墙纸三类 •普通纸基墙纸价格较低，可以用单色压花方式制作成仿丝绸、织锦的花纹，也可用印花压花方式制作色彩丰富、具有立体感的凹凸花纹 •发泡墙纸经过加热发泡，可制成具有装饰和吸声双重功能的凹凸花纹，图案真实，立体感强，具有弹性，是最常用的一种墙纸 •特种墙纸有耐水墙纸、防火墙纸、木屑墙纸、金属墙纸、彩砂墙纸等，用于有特殊功能或特殊装饰效果要求的场所
墙布	•常用的墙布有玻璃纤维墙布和无纺墙布 •玻璃纤维墙布以玻璃纤维布为基材，表面涂布树脂，通过染色、印花等工艺制成。它强度大、韧性好，具有布质纹路，装饰效果好，耐水、耐火，可擦洗。但是玻璃纤维墙布的遮盖力较差，基层颜色有深浅差异时容易在裱糊完的饰面上显现出来；饰面遭磨损时，会散落少量玻璃纤维，因此应注意保养 •无纺墙布是采用天然纤维或合成纤维为基材，通过染色、印花等工艺制成的一种新型高级饰面材料。无纺墙布色彩鲜艳、不褪色，富有弹性、不易折断，表面光洁且有羊绒质感，有一定透气性，可以擦洗，施工方便

参考案例1 **壁纸铺贴墙面（轻体砌块基层）**

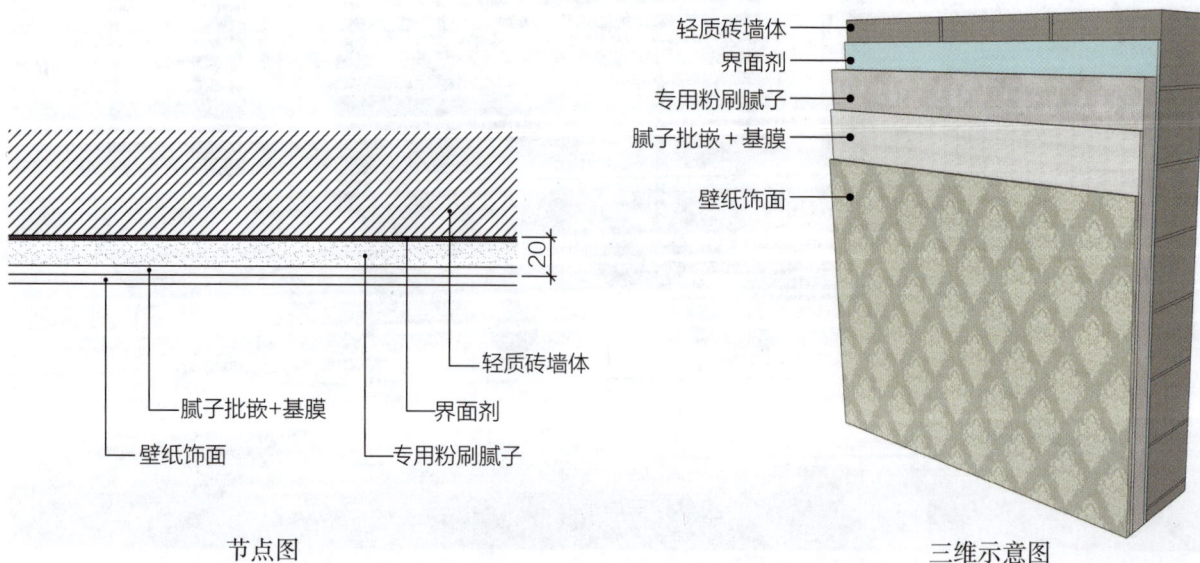

轻质砖墙体
界面剂
专用粉刷腻子
腻子批嵌＋基膜
壁纸饰面

20

轻质砖墙体
腻子批嵌＋基膜
界面剂
壁纸饰面
专用粉刷腻子

节点图

三维示意图

1　施工流程

基层处理→刷界面剂→刮腻子和涂刷基膜→墙面弹线→裁纸→涂刷胶黏剂→贴壁纸→清理修整。

2　重点工艺解析

①基层应平整，同时墙面阴阳角垂直方正，墙角小圆角的弧度大小上下一致，表面坚实、平整、洁净、干燥，没有污垢、尘土、沙粒、气泡、空鼓等现象。对于安装于基面的各种开关、插座、电器盒等，应先卸下扣盖等影响壁纸施工的部件。

②基层处理经工序检验合格后，在处理好的基层上涂刷防潮底漆及一遍界面剂，要求涂层薄而均匀，墙面要细腻光洁，不应有漏刷或流淌等现象。

③用专用刷子在基层上刮三遍腻子，每次等上一遍腻子干燥后再涂刷下一层。刮完腻子后，待墙面晾干，对墙面进行打磨抛光，然后涂刷基膜，增强墙底的防水、防毒功能。

④在底层涂料干燥后弹水平线和垂直线，其作用是使壁纸粘贴的图案、花纹等纵横连贯。

⑤对基层实际尺寸进行测量，计算用量，并在壁纸每一边预留 20~50mm 的余量，从而计算需要用的卷数以及裁切方式。裁剪好的壁纸按次序摆放，反面朝上平铺在工作台上，用滚筒刷或白毛巾蘸清水洗刷，使壁纸充分吸湿伸张，浸湿 15 分钟后方可粘贴。

⑥壁纸和墙面需刷胶黏剂一遍，厚薄均匀。胶黏剂不能刷得过多、过厚、不均，以防溢出；也要避免壁纸刷得不到位，否则会产生起泡、脱壳、壁纸黏结不牢等现象。

⑦首先找好垂直，然后按花纹拼缝，再用刮板将壁纸刮平，拼贴时，注意阳角不可有缝，壁纸至少包过阳角 150mm，达到拼缝密实、牢固，花纹图案对齐的效果。多余的胶黏剂应沿操作方向刮挤出纸边，并及时用干净、湿润的白毛巾擦干，保持纸面清洁。

⑧壁纸施工完成后，如粘贴不牢，可用针筒注入胶水进行修补，并用干净、湿润的白毛巾将其压实。若粘贴面起泡，可顺图案的边缘将壁纸割裂或刺破，排除空气，纸边口脱胶处要及时用胶液贴牢，最后用干净、湿润的白毛巾将壁纸表面残存的胶和污物擦拭干净。

竖条纹的壁纸在视觉上有延展空间层高的作用，且装饰效果好

参考案例 2 壁纸铺贴墙面（纸面石膏板基层）

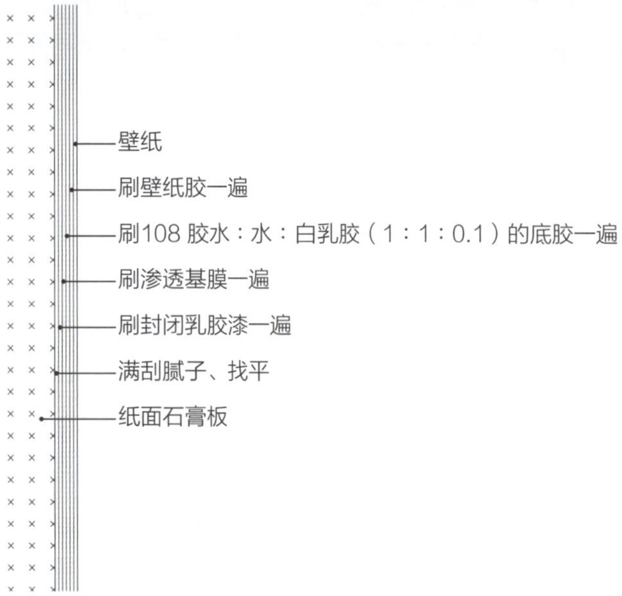

壁纸

刷壁纸胶一遍

刷108胶水：水：白乳胶（1：1：0.1）的底胶一遍

刷渗透基膜一遍

刷封闭乳胶漆一遍

满刮腻子、找平

纸面石膏板

节点图

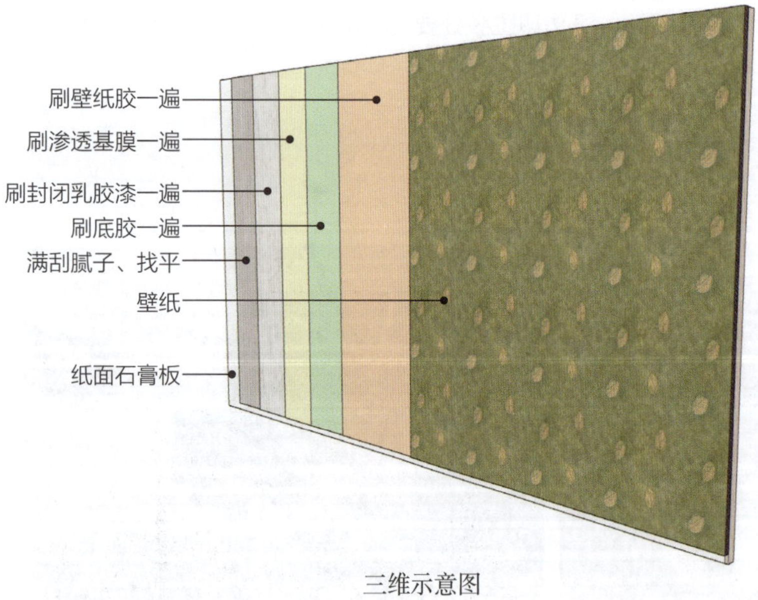

在卧室的墙面上铺贴图形简单、颜色明亮的壁纸，可以轻易地营造出一种温馨、轻快的家居氛围

刷壁纸胶一遍

刷渗透基膜一遍

刷封闭乳胶漆一遍

刷底胶一遍

满刮腻子、找平

壁纸

纸面石膏板

三维示意图

1　施工流程

基层处理→满刮腻子→刷乳胶漆→涂刷壁纸胶→贴壁纸。

2　重点工艺解析

①先在打磨平滑的墙面刷上一层封闭乳胶漆，以其良好的耐水性、耐碱性，防止墙体水盐渗出，毁坏墙面饰物，影响美观，同时发挥它的附着力起到结合层间材料的作用，刷完封闭乳胶漆后，需再刷一道渗透基膜，防止墙纸、墙布受潮脱落。

②预先在准备上墙裱糊的壁纸纸背刷清水一遍（即闷水），再刷壁纸胶一遍。为了使壁纸与墙面结合，提高黏结力，裱糊的基层也要刷壁纸胶一遍。

四、墙面特殊面层与部位的装饰构造

墙面装饰构造也常出现将不同材质进行拼接的形式，不同材质的组合、装饰效果，相对于单一的材质来说，装饰感更强。另外，隔墙的建立在墙体的装饰构造中也不容忽视，可以起到划分空间的作用。

1. 不同材质墙面的连接处理

参考案例 1 **木饰面板与不锈钢相接**

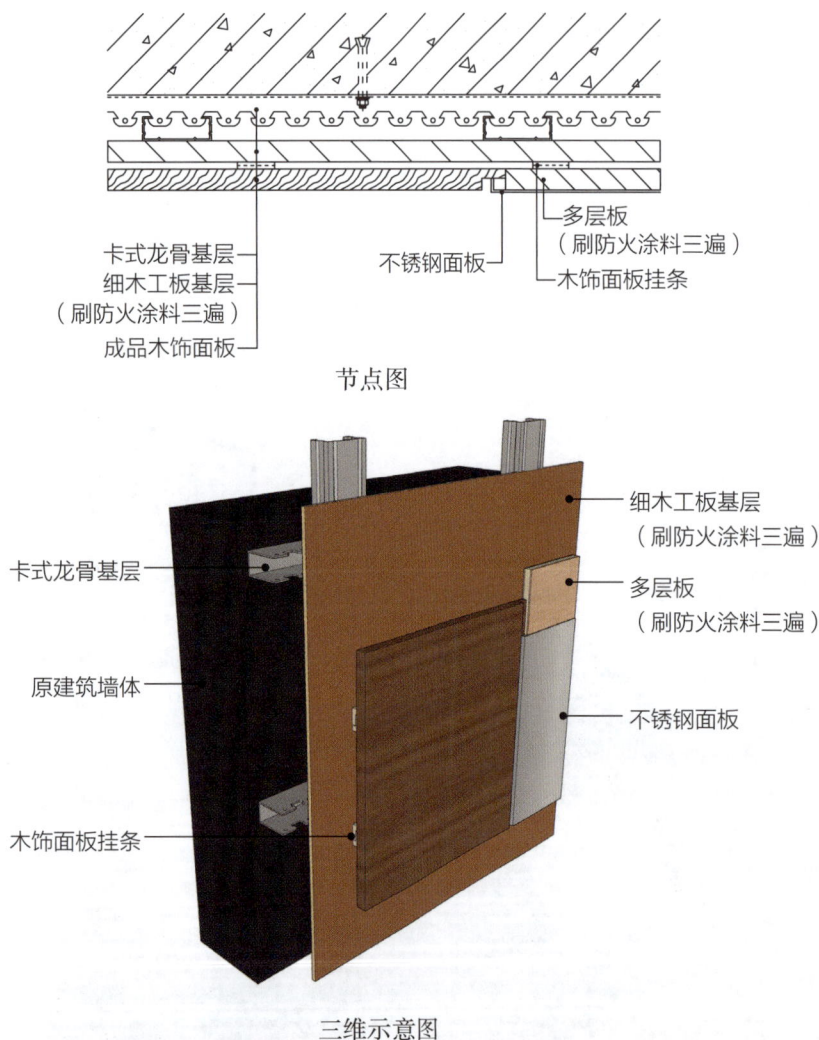

卡式龙骨基层
细木工板基层
（刷防火涂料三遍）
成品木饰面板

不锈钢面板

多层板
（刷防火涂料三遍）
木饰面板挂条

节点图

卡式龙骨基层

原建筑墙体

木饰面板挂条

细木工板基层
（刷防火涂料三遍）

多层板
（刷防火涂料三遍）

不锈钢面板

三维示意图

浅色的木饰面板与刷有金漆的不锈钢相接，使室内充满高贵、典雅的气息

💡 1 施工流程

现场放线→准备材料→处理基层→安装卡式龙骨→固定多层板→安装木饰面板、不锈钢→处理完成面。

💡 2 重点工艺解析

①选用 1.2mm 厚不锈钢面板并按图纸进行加工，备好不锈钢专用的胶黏剂，定制成品木饰面板。多层板及细木工板刷防火涂料三遍，并在板的背面相应位置用射钉固定木饰面板挂条。

②将卡式横档龙骨以 300mm 的间距固定在建筑墙体上，卡式竖档龙骨间隔 450mm 与横档龙骨的双向卡口部卡接。

③将成品木饰面板背后的木饰面板挂条进行对接安装，不锈钢面板用专用胶黏剂粘贴固定在不锈钢面板上，不锈钢的折边与成品木饰面板间预留 5mm×5mm 的工艺缝嵌合。

参考案例 2 木饰面板与软包相接

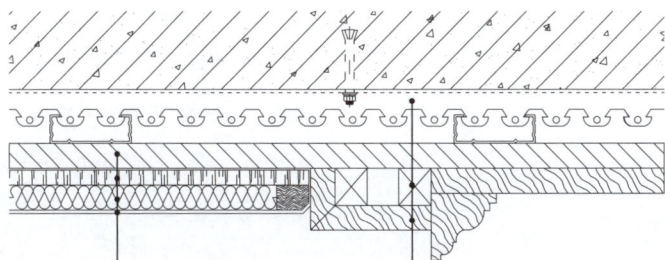

- 12mm厚多层板
  （刷防火涂料三遍）
- 密度板
- 泡沫垫
- 软包

- 卡式龙骨基层
- 木龙骨
  （做防火、防腐处理）
- 成品木饰面板

节点图

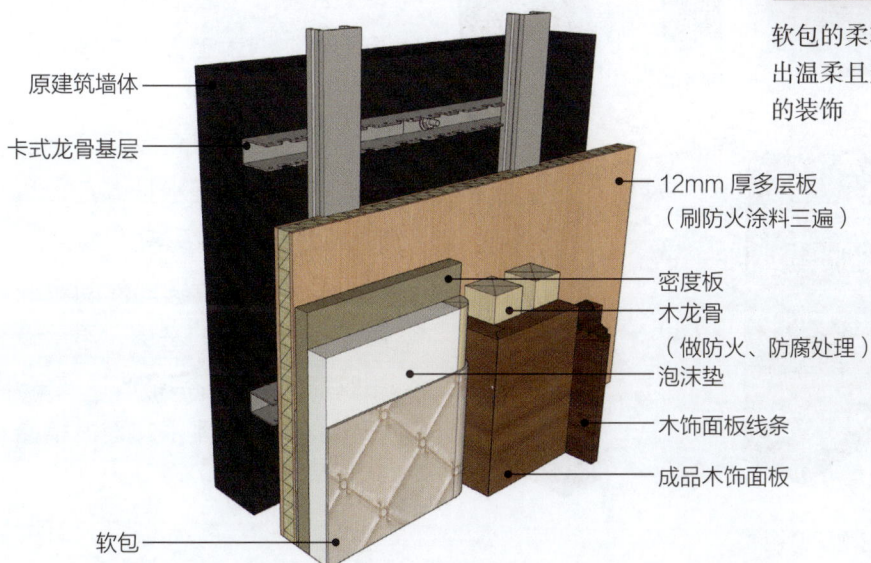

软包的柔软质感搭配木饰面板的自然感，营造出温柔且亲切的室内氛围，十分适合卧室墙面的装饰

- 原建筑墙体
- 卡式龙骨基层
- 12mm 厚多层板
  （刷防火涂料三遍）
- 密度板
- 木龙骨
  （做防火、防腐处理）
- 泡沫垫
- 木饰面板线条
- 成品木饰面板
- 软包

三维示意图

/ 小贴士 /

软包柔软，应考虑设计过程和施工材料的保护，且应仔细检查软包布料的规格和尺寸，避免从底部暴露板材边缘及木质表面延伸和变形。木饰面板和软包可以适当分开，这样整体显得更加平滑、美观。

① 施工流程

现场放线→准备材料→处理基层→安装卡式龙骨→固定多层板和密度板→安装成品木饰面板→安装成品软包→处理完成面。

② 重点工艺解析

①12mm 厚多层板刷防火涂料三遍，备好成品木饰面板、软硬包布料、卡式龙骨、木龙骨等。

②将多层板固定在卡式龙骨上，密度板与多层板固定，防火、防腐处理的木龙骨沿所弹位置线安装。

③将成品木饰面板安装在多层板上，将 L 形木饰面板与木龙骨嵌合安装，用木饰面板线条填充木饰面板与木龙骨的相接处。

④软包两端安装固定木条，木条间用泡沫垫填充，用胶黏剂将软包布料贴在泡沫垫上，软包的基层要做好三防处理。

参考案例3　木饰面板与硬包相接

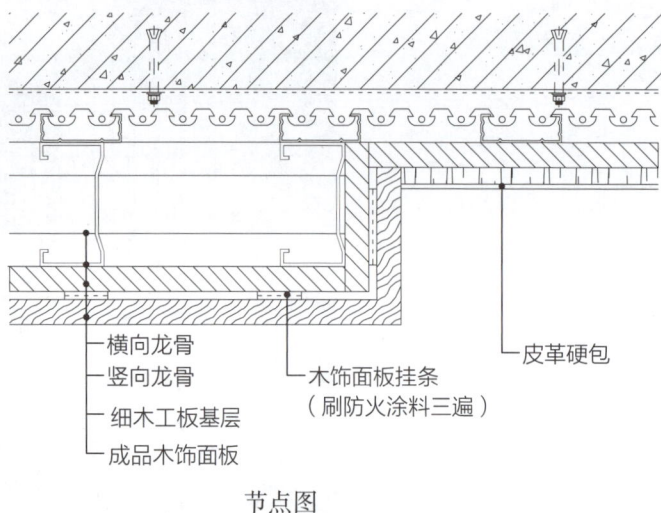

横向龙骨
竖向龙骨
细木工板基层
成品木饰面板
木饰面板挂条
（刷防火涂料三遍）
皮革硬包

节点图

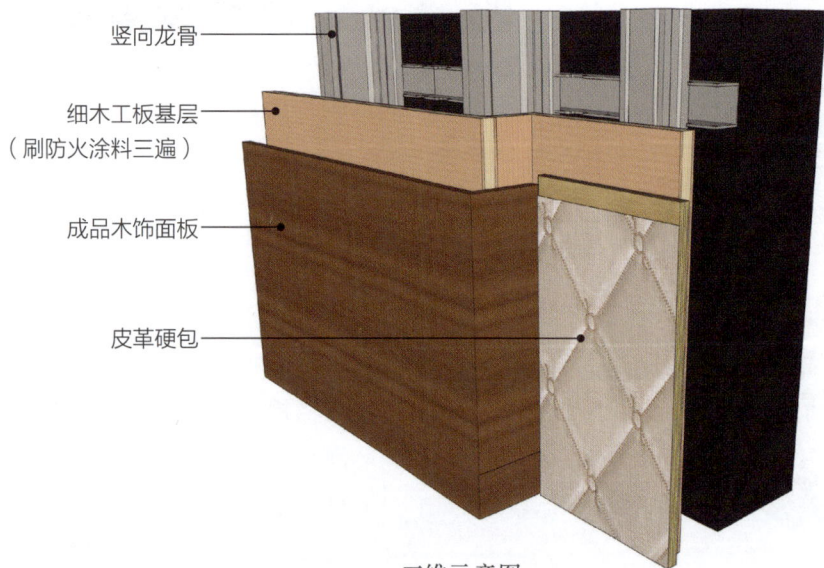

竖向龙骨
细木工板基层
（刷防火涂料三遍）
成品木饰面板
皮革硬包

三维示意图

1　施工流程

现场放线→准备材料→处理基层→安装龙骨→固定细木工板→安装成品木饰面板→安装成品硬包→处理完成面。

2　重点工艺解析

①安装好横竖档卡式龙骨后，在木饰面板的转角处固定竖向龙骨，确保木饰面板安装位置正确。

②细木工板安装在竖向龙骨上，在细木工板上方固定木饰面板挂条。

③成品木饰面板背面相应位置固定木饰面板挂条后，将其挂装在细木工板基层上。

④先在安装硬包处固定多层板作为硬包的基层，再用专用胶将皮革硬包与多层板贴合，硬包皮革与成品木饰面板相接处要仔细处理。

/ 小贴士 /

室内空间中，木饰面板与硬包相接也是较为常见的一类室内节点，两种材料的碰撞，可以提高整体的装饰效果，当然，两者相接时应考虑室内面积的大小，避免给人带来局促感。

木饰面板与暖色的软硬包相接，可以使空间显得轻快活泼而又不失空间层次

参考案例 4 　木饰面板与玻璃相接

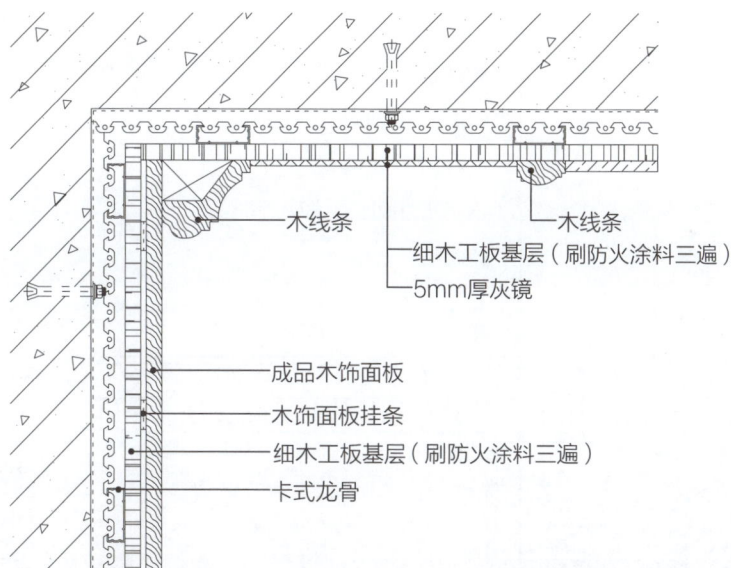

木线条
木线条
细木工板基层（刷防火涂料三遍）
5mm厚灰镜
成品木饰面板
木饰面板挂条
细木工板基层（刷防火涂料三遍）
卡式龙骨

节点图

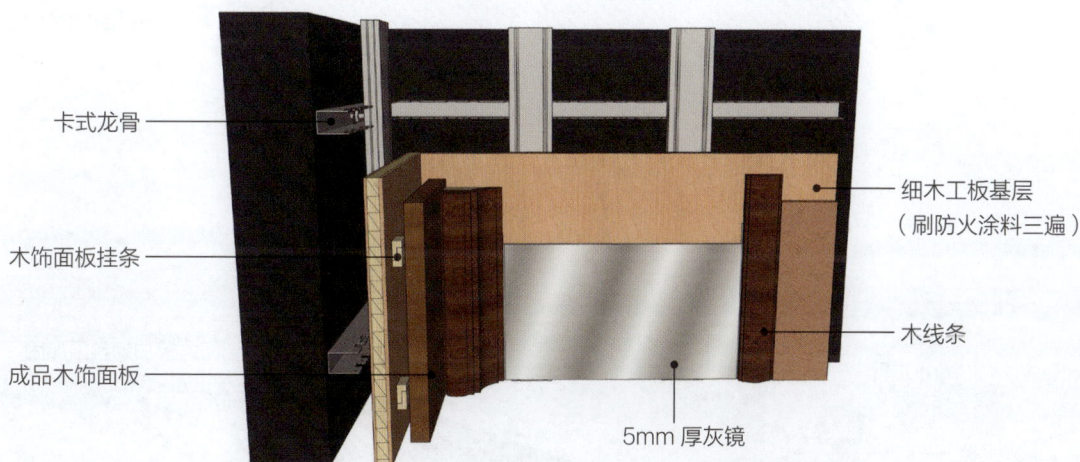

卡式龙骨
木饰面板挂条
成品木饰面板
细木工板基层（刷防火涂料三遍）
木线条
5mm 厚灰镜

三维示意图

① **施工流程**

现场放线→准备材料→处理基层→安装卡式龙骨→固定细木工板→安装成品木饰面板→安装成品玻璃→处理完成面。

② **重点工艺解析**

①玻璃两侧固定木线条，较大木线条内部用木条进行填充。成品玻璃用玻璃专用胶固定在细木工板上，木线条与玻璃的间隙用颜色相近的玻璃胶收口。

②对玻璃及成品木饰面板面层进行修补、清洁，并覆盖专用保护膜以做好成品保护。

灰镜与深色木饰面板搭配，可以为室内环境营造简约、内敛和低调的家居氛围，适合用于卧室

参考案例5 石材与不锈钢相接

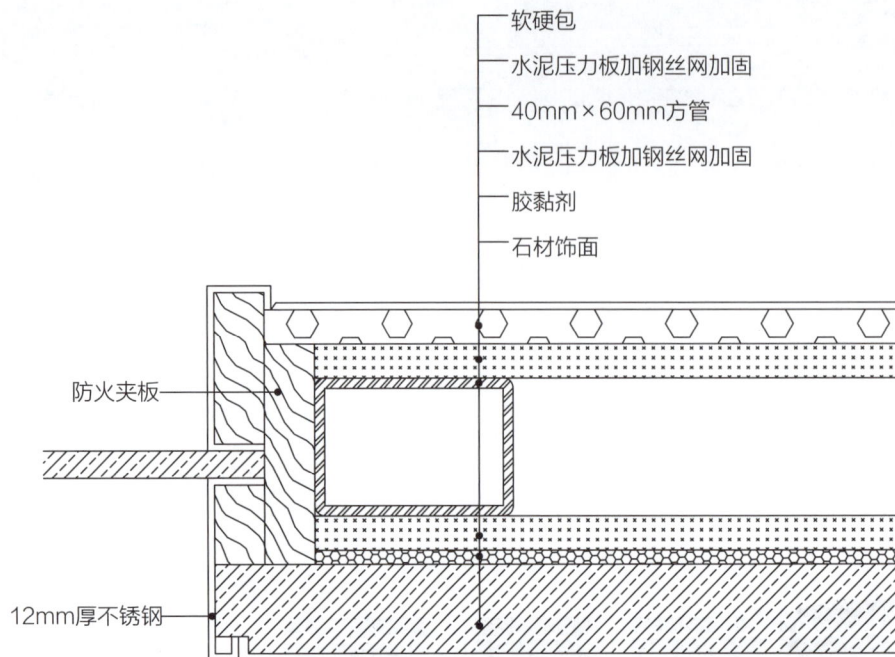

软硬包
水泥压力板加钢丝网加固
40mm×60mm方管
水泥压力板加钢丝网加固
胶黏剂
石材饰面

防火夹板

12mm厚不锈钢

不锈钢与木基层的粘接厚度应在3mm左右，当不锈钢与石材拼接高度不在一条线上时，要注意前后压边关系，适当预留工艺缝。在施工时，不应将不锈钢表层的保护膜撕去。

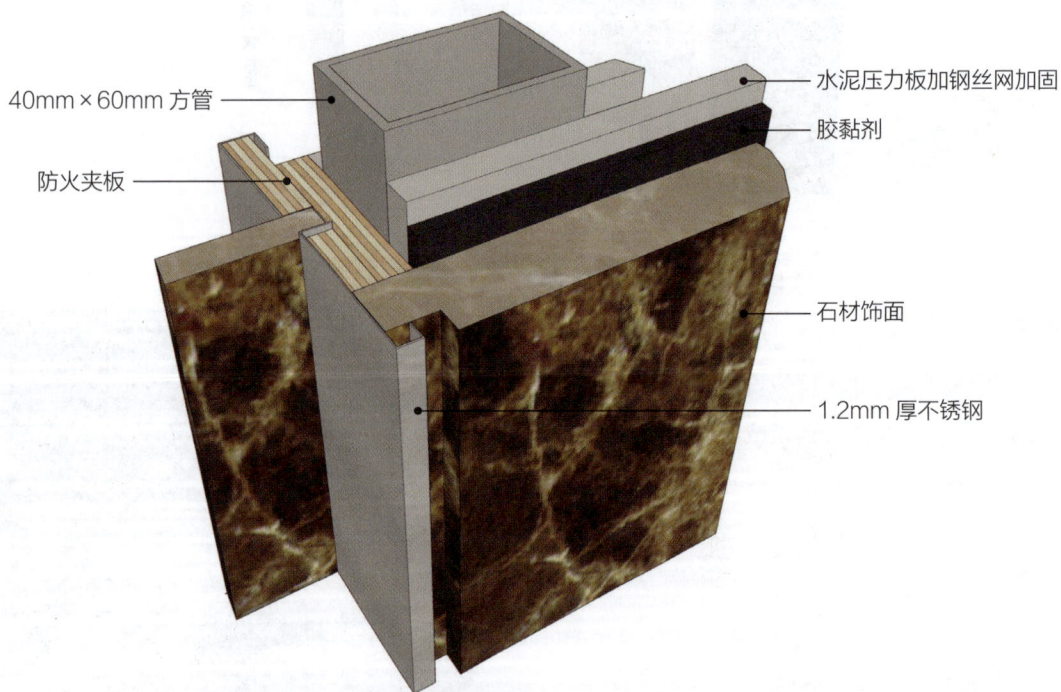

节点图

40mm×60mm 方管

水泥压力板加钢丝网加固

胶黏剂

防火夹板

石材饰面

1.2mm 厚不锈钢

三维示意图

1　施工流程

现场放线→准备材料→固定隔墙结构框架→处理基层→安装板材→铺贴石材→安装不锈钢→处理完成面。

2　重点工艺解析

①弹出方管安装的位置线，并在水泥压力板上弹出水平和竖直的控制线。

②选用定制石材进行加工，备好40mm×60mm的方管、1.2mm厚不锈钢、专用胶黏剂、水泥压力板等。

③用方管制作隔墙。首先将方管按位置线与顶棚和地面连接固定，再将水泥压力板加钢丝网与方管进行固定。

④先对要处理的基层进行加固，检查水泥压力板的平整度，如出现部分或合理范围内的凹凸不平，可用铲子铲除凸起部分，再用配套腻子修补凹陷部分。

⑤封水泥压力板，将防火夹板安装在固定了水泥压力板的方管的侧面，并根据设计图纸在防火夹板正面开槽，预留出一定深度的石材安装槽。

⑥将一个有5mm工艺缝的石材用专用胶固定在水泥压力板上，将一个平直无工艺缝的石材按设计要求嵌入防火夹板预留的开槽内，两块石材均须做好六面防护。

⑦将不锈钢专用的胶黏剂分段粘贴在防火夹板上，与石材工艺缝相接的不锈钢折边内的空隙，可用木条进行填充。

⑧用专用填缝剂在石材与不锈钢的交接处进行擦缝、清洁，并覆盖专用保护膜以做好成品保护。

小面积石材与不锈钢相接，营造典雅氛围的同时，有效地提升了空间的格调

参考案例 6　**石材与木饰面板相接**

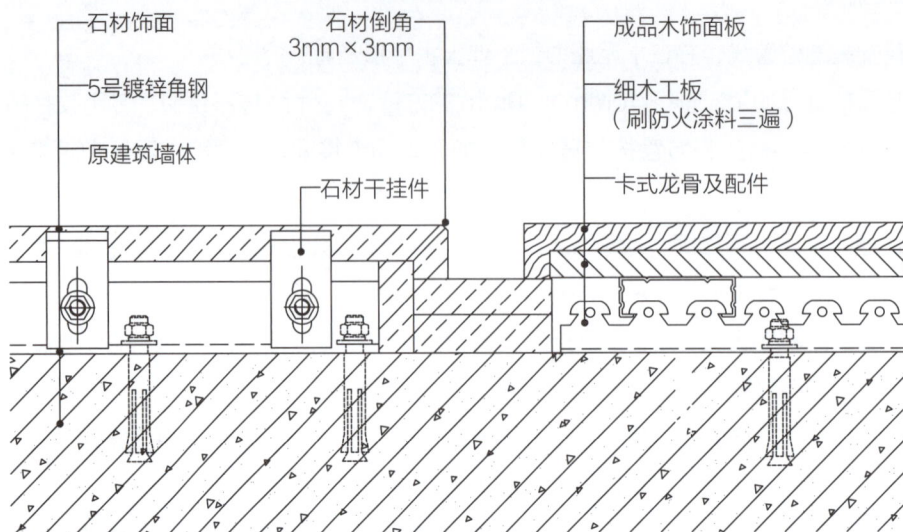

石材饰面　　　　　石材倒角　　　　　成品木饰面板
　　　　　　　　　3mm×3mm
5号镀锌角钢　　　　　　　　　　　　细木工板
　　　　　　　　　　　　　　　　　（刷防火涂料三遍）
原建筑墙体　　　　　石材干挂件　　　卡式龙骨及配件

节点图

卡式龙骨及配件　　　　　　　　　　　　　　　　原建筑墙体

细木工板　　　　　　　　　　　　　　　　　　　5号镀锌角钢
（刷防火涂料三遍）

石材干挂件

成品木饰面板

三维示意图

── / 小贴士 / ──

　　选用指定的 20mm 厚石材，加工 3mm×3mm 的倒角。为保证石材与木饰面板的拼接缝完整，需对石材进行抛光处理。

1 施工流程

现场放线→准备材料→处理基层→制作轻钢龙骨隔墙→固定木基层基础→铺贴石材→安装成品木饰面板→处理完成面。

2 重点工艺解析

①弹出镀锌角钢及卡式龙骨安装的位置线，并在墙面用水准仪放出水平和竖直的控制线。

②选用定制石材进行加工，其他准备材料为5号镀锌角钢、成品木饰面板、卡式龙骨及配件、刷防火涂料三遍的细木工板以及软硬包皮革等。

③对要处理的基层进行加固，检查建筑墙体的平整度，如出现部分或合理范围内的凹凸不平，可用铲子铲除凸起部分，再用配套腻子修补凹陷部分。

④用膨胀螺栓将5号镀锌角钢固定在建筑墙面，用螺钉将石材干挂件与角钢固定。

⑤用穿墙螺钉固定横向卡式龙骨；竖向卡式龙骨与其卡接，刷防火涂料三遍的细木工板安装在竖向龙骨上。

⑥用干挂件将石材挂在角钢上，在挂件与石材嵌合的缝隙处注胶填充，加以固定。

⑦木饰面板基础做三防处理后，将成品木饰面板与细木工板固定。

⑧石材做好六面防护，并覆盖专用保护膜以做好成品保护。

不仅石材与木饰面板的结合带来干净利落的线条感，木饰面板的纹理更提升了空间的品质，使整个空间更为自然舒适，可以用作电视的背景墙

参考案例 7 墙砖与墙纸相接

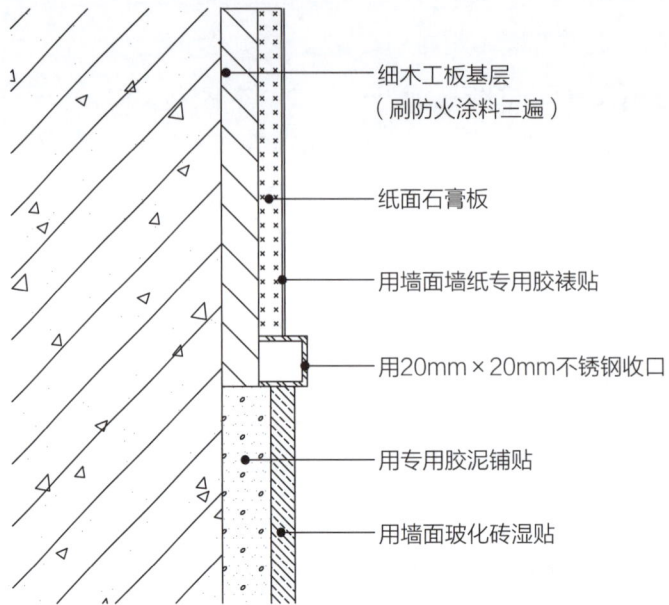

细木工板基层
（刷防火涂料三遍）

纸面石膏板

用墙面墙纸专用胶裱贴

用20mm×20mm不锈钢收口

用专用胶泥铺贴

用墙面玻化砖湿贴

节点图

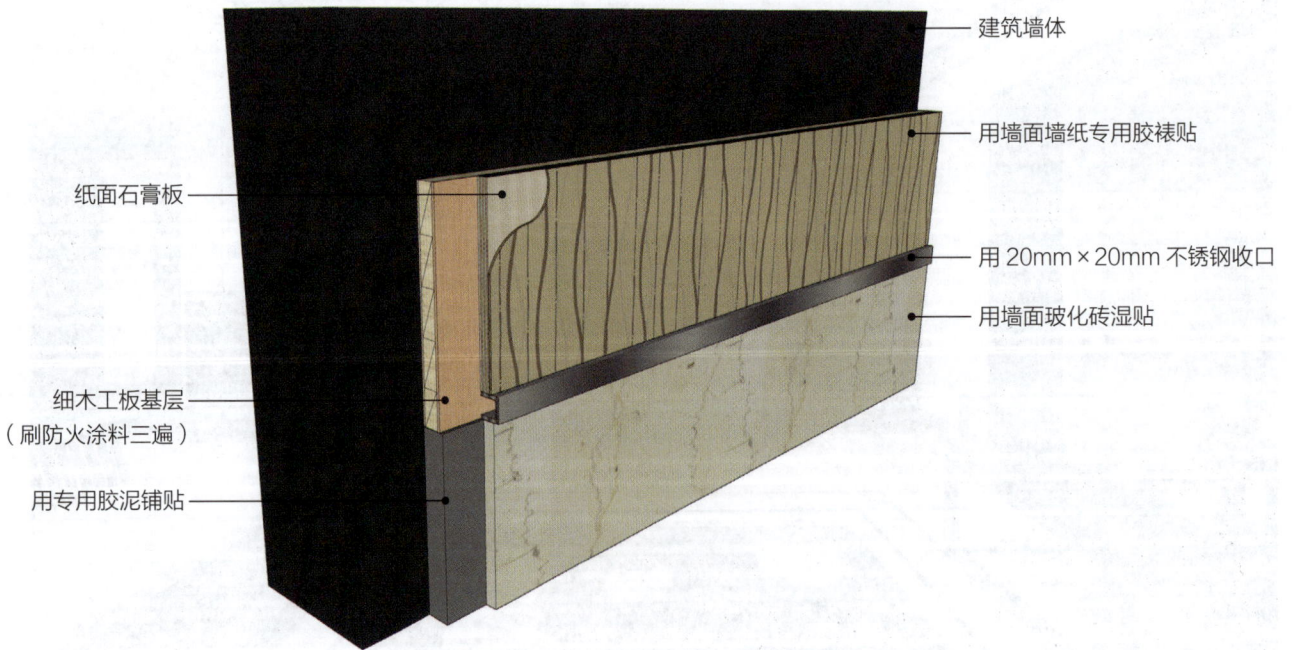

建筑墙体

用墙面墙纸专用胶裱贴

用20mm×20mm不锈钢收口

用墙面玻化砖湿贴

纸面石膏板

细木工板基层
（刷防火涂料三遍）

用专用胶泥铺贴

三维示意图

1 施工流程

准备材料→现场放线→加工材料→处理基层→涂抹水泥砂浆做结合层→铺贴墙砖→粘贴墙纸→灌缝、擦缝→处理完成面。

2 重点工艺解析

①根据图纸要求，选取细木工板、墙砖、纸面石膏板以及 20mm×20mm 不锈钢收口等施工材料，确定材料强度后进行下一步施工。

②按设计图纸用经纬仪弹出垂直线、水平线以及竖向的控制线。

③将细木工板、纸面石膏板及不锈钢收口按设计要求裁成所需尺寸，细木工板作为基层需刷防火涂料三遍。

④将突出墙面的混凝土剔平，对混凝土墙面进行凿毛，用钢丝刷满刷一遍，再浇水湿润。清除墙面基层即抹灰面和墙砖背面的污渍和灰尘，并涂刷一道界面剂以增强黏结力。

⑤为了使层间结合得更好，用水泥：水：砂的比例为 1：0.2：3 的 10mm 厚的水泥砂浆对涂刷完界面剂的混凝土基层进行打底扫毛，在水泥面达到一定强度后，再用水泥：水：砂的比例为 1：0.2：3 的 6mm 厚的水泥砂浆进行找平。

⑥同一段的墙砖应从下向上铺贴，先将拌制好的硅酸盐水泥或胶泥在墙面涂约 3mm，同时在墙砖背面涂抹水泥，用力压得密实平整。如墙砖粘贴后有偏差，应在 20 分钟内进行移动矫正。

清新配色的墙纸与同色调的瓷砖相接，清爽文艺，用于卫生间空间中，可舒缓人的视觉，使人心情舒畅

— / 小贴士 / —

墙砖与墙纸相接时，交接处最好用石膏线或木线来过渡收口，这样既可有效降低不同材质相接的跳跃度，又能有效解决收口问题。

⑦准备上墙裱糊的壁纸，纸背预先刷清水一遍（即闷水），再刷壁纸胶一遍。裱糊的基层也刷壁纸胶一遍，壁纸即可上墙裱糊。多余的壁纸胶要顺刮板操作方向挤出纸边，并用湿毛巾（软布）抹净，以保持墙壁整洁。

⑧在粘贴完墙纸后，选择相同颜色的矿物颜料和白水泥拌和均匀，调成 1：1 比例后吸水泥浆，灌入板块的缝隙之中，并用刮板将流出的水泥浆刮向缝隙内，至基本灌满为止。在灌浆 1~2 小时后，用棉纱团蘸水泥浆擦缝至与板面齐平，并将板面上的水泥浆擦净。

⑨为防止成品被污染，在将墙纸表面清理干净后，须在墙纸表面覆盖专用保护膜以做好成品保护。

参考案例 8　玻璃与不锈钢相接

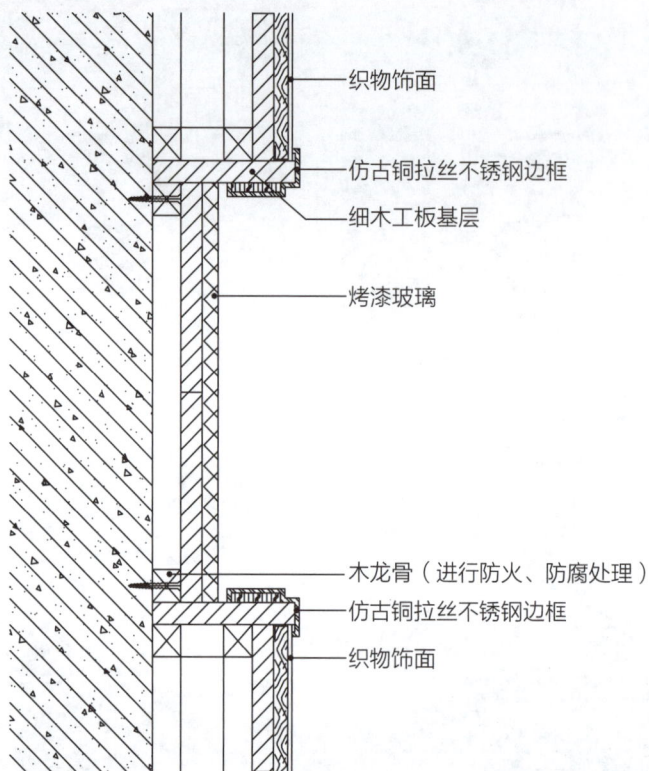

织物饰面

仿古铜拉丝不锈钢边框

细木工板基层

烤漆玻璃

木龙骨（进行防火、防腐处理）

仿古铜拉丝不锈钢边框

织物饰面

节点图

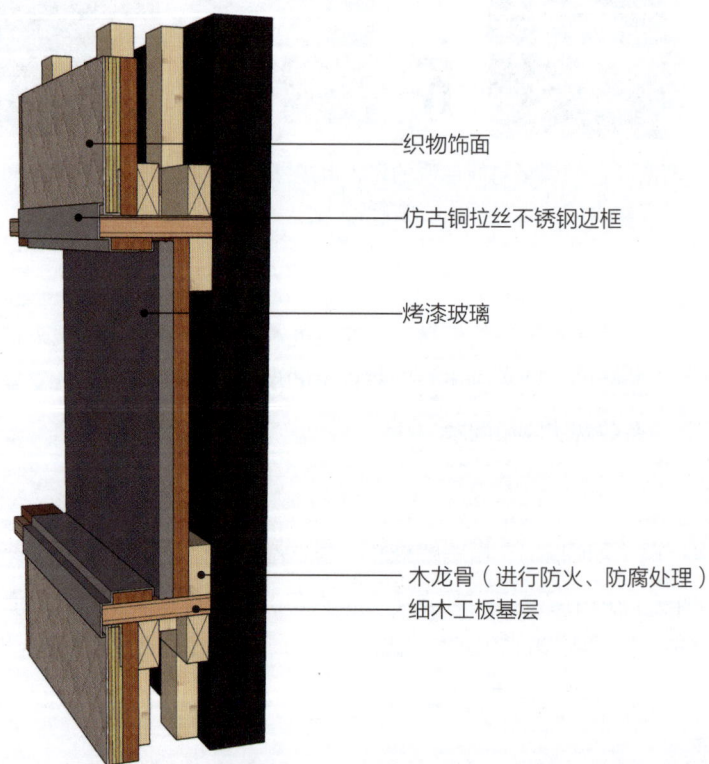

织物饰面

仿古铜拉丝不锈钢边框

烤漆玻璃

木龙骨（进行防火、防腐处理）

细木工板基层

三维示意图

/ 小贴士 /

　　若木龙骨本身保证水平时，与墙面存在缝隙，可以用硬质材料进行垫实，也可以把剩余的木龙骨切成小块儿进行填充以垫实。

1 施工流程

准备材料→现场放线→加工材料→基层处理→调平木龙骨基层→安装细木工板基层→安装玻璃、不锈钢→处理完成面。

2 重点工艺解析

①根据图纸要求，选取烤漆玻璃、细木工板、仿古铜拉丝不锈钢等施工材料，并确定所有材料强度达到设计要求，然后进行下一道工序。

②按要求弹出木龙骨安装的定位墨线，并用经纬仪弹出水平及竖向的控制线。

③将木龙骨、织物饰面、细木工板等材料按设计要求裁成所需尺寸，并对木龙骨进行防火、防腐处理，细木工板刷防火涂料三遍。

④清理墙壁表面的污渍，将墙面缺损处用 1 ：3 的水泥砂浆进行填充，保证墙面平整后，进行抹灰并刮腻子。

⑤将经过防火、防腐处理的横向木龙骨用胶钉固定在原建筑完成面上方，并根据垂吊线对木龙骨基层进行调平。

⑥将裁好尺寸的细木工板用木钉固定在木龙骨上作为框架。

⑦用烤漆玻璃专用胶将其粘贴在细木工板上方，仿古铜拉丝不锈钢作为边框固定在玻璃上下，并与织物饰面相接。

⑧用专用填缝剂将玻璃与不锈钢相接处进行擦缝并清理干净，然后覆盖专用保护膜以做好相接节点处的成品保护，以防成品被污染。

烤漆玻璃与不锈钢的组合设计，可强化空间的现代感和时尚感

参考案例9 硬包与不锈钢相接

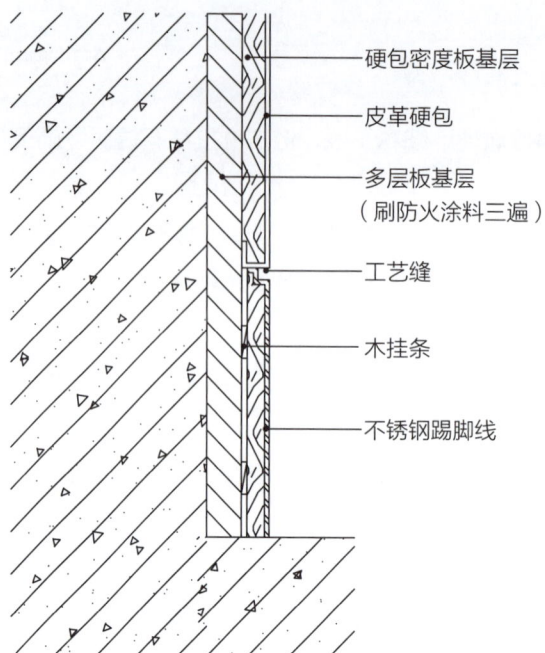

— 硬包密度板基层

— 皮革硬包

— 多层板基层
（刷防火涂料三遍）

— 工艺缝

— 木挂条

— 不锈钢踢脚线

节点图

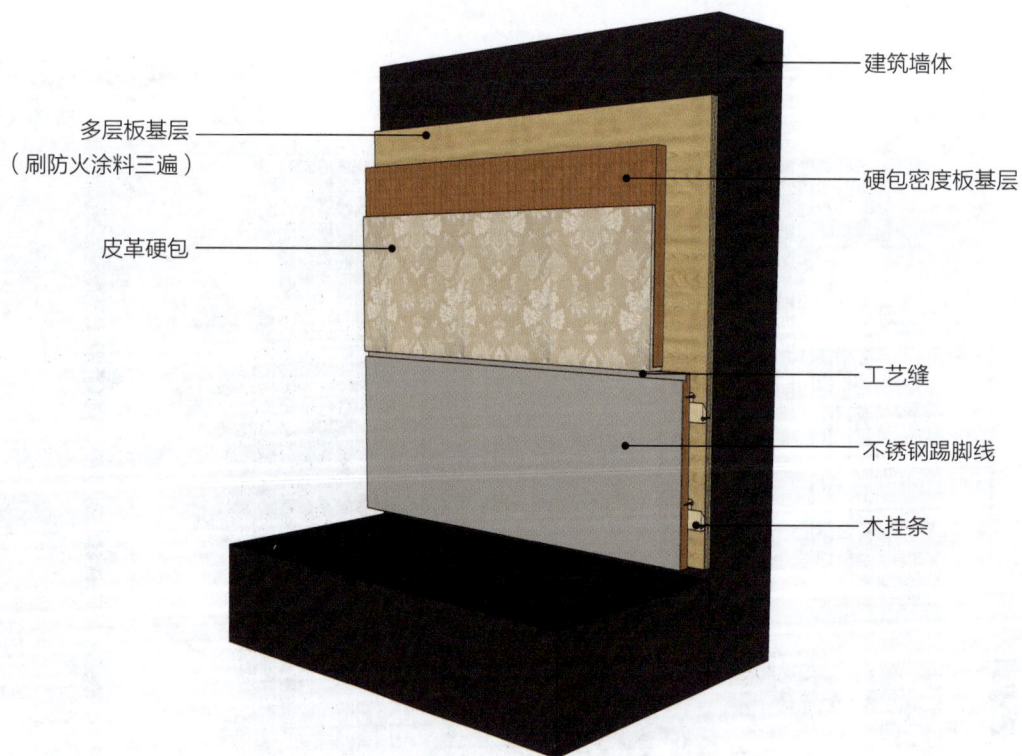

建筑墙体

多层板基层
（刷防火涂料三遍）

硬包密度板基层

皮革硬包

工艺缝

不锈钢踢脚线

木挂条

三维示意图

1 施工流程

准备材料→现场放线→加工材料→处理基层→调平基层板→安装成品不锈钢、软硬包→处理完成面。

2 重点工艺解析

①多层板刷防火涂料三遍，皮革硬包的密度板基层也要做防火及防腐处理。

②确保墙面基层平整，然后涂防腐涂料，待墙面干燥后进行下一道工序。

③墙面安装多层板作为基层，安装不锈钢踢脚线的区域用螺钉将基层板固定在多层板上。

④用专用胶将不锈钢固定在基层板上。用专用胶固定软硬包，安装时不锈钢折边，软硬包压不锈钢，同时预留出工艺缝。

浅灰色硬包与金色漆面不锈钢相接的卧室背景墙，刚与柔碰撞，立体与平面交汇，相辅相成，相得益彰，让室内充满现代美感

2. 隔墙

隔墙是分隔建筑物内部空间的不承重的墙体，一般要求轻、薄，且应便于拆装，具有良好的隔声性能。不同功能的房间对隔墙有不同的要求，如厨房的隔墙应具有耐火性能，盥洗室的隔墙应具有防潮性能。

隔墙的常见分类及材料的选择

类型	材料
砌筑式隔墙	·用黏结砂浆将预制块材砌筑成非承重墙体即为砌筑式隔墙 ·通常可分为黏土砖隔墙、切块隔墙和玻璃砖隔墙三类 ·适用于长期分隔的空间之间，其隔声性、耐久性和耐潮湿性能都比较好 ·缺点是自重大，且必须湿作业
立筋式隔墙	·立筋式隔墙也称立柱式、龙骨式隔墙，是以木材、钢材或其他材料为骨架，把面层钉结、涂抹或粘贴在骨架上形成的隔墙 ·面层有抹灰面层和人造板面层 ·此类隔墙重量轻、厚度薄、采用干作业法施工，是目前应用较为广泛的隔墙。常用的骨架有木骨架、金属骨架等
板材隔墙	·板材隔墙是单板高度与房间净高相同、面积较大且不依赖骨架，直接装配而成的隔墙 ·在需要增加隔墙稳定性时，也可以按照一定的间距设置一些竖向龙骨 ·目前使用的板材主要有加气混凝土条板、轻质板、碳化石灰板、石膏空心板、泰柏板、彩色灰板等，以及如纸面蜂窝板、纸面草板等复合板

参考案例 1 **玻璃砖隔墙**

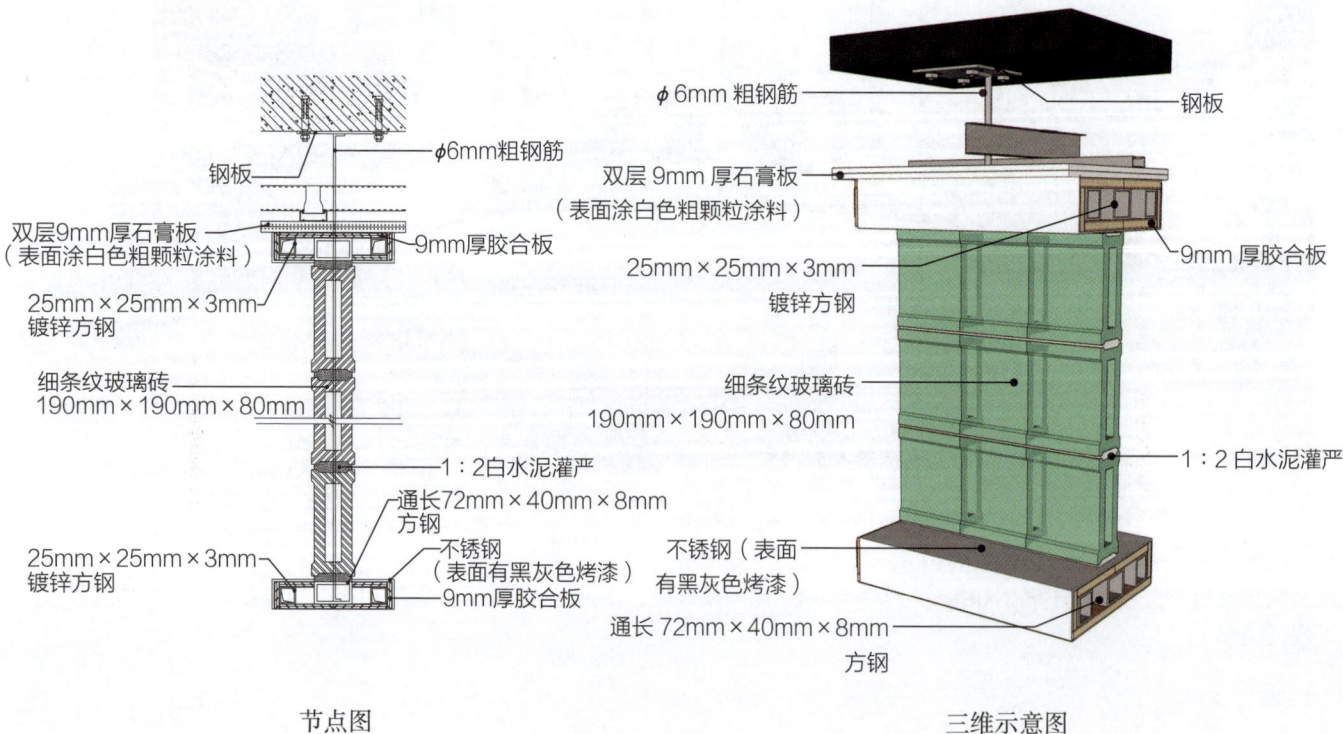

节点图

三维示意图

① 施工流程

放线→固定周边框架→扎筋→制作白水泥浆→砌筑玻璃砖隔墙→勾缝→处理边饰。

② 重点工艺解析

①按照图纸在地面弹线，以玻璃砖的厚度为轴心，弹出中心线。

②用膨胀螺栓将钢筋固定于楼板，直径为 6mm 的通长钢筋与之焊牢。顶棚双层纸面石膏板和地面都与外包不锈钢的方形中空胶合板固定，不锈钢表面有黑灰色烤漆，胶合板厚 9mm，且中间有通长为 72mm×40mm×8mm 的方钢，两边方钢尺寸为 25mm×25mm×3mm。

③当隔墙高度超过规定尺寸时，应在垂直方向上每 2 层玻璃砖间水平布置一根钢筋；当隔墙长度超出规定尺寸时，应在水平方向每 3 个缝间垂直布置一根钢筋。钢筋每端伸入金属型材框的尺寸不得小于 35mm，用钢筋增强的室内隔墙高度不得超过 4m。

④砌筑玻璃砖隔墙，采用水泥：细沙为 1：2 的比例制作的白水泥浆，然后兑入生态环保胶水。白水泥浆要有一定的稠度，以不流淌为宜。

⑤自上而下排砖砌筑，砌筑前在玻璃砖凹槽内放置十字定位架，砌筑时将上层玻璃砖压在下层玻璃砖上，同时使玻璃砖的中间槽卡在定位架上，两层玻璃砖的间距为 5~10mm，每砌一层用湿布将玻璃砖表面的水泥浆擦去。顶部玻璃砖要用木楔固定。

⑥砌筑完成后，顺着横竖缝隙勾缝，先勾横缝再勾竖缝，缝内要平滑且深度一致。勾缝后，用湿布或棉纱将表面擦洗干净，待勾缝砂浆达到强度后用硅树脂胶涂敷。

⑦对玻璃砖外框进行装饰处理，采用木饰边装饰。当采用金属型材时，其与建筑墙体和屋顶的结合部，以及空心砖玻璃砌体与金属型材框翼端的结合部，应用弹性密封剂密封。

玻璃砖隔墙带来影影绰绰的影像美感，给空间增添了神秘感，引人入胜

参考案例 2　黏土砖隔墙

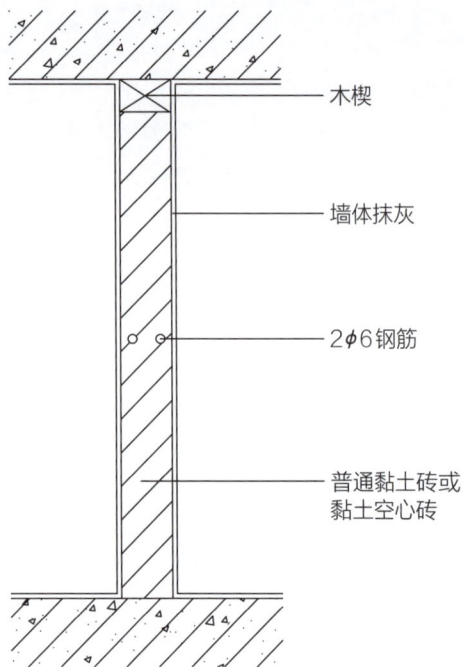

节点图

- 木楔
- 墙体抹灰
- 2φ6钢筋
- 普通黏土砖或黏土空心砖

1 施工流程

找平、弹线→撂底（摆砖样）→立皮数杆→盘角、挂线→砌筑→抹灰→勾缝。

2 重点工艺解析

①在弹好轴线的基面上按组砌方式用干砖试摆，借助灰缝调整，尽量使门窗洞口、附墙垛等处符合砖的模数，以尽可能减少砍砖，并使砌体灰缝均匀，组砌得当。

②皮数杆是一层楼墙体的标志杆，其上画有每皮砖和灰缝的厚度以及门窗洞口、过梁、楼板、梁底等的标高，用以控制砌体的竖向尺寸。皮数杆一般立在墙的转角处及纵横墙交接处，如墙身很长，可每隔 10~15m 就立一根。立皮数杆时，应使皮数杆上所示标高线与抄平所确定的设计标高相吻合。

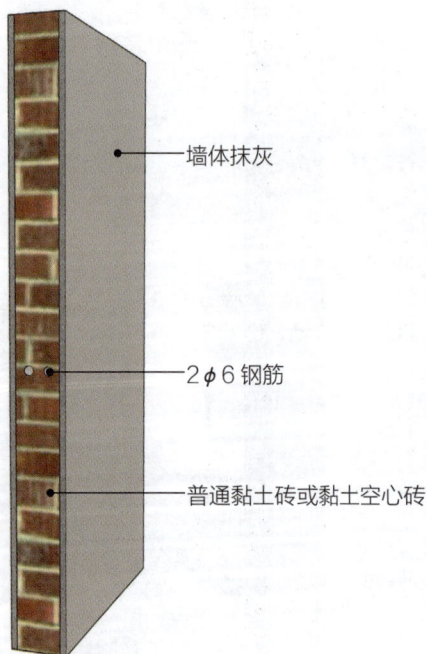

- 墙体抹灰
- 2φ6钢筋
- 普通黏土砖或黏土空心砖

三维示意图

黏土砖隔墙的颗粒感带来一种斑驳的原始韵味，具有故事性

参考案例3 砌块隔墙

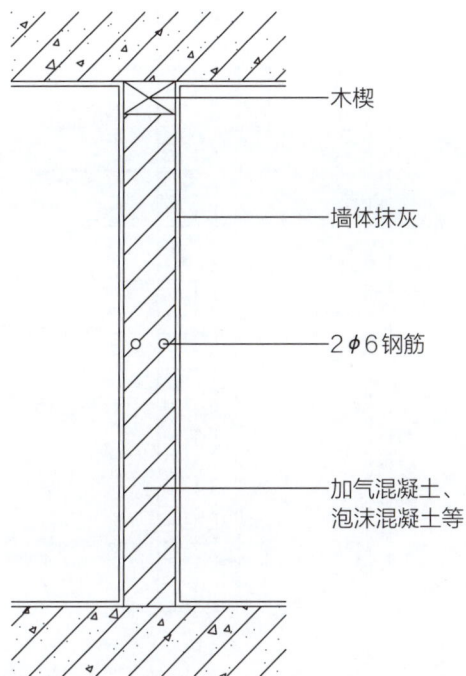

节点图

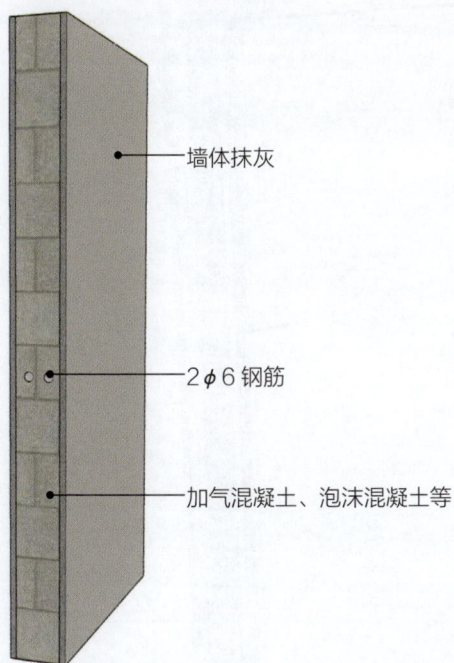

三维示意图

木楔
墙体抹灰
2φ6钢筋
加气混凝土、泡沫混凝土等

墙体抹灰
2φ6钢筋
加气混凝土、泡沫混凝土等

1 施工流程

找平、弹线→撂底→立皮数杆→盘角、挂线→砌筑→抹灰→勾缝。

2 重点工艺解析

砌筑墙体的操作方法各地不一，但为保证砌筑质量，一般以"三一"砌筑法为宜，即一铲灰、一块砖、一挤揉。对砌筑质量要求不高的墙体，也可采用铺浆法砌筑。砌砖工程采用铺浆法砌筑时，铺浆长度不得超过750mm；施工期间气温超过30℃时，铺浆长度不得超过500mm。砌墙时，还要有整体观念，隔层的砖缝要对直，相邻的上下层砖缝要错开，防止"游丁走缝"。

砌块隔墙低调中透出高级感，提升了空间的品质

参考案例4 钢骨架隔墙

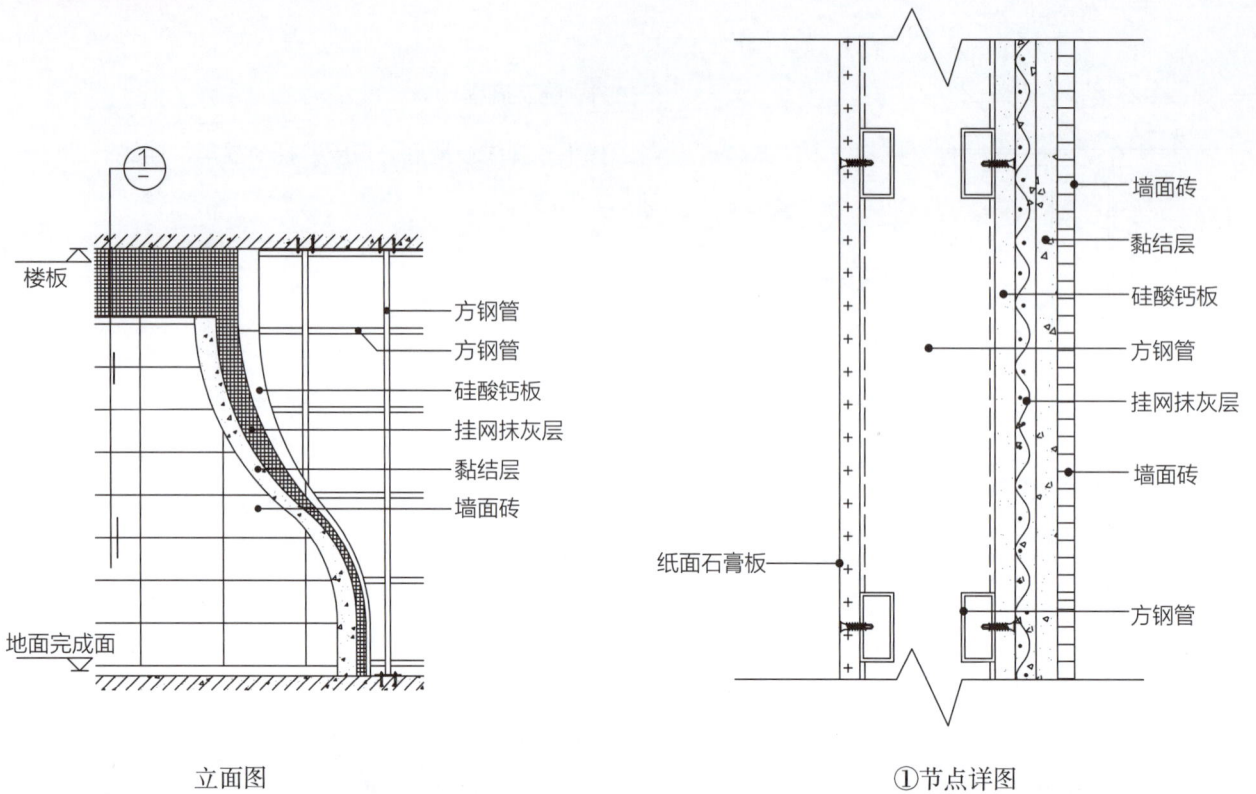

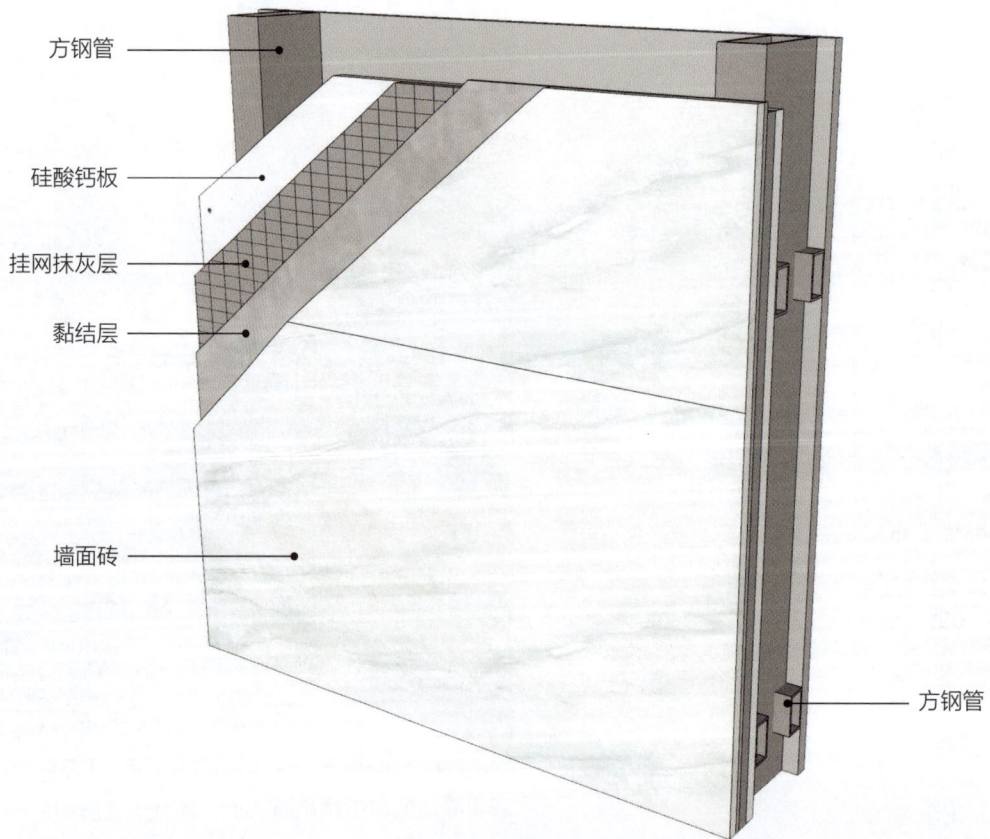

楼板

方钢管
方钢管
硅酸钙板
挂网抹灰层
黏结层
墙面砖

地面完成面

立面图

墙面砖
黏结层
硅酸钙板
方钢管
挂网抹灰层
墙面砖

纸面石膏板

方钢管

①节点详图

方钢管

硅酸钙板

挂网抹灰层

黏结层

墙面砖

方钢管

三维示意图

134

1 施工流程

清理楼地面、放线→制作导梁→焊接钢架→封基层板→挂网→抹灰。

2 重点工艺解析

①在施工前，需将室内打扫干净，并按要求弹出隔断和墙面连接的垂直线、门洞的位置线、地面和顶棚的位置线，同时对隔墙的细部尺寸进行测量。

②应按设计要求对导梁进行施工，施工前先进行支模，用细石混凝土进行浇筑，振捣密实。（在卫生间或厨房等常年处于潮湿状态的部位，必须有高度不小于 200mm 的导梁）

③焊接前，选用符合设计要求的竖向或横向钢架。焊口表面须光滑，出现问题及时进行补救，以确保障焊口的质量，在焊接点涂刷的防锈漆，须均匀、完整，不可漏刷。

④基层板通常采用水泥压力板或硅酸钙板，用自钻螺钉进行固定。

⑤钢架梁侧面用镀锌钢丝网（孔径 ≤ 3mm，丝径 ≥ 1.2mm）满钉，横向固定点 ≤ 300mm，纵向固定点 ≥ 300mm。

⑥最后给硅酸钙板刷一层加胶的素浆，再对水泥砂浆进行批荡，控制抹灰厚度以给下层饰面留出足够距离。

/ 小贴士 /

钢骨架隔墙造价高，但具有耐腐蚀的特性，常用于卫生间、厨房等潮湿空间中，此外，还可用于客厅、书房或办公区域的空间分隔。

钢骨架隔墙搭配墙面砖的柱体设计，为空间增添了艺术气息，令原本简洁的室内环境瞬间变得引人注目

参考案例 5 | 轻钢龙骨隔墙

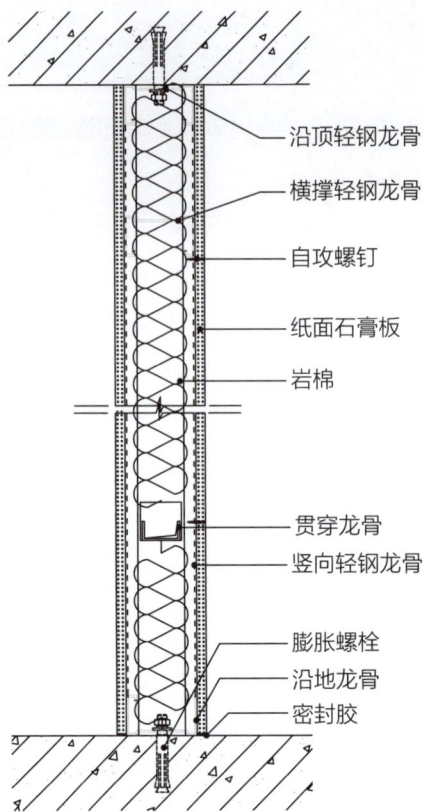

- 沿顶轻钢龙骨
- 横撑轻钢龙骨
- 自攻螺钉
- 纸面石膏板
- 岩棉
- 贯穿龙骨
- 竖向轻钢龙骨
- 膨胀螺栓
- 沿地龙骨
- 密封胶

节点图

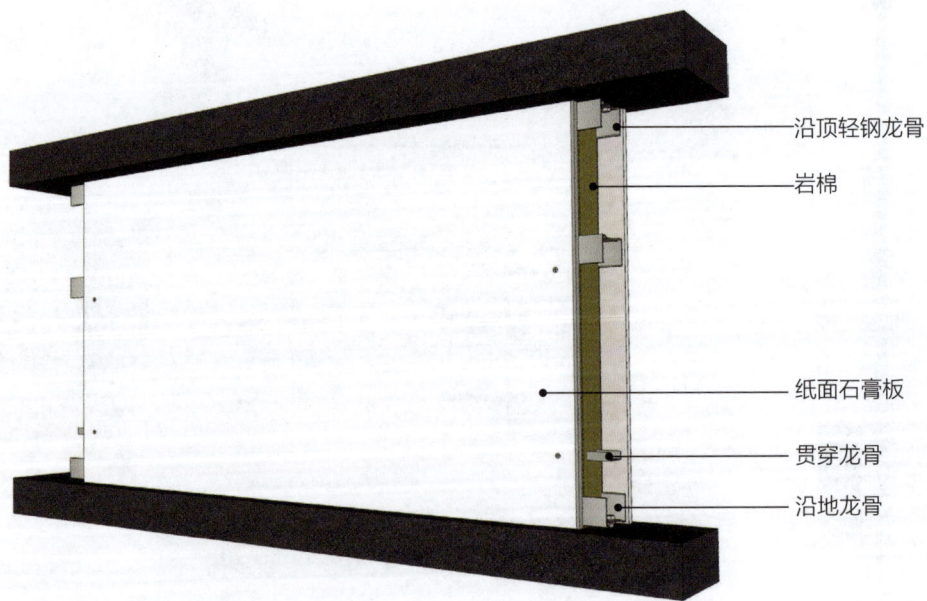

- 沿顶轻钢龙骨
- 岩棉
- 纸面石膏板
- 贯穿龙骨
- 沿地龙骨

三维示意图

1 施工流程

弹线→安装顶龙骨、地龙骨→竖向龙骨分档→安装竖向龙骨→安装系统管、线→安装横撑轻钢龙骨→安装门洞口框→安装一侧石膏板→安装另一侧石膏板并填充材料。

2 重点工艺解析

①在符合设计条件的地面或地枕带,以施工图为依据,放出隔墙位置线、门窗洞口边框线及顶龙骨位置的边线。

②按放置正确的隔墙位置线安装沿顶龙骨及沿地龙骨,以600mm的间距将龙骨用射钉与主体固定连接。

③在安装天地龙骨后,根据隔墙放线的门洞口位置,按900mm或1200mm宽的罩面板规格,分档的规格尺寸为450mm,为避免破边石膏罩面板在门洞框处,不足模数的分档需避开门洞框边第一块罩面板的位置。

④按分档位置安装竖向龙骨,其上下两端分别插入顶龙骨、地龙骨,用抽芯铆钉对调整后垂直且定位准确的竖向龙骨进行固定;墙柱边的竖向龙骨以1000mm为间距用射钉或木螺钉与墙柱固定,竖向龙骨安装完毕后,安装贯通龙骨,用支撑卡将其与竖向龙骨固定。

⑤安装墙体内水、电管线等设备时,应避免切断横竖向龙骨,同时避免在沿墙下端设置管线。安装管线须固定牢固,并采取局部加强措施。

⑥根据设计要求,隔墙高度大于3m时应加横撑轻钢龙骨,用抽芯铆钉或螺钉将卡档龙骨进行固定。

⑦门框垛口处的隔墙需增强竖向龙骨的整体牢固度,端头的两根龙骨可对扣安装,并用白铁皮进行整体拉接。门框的过梁应与竖向龙骨牢固地连接,横向龙骨在切割和弯折后也需与竖向龙骨固定,而不是只在两侧进行固定,墙地面接缝处用密封胶进行密封。

⑧如隔墙上有门洞口,则从门洞口处开始安装。如墙体无门洞口,则从墙的一端开始安装,一般用自攻螺钉对石膏板进行固定,只有纸面石膏板紧靠龙骨时,才可用自攻螺钉进行固定。

⑨两侧纸面石膏板的安装方法相同,且应同时安装,二者的接缝应错开,墙体内填充的材料(如岩棉)应铺满铺平。

/ 小贴士 /

轻钢龙骨隔墙不能贴墙砖,故其可以作为客厅、卧室的隔墙,但不能做卫生间和厨房的隔墙。

白色石膏板饰面隔墙与空间中的木质色调搭配相宜,营造出宜居的空间环境

参考案例6 轻钢龙骨曲面墙

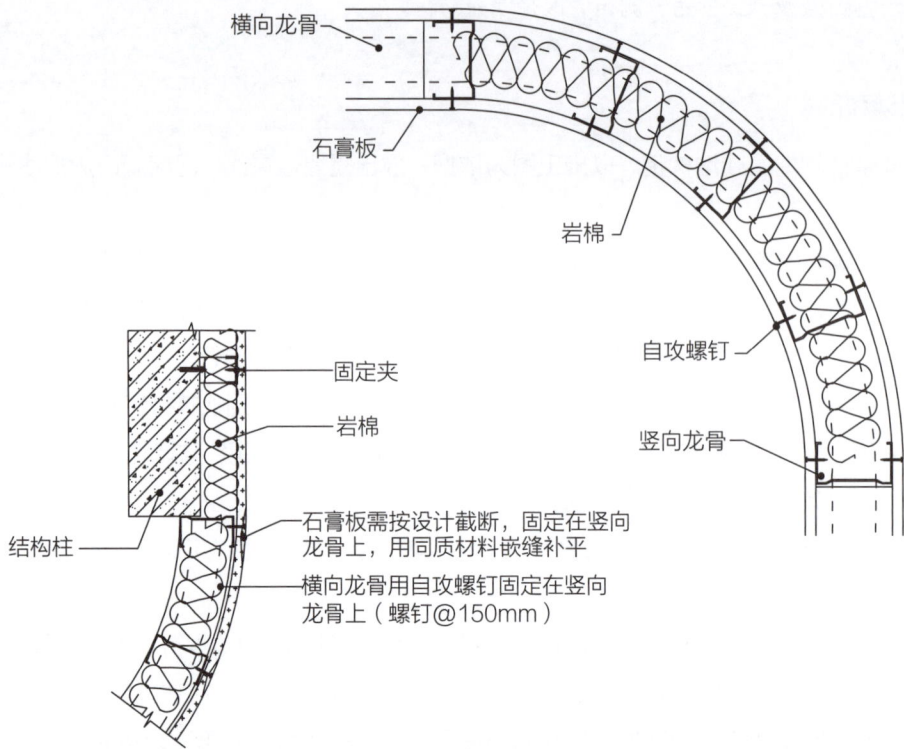

横向龙骨

石膏板

岩棉

自攻螺钉

竖向龙骨

固定夹

岩棉

结构柱

石膏板需按设计截断，固定在竖向龙骨上，用同质材料嵌缝补平

横向龙骨用自攻螺钉固定在竖向龙骨上（螺钉@150mm）

节点图

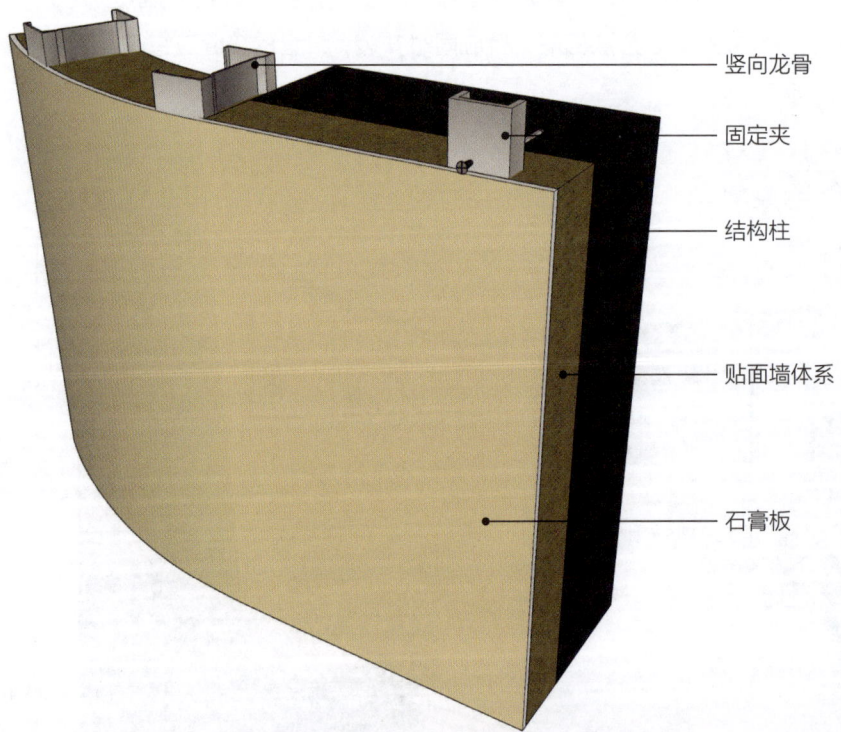

竖向龙骨

固定夹

结构柱

贴面墙体系

石膏板

三维示意图

1 **施工流程**

弹线→弯曲天、地龙骨→安装顶、地龙骨→竖向龙骨分档→安装竖向龙骨→安装系统管、线→安装横向轻钢龙骨→安装门洞口框→安装两侧石膏板。

2 **重点工艺解析**

①将天、地龙骨切割成 ∨ 形缺口后弯曲成要求的弧度。

②竖向龙骨按约 150mm 间距安装。

③石膏板在曲面一端固定后，轻轻弯曲，安装完成曲面。

独特的曲面墙不仅可以划分空间，还能独立存在而不破坏外部结构

参考案例7 木龙骨隔墙

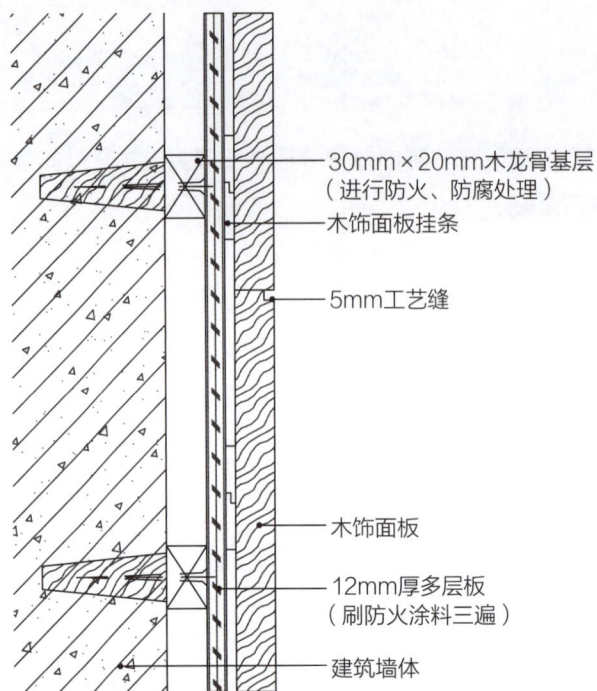

30mm×20mm木龙骨基层
（进行防火、防腐处理）

木饰面板挂条

5mm工艺缝

木饰面板

12mm厚多层板
（刷防火涂料三遍）

建筑墙体

节点图

　　木材属于温度的不良导体，因此木龙骨干挂木饰面板墙面作为家装的隔墙，可以达到冬暖夏凉的效果。

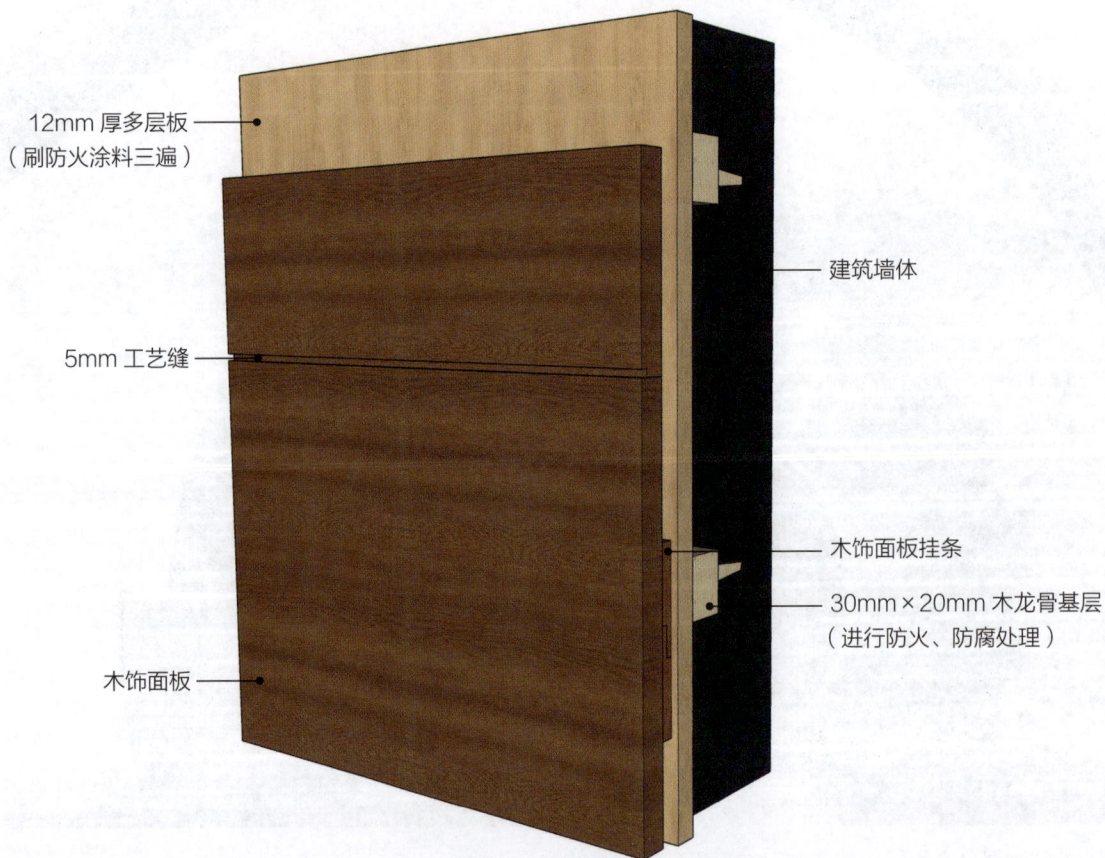

12mm 厚多层板
（刷防火涂料三遍）

建筑墙体

5mm 工艺缝

木饰面板挂条

30mm×20mm 木龙骨基层
（进行防火、防腐处理）

木饰面板

三维示意图

1 施工流程

定位弹线→固定龙骨固定点→固定木龙骨→基层处理→挂装木饰面板。

2 重点工艺解析

①根据设计图纸，在地面上弹出隔墙中心线和边线，同时弹出门窗洞口线，再弹出下槛龙骨安装基准线。施工前在地面上弹出隔断墙的宽度线与中心线，并标出门窗位置，找出施工的基准点和线，通常按一定的间距在地面、墙面和顶棚面打孔，预设浸油木砖或膨胀螺栓。

②弹好定位线后，如结构施工时预埋了锚件，则应检查锚件是否在墨线内。如锚件与墨线偏离较大，应在中心线上重新钻孔，打入防腐木模。门框边应单独设立筋固定点。隔墙顶部如没有预理锚件，则应在中心线上重新钻孔以固定上槛。

③先安装靠墙立筋，再安装上、下槛。中间的竖向立筋之间的距离根据罩面板材的宽度来决定，要使罩面板材的两头都搭在立筋上，并用胶钉钉固。横撑、斜撑的安装应以横向龙骨为先，在安装龙骨的过程中，要同时将隔墙内的线路布好。

④经防火、防腐处理的木龙骨间距300mm，用钢钉和木楔固定在混凝土墙体内，对涂刷三遍防火涂料的12mm厚的多层板基层进行找平处理，并用钢钉将多层板与龙骨固定。用枪钉将木饰面板挂条与多层板固定，挂条背面刷胶与木饰面板固定。

⑤木龙骨隔墙的罩面板多采用胶合板、细木工板、中密度纤维板或石膏板等，需要在其中填充符合设计要求的吸声、保温材料。安装成品木饰面板时，应从中间开始向外依次胶钉，固定后，给面层涂刷清漆，并进行平整度的调整。

木饰面板隔墙具有温润的质感，低调而不乏装饰性

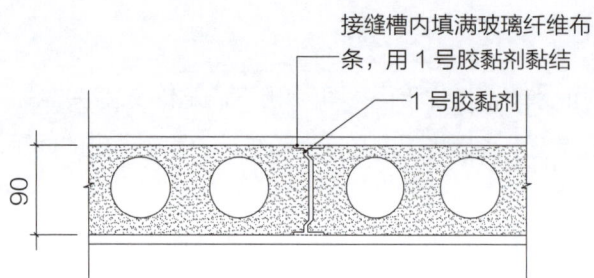

参考案例 8 轻质板隔墙

接缝槽内填满玻璃纤维布
条，用 1 号胶黏剂黏结

1 号胶黏剂

90

节点图

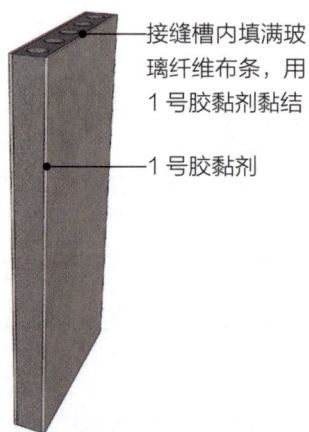

接缝槽内填满玻
璃纤维布条，用
1 号胶黏剂黏结

1 号胶黏剂

三维示意图

白色的轻质板隔墙为空间带来明亮感，干净、整洁的氛围让
人感到十分舒适

① 施工流程

处理基层→找平方线→安装隔墙板→处理板隙→清洁完成面。

② 重点工艺解析

隔墙板安装完毕后，检查所有缝隙是否黏结良好，如有缝隙，须进行修补。对已粘好的所有板缝、阴角缝，
先清理浮灰、刮胶黏剂，贴好玻璃纤维网带，转角隔墙在阴角处同样粘贴 80mm 玻璃纤维布一层，压实、粘牢
后，表面再用胶黏剂刮平。

第三章

楼地面装饰节点构造

楼地面是建筑物底层地面和楼层地面的总称。楼地面是人体在室内空间中直接接触最频繁的界面。该界面距离人眼较近，在人的视线范围内所占比例较大。因此，楼地面装饰在整个建筑装饰工程中，占有重要的地位。

一、楼地面的基础知识

1. 楼地面的分类

按施工工艺可分为：整体式地面和块材式地面等。

按使用要求可分为：普通地面、特种地面（耐腐蚀地面、防水地面、防静电地面）等。

按使用材料可分为：木地面、天然石材地面、瓷砖地面、软质制品地面等。

按照地面的装饰效果可分为：美术地面、席纹地面、拼花地面等。

2. 楼地面的层次构造

楼地面一般由面层、垫层和承重层组成。承重层指楼板，是地面的基体，承受其上面的全部荷载；垫层为中间层，位于承重层之上、面层之下，是承受和传递面层荷载的构造层，楼层的垫层还具有隔声和找坡的作用；面层又称"表层"或"铺地"，是楼面的最上层，是供人们生活、工作时直接接触并承受各种物理化学作用的表面层。

二、楼地面的设计原则与规范

1. 楼地面的设计原则

隔声性原则：隔声包括隔绝空气传声和固体传声两个方面。隔绝空气传声，应避免地面有裂缝及孔洞，或采用增加楼板的容重、层叠结构等方式；隔绝固体传声，应防止在楼板产生过多的冲击能量，如采用弹性材料（橡皮、地毯、软木砖等）做面层，使其吸收一定的冲击能量，也可直接采用减短结构的方式，如采用浮筑层或夹心地面。

吸声性原则：一般来说，表面致密光滑、刚性较大的地面如大理石地面，对声波的反射能力较强，吸声能力较弱；而各种软质地面如化纤地毯，有较强的吸声作用。因此对于标准较高、室内音质控制要求严格的建筑，应选择具有吸声作用的地面材料。

防水、防潮性原则：对于一些长期处于潮湿状态的房间，如卫生间、浴室、厨房等，要处理好防潮防水问题，通常设置具有防水性能的各种铺面，如水磨石、锦砖等。

美观性原则：地面装饰应整体上与顶棚及墙面的装饰呼应，巧妙处理界面，以便产生优美的空间序列感；地面装饰应与空间的实用性紧密联系，如室内走道线的标志具有视觉诱导功能；地面饰面材料的质感可与环境共同构成统一对比的关系；地面的图案和色彩的设计运用，能够起到烘托室内环境气氛与展示风格的作用。

保护性原则：保护楼板或地坪是地面饰面应满足的最基本要求。地面的饰面层应满足耐磨、不起尘、平整、防水、有一定弹性和吸热少等特点。

2. 楼地面装饰构造的标准规范

楼地面装饰构造的一般规定：①地面铺装宜在地面隐蔽工程、吊顶工程、墙面抹灰工程完成并验收后进行；②地面面层应有足够的强度，其表面质量应符合国家现行标准、规范的有关规定；③地面铺装图案及固定方法等应符合设计要求；④天然石材在铺装前应采取防护措施，防止出现污损、泛碱等现象；⑤湿作业施工现场环境温度宜在 5℃以上。

　　楼地面主要材料的质量要求：①地面铺装材料的品种、规格、颜色等均应符合设计要求并有产品合格证书；②地面铺装时所用龙骨、垫木、毛地板等木料的含水率，以及防腐、防蛀、防火处理等均应符合国家现行标准、规范的有关规定。

楼地面的施工标准规范

类型	概述
石材、地面砖铺贴	•石材、地面砖铺贴前应浸水湿润。天然石材铺贴前应进行对色、拼花并试拼、编号
	•铺贴前应根据设计要求确定结合层砂浆厚度，拉十字线控制其厚度和石材、地面砖表面的平整度
	•结合层砂浆宜采用体积比为 1∶3 的干硬性水泥砂浆，厚度宜高出实铺厚度 2~3mm。铺贴前应在水泥砂浆上刷一道水灰比为 1∶2 的素水泥浆或干撒水泥 1~2mm 后洒水
	•石材、地面砖铺贴时应保持水平就位，用橡皮锤轻击使其与砂浆黏结紧密，同时调整其表面平整度及缝宽
	•铺贴后应及时清理表面，24h 后应用 1∶1 水泥浆灌缝，选择与地面颜色一致的颜料与白水泥拌和均匀后嵌缝
竹、实木地板铺装	•基层平整度误差不得大于 5mm
	•铺装前应对基层进行防潮处理，防潮层宜涂刷防水涂料或铺设塑料薄膜
	•铺装前应对地板进行选配，宜将纹理、颜色接近的地板集中使用于一个房间或部位
	•木龙骨应与基层连接牢固，固定点间距不得大于 600mm
	•毛地板应与龙骨成 30° 或 45° 铺钉，板缝应为 2~3mm，相邻地板的接缝应错开
	•在龙骨上直接铺装地板时，主、次龙骨的间距应根据地板的长宽模数进行计算，地板接缝应在龙骨的中线上
	•地板钉长度宜为板厚的 2.5 倍，钉帽应砸扁。固定时应从凹榫边 30° 角倾斜钉入。硬木地板应先钻孔，孔径应略小于地板钉直径
	•毛地板及地板与墙之间应留 8~10mm 的缝隙
	•地板磨光应先刨后磨，磨削应顺着木纹方向，磨削总量应控制在 0.3~0.8mm 内
	•单层直铺地板的基层必须平整、无油污。铺贴前应在基层刷一层薄而均匀的底胶以提高黏结力。铺贴时基层和地板背面均应刷胶，待不粘手后再进行铺贴。拼板时应用榔头并垫木块敲打紧密，板缝不得大于 0.3mm。溢出的胶液应及时清理干净
强化复合地板铺装	•防潮垫层应满铺平整，接缝处不得叠压
	•安装第一排时应凹槽面靠墙。地板与墙之间应留 8~10mm 的缝隙
	•房间长度或宽度超过 8m 时，应在适当位置设置伸缩缝
地毯铺装	•地毯对花拼接应按毯面绒毛和织纹走向的同一方向拼接
	•使用张紧器伸展地毯时，用力方向应呈 V 字形，应由地毯中心向四周展开
	•使用倒刺板固定地毯时，应沿房间四周将倒刺板与基层牢固固定
	•地毯铺装方向，应是毯面绒毛走向的背光方向
	•满铺地毯，应用扁铲将毯边塞入卡条和墙壁的间隙中，或塞到踢脚线下面
	•裁剪楼梯地毯时，长度应留有一定余量，以便在使用中可挪动常磨损的位置

三、不同施工工艺的楼地面节点构造

楼地面按施工工艺主要可分为整体式楼地面和块材式楼地面。这两种楼地面的用材常见的有水泥、瓷砖以及石材类，往往给人一种理性、硬朗的视觉感受。

1. 整体式楼地面

整体式楼地面是指水泥地面、混凝土地面、水磨石地面等在现场整体浇筑而成的地面。其优点为表面光洁、不起尘、易清洁，具有良好的耐磨、耐久、防水和防火性能。

参考案例 1 **直接抹灰地面**

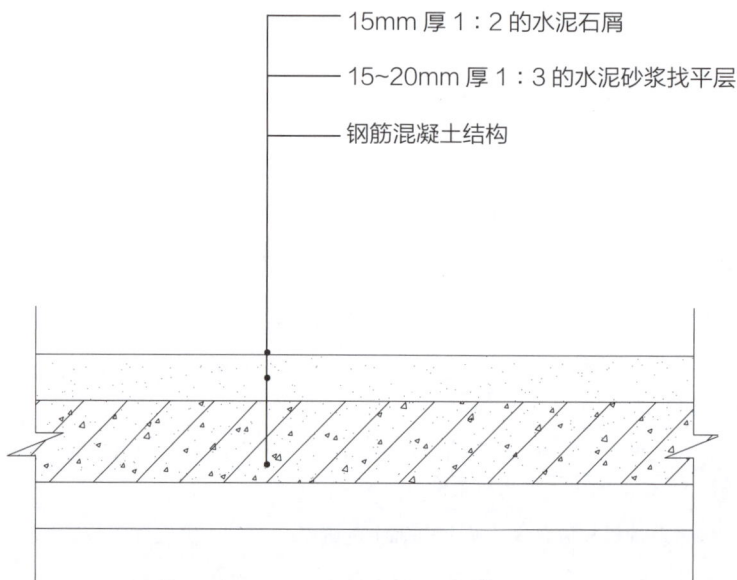

15mm 厚 1：2 的水泥石屑

15~20mm 厚 1：3 的水泥砂浆找平层

钢筋混凝土结构

节点图

15mm 厚 1：2 的水泥石屑

15~20mm 厚 1：3 的水泥砂浆找平层

钢筋混凝土结构

三维示意图

直接抹灰式地面与以白色为主色的空间，在色彩的搭配上十分和谐

1 施工流程

基层处理→洒水湿润→刷水泥砂浆找平层→抹面层→养护。

2 重点工艺解析

①先将灰尘清扫干净，然后将粘在基层上的浆皮铲掉，用碱水将油污刷掉，最后用清水将基层冲洗干净。

②在抹面层的前一天对基层表面进行洒水湿润。

③在铺设水泥石屑面层以前，在已湿润的基层上刷一道 15~20mm 厚 1：3 的水泥砂浆找平层，对地面进行找平。

④当水泥砂浆找平层施工完成后，满铺 15mm 厚 1：2 的水泥石屑，用木抹子用力搓打、磨平，使面层与底层水泥砂浆紧密结合，把所有抹纹压平压光，达到面层表面密实光洁的效果。

⑤面层抹压完成 24h 后（有条件时可覆盖塑料薄膜养护）进行浇水养护，每天不少于 2 次，养护时间一般不少于 7 天，房间在封闭养护期间禁止进入。

——— / 小贴士 / ———

　　水泥石屑地面是以石屑代替沙的一种水泥地面，分为豆石地面和瓜米石地面两种类型。这种地面性能近似水磨石，表面光洁、不起尘、易清洁，耐久性和防水性很好，造价为水磨石地面的 50%。

参考案例 2 环氧树脂自流平地面

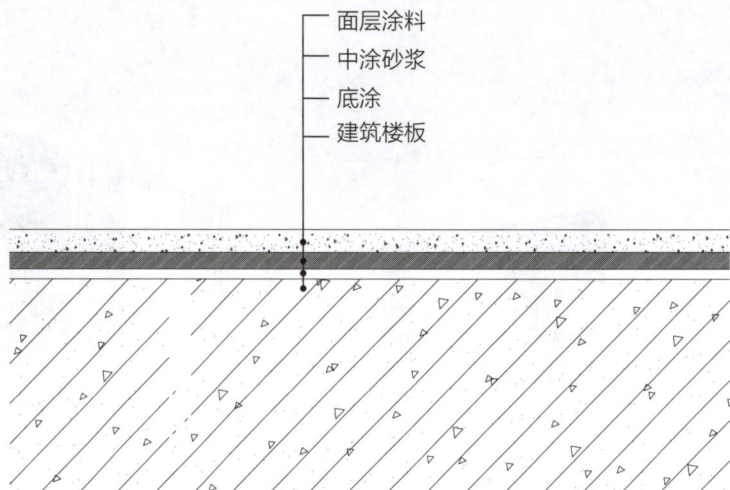

面层涂料
中涂砂浆
底涂
建筑楼板

节点图

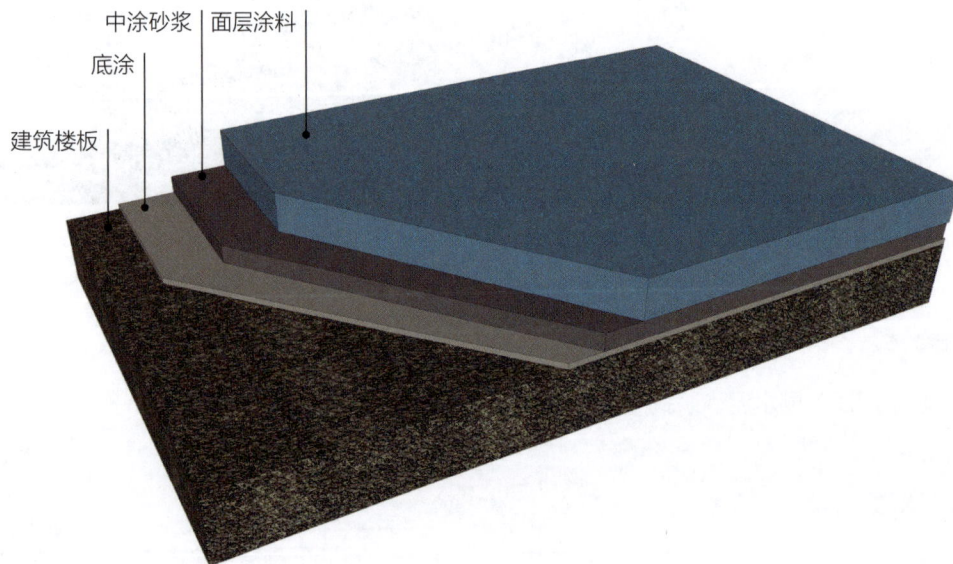

中涂砂浆 面层涂料
底涂
建筑楼板

三维示意图

——— / 小贴士 / ———

环氧树脂自流平具有良好的耐水性、耐油污、耐化学品腐蚀等化学特性，广泛适用于医药、生物、电子等领域的无尘、无菌室，也适用于学校、办公室、化工厂等有美观、耐磨、抗冲击要求的建筑室内。

环氧树脂自流平地面的施工条件及要点：

① 严格控制热（火）源，基层温度宜高于 5℃，环境湿度小于 80%。

② 采取防尘、防虫、防污染等措施。

③ 基层应做断水处理，或涂刷防潮环氧树脂底料。

④ 基层含水率应 ≤ 9%，pH 值 ≤ 10。

⑤ 平整光洁、色彩一致，无明显色差，无气泡、杂物、凸起、凹陷、针孔、裂缝、剥离等不良状况。

1 施工流程

清理基层→涂刷底涂→中涂砂浆→配制自流平浆料→浇注→刮涂面层。

2 重点工艺解析

①一般毛坯地面上会有凸起的地方，需要将其打磨掉。一般需要用到打磨机，采用旋转平磨的方式将凸块磨平。

②在基层表面清理完毕后，需要在地面上涂刷地面涂料，即底涂层，用滚筒均匀地滚涂，门边、墙角等边角位置用毛刷刷涂。

③待底层半干后，用批刀整体满刮 1~2 遍，待固化后，打磨批刀痕等缺陷处，并清理干净。

④将环氧树脂自流平涂料与 1.5~2 倍的石英砂混匀，加水调节至所需黏度。

⑤将自流平浆料浇注在砂浆层上，对面层存在的凹坑进行填补。

⑥ 2~4 小时后涂刷面层，将环氧树脂漆充分搅匀，添加水调节至所需黏度，刮涂面层后，在 20 分钟内采用专用滚筒消泡，完成平面。

黄色的环氧树脂自流平地面与幼儿园的氛围相符，使空间充满童趣与温暖

参考案例 3 **水泥基自流平地面**

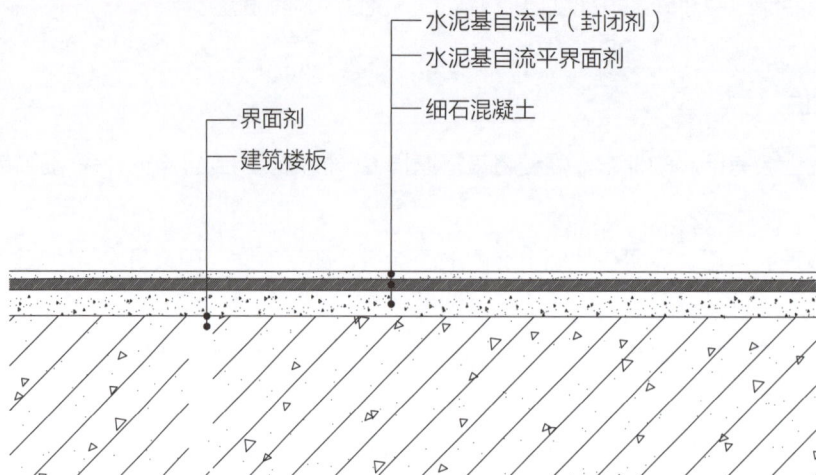

水泥基自流平（封闭剂）
水泥基自流平界面剂
细石混凝土

界面剂
建筑楼板

节点图

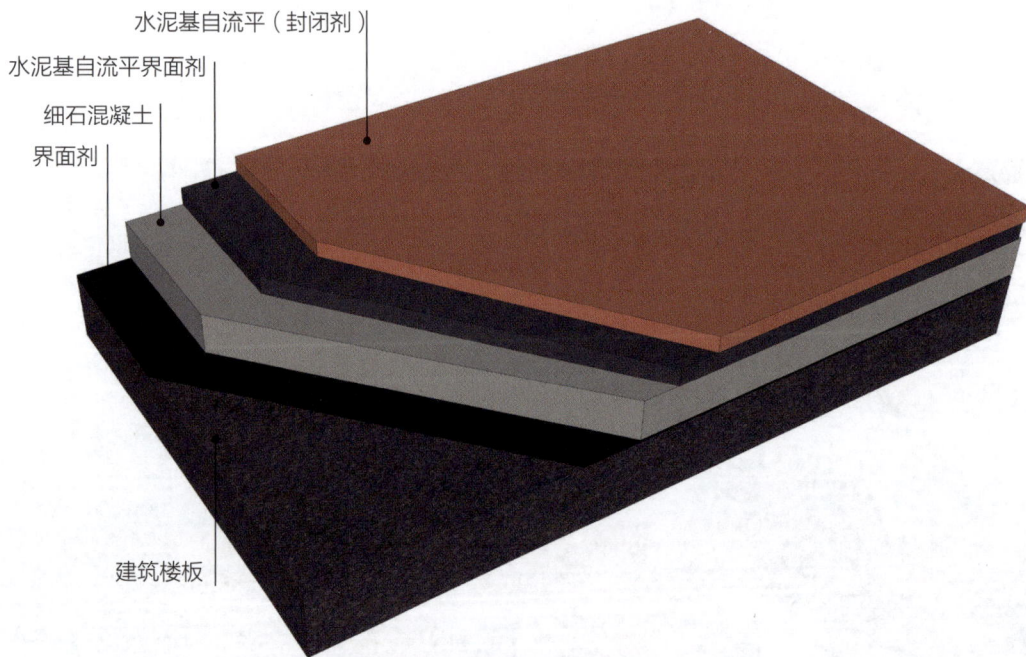

水泥基自流平（封闭剂）
水泥基自流平界面剂
细石混凝土
界面剂

建筑楼板

三维示意图

/ 小贴士 /

　　水泥基自流平砂浆通常由水泥基胶凝材料、细石料、填料及添加剂等组成。水泥基自流平地面适合作为停车场、图书馆、美术馆等建筑场所的楼地面的找平层及面层。

水泥基自流平地面的施工条件及要点：

① 环境温度及基层温度 10~25℃，环境湿度小于 80%。

② 基层和环境清洁，无干扰、不间断。

③ 清理、平整基层，均匀涂刷底料，均匀拌和浆料，消除气泡。

④ 微表面整平（厚度 ≥ 2mm）；一般表面整平（厚度 ≥ 3mm）。

⑤ 标准全空间一体整平（厚度 ≥ 6mm）；严重不平整基体整平（厚度 ≤ 10mm）。

水泥基自流平地面体现出的硬朗质感，与室内的工业风搭配相宜

1 施工流程

清理基层→刷界面剂→混凝土找平→涂刷自流平界面剂→配制自流平→浇自流平→辊筒渗入→完工养护。

2 重点工艺解析

①将毛坯地面磨平后，对整体地面进行拉毛处理，增加水泥自流平与地面的接触面积，以防出现空鼓现象。基层表面处理完毕后，用大型工业吸尘器吸尘。

②刷界面剂可以封闭基层，防止产生气泡。

③采用标号为 C25 的细石混凝土对地面进行找平，以保证地面的平整度。

④涂刷界面剂可以让自流平水泥更好地与地面衔接，最大限度地避免出现空鼓或者脱落的情况。

⑤用自流平底涂剂按 1∶3 的比例兑水稀释来封闭地面，混凝土或水泥砂浆地面一般涂刷 2~3 遍。如果地面轻度起砂，可以将乳液稀释 5 倍，连续涂刷 3~4 遍，直到地面不再吸收水分即可倒自流平水泥。

⑥倒自流平水泥时，观察其流出约 500mm 宽范围后，由手持长杆齿形刮板、脚穿钉鞋的操作工人在自流平水泥表面轻缓地进行第一遍梳理，导出自流平水泥内部的气泡并辅助流平。在自流平流出约 1000mm 宽范围后，由手持长杆针形辊筒、脚穿钉鞋的操作工人在自流平水泥表面轻缓地进行第二遍梳理和滚压，提高自流平水泥的密实度。

⑦推干的过程中会有一定凹凸，这时就需要用辊筒将水泥压匀。如果缺少这一步，就很容易导致地面出现局部的不平整，以及后期局部的小块翘空等问题。

⑧施工完成后需要及时对成品进行养护，必须封闭现场 24 小时。在这段时间内需要避免行走或者冲击等情况出现，从而保证地面的质量不会受到影响。

参考案例 4 夯土基层水泥基自流平地面

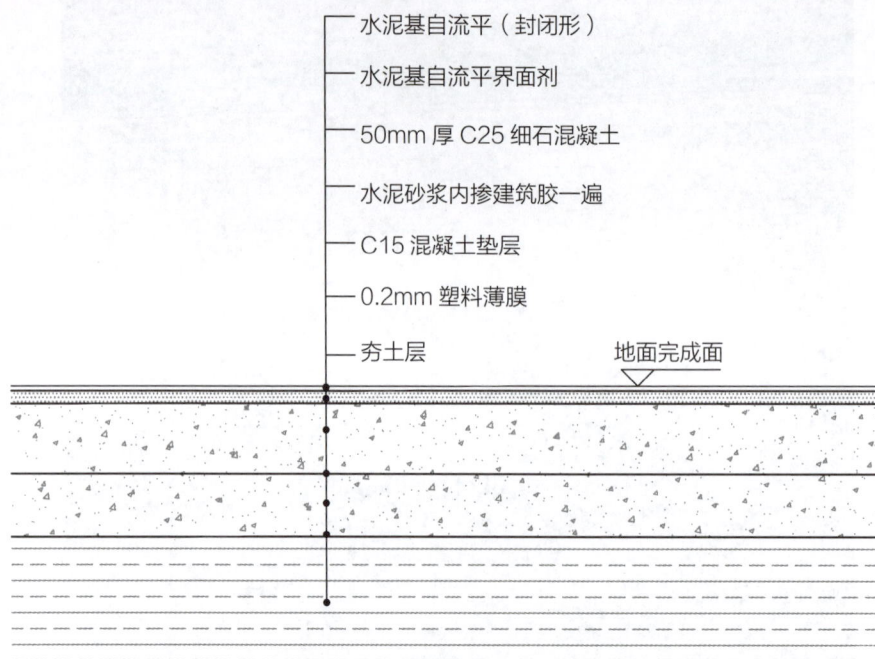

水泥基自流平（封闭形）

水泥基自流平界面剂

50mm 厚 C25 细石混凝土

水泥砂浆内掺建筑胶一遍

C15 混凝土垫层

0.2mm 塑料薄膜

夯土层   地面完成面

节点图

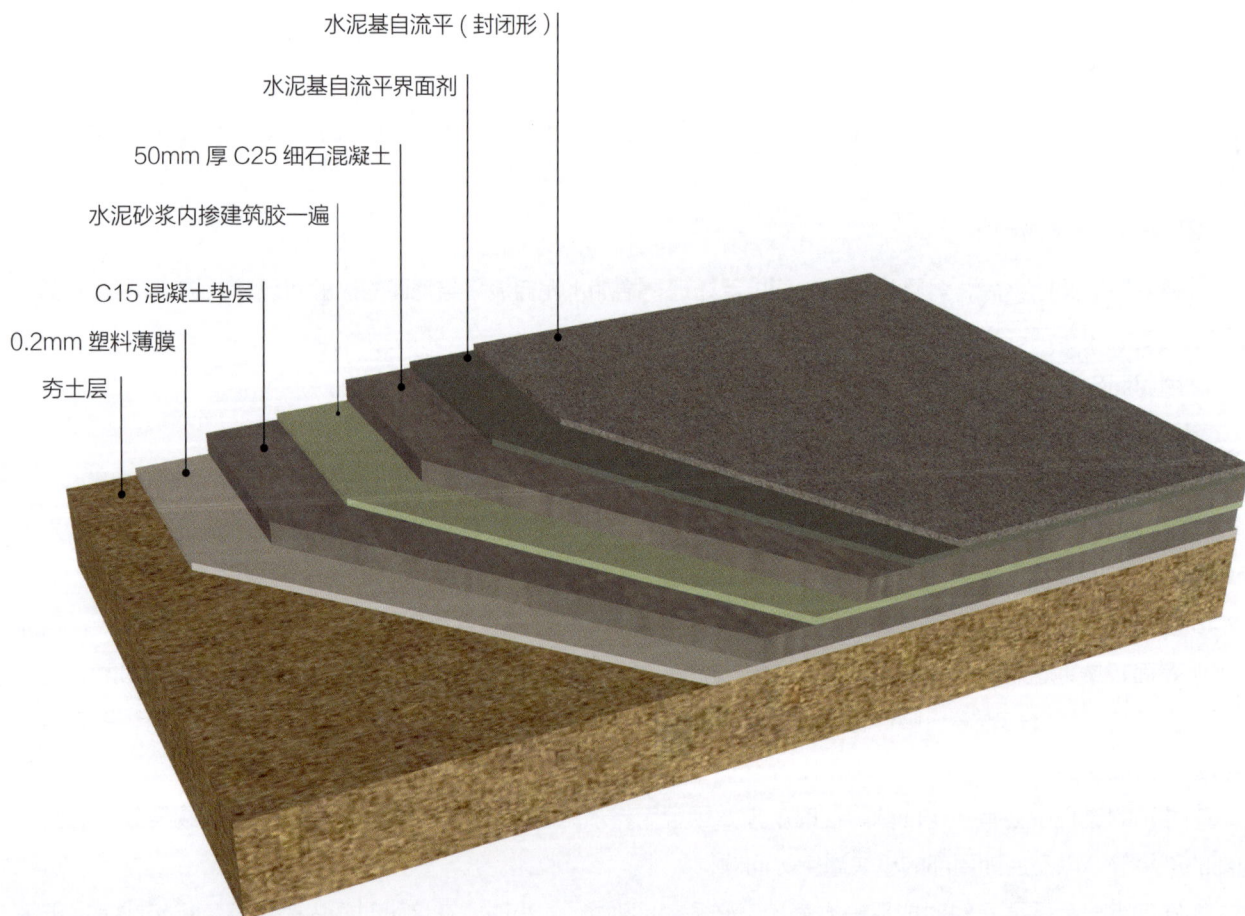

水泥基自流平（封闭形）

水泥基自流平界面剂

50mm 厚 C25 细石混凝土

水泥砂浆内掺建筑胶一遍

C15 混凝土垫层

0.2mm 塑料薄膜

夯土层

三维示意图

水泥基自流平地面同样具有硬朗的质感，与整体空间的格调搭配相宜

1 施工流程

清理基层→铺塑料薄膜→铺设混凝土垫层→细石混凝土找平→涂刷自流平界面剂→配制并浇注自流平→刷封闭剂。

2 重点工艺解析

①处理夯土基层时，要彻底清除基层表面存在的浮浆、污渍、松散物等一切可能影响黏结的材料，充分开放基层表面，在基层清洁、干燥、坚固后，再进行施工。

②在基层上面铺 0.2mm 的塑料薄膜。

③使用 C15 混凝土做垫层，同时在水泥砂浆内掺建筑胶一遍，增强水泥砂浆的黏结力。

④使用标号为 C25 的细石混凝土对地面进行找平，以保证底面的平整度，找平厚度一般为 50mm。

⑤按照比例将水泥与水搅拌均匀，浇注到界面剂上，用辊筒压匀，减少气泡，保证其平整度。

/ 小贴士 /

夯土基层水泥基自流平地面与普通水泥基自流平地面的效果相同，只不过不同基层地面的处理方式不同，节点也不同。另外，夯土层是对建筑地基土层的夯实，做基层时，由于其表面存在的污渍、松散物等较多，因此在施工前需要对其表面进行细致的处理。

参考案例 5 **无机水磨石地面**

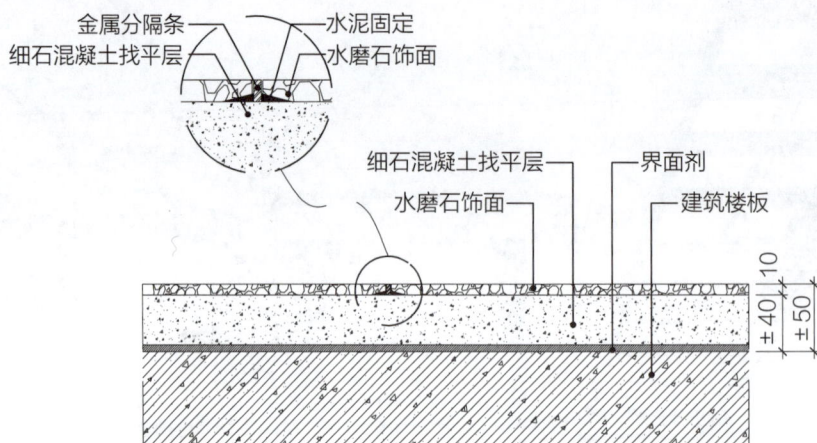

金属分隔条 —— 水泥固定
细石混凝土找平层 —— 水磨石饰面

细石混凝土找平层 —— 界面剂
水磨石饰面 —— 建筑楼板

节点图

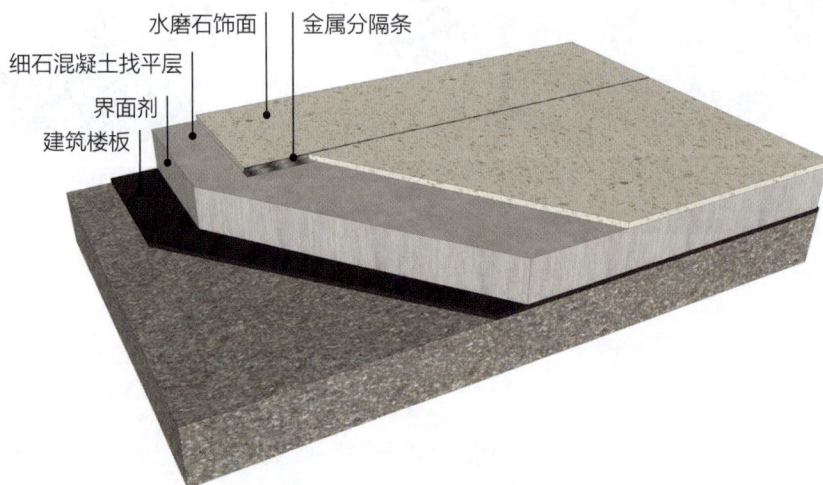

水磨石饰面 金属分隔条
细石混凝土找平层
界面剂
建筑楼板

三维示意图

① 施工流程

清理基层→涂刷界面剂→做找平层→镶嵌分隔条→铺水磨石骨料→养护→磨光。

② 重点工艺解析

①在找平层施工前需垂直涂刷界面剂两遍，以增强找平层和基层的黏结性，防止出现空鼓现象。

②铺细石混凝土做找平层，上下左右要对齐，不能出现一头长一头短、分布不均匀的情况，否则会让人觉得不协调，找平层厚度一般为50mm或40mm。

③按设计要求弹出纵横两个方向的墨线，根据墨线的线路镶嵌分隔条，分隔条间距不大于1000mm，否则会由于热胀冷缩产生裂缝，因此一般建议分隔条间距设置为900mm左右。

④将水泥与石粒进行拌和调配，要求计量正确、拌和均匀，铺设水磨石拌和料，然后再均匀干撒已洗净的干石粒，用铁抹子将干石粒全部拍入浆内，再用辊筒滚压密实，用抹子抹压平整。

⑤铺完面层后严禁行走，一天后洒水养护，常温下养护5~7天，低温及冬季施工应养护10天以上。

⑥开磨前要先进行试磨，确保石粒不松动，然后开始磨，大面积的地面应用机械磨石研磨，而小面积、墙角处等应用小型手提式磨机或者手工进行研磨。

────────── / 小贴士 / ──────────

　　无机水磨石价格便宜，施工简单，成本不高，寿命通常为 5~10 年，但是容易开裂，颜色暗淡，即使经过抛光打磨也难以达到亮丽的效果。

　　使用水磨石的注意事项：

　　①因为水磨石的原材料是混合物，其中的矿物成分比较复杂，尤其是一些浅色的水磨石，含有铁质，在潮湿的环境中可能产生锈变。

　　②日常维护时需要使用专业的水磨石清洗剂。也可以用普通的洗衣粉水或洗衣液清洗，难清洗的可以用洁厕剂等进行清洗，但是可能产生一定的磨损。

　　③在施工的最后阶段可以在水磨石的表面涂一层密封固化剂，这样不仅可以提高亮度，还能防尘并增强硬度。

　　水磨石的保养技巧：

　　①打蜡处理：保养水磨石最常用的方法就是对其表面进行打蜡处理，进而保证表面光亮、晶莹剔透。但是这种方法只是暂时改变了表层的光泽度，且工序烦琐，每隔一段时间就需要进行保养，成本也较高。

　　②翻新：利用石材翻新磨片、光亮剂、结晶粉等材料，借助研磨机打磨地面。给水磨石的表面做防护处理，进行翻新结晶，以此来保证地面的光泽度。

　　③硬化处理：在水磨石表面喷涂硬化剂，并对表面进行打磨抛光，不仅能够长期保持表面的光泽度，而且越使用表面光泽度越好，能够提高水磨石的硬度和耐磨性，起到抗渗、防尘的效果。

色彩低调、雅致的无机水磨石，不会抢夺主体物品的光彩，可以营造出具有品质感的氛围

参考案例6 | **环氧磨石地面**

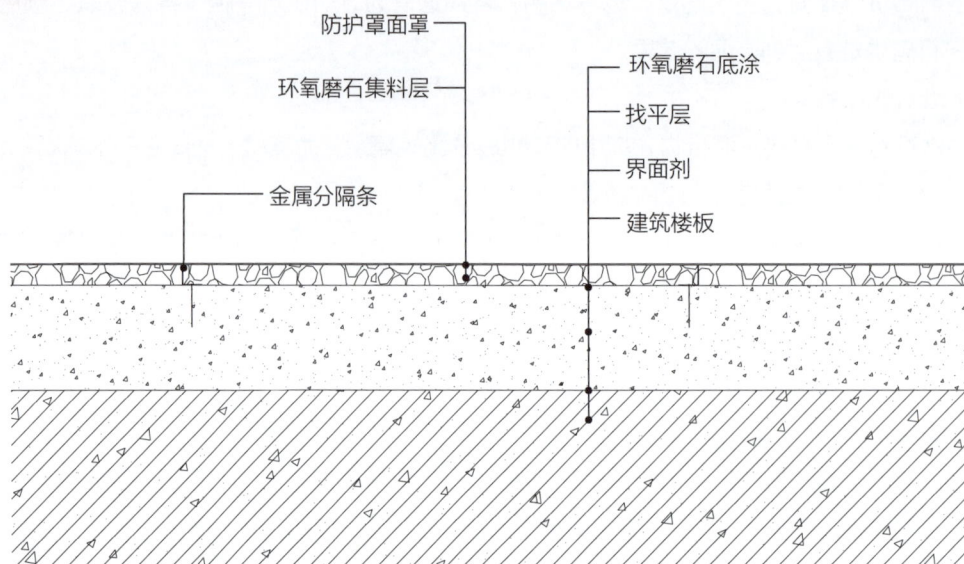

防护罩面罩
环氧磨石集料层
环氧磨石底涂
找平层
界面剂
建筑楼板
金属分隔条

节点图

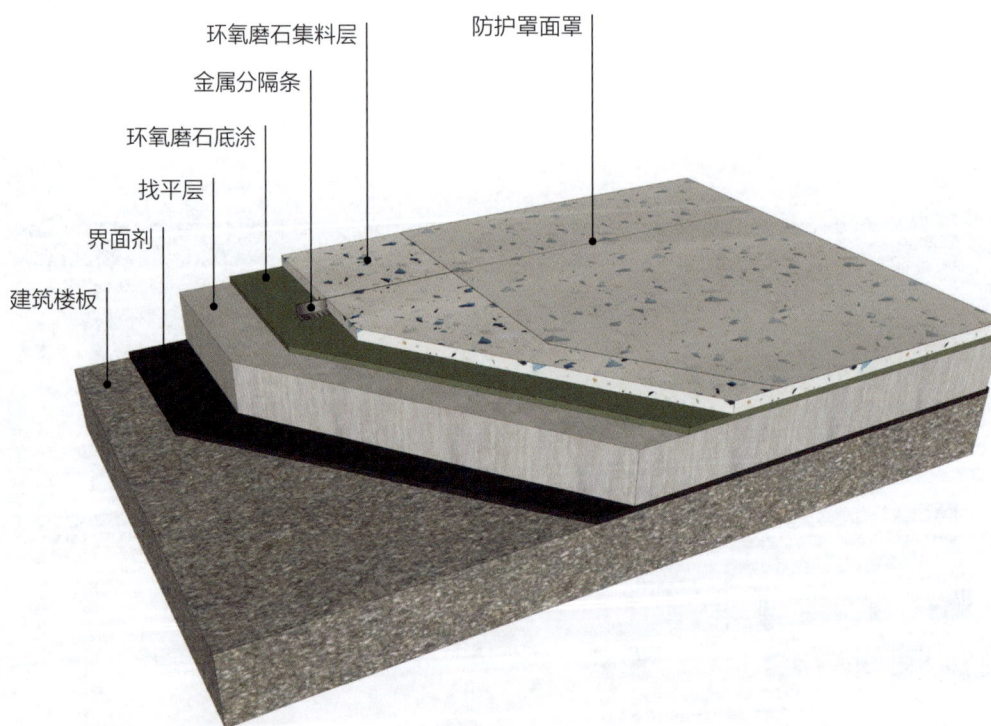

环氧磨石集料层
金属分隔条
环氧磨石底涂
找平层
界面剂
建筑楼板
防护罩面罩

三维示意图

— / 小贴士 / —

环氧磨石颜色鲜艳，比无机水磨石更有韧性，不用切割缝隙，可以做到无缝拼接，且能够无缝拼接出各种样式，甚至十分复杂的图案。环氧磨石地面不仅整体性强，还因骨料的不同而产生不同的效果。环氧磨石更适用于商场、超市这类空间，但其装饰效果对施工技术的依赖性较强，因此在施工时要注意施工团队的选择。

环氧磨石地面所特有的花纹具有强烈的艺术气息，使地面成为空间中强势吸睛的部分

1 施工流程

清理基层→涂刷界面剂→做找平层→涂刷环氧磨石底涂→放样→设置金属分隔条→铺料→打磨处理→涂装密封剂→抛光、打蜡。

2 重点工艺解析

①施工前应检查基层的强度，确保含水率小于8%，用真空抛丸机处理基层，以增强地面的附着力，使地面无粗颗粒、水泥疙瘩、粉尘。

②当找平层的厚度≥30mm时，应采用细石混凝土找平，并加双向钢丝网，以防止开裂，每2m的长度内，平整度偏差应不大于3mm。

③涂刷环氧磨石底涂时应采用玻璃纤维网进行加强，并对找平层进行局部修平。

④根据图纸中对地面的设计进行现场放样，放样时注意选择参照点，保证放样准确，同时用色笔标出放样线条并反复校正，确保不走样。根据放样的线路，将分隔条固定在地面上，反复校正，保证分隔条和放样的线条一致，验收合格后再进行后面的施工。

⑤用洗地机清洗地面并晾干，然后涂刷密封剂2遍，封闭表面毛细孔，使石粒密实，表面达到光滑、平整、清晰的效果。

⑥待干燥后用快速抛光机进行抛光处理，注意需派一人专门对边角进行抛光处理。用晶面处理剂对地面进行打蜡抛光，表面光泽度在60~70之间，确保感观柔和舒适，24小时之后即可投入使用。

参考案例7　抛光水泥基自流平地面

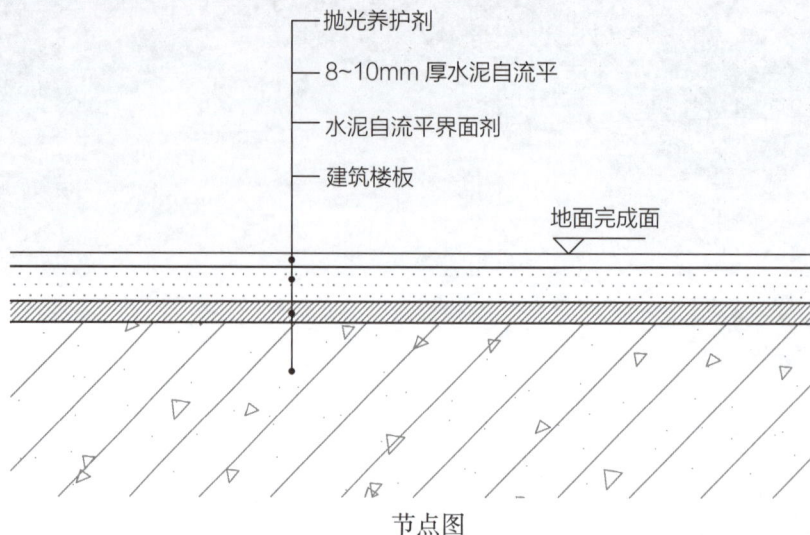

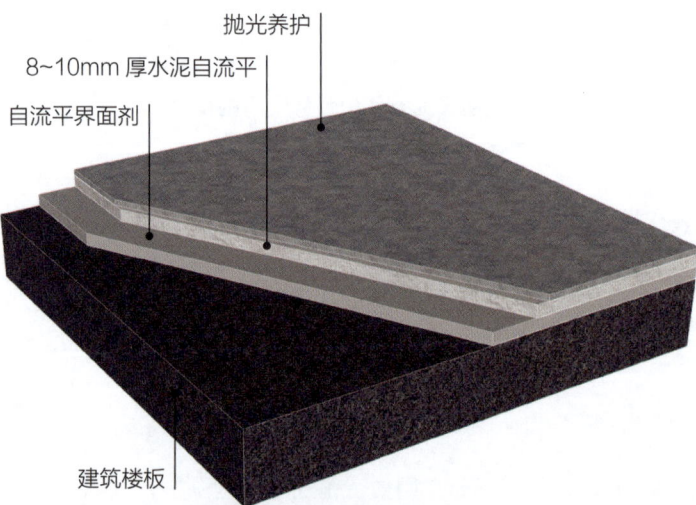

抛光养护剂
8~10mm 厚水泥自流平
水泥自流平界面剂
建筑楼板
地面完成面

节点图

抛光养护
8~10mm 厚水泥自流平
自流平界面剂
建筑楼板

三维示意图

/ 小贴士 /

抛光水泥基自流平地面可以根据颜色的深浅及自流平滚压的方式，形成多种纹理，为空间增加层次感。其适用范围广，不管是家居空间还是公共空间都较为适用。另外，抛光水泥基自流平基层应为混凝土或水泥砂浆层，并应坚固、密实。施工时不能间断或停顿，完成后的地面应做好抛光养护。

抛光水泥基自流平地面的光泽度更佳，仿若具有镜面的效果，令空间给人以独特的视觉观感

1 施工流程

定高度、弹线→涂刷界面剂→浇筑水泥自流平→抛光养护。

2 重点工艺解析

①按照比例将水泥与水搅拌均匀，浇注到界面剂上，用辊筒压匀，减少气泡，保证其平整度。

②涂刷两遍界面剂，增加基层和水泥自流平的黏结力，防止出现空鼓现象。

③自流平完成后，关闭门窗以避免风吹，养护7天后对自流平表面进行固化抛光。

拓展知识

分格嵌条的设置

为了避免地面变形可能引起的面层开裂及便于施工和维修，现浇水磨石楼地面应设置分隔条。分隔条常用玻璃条、铜条或铝条等。分隔的大小可随地面具体情况而定，也可依设计要求做成各种花纹和图案。分隔条的高度根据水磨石面层的高度而定。

分隔条施工注意事项

① 分隔条应使用1：1的水泥砂浆进行固定，水泥砂浆应形成"八"字脚，高度应比分隔条低3mm。

②分隔条镶嵌应平直，交接处要平整方正，镶嵌牢固，接头严密。

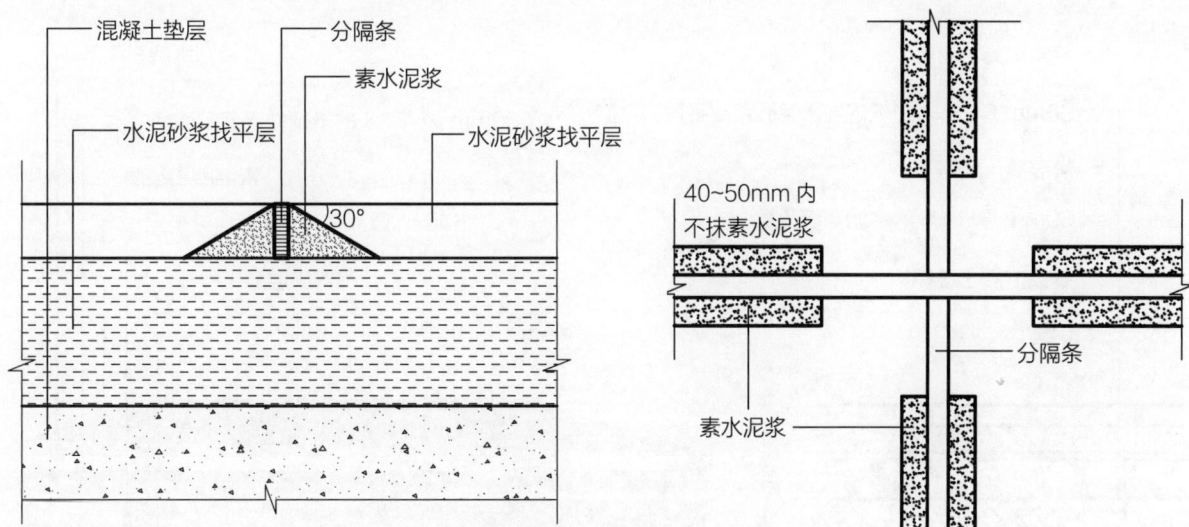

现浇水磨石楼地面分格嵌条的设置

2. 块材式楼地面

块材式地面是指用各种块状或片状铺砌而成的地面，可以根据面层的铺贴材料进行分类，它们的构造基本相同，都是由底层、中间层（结合层）和面层构成的。块材式楼地面具有表面致密光滑、质地坚硬、抗腐耐磨、耐酸碱、防水性好，且其款式和色彩多样，装饰效果良好的优点。但块材式楼地面也存在自重及厚度较大，铺装时容易不平整，价格较高的缺点。

块材式地面的材料选择

类型	材料	适用空间
预制水磨石地面	细砂、细炉渣、水泥焦渣、素混凝土、干硬性水泥砂浆、预制水磨石等	用于具有一定防水防潮要求的公共场所或对清洁度要求较高的空间
地砖、陶瓷锦砖、缸砖地面	灰土、水泥砂浆、干硬性砂浆、素水泥灰粉、聚合物水泥浆、各类地砖（如釉面砖、仿石砖、瓷质砖、玻化砖等）、陶瓷锦砖、缸砖等	用于卫生间、厨房、餐厅等空间
花岗岩、大理石地面	灰土、水泥焦渣、素水泥浆、白水泥砂浆、彩色水泥石碴浆、卵石混合砂浆等	用于酒店大堂、室外阳台、庭院、客餐厅等空间

参考案例 1 预制水磨石地面

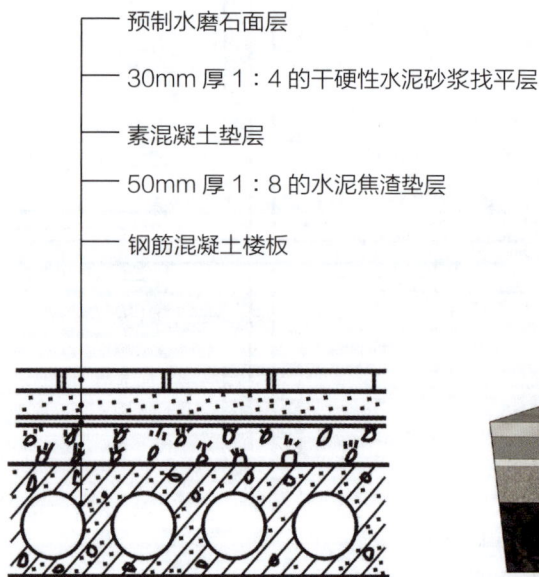

预制水磨石面层
30mm 厚 1 : 4 的干硬性水泥砂浆找平层
素混凝土垫层
50mm 厚 1 : 8 的水泥焦渣垫层
钢筋混凝土楼板

节点图

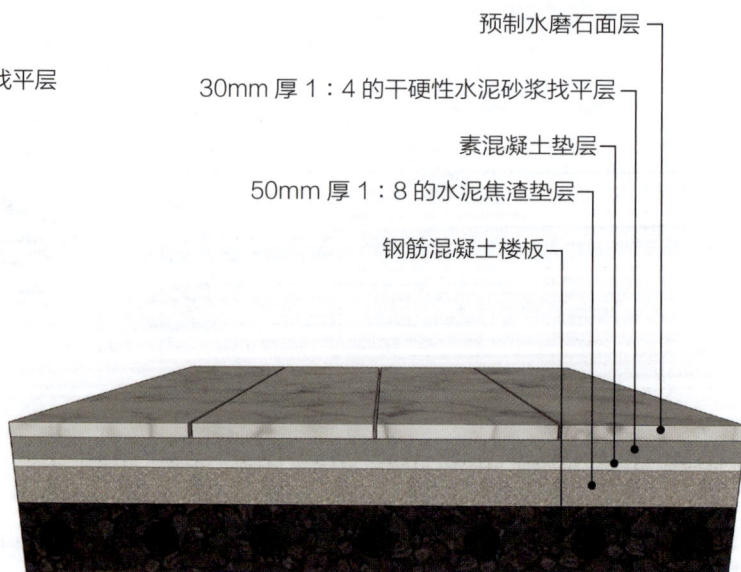

预制水磨石面层
30mm 厚 1 : 4 的干硬性水泥砂浆找平层
素混凝土垫层
50mm 厚 1 : 8 的水泥焦渣垫层
钢筋混凝土楼板

三维示意图

1　施工流程

清理基层→做垫层→做找平层→铺水磨石骨料→养护→磨光。

2　重点工艺解析

①预制水磨石地面一般应在顶棚、立墙抹灰后进行，在地面铺装前先对基层进行清理，保证基层平整。

②用 1∶8 的水泥焦渣做 50mm 厚的垫层，再做一层素混凝土垫层。

③铺 30mm 厚 1∶4 的干硬性水泥砂浆做找平层，找平层上下左右要对齐，不能出现一头长一头短、分布不均匀的情况，否则会让人觉得不协调。

④将水泥与石粒进行拌和调配，要求计量正确、拌和均匀，铺设水磨石拌和料后，再均匀干撒已洗净的干石粒，用铁抹子将干石粒全部拍入浆内，再用辊筒滚压密实，用抹子抹压平整。

⑤铺完面层后严禁行走，一天后洒水养护，常温下养护 5~7 天，低温及冬季施工应养护 10 天以上。

⑥开磨前要先进行试磨，确保石粒不松动，然后开始磨，大面积的地面应用机械磨石研磨，而小面积、墙角处等应用小型手提式磨机或者手工进行研磨。

预制水磨石地面所具有的斑驳纹理，在一定程度上给人以丰富的空间视觉感

参考案例 2　地砖铺贴地面

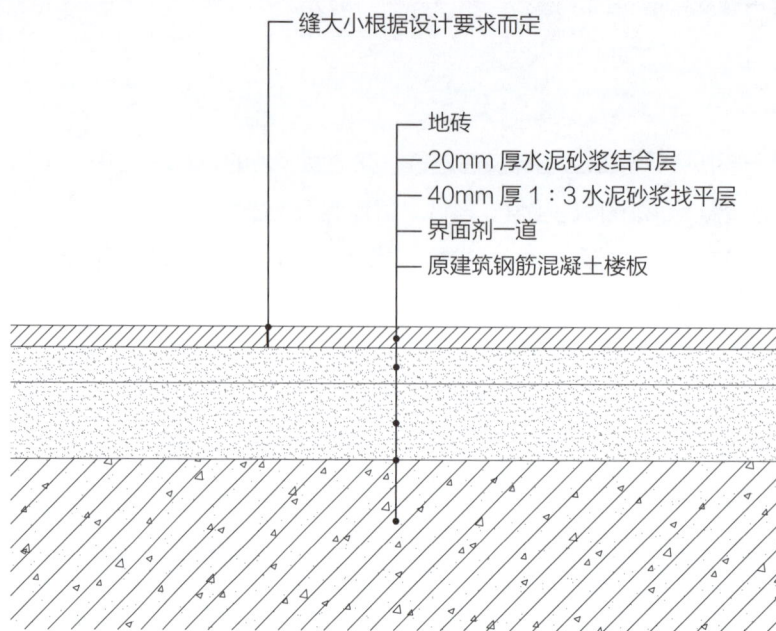

缝大小根据设计要求而定

地砖
20mm 厚水泥砂浆结合层
40mm 厚 1：3 水泥砂浆找平层
界面剂一道
原建筑钢筋混凝土楼板

节点图

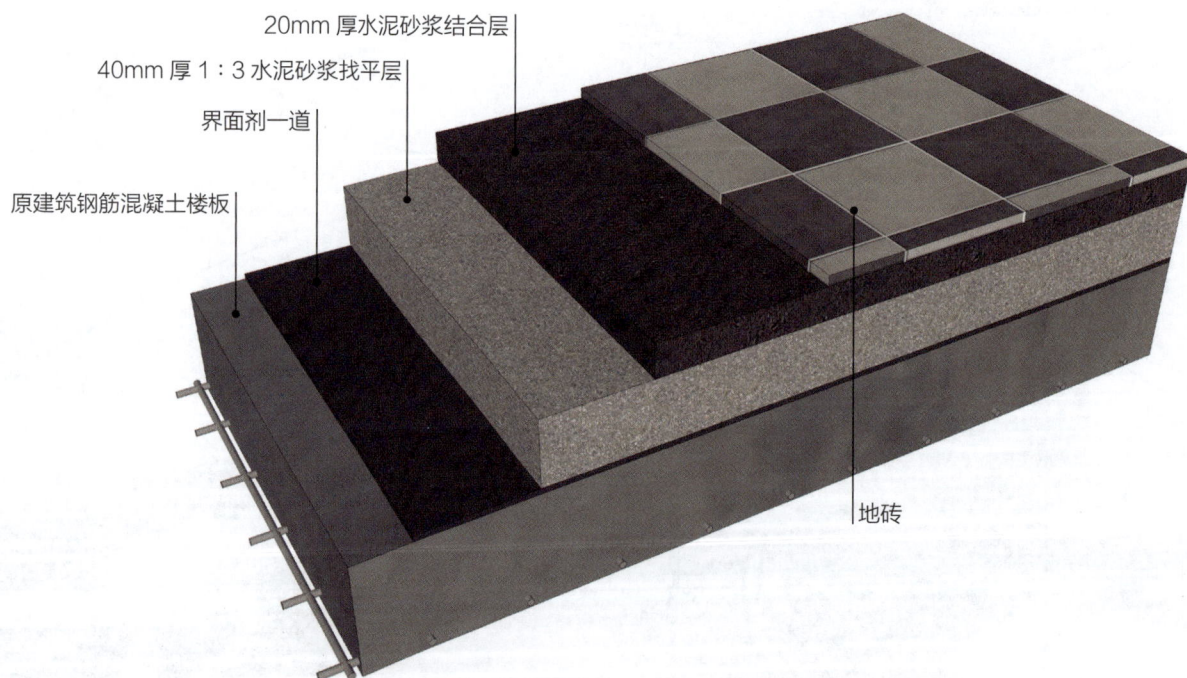

20mm 厚水泥砂浆结合层

40mm 厚 1：3 水泥砂浆找平层

界面剂一道

原建筑钢筋混凝土楼板

地砖

三维示意图

/ 小贴士 /

地砖由黏土或其他非金属原料经高温烧制而成，具有施工方便、款式和色彩多样、装饰效果好的优点。地砖自身的颜色、质地可以营造出不同风格的室内环境。地砖可按其制作工艺及特色分为釉面砖、通体砖、抛光砖、玻化砖及马赛克 5 类。

灰色釉面砖铺贴的地面十分适用于大空间，整体感较强，且不会喧宾夺主

① 施工流程

基层处理→浸砖→弹线分格→刷界面剂→水泥砂浆找平→试铺→水泥砂浆做黏结层→铺贴→压平、调缝→勾缝、清理。

② 重点工艺解析

①铺贴地面瓷砖通常是在原楼板地面或垫高地面上施工。较光滑的地面要进行凿毛处理，基层表面残留的砂浆、尘土和油渍等要用钢丝刷刷干净，并用水冲洗地面。

②地砖应浸水湿润，以保证铺贴后不会吸走灰浆中的水分而粘贴不牢。将浸水后的地砖阴干备用，阴干时间视气温和环境湿度而定，以地砖表面有潮湿感，但手按无水迹为宜。

③弹线时以房间中心为中心，弹出相互垂直的两条定位线，在定位线上按瓷砖的尺寸进行分格。如果整个房间可排偶数块瓷砖，则中心线就是瓷砖的对接缝；如排奇数块瓷砖，则中心线在瓷砖的中心位置。分格、定位时，应在墙边留出 200~300mm 作为调整区间。在分格、定位时要先预排，要避免缝正对门口，从而影响整体效果。

④随刷界面剂随铺 1∶3 的干硬性水泥砂浆；根据标筋标高，将砂浆用刮尺拍实刮平，再用长刮尺刮一遍，最后用木抹子搓平。

⑤正式铺贴前要先试铺，按照已经确定的厚度，在基准线的一端铺设一块基准砖，这块基准砖必须水平。

⑥铺贴时，必须用橡皮锤轻轻敲击，手法是从中间到四边，再从四边到中间反复数次，使地砖与砂浆黏结紧密，并随时调整平整度和缝隙。目前最常见的地砖铺设方式有两种：直铺和斜铺。直铺是以与墙边平行的方式进行瓷砖的铺贴，这也是使用最多的铺贴方式；斜铺是指与墙边成45°角的排砖方式，这种方式耗材量较大。

⑦每铺完一个房间或区域，需要用喷壶洒水，约 15 分钟后，用橡皮锤垫硬木，按铺砖顺序拍打一遍，不得漏拍，在压实的同时用水平尺找平。压实后，拉通线，按照先竖缝后横缝的顺序进行调整，使缝口平直、贯通。调缝后，再用橡皮锤拍平。若陶瓷地砖有破损，应及时更换。

⑧瓷砖铺完 24 小时后，将缝口清理干净，并刷水润湿，用水泥浆勾缝。

参考案例3 马赛克铺贴地面

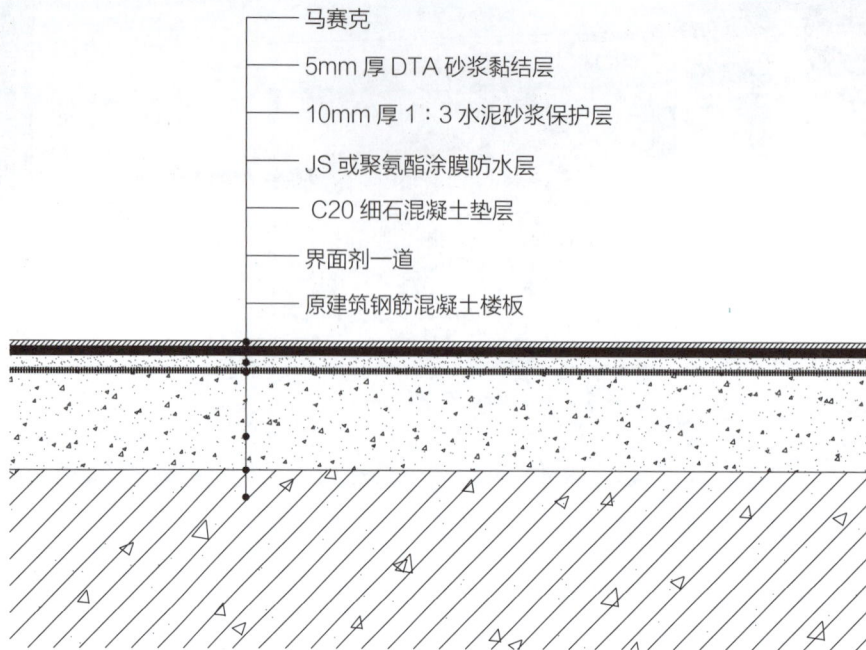

马赛克
5mm 厚 DTA 砂浆黏结层
10mm 厚 1：3 水泥砂浆保护层
JS 或聚氨酯涂膜防水层
C20 细石混凝土垫层
界面剂一道
原建筑钢筋混凝土楼板

节点图

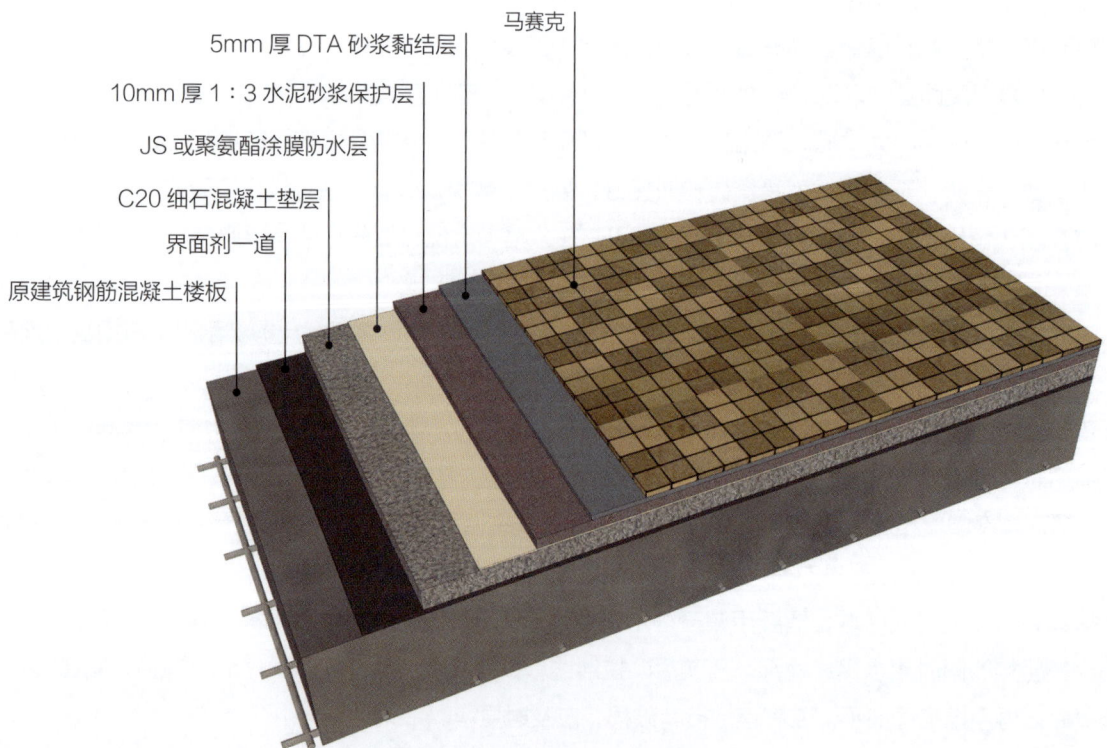

5mm 厚 DTA 砂浆黏结层
10mm 厚 1：3 水泥砂浆保护层
JS 或聚氨酯涂膜防水层
C20 细石混凝土垫层
界面剂一道
原建筑钢筋混凝土楼板
马赛克

三维示意图

贝壳马赛克与金属组合，配以灯光，让客厅空间更加时尚、华美

1 施工流程

基层处理→涂刷界面剂→细石混凝土做垫层→聚氨酯涂膜防水→水泥砂浆保护层→试铺→马赛克专用胶黏剂→铺贴马赛克→拍实→洒水、揭纸→拔缝、灌缝。

2 重点工艺解析

①采用 1：3 的水泥砂浆，平铺 10mm 厚，作为防水保护层。

②在涂抹专用胶黏剂的同时，将马赛克表面刷湿，然后用方尺找到基准点，拉好控制线，按顺序进行铺贴。当铺贴接近尽头时，应提前量尺预排，提早作调整，避免造成端头缝隙过大或过小。每联马赛克之间，在墙角、镶边和靠墙处应紧密贴合，靠墙处不得采用砂浆填补，如果缝隙过大，应裁条嵌齐。

③揭纸后，应拉线。按先纵后横的顺序用开刀将缝隙拔直，然后用排笔蘸浓水泥浆灌缝，或用 1：1 水泥拌细砂把缝隙填满，并适当洒水擦平。完成后，应检查缝格的平直、接缝的高低差以及表面的平整度。如不符合要求，应及时作出调整，且全部操作应在水泥凝结前完成。

④用喷壶洒水至纸面完全浸透，常温下，15~25 分钟后即可依次把纸面平拉揭掉，并清除纸毛。

── / 小贴士 / ──

马赛克体积小，可以通过拼接制作出各种图案，装饰效果突出。同时，它具有吸水率小、防滑性佳、耐磨、耐酸碱、抗腐蚀、色彩丰富等优点。其装饰效果多样，经常被用于家居空间、商业空间中。

参考案例 4　石材铺贴地面（干铺法）

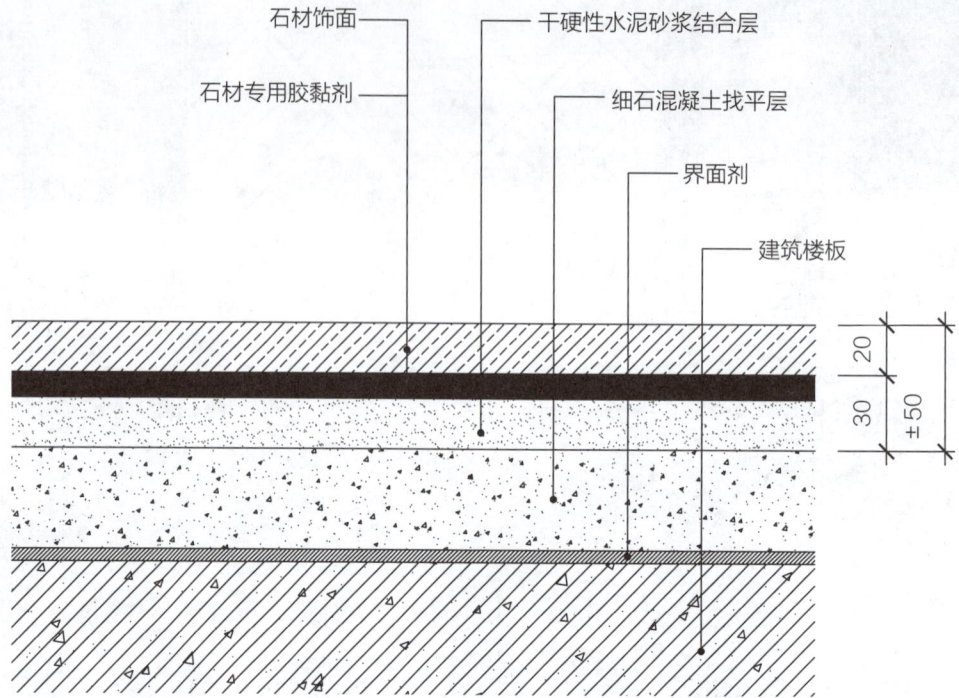

石材饰面 ──────── ──────── 干硬性水泥砂浆结合层

石材专用胶黏剂 ──────── ──────── 细石混凝土找平层

──────── 界面剂

──────── 建筑楼板

20

30

±50

节点图（尺寸单位：mm）

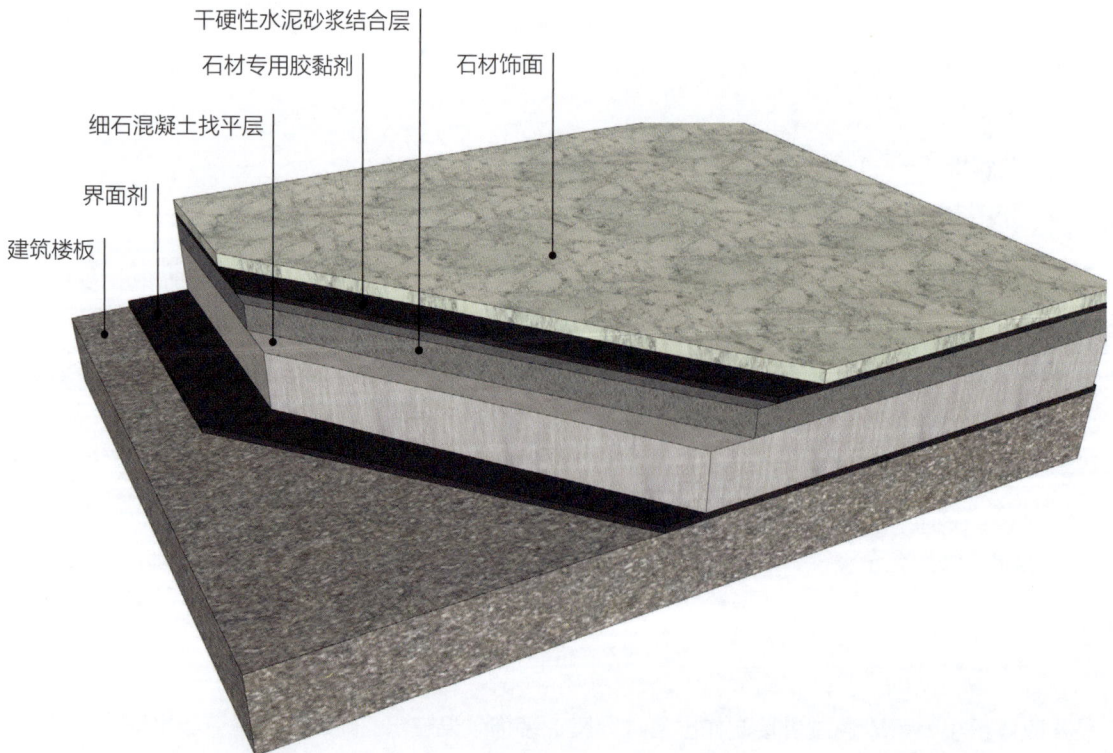

干硬性水泥砂浆结合层

石材专用胶黏剂　　石材饰面

细石混凝土找平层

界面剂

建筑楼板

三维示意图

1 施工流程

基层处理→将石材按照位置分布→刷界面剂→用细石混凝土做找平层→用干硬性水泥砂浆做找平→涂刷石材专用胶黏剂→试铺→铺贴→灌缝、擦缝。

2 重点工艺解析

①水泥和砂按照 1：3 比例进行配比，用其合成的水泥砂浆做 30mm 厚的面层，作为地面的找平层，其平整度应不小于 3mm。

②用 10mm 厚的素水泥膏做黏结，均匀地批涂在石材背面，以将石材和找平层更好地黏结在一起。

③在房间内两个相互垂直的方向铺两道干砂，其宽度大于板块宽度，厚度不小于 3cm，结合施工大样图及房间实际尺寸，把石材板块排好，以便检查板块之间的缝隙，确认板块与墙面、柱、洞口等部位的相对位置。

④按照试铺所确认的石材编号进行铺贴，铺完第一块后应向其两侧和后退方向顺序进行铺贴，铺完纵、横行之后便有了标准，可分段分区依次铺贴，一般宜先里后外进行铺贴，逐步退至门口，便于保护成品。

⑤根据石材的颜色选择相同颜色的矿物颜料和水泥（或白水泥）拌和均匀，调成 1：1 的稀水泥浆，用浆壶徐徐灌入板块的缝隙中，并用长把刮板把流出的水泥浆刮向缝隙内，至基本灌满为止。灌浆 1~2 小时后，用棉纱团蘸稀水泥浆擦缝，将其擦平，同时将板面上的水泥浆擦净，使石材面层的表面洁净、平整、坚实。

拼花大理石的餐厅地面，具有律动感，也使空间显得更为奢华

/ 小贴士 /

花岗岩和大理石地面都属于天然石材地面，均具有良好的抗压强度，且质地坚硬、耐磨、色彩丰富、花纹自然美丽，具有极强的装饰性。

参考案例 5 石材铺贴地面（湿铺法）

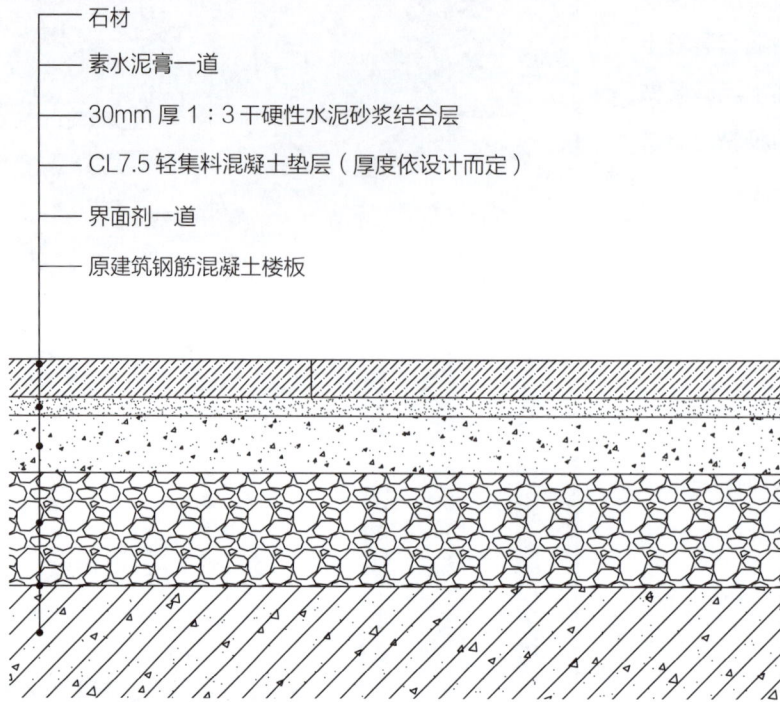

石材

素水泥膏一道

30mm 厚 1：3 干硬性水泥砂浆结合层

CL7.5 轻集料混凝土垫层（厚度依设计而定）

界面剂一道

原建筑钢筋混凝土楼板

节点图

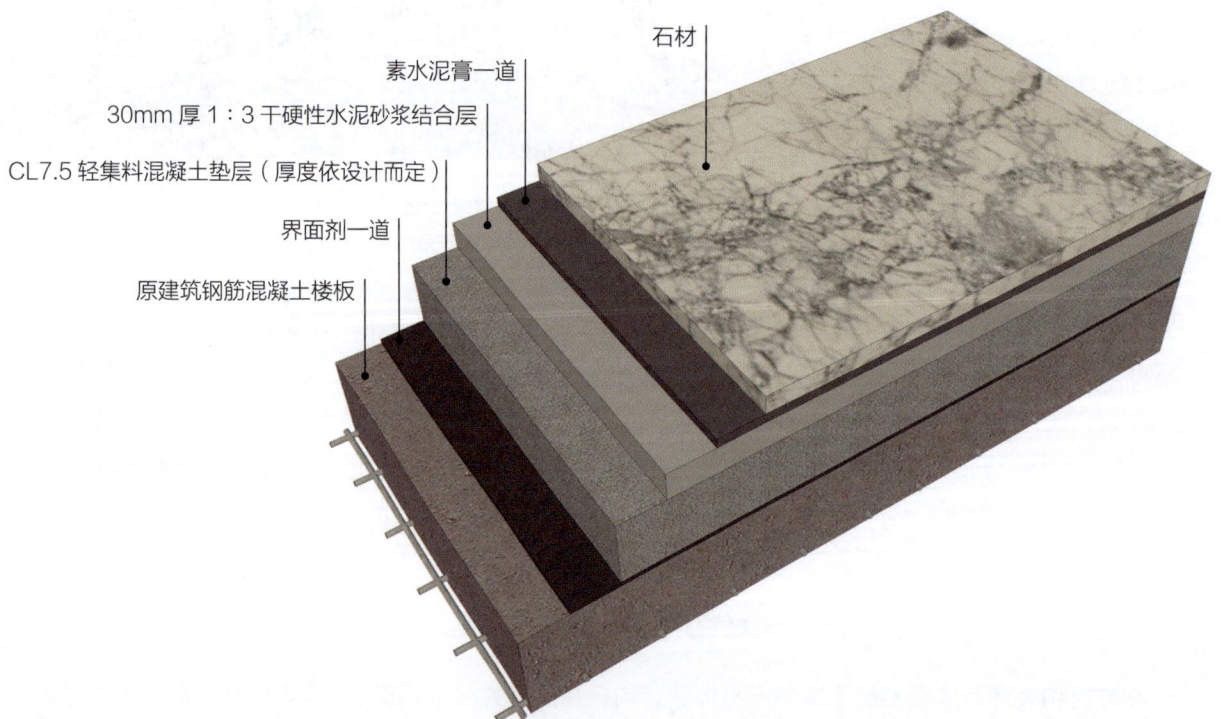

石材

素水泥膏一道

30mm 厚 1：3 干硬性水泥砂浆结合层

CL7.5 轻集料混凝土垫层（厚度依设计而定）

界面剂一道

原建筑钢筋混凝土楼板

三维示意图

① 施工流程

排版放线→刷界面剂→用轻集料混凝土做垫层→水泥砂浆找平→涂素水泥膏→试铺→铺贴。

② 重点工艺解析

①使用 CL7.5 轻集料混凝土（即强度为 7.5 的结构保温轻骨料混凝土）做垫层。

②按照试铺所确认的石材编号进行铺贴，铺贴时，必须用橡皮锤轻轻敲击，手法是从中间到四边，再从四边到中间，反复数次，使地砖与砂浆紧密黏结，并随时调整平整度和缝隙。

大理石铺贴在客厅中，加入局部的块状地毯，对单调的地面进行了修饰

─────── / 小贴士 / ───────

湿铺法操作简单，且价格较低，厚度小，适用于对厚度有要求的位置。相对来说，干铺法的厚度大，且成本相对较高，难度大，但不易空鼓，不易变形，仍是很多人的选择。

四、不同铺设方式的楼地面节点构造

楼地面常见的材料包括木地面、软质制品地面、天然石材地面、瓷砖地面等。其中，天然石材地面、瓷砖地面在块材式楼地面中已介绍。木地面和软质制品地面在铺设方式上存在着一定的共通之处，较为常见的有龙骨架空铺设法、悬浮式铺设法以及粘贴式铺设法。

木地面的常见材质

类型	概述
实木地板	•优点：隔音隔热、调节湿度、绿色环保、经久耐用
	•缺点：难保养、价格高
实木复合地板	•优点：易打理、易清洁、质量稳定，不容易损坏，实惠，安装简单
	•缺点：耐磨性不如复合地板、结构复杂，内在质量不易鉴别
复合地板（强化地板）	•优点：耐污、抗酸碱性好，免维护，防滑性能好，耐磨、抗菌，不会虫蛀、霉变，尺寸稳定性好，不会受温度、湿度影响而变形，重量轻
	•缺点：怕潮怕水，表面的木质效果没有天然实木好
竹地板	•优点：牢固稳定，不开胶，不变形，具有超强的防虫蛀功能，阻燃、耐磨
	•缺点：收缩和膨胀小，若长期处于潮湿环境，容易发霉，影响使用寿命
软木地板	•优点：更具环保性、隔音性，防潮效果也更好，给人以极佳的脚感
	•缺点：耐磨性、抗压性不强，容易积灰，清洁麻烦

软质制品地面的常见材质

类型	概述	适用空间
油地毡地面	•将桐油、亚麻仁油、松节油等植物油和软木粉、木粉、滑石粉等掺杂，加入适量的颜色和催化剂混合加热成泥状，而后滚在麻布或毡片的衬底上成型的一种地材 •多为卷材，厚度为 2~3mm，宽度有阔幅（1.6~2.0m）与窄幅（0.5~1.6m）两种，长度约为 20m。也可根据需要制成其他厚度和宽度的卷材	—
塑料地板地面	•聚氯乙烯树脂作为饰面材料的地面，即为塑料地板楼地面。按塑料地板地面的变形能力，可分为软质地板和半硬质地板 •塑料地板花色、规格众多，施工方便，且可拼成各种图案，可满足不同的使用和装饰需求	用于办公室、住宅及有抗腐蚀性、抗静电要求的场所
橡胶地毡地面	•以天然橡胶或合成橡胶为主要原料，加入适量填充料制成的地面覆盖材料 •表面分光面和带肋 2 种，还可设计各种色彩和花纹。层数有单层和双层 2 种 •地面弹性好、耐磨、保温且具有极佳的消声性能，表面光而不滑	用于展览馆、疗养院等公共建筑，车间、实验室的绝缘地面及游泳池边、运动场等有防滑要求的场所
地毯地面	•一种高级装饰地材，给人温暖、愉悦、高贵的感受 •具有吸声、隔声、隔热保温、脚感舒适柔软、弹性佳、装饰效果好等特点 •根据制作材料的不同，可分为羊毛地毯、混纺地毯及化纤地毯 3 大类	用于展览馆、疗养院、实验室、游泳馆、运动场地及其他重要建筑空间

1. 龙骨架空铺设法

龙骨架空铺设法指以长方形长木条为材料，固定与承载地板面层上承受的力并按一定距离铺设，是最传统、最广泛的地板铺设方法。凡是企口地板，只要地板的抗弯强度足够，就能使用龙骨架空铺设法。

参考案例 1 | 实木复合地板地面

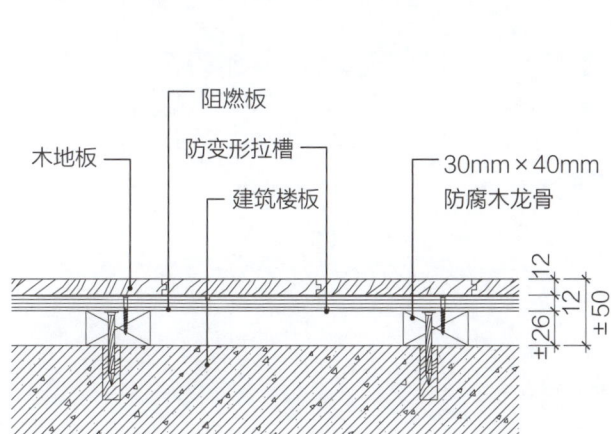

节点图（尺寸单位：mm）

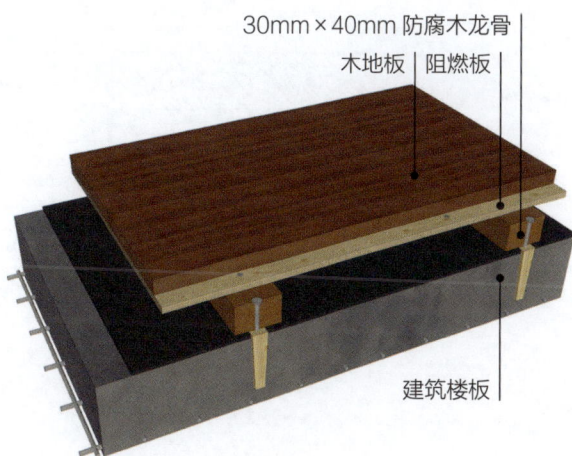

三维示意图

1 施工流程

基层处理→安装木格栅→安装基层板→铺设木地板。

2 重点工艺解析

①根据设计要求，格栅可采用 30mm×40mm 或 40mm×60mm 截面木龙骨；也可以采用 10~18mm 厚、100mm 左右宽的人造板条。在进行木格栅固定前，按木格栅的间距确定木模的位置，用 ϕ 16mm 的冲击电钻在弹出的十字交叉点的水泥地面或楼板上打孔。孔深 40mm 左右，孔距 300mm 左右，然后在孔内浸油木模，用长钉将木格栅固定在木楔上。格栅之间要加横撑，横撑中距依现场及设计而定，与格栅垂直相交并用铁钉钉固，要求不松动。

②为了保持通风，应在木格栅上每隔 1000mm 开深不大于 10mm、宽 20mm 的通风槽。木格栅之间的空腔内应填充适量防潮粉或干焦渣、矿棉毡、石灰炉渣等轻质材料，起到保温、隔声、吸潮的作用，注意，填充材料不得高出木格栅上边缘。

实木复合地板是很常见的地面铺贴用材，可以为空间带来温馨的视感，且脚感舒适

参考案例 2　**防腐木地板地面**

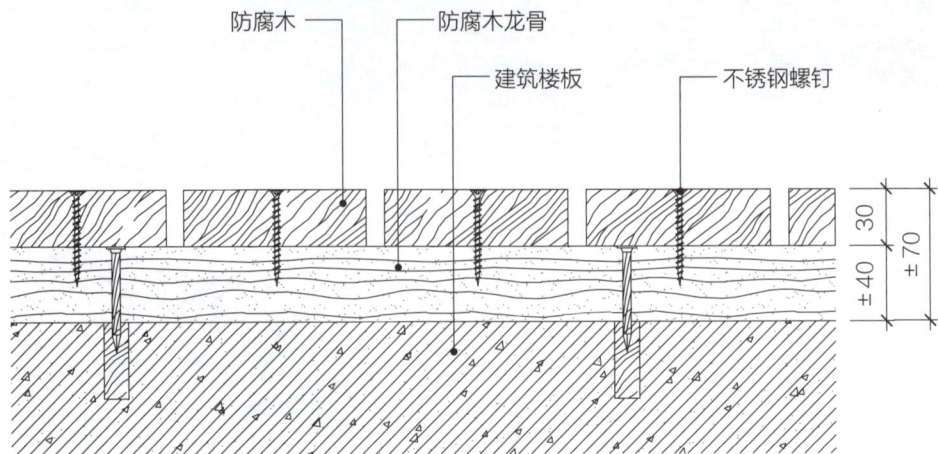

防腐木 —— 防腐木龙骨

建筑楼板 —— 不锈钢螺钉

30

±70

±40

节点图（尺寸单位：mm）

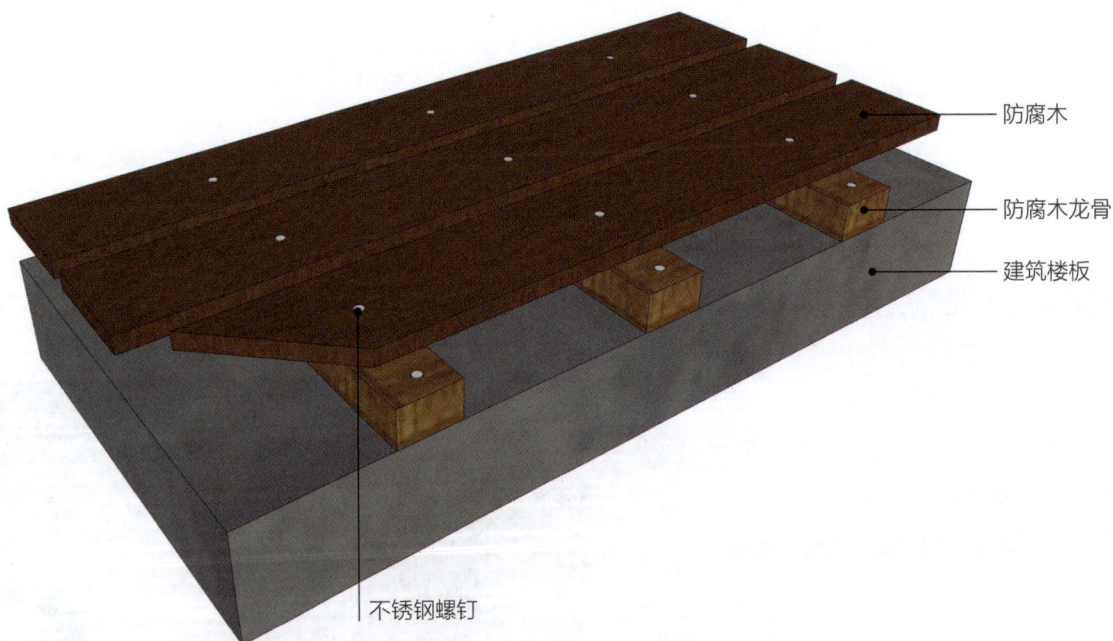

防腐木

防腐木龙骨

建筑楼板

不锈钢螺钉

三维示意图

—— / 小贴士 / ——

　　防腐木地板具有很好的防腐、防虫、耐用等优点，但由于含水率高，容易开裂变形，并且防腐木在制作过程中会使用化学药剂，因此其环保性能不足，且随着化学药剂的流失，防腐木容易变色。防腐木地板适用于室外装修或者建筑阳台、平台。

1 施工流程

基层处理→安装防腐木龙骨→固定防腐木→涂刷涂料→完工维护。

2 重点工艺解析

①先将龙骨在地面上找平，用螺钉和木方固定龙骨，龙骨可连接成框架或井字架结构，这样能够保证防腐木材与地面之间的空气流通，延长木龙骨基层的使用寿命。龙骨的间距为 400mm，横撑龙骨的间距可达900mm。

②防腐木若固定于室外，必须选用厚度 ≥ 20mm 的防腐木；若设计中需要对防腐木地板进行开槽，那么须选用厚度 ≥ 35mm 的防腐木。若防腐木用于有防水层的阳台，施工时要避免破坏防水层，必要时可以用水泥砂浆来固定底座。铺设时，应错缝交叉，防腐木地板间应留至少 2~3mm 的缝隙，以免胀大时挤压变形，雨量较大的区域，则建议缝隙更大一些，至少 5~8mm，以有效地排水。

③可以对防腐木进行加工和涂刷涂料以做好保护，若遇到阴雨天，最好避免施工。

简约的阳台地面铺上了质感自然、厚重的防腐木地板，让整个空间充满大自然的气息

参考案例3 | **运动木地板地面**

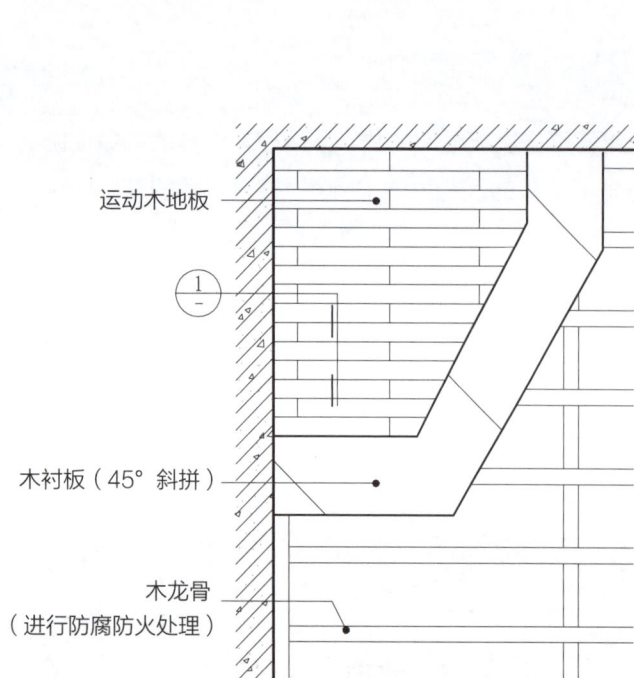

运动木地板

木衬板（45°斜拼）

木龙骨
（进行防腐防火处理）

平面图

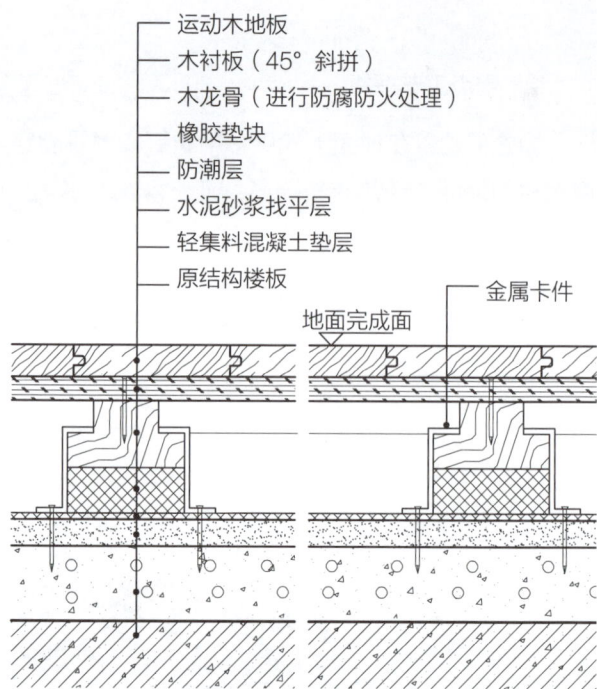

运动木地板
木衬板（45°斜拼）
木龙骨（进行防腐防火处理）
橡胶垫块
防潮层
水泥砂浆找平层
轻集料混凝土垫层
原结构楼板

地面完成面

金属卡件

①节点详图

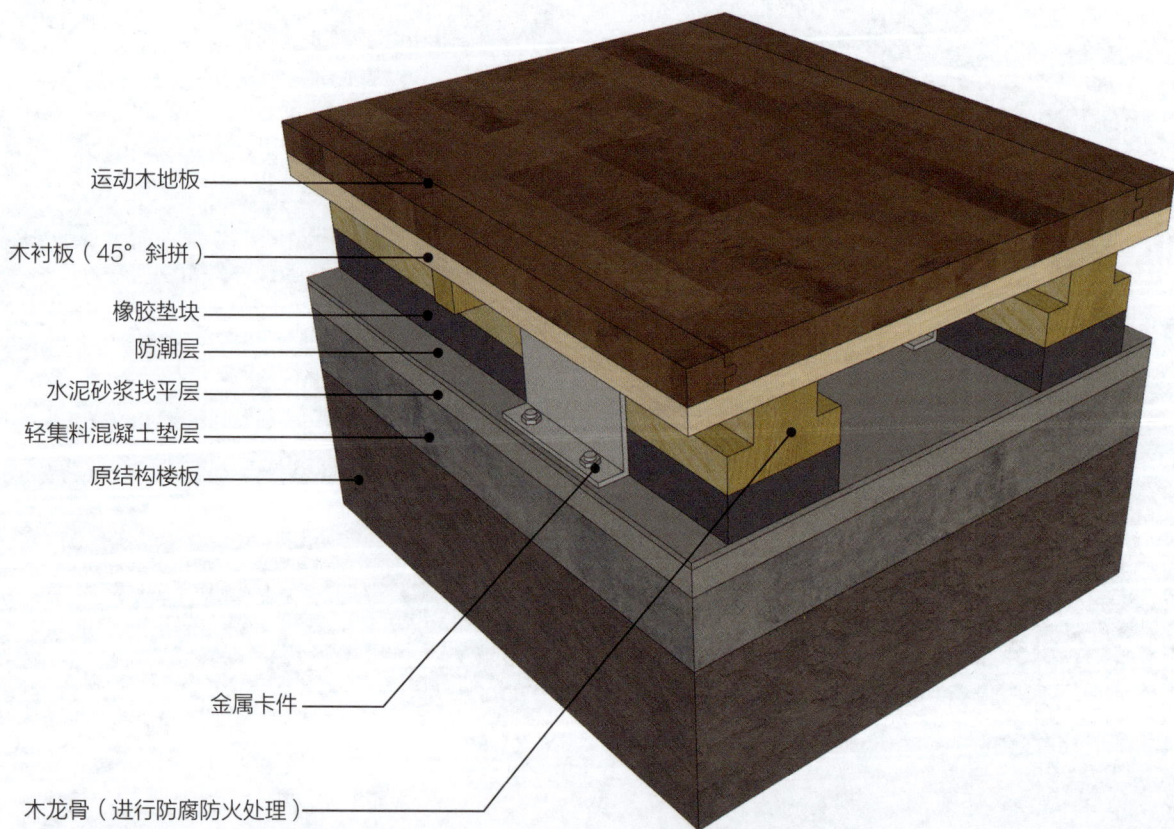

运动木地板

木衬板（45°斜拼）

橡胶垫块

防潮层

水泥砂浆找平层

轻集料混凝土垫层

原结构楼板

金属卡件

木龙骨（进行防腐防火处理）

三维示意图

运动木地板给篮球馆营造了自然、温馨的氛围

① 施工流程

基层处理→用轻集料混凝土做垫层→用水泥砂浆做找平层→做防潮层→放基准线→安装橡胶垫块→安装木龙骨→安装木衬板→铺设运动木地板。

② 重点工艺解析

①按照施工设计图纸，每 400mm×400mm 中心线放出木龙骨的安装线，并确定基准点。

②橡胶垫块是保证运动木地板震动吸收的关键构件，每间隔 400mm 安装一块橡胶垫块。

③为了使木地板负力均匀，木衬板应直接安装，且木衬板与墙边收口处应预留 20~40mm 的伸缩缝。

④从中心十字线向两侧铺设运动木地板，一块一块地逐步铺设到墙角边，每铺设一块运动木地板，都要用带企口的小木块垫着敲打几下，地板与地板之间应留 3~5mm 的膨胀缝，不能砸得太紧，以防损伤地板表面及棱角。

— / 小贴士 / —

运动木地板是一种具有优良的承载性能、高吸震性能、抗变形性能的木地板，其表面的摩擦系数必须达到 0.4~0.7，因为太滑或太涩都会对运动员造成伤害。运动木地板都怕潮，而且不能直接晒太阳，否则容易产生裂痕。

2. 悬浮铺设法

悬浮铺设法具有铺设简单，大大缩短工期，无污染，易于维修保养，地板不易起拱，不易发生片状变形的优点。另外，地板离缝或局部损坏时，易于修补更换，即使搬家或意外泡水，拆除后经干燥，地板也可重新铺设。悬浮铺设法适用于企口地板、双企口地板、各种连接件实木地板。一般应选择榫槽偏紧、底缝较小的地板。

参考案例 1 **实木复合地板地面**

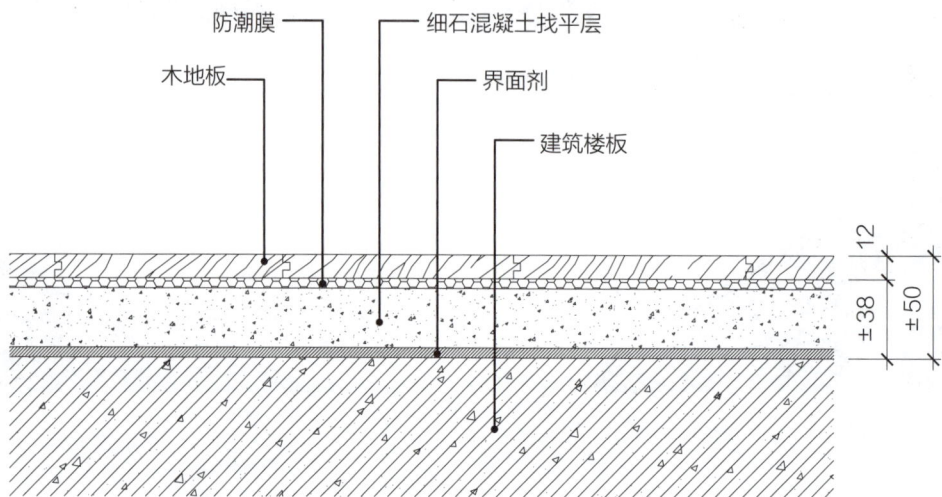

节点图（尺寸单位：mm）

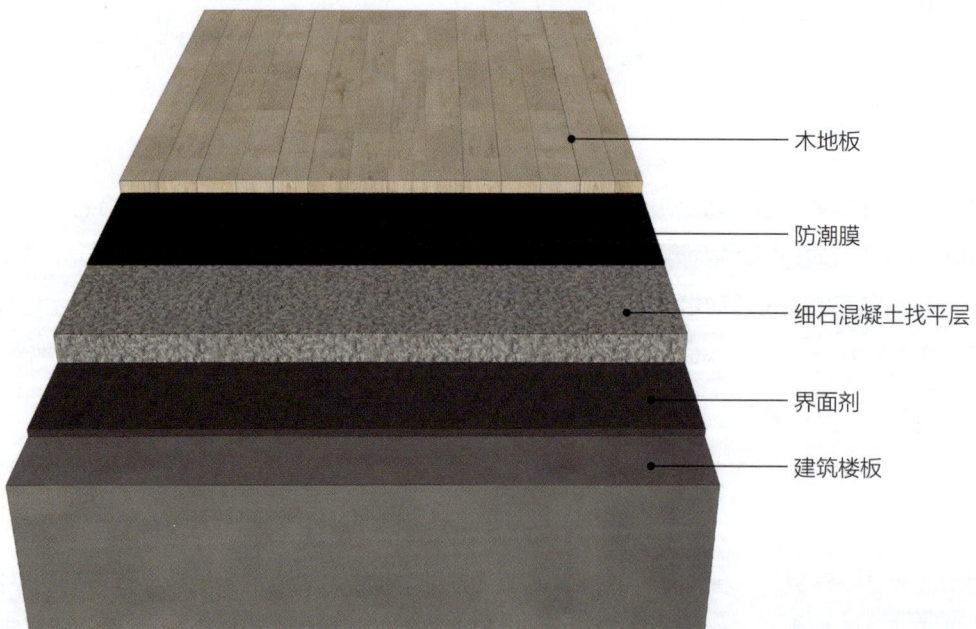

三维示意图

1 施工流程

基层处理→涂刷界面剂→细石混凝土做找平→铺设防潮膜→铺设木地板。

2 重点工艺解析

①地面的水平误差不能超过 2mm，若超过则需要重新找平。地面如果不平整，不仅会导致整体地板不平整，还会有异响，严重影响铺设效果。

②撒防虫粉，铺防潮膜。防虫粉主要起到防止地板被虫蛀的作用。防虫粉不需要满撒地面，可呈 U 形铺撒。防潮膜主要起到防止地板发霉变形的作用。防潮膜要满铺于地面，在重要的部位，甚至可铺设两层防潮膜。

③从边角处开始铺设，先顺着地板竖向铺设，再并列横向铺设。铺设地板时不能太用力，否则拼接处会凸起来。在固定地板时，要注意是否有端头裂缝、相邻地板高差过大或者拼板缝隙过大等问题。

鱼骨形铺贴的地板在视觉上具有变化性，与儿童房需要展现出的灵动气息相契合

参考案例2　企口型复合木地板地面

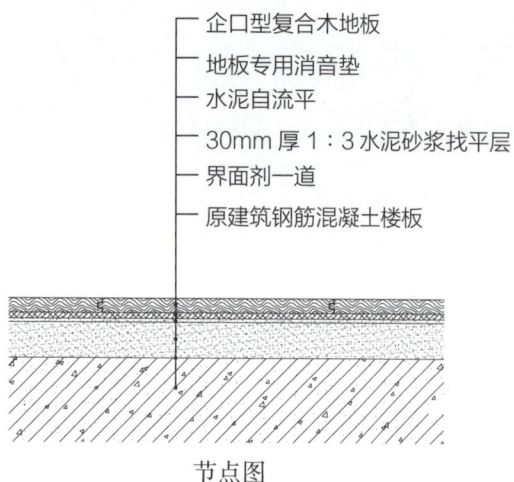

企口型复合木地板
地板专用消音垫
水泥自流平
30mm 厚 1：3 水泥砂浆找平层
界面剂一道
原建筑钢筋混凝土楼板

节点图

/ 小贴士 /

企口型地板是相对于平口型而言的，板面呈长方形，有榫和槽，背面有抗变形槽，铺装时相互搭接，具有安装简单的优点，但若地面稍有不平，锁扣就容易脱开，槽口下部容易断裂，家装中目前通常选择企口型地板。

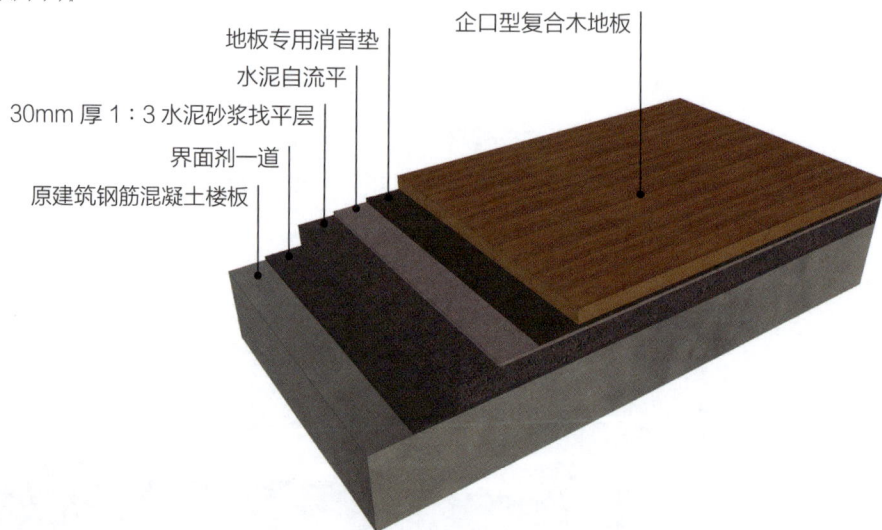

地板专用消音垫
水泥自流平
30mm 厚 1：3 水泥砂浆找平层
界面剂一道
原建筑钢筋混凝土楼板

企口型复合木地板

三维示意图

浅木色地板和家具木色相呼应，是典型的日式装饰风格

1 施工流程

基层处理→涂刷界面剂→用水泥砂浆做找平层→做水泥自流平→铺设消音垫→铺设企口型复合木地板。

2 重点工艺解析

企口型复合木地板一般分为敲打式锁扣和斜插式锁扣。斜插式锁扣安装方便，但地面稍有不平，锁扣容易脱开，槽口下部容易断裂。

3. 粘贴铺设法

粘贴铺设法是指在钢筋混凝土楼板（或底层地面的素混凝土结构层）上做好找平层，然后用自黏结材料将木板直接贴上的铺设方法。其优点为省工省料、简便易行、造价低；缺点为由于地面平整度所限，过长的地板铺设可能会产生起翘现象。粘贴铺设法适用于 350mm 长的实木地板、软木地板、整块地毯等，且要求地面平实。另外，一些小块的柚木地板、拼花地板必须采用直接粘贴法铺设。

参考案例 1　油地毡楼地面

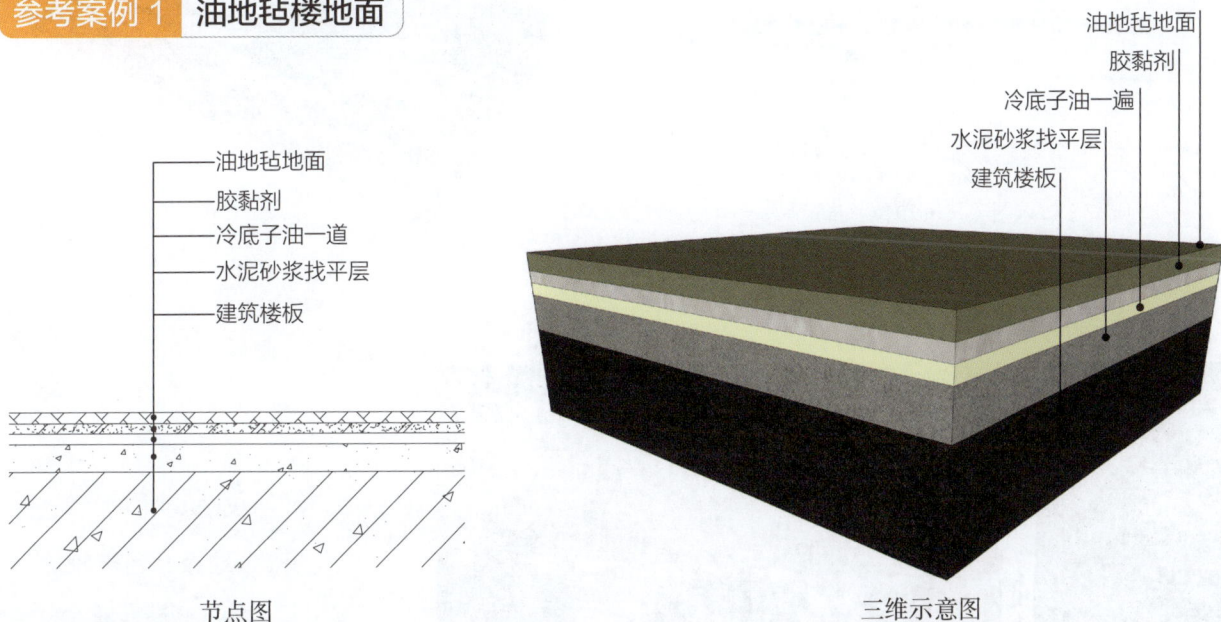

油地毡地面
胶黏剂
冷底子油一道
水泥砂浆找平层
建筑楼板

节点图

油地毡地面
胶黏剂
冷底子油一遍
水泥砂浆找平层
建筑楼板

三维示意图

1 施工流程

基层处理→做找平层→上冷底子油一遍→刷胶黏剂→铺贴油地毡。

2 重点工艺解析

①在铺贴油地毡前，地面须先用冷底子油进行处理。冷底子油按厂家要求稀释，稀释后用拖把在地面上涂布。按先横后竖的顺序把冷底子油涂在地面上，要保证涂抹均匀，不留缝隙，对高吸收性的地面要涂两遍，晾一段时间后进行下一步的施工。冷底子油能有效地防止水泥砂浆脱壳和开裂。

②将油地毡铺在地上，按要求进行切割。将油地毡迅速准确地进行铺贴，并用专用滚压机反复压实。滚压时先横向后纵向，以便将油地毡下面的残余气体挤出。

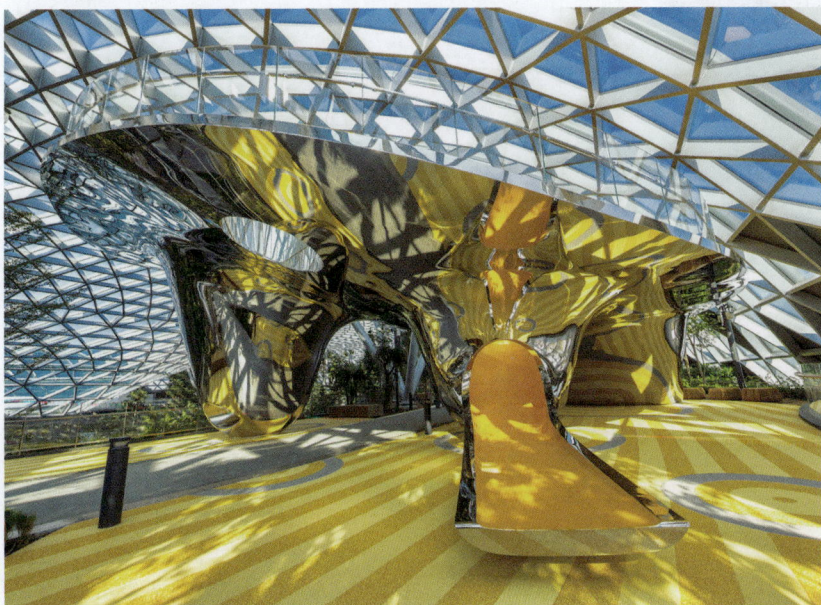

亮黄色的油地毡地面与滑梯的色泽一致，给人眼前一亮的感觉

参考案例 2　PVC 地板地面

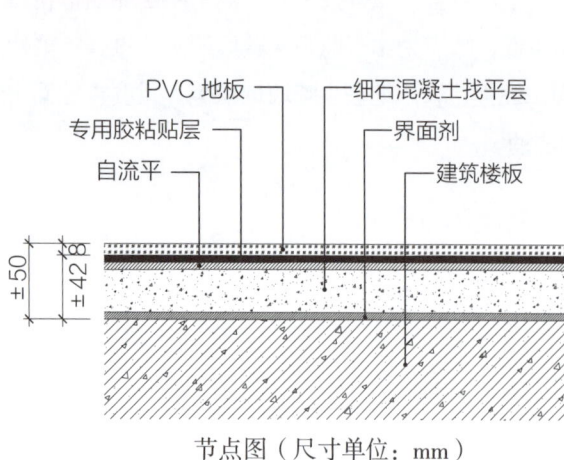

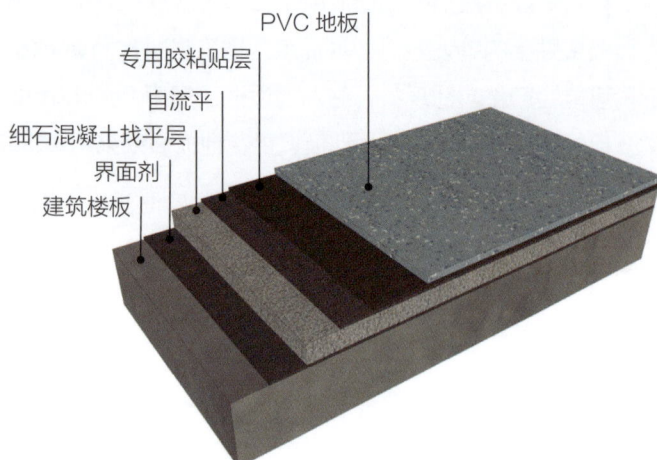

PVC 地板　　　　　　细石混凝土找平层
专用胶粘贴层　　　　界面剂
自流平　　　　　　　建筑楼板

± 50　± 42

节点图（尺寸单位：mm）

PVC 地板
专用胶粘贴层
自流平
细石混凝土找平层
界面剂
建筑楼板

三维示意图

PVC 地板比较耐磨，适用于人员流动相对较大的服装店，且柔和的色彩给人十分舒适的感觉

/ 小贴士 /

PVC 地板又名塑胶地板，厚度薄，耐磨性强，防水防滑，但容易被利器划伤，对施工要求相对较高，广泛应用于住宅、医院、学校、办公空间等空间中，对于人员流动较大的场所十分友好。

1 施工流程

基层处理→涂刷界面剂→用细石混凝土做找平层→做水泥自流平→用专用胶粘贴→铺设 PVC 地板。

2 重点工艺解析

铺设时，两块材料的搭接处应采用重叠切割方式，一般要求重叠 30mm，注意要一刀割断。铺贴时，将卷材的一端卷折起来，然后在地面刮胶。

参考案例 3　橡胶地毡地面

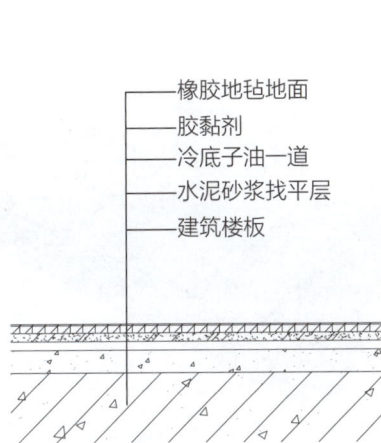

橡胶地毡地面
胶黏剂
冷底子油一道
水泥砂浆找平层
建筑楼板

节点图

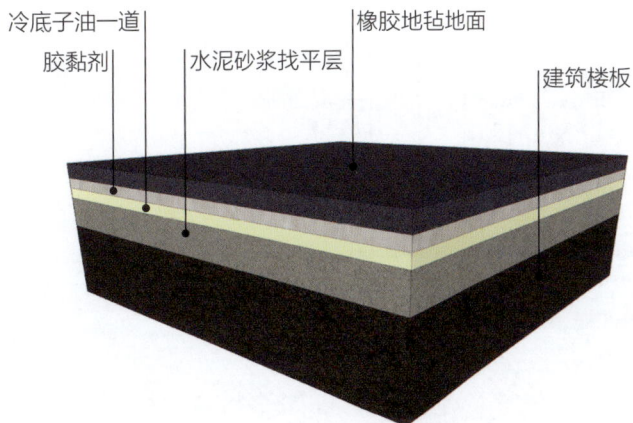

冷底子油一道　　　　　橡胶地毡地面
胶黏剂　　水泥砂浆找平层　　建筑楼板

三维示意图

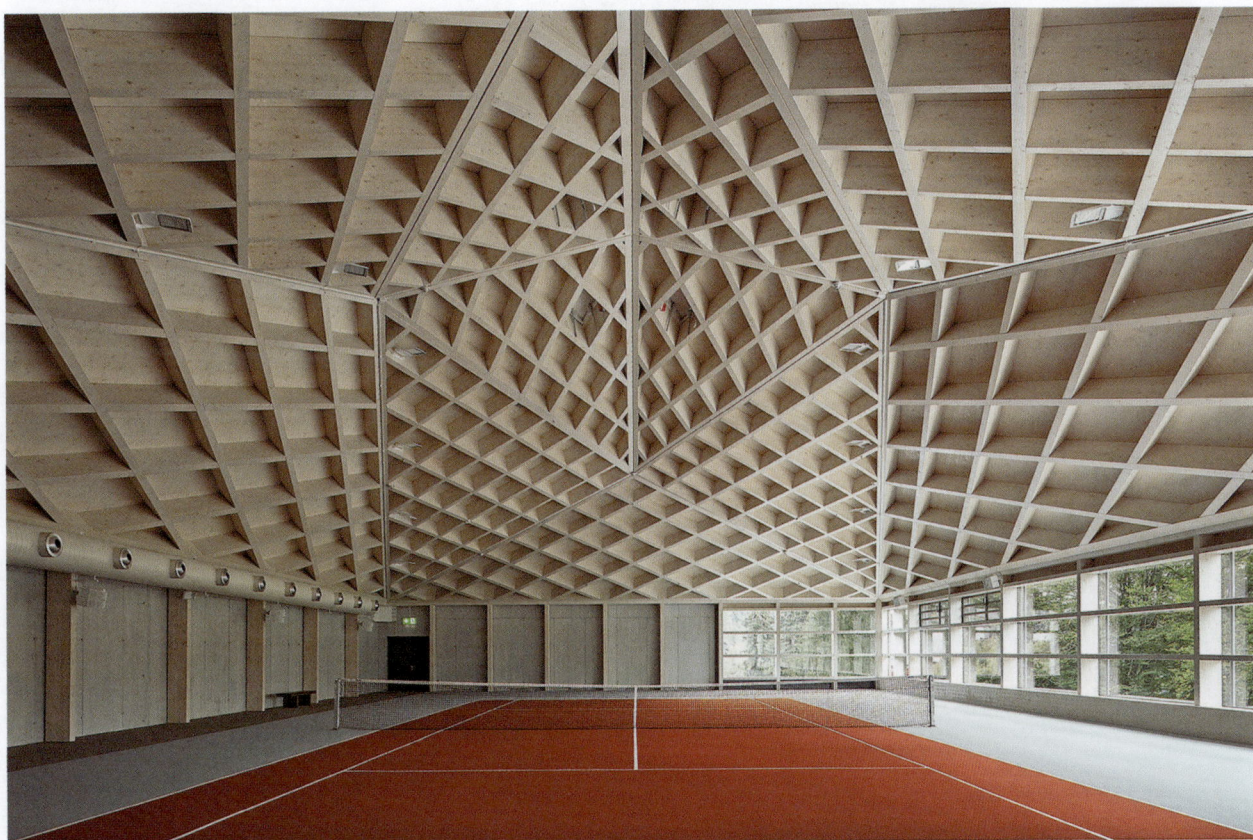

红色橡胶地面用于羽毛球馆可以起到减震的作用，同时鲜亮的色彩起到提升空间视觉感染力的效果

1 施工流程

基层处理→做找平层→涂刷冷底子油一道→刷胶黏剂→铺贴橡胶地毡→清理、养护。

2 重点工艺解析

橡胶地毡地面铺贴主要控制三个问题，一是铺贴的牢固度，地面不得有脱胶空鼓现象；二是缝格顺直，避免出现错缝现象；三是表面平整、干净，不得有凹凸不平及破损与污染。

参考案例 4 **块毯铺贴地面**

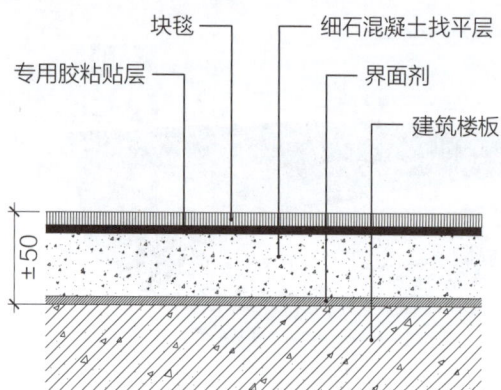

专用胶粘贴层　块毯　细石混凝土找平层　界面剂　建筑楼板

±50

节点图

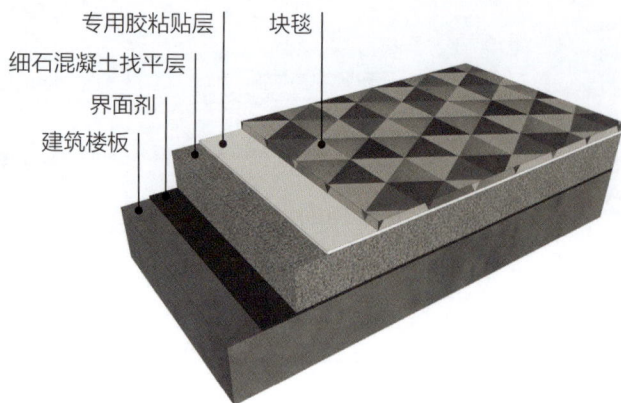

专用胶粘贴层　块毯　细石混凝土找平层　界面剂　建筑楼板

三维示意图

/ 小贴士 /

　　块毯的铺设方式简单而灵活，块毯位置可以随意变动，给设计提供了更多的选择，且能够随意更换部分磨损严重的块毯，对施工场地没有要求，很适用于办公空间。块毯的胶黏方式有两种，一是将地毯虚铺在地面，将地毯卷起，在其背面涂刷专用胶；二是将块毯卷起，在两块块毯的拼接处粘贴胶纸，块毯的四个角都要重复该动作，如此既能固定地毯和地面，又能将相邻的地毯相连接，防止卷起。

💡 **① 施工流程**

基层处理→实量放线→裁切地毯→涂刷界面剂→用细石混凝土做找平层→铺贴块毯。

💡 **② 重点工艺解析**

　①先将基层清扫干净，并用水泥砂浆找平。弹线要求清晰、准确，不能有遗漏，同一水平的弹线要交圈；基层应干燥且做防腐处理（铺沥青油毡或防潮粉）。预埋件的位置、数量、牢固性要达到设计标准的要求。

　②若有花纹，需要提前预铺、配花并编号，再根据弹线将空间边缘处的块毯进行准确的裁切，并清理拉掉的纤维。

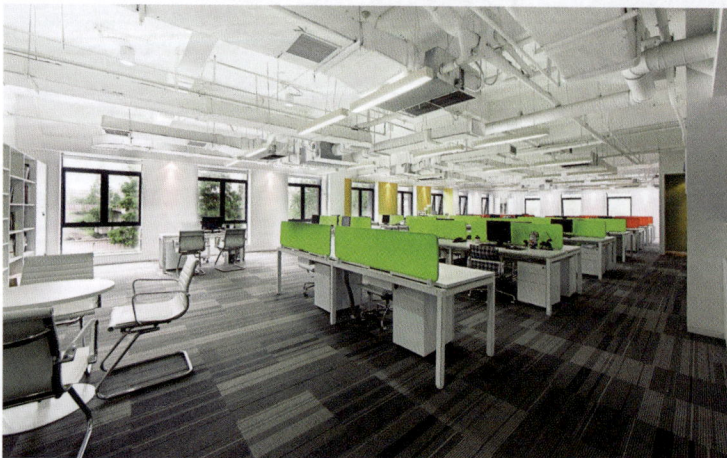

深色的地毯耐脏，同时不同深浅的色块拼接在一起，让办公空间的地面看上去更加灵动

拓展知识

地毯倒刺式铺贴法

地毯铺设除了用粘贴铺设法，还常用倒刺板条固定法。倒刺板条固定法要求基层具有一定的强度和平整度。

倒刺板的安装

地毯卡条倒刺板一般选择五合板或加厚三合板与金属钉制成。固定地毯时，沿房间四周靠墙 10~20mm 处，将倒刺板条用水泥钢钉钉装在基层上。

收边的处理

为了防止翘边和边缘受损，使地毯直挺、美观，地毯铺设至门口、洞口处，应在门洞地面中心线处用铝合金、不锈钢或其他收口条，将地毯扣牢。地毯铺设至墙边时，除了用倒刺板条固定外，还应通过踢脚板进行收口处理。

带有水墨晕染花纹的地毯与室内的中式风格相得益彰，文化气息浓郁

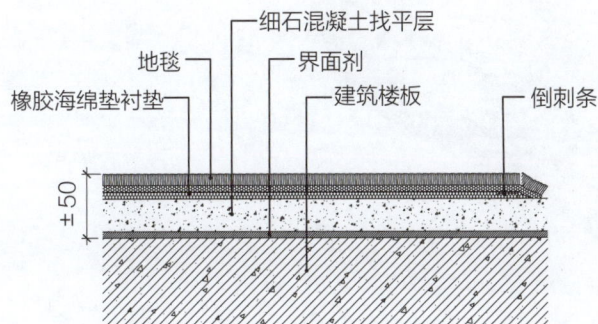

节点图（尺寸单位：mm）

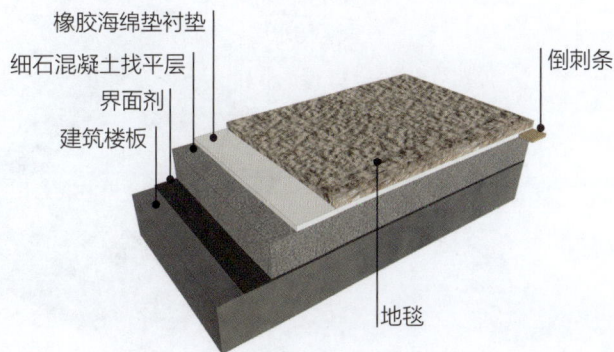

三维示意图

五、特种地面的节点构造

楼地面除了不同的施工工艺和铺贴方式外，还有一些特殊但常用的地面装饰构造需要进行说明，如防潮防水地面、地暖地面以及活动夹层地板等的相关构造。

1. 防潮防水地面

建筑中有些房间因为地势或用水的关系，长期受到水汽的侵蚀，而其他房间的地面，在日常清理的时候，也可能接触到水。在这种情况下，地面的防潮防水构造就显得十分重要。防潮防水地面常用于地下室、卫浴间、厨房等长期受到水汽侵蚀的空间。楼地面的防水处理，主要从两方面来考虑：一是排除积水；二是对楼地面采取防水保护措施。

参考案例 1 | 石材铺贴地面（加防水层）

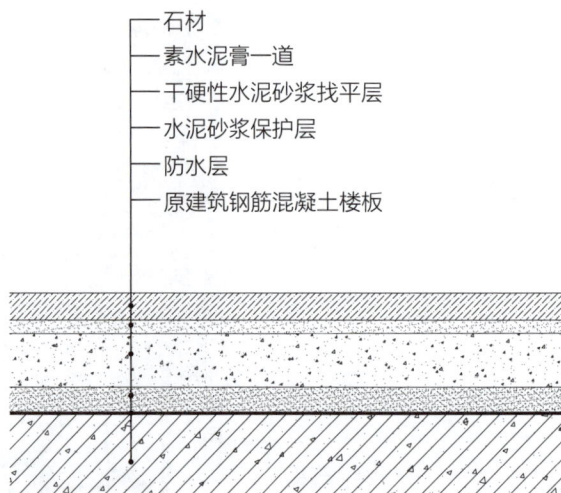

石材
素水泥膏一道
干硬性水泥砂浆找平层
水泥砂浆保护层
防水层
原建筑钢筋混凝土楼板

节点图

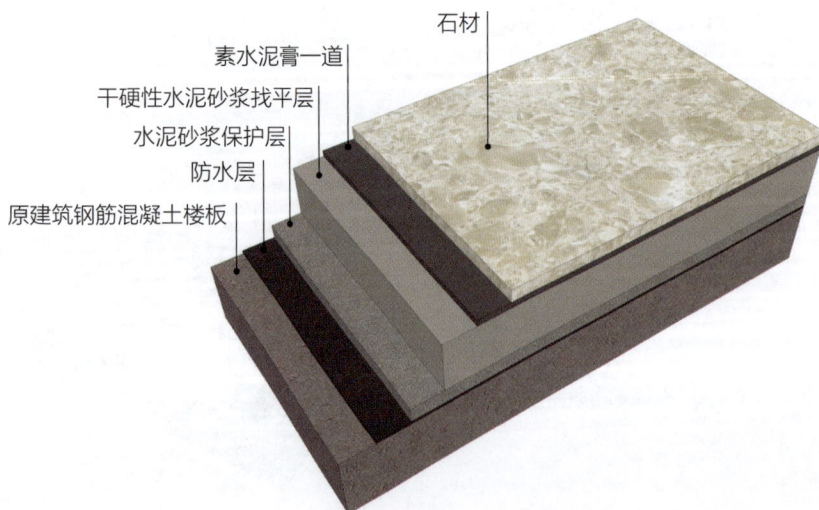

石材
素水泥膏一道
干硬性水泥砂浆找平层
水泥砂浆保护层
防水层
原建筑钢筋混凝土楼板

三维示意图

1 施工流程

基层处理→做防水层→做水泥砂浆保护层→用干硬性水泥砂浆做找平→涂刷素水泥膏→试铺→铺贴。

2 重点工艺解析

①防水层需涂刷 2~3 遍，否则须增设玻纤布，且每遍涂刷的固化物厚度不得低于 1mm，并应在其完全干燥（一般需5~8小时）后，再进行下一步施工。

②在涂防水层的基础上做水泥砂浆保护层，防止工人在进行其他工序的时候来回踩踏防水层，导致防水层被过度摩擦而产生穿洞。

黑金花石材地面大气而美观，将空间的典雅气质烘托到极致

参考案例 2　地砖铺贴地面（加防水层）

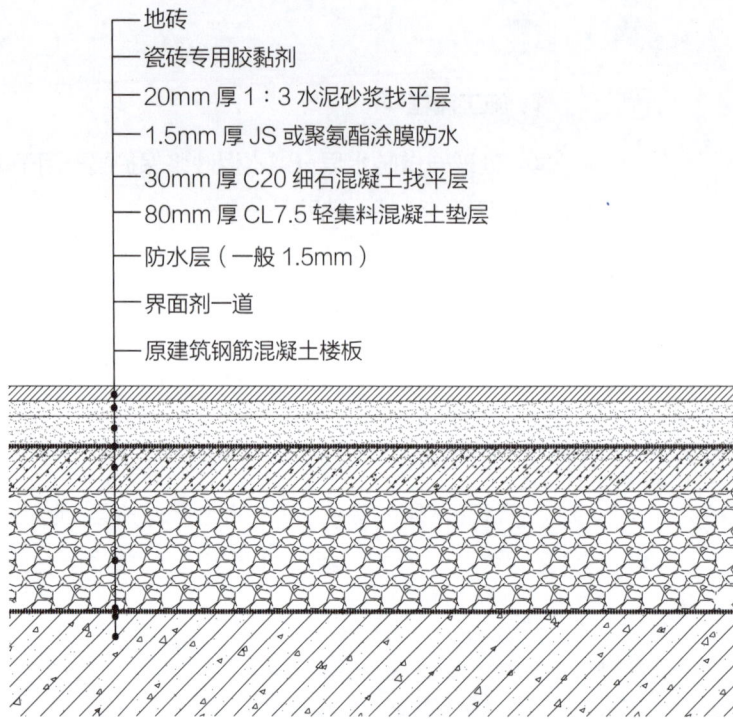

- 地砖
- 瓷砖专用胶黏剂
- 20mm 厚 1：3 水泥砂浆找平层
- 1.5mm 厚 JS 或聚氨酯涂膜防水
- 30mm 厚 C20 细石混凝土找平层
- 80mm 厚 CL7.5 轻集料混凝土垫层
- 防水层（一般 1.5mm）
- 界面剂一道
- 原建筑钢筋混凝土楼板

节点图

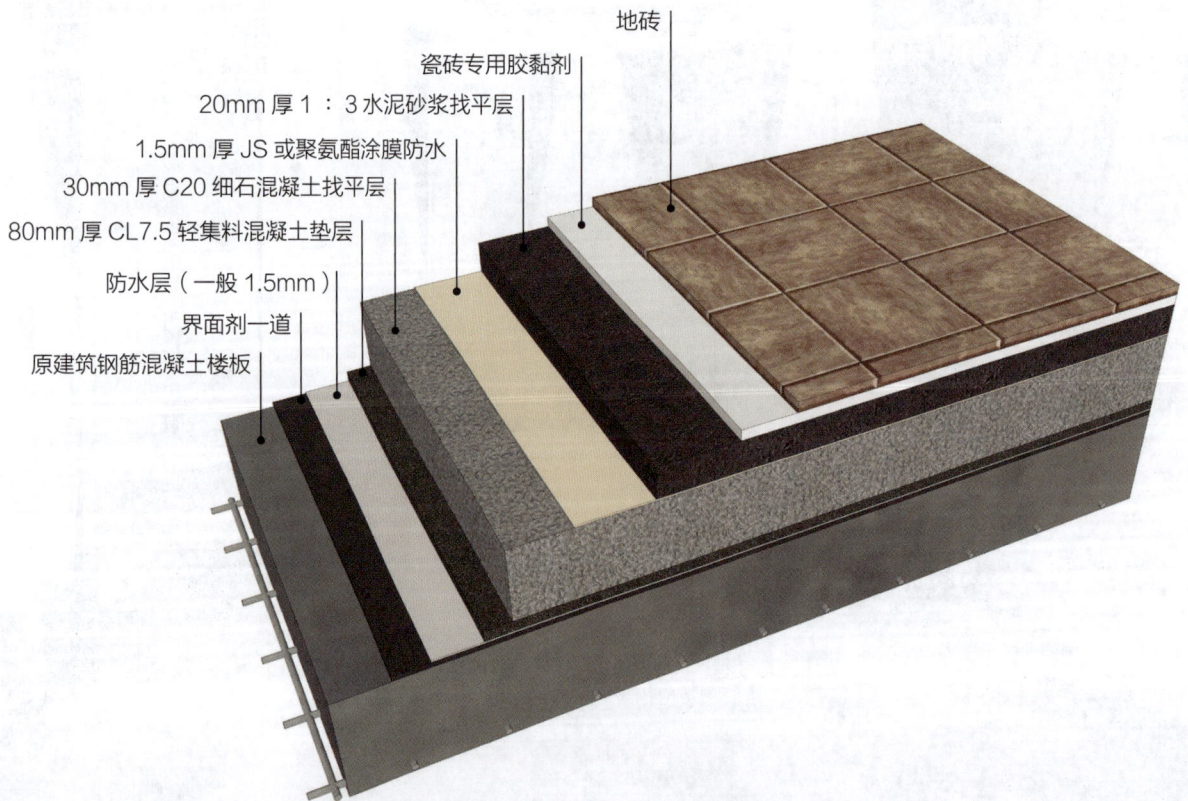

- 地砖
- 瓷砖专用胶黏剂
- 20mm 厚 1：3 水泥砂浆找平层
- 1.5mm 厚 JS 或聚氨酯涂膜防水
- 30mm 厚 C20 细石混凝土找平层
- 80mm 厚 CL7.5 轻集料混凝土垫层
- 防水层（一般 1.5mm）
- 界面剂一道
- 原建筑钢筋混凝土楼板

三维示意图

木纹砖的使用改变了传统卫浴间材料的冷感，使其更温馨

1 施工流程

基层处理→刷界面剂→做防水层→做水泥砂浆保护层→做轻集料混凝土垫层→用细石混凝土做找平→做聚氨酯涂膜防水层→用水泥砂浆做找平→试铺→涂刷专用胶黏剂→铺贴。

2 重点工艺解析

①用0.7mm厚聚乙烯丙纶防水卷材做防水，用1.3mm厚胶黏剂进行粘贴。

②用1.5mm厚聚合物水泥基防水涂料做防水层。

③涂5mm厚DTA砂浆（黏结砂浆）或其他黏结材料做胶黏剂。

──────── / 小贴士 / ────────

防水层不仅要保持良好的完整性，还须具有一定的抵抗外界破损的能力，这样才能保证在施工后及设计年限内不透水。

2. 地暖地面

地暖是地板辐射采暖的简称，是将温度不高于60℃的热水或发热电缆，暗埋在地热地板下的盘管系统内加热整个地面，通过地面均匀地向室内辐射散热的一种采暖方式，具有散热均匀、舒适、环保、节能等诸多优点。以下主要讲解通过低温热水地面辐射供暖的地暖地面。

排布地暖管的要点：

①先读图纸，再排布：排布中小型空间的地暖时，应参照图纸中空间功能定位布置，如人流少的地方或其他非生活用空间（杂物间、设备间、固定家具下方、无腿家具下方）等都不需要布置地暖。

②空间过大的处理方式：当铺设空间面积大，每个回路的管长超过120m，或者地暖大面积超过伸缩缝时，应分区域设置多个回路。

③管道要求：在排布时，每条回路的管道中间不能断裂或存在接头，必须是一整根管。

参考案例 1　水地暖空间环氧磨石地面

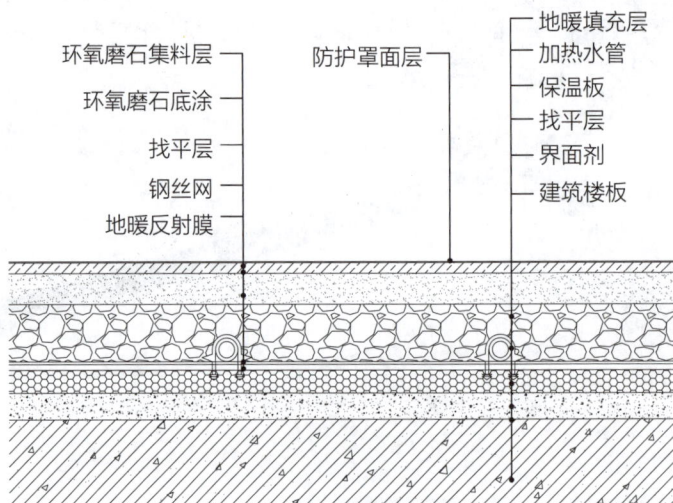

节点图

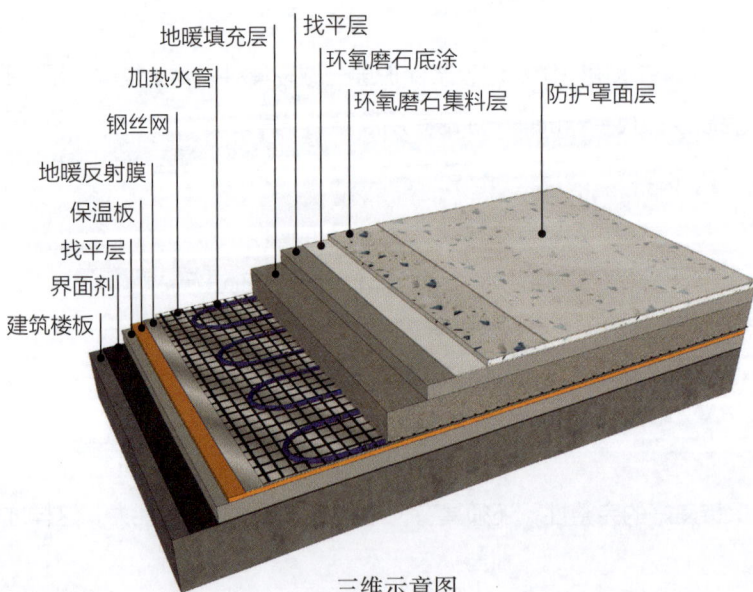

三维示意图

环氧磨石地面所具备的花纹具有装饰性，丰富了商场中交通空间的视觉层次

💡 1　施工流程

清理基层→涂刷界面剂→做找平层→铺设保温板→铺设地暖反射膜→铺设钢丝网→安装水暖管→进行压力测试→做地暖填充层→做找平层→涂刷环氧磨石底涂→做环氧磨石集料层→做防护罩面层。

💡 2　重点工艺解析

①当找平层的厚度小于 30mm 时，采用水泥砂浆找平；若不小于 30mm，应采用细石混凝土找平，并加入钢丝网，增强找平层整体的抗拉能力。

②底层保温板缝处要用胶粘贴牢固，上面需铺设铝箔纸或粘一层带坐标分格线的复合镀铝聚酯膜，铺设要平整。边角保温板沿墙处用专用乳胶粘贴，要求粘贴平整，搭接严密。

③反射膜时最好按照网格横平竖直的方式进行铺设，方便后期铺设地暖管，也方便计算地暖管之间的间距，铺设时一定要完全舒展开，不能出现弯曲的情况。反射膜之间不能留间隙，否则会导致热量流失，达不到室内温度的需求。

④在反射膜上铺设一层 ϕ2mm 的钢丝网，间距 100mm×100mm，规格 2m×1m。铺设要严整严密，钢网间用扎带捆扎，不平或翘曲的部位用钢钉固定在楼板上。

⑤测试之前先检查加热管有无损伤、间距是否符合设计要求，然后进行水压试验。试验压力为工作压力的 1.5~2 倍，但不小于 0.6MPa，稳压 1 小时内压力下降不大于 0.05MPa，以不渗不漏为合格。

⑥找平层和填充层都采用跳仓法施工，可有效地避免找平层和填充层因初期温度变化导致收缩而出现裂缝。

⑦集料层可以采用玻璃纤维网进行加强，以有效地防止后期开裂。

参考案例 2 ｜ 地暖空间地毯铺贴地面

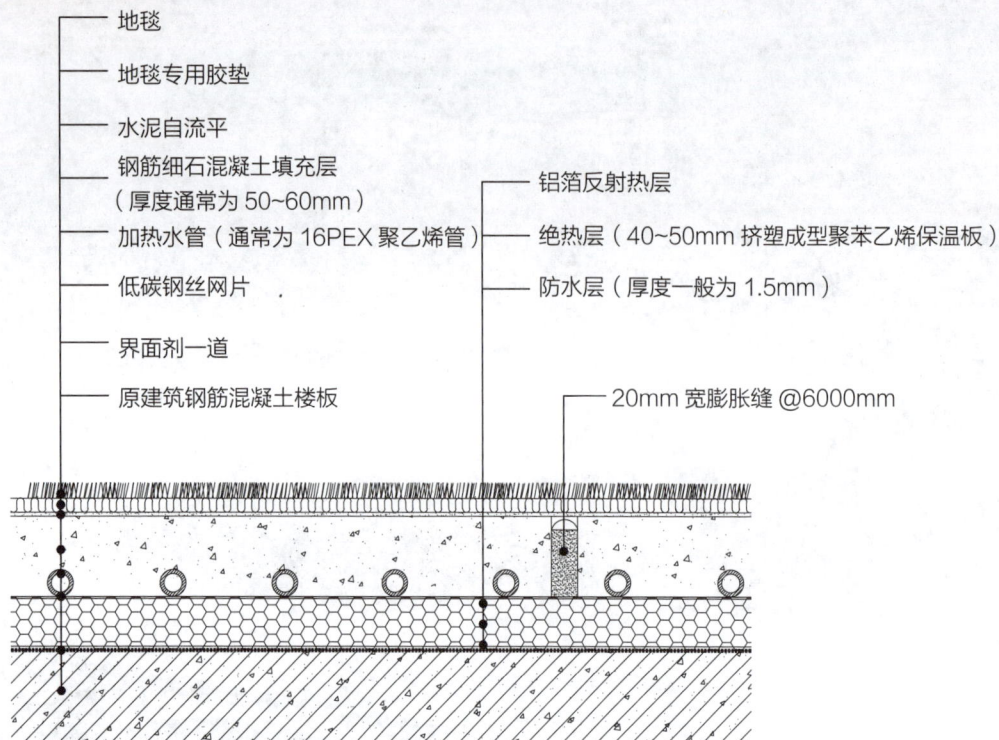

地毯
地毯专用胶垫
水泥自流平
钢筋细石混凝土填充层
（厚度通常为 50~60mm）
加热水管（通常为 16PEX 聚乙烯管）
低碳钢丝网片
界面剂一道
原建筑钢筋混凝土楼板

铝箔反射热层
绝热层（40~50mm 挤塑成型聚苯乙烯保温板）
防水层（厚度一般为 1.5mm）

20mm 宽膨胀缝 @6000mm

节点图

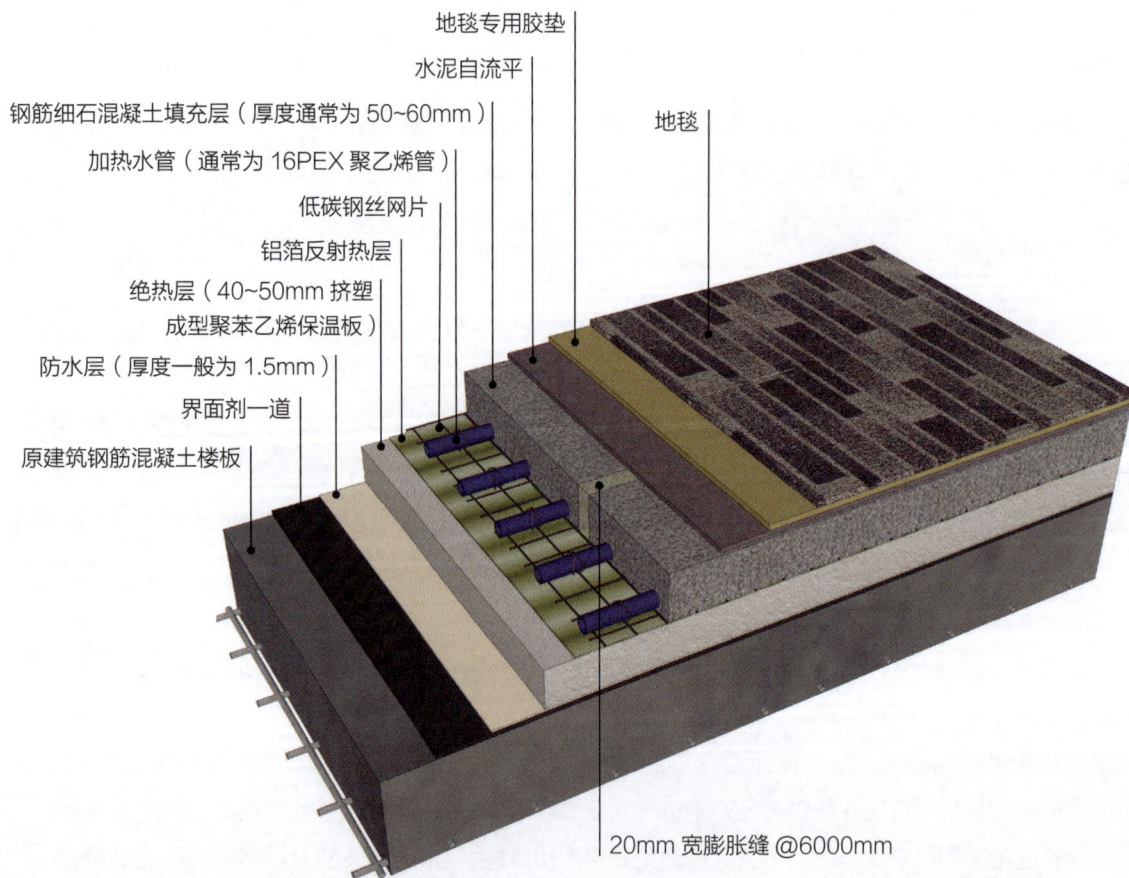

地毯专用胶垫
水泥自流平
钢筋细石混凝土填充层（厚度通常为 50~60mm）
加热水管（通常为 16PEX 聚乙烯管）
低碳钢丝网片
铝箔反射热层
绝热层（40~50mm 挤塑成型聚苯乙烯保温板）
防水层（厚度一般为 1.5mm）
界面剂一道
原建筑钢筋混凝土楼板

地毯

20mm 宽膨胀缝 @6000mm

三维示意图

将大块的米灰色地毯铺在办公空间中，增加了舒适的脚感，且令整个空间显得更加温馨、素雅

① 施工流程

清理基层→涂刷界面剂→防水施工→做保护层→做绝热层→铺铝箔反射热层→铺设钢丝网片→固定加热水管→进行压力试验→填充混凝土→用水泥自流平做找平→铺设专用胶垫→铺设地毯。

② 重点工艺解析

①当找平层的厚度不小于 30mm 时，应采用细石混凝土找平，并加双向丝网，以防止开裂，每 2m 的长度内的平整度偏差应不大于 3mm。

②平铺 10mm 厚的水泥砂浆做防水保护层。

③在铝箔上铺一层钢丝网，铺设要严整严密，不平或翘边的位置用钢钉固定在楼板上。

④加热水管要用管夹固定在保温板上，固定点间距不大于 500mm（按管长方向），大于 90°的弯曲管段的两端和中点均应固定。

⑤地暖填充层一般采用陶粒混凝土，但是推荐使用地暖宝等专用地暖填充材料，以提高填充层的抗开裂能力。

参考案例 3 **水地暖空间木地板地面**

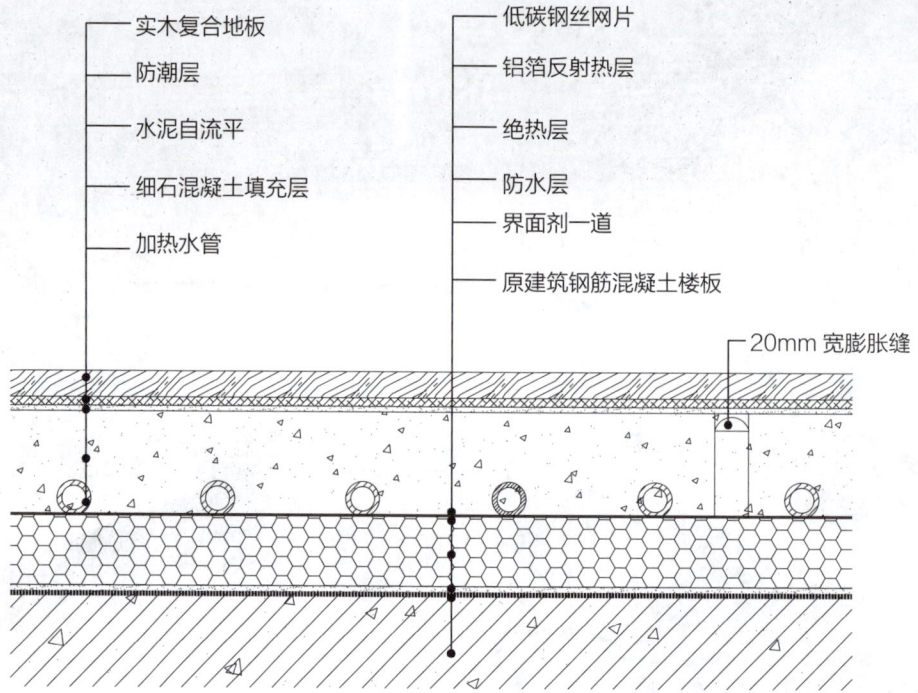

实木复合地板
防潮层
水泥自流平
细石混凝土填充层
加热水管

低碳钢丝网片
铝箔反射热层
绝热层
防水层
界面剂一道
原建筑钢筋混凝土楼板

20mm 宽膨胀缝

节点图

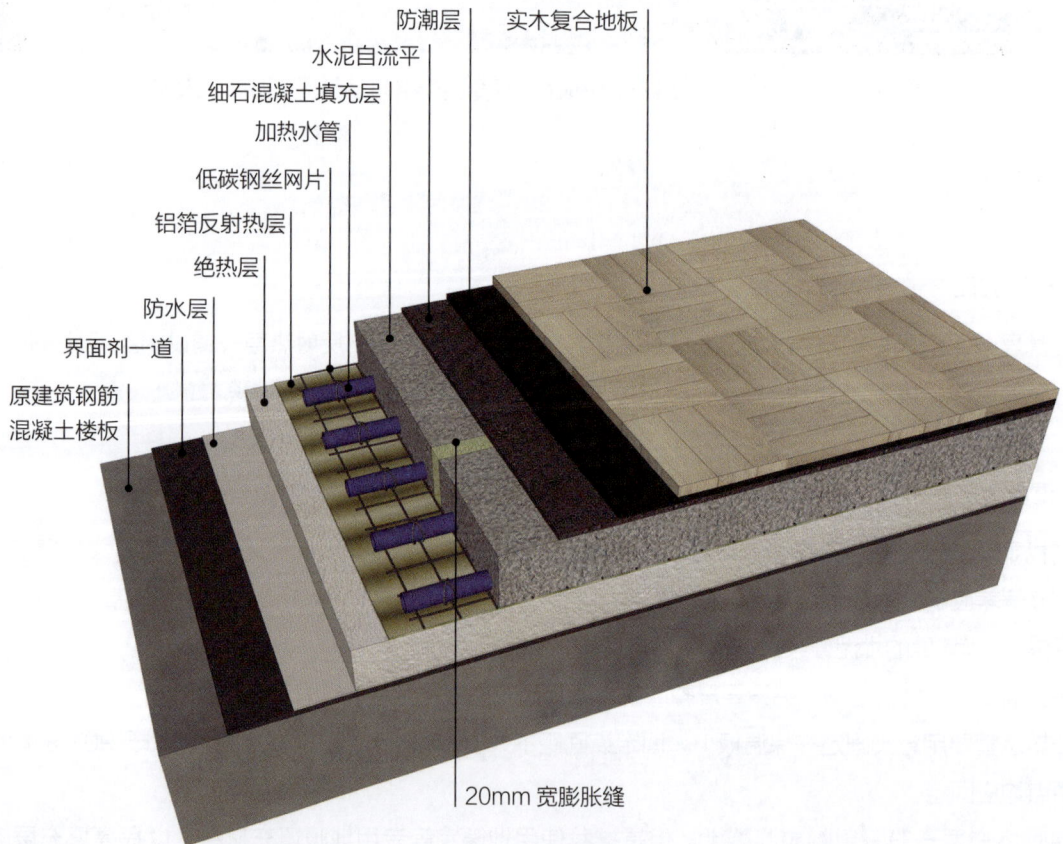

防潮层
水泥自流平
细石混凝土填充层
加热水管
低碳钢丝网片
铝箔反射热层
绝热层
防水层
界面剂一道
原建筑钢筋
混凝土楼板

实木复合地板

20mm 宽膨胀缝

三维示意图

在室内的休闲区域铺设木地板，且设置水地暖，冬天即使直接坐在地面，也不会觉得寒冷

1 施工流程

清理基层→涂刷界面剂→做防水层→做水泥砂浆保护层→做绝热层→铺铝箔反射热层→铺设低碳钢丝网片→固定加热水管→进行压力试验→浇筑填充层→用水泥自流平做找平→铺设防潮垫→铺设木地板。

2 重点工艺解析

①涉及防水层的房间如卫生间、厨房等固定钢丝网时不允许打钉，管材或钢网翘曲时应采取措施，防止管材露出混凝土表面。

②用钢筋细石混凝土做填充层，要人工对混凝土进行抹压密实，不得用机械振捣，不允许踩压已铺设好的管道。

③倒入自流平水泥，在其流出约 500mm 宽范围时，由手持长杆齿形刮板、脚穿钉鞋的操作工人在自流平水泥表面轻缓地进行第一遍梳理，导出自流平水泥内部的气泡并辅助流平。当自流平流出约 1000mm 宽范围时，由手持长杆针形辊筒、脚穿钉鞋的操作工人在自流平水泥表面轻缓地进行第二遍梳理和滚压，以提高自流平水泥的密实度。施工完成后需要及时对成品进行养护，必须封闭现场 24 小时。在这段时间内需要避免行走或者冲击等情况的出现，从而保证地面的质量不会受到影响。

——— / 小贴士 / ———

干式水地暖铺贴的方式，水泥砂浆找平层的厚度较小，且升温时间短，铺设时间比湿式水地暖铺设的时间要短。

参考案例 4　水地暖空间石材地面

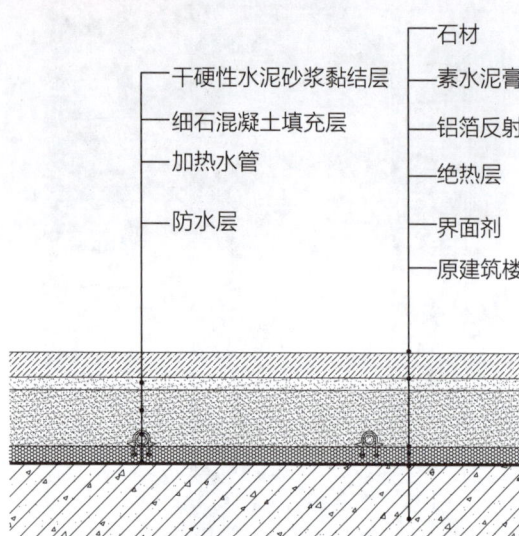

干硬性水泥砂浆黏结层
细石混凝土填充层
加热水管
防水层

石材
素水泥膏一道
铝箔反射热层
绝热层
界面剂
原建筑楼板

节点图

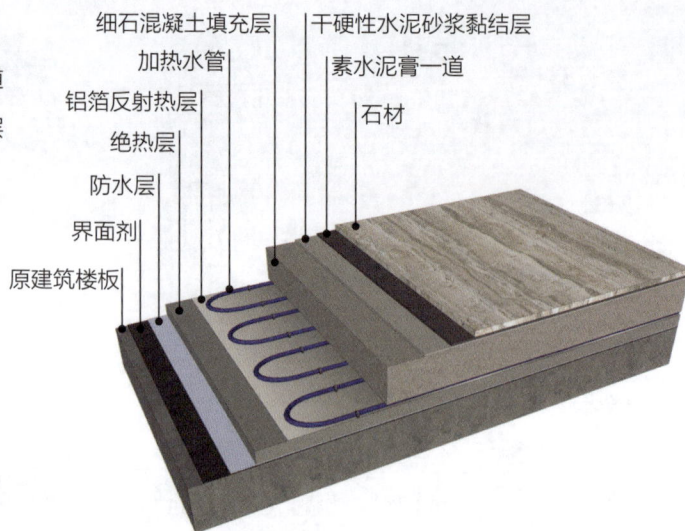

细石混凝土填充层
加热水管
铝箔反射热层
绝热层
防水层
界面剂
原建筑楼板

干硬性水泥砂浆黏结层
素水泥膏一道
石材

三维示意图

1 施工流程

清理基层→涂刷界面剂→做防水层→做绝热层→铺设铝箔反射热层→安装加热水管→进行压力试验→做填充层→做黏结层→试铺→抹素水泥膏→铺设石材。

2 重点工艺解析

①用细石混凝土做填充层，人工抹压密实，不得用机械振捣，不允许踩压已铺设好的管道。

②用 1∶3 的干硬性水泥砂浆做黏结层，让石材更好地与底面相结合。

/ 小贴士 /

水地暖的发热时间比电地暖慢，但热量更加均匀、舒适，产品使用年限较长，且环保节能。

石材地面与墙面形成了材质上的呼应，因墙面材质中的花纹感比较吸睛，因此地面运用了纯色

3. 活动夹层地板

活动夹层地板也叫作装配式地板或假地板，由各种规格型号和材质的面板块、桁条、可调支架等组合拼装而成。活动夹层地板与基层地面或楼面之间具有一定的架空空间，可敷设各种管线、满足静压送风等空调方面的要求，且具有重量轻，强度大，表面平整，尺寸稳定，可随意开启检查、迁移，装饰效果佳等特点，以及防火、防虫鼠侵害、耐腐蚀等性能。

参考案例 1　防静电地板地面

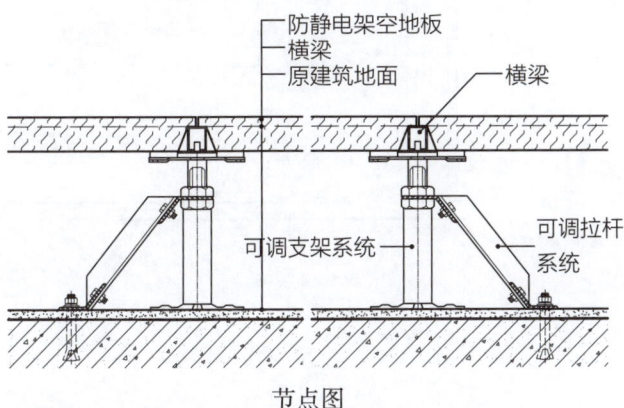

节点图

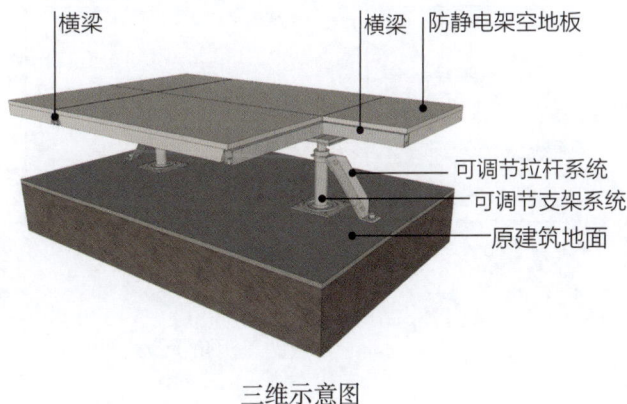

三维示意图

防静电地面所具备的特有的功能性，不仅适合仓库，也令整个空间显得非常通透

① 施工流程

基层处理→弹线→安装支架→安装拉杆→固定横梁→安装防静电地板→封边。

② 重点工艺解析

①将需要安装的支架调整到同一高度，并将支架摆放到已弹线的十字交叉处。

②用螺钉将横梁固定到支架上，并用水平尺校正，使之在同一平面上互相垂直。用吸板器在组装好的横梁上放置地板。

/ 小贴士 /

防静电地板防静电性能稳定，安装速度快，但是易老化，抗污能力差，不易清洁，因此通常用于机房、实验室等特殊空间。另外，需要注意的是，在接地或连接到任何较低电位点时，其能够使电荷耗散，当地板架空高度≥ 500mm 时，需加可调拉杆系统。

参考案例2　网络地板地面

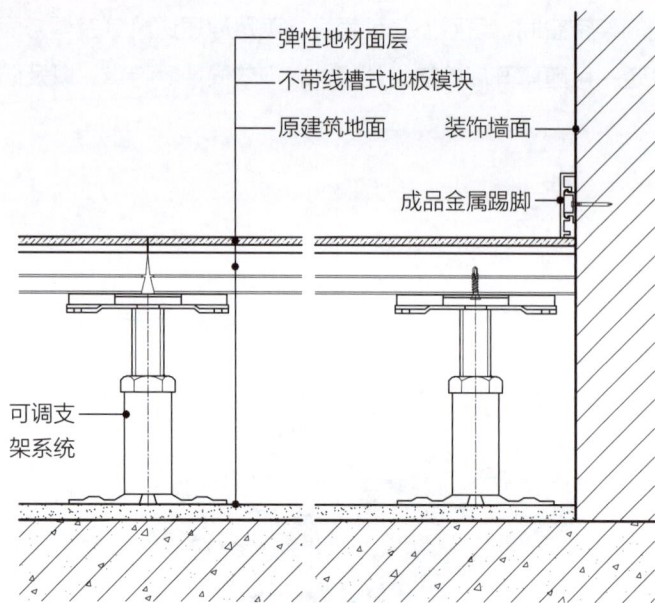

节点图（阴角）

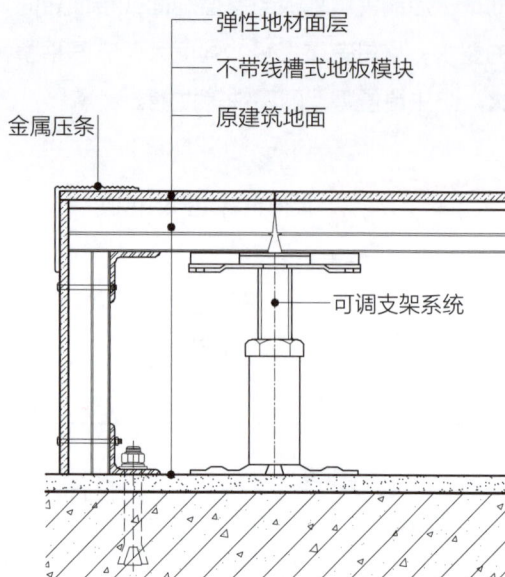

节点图（阳角）

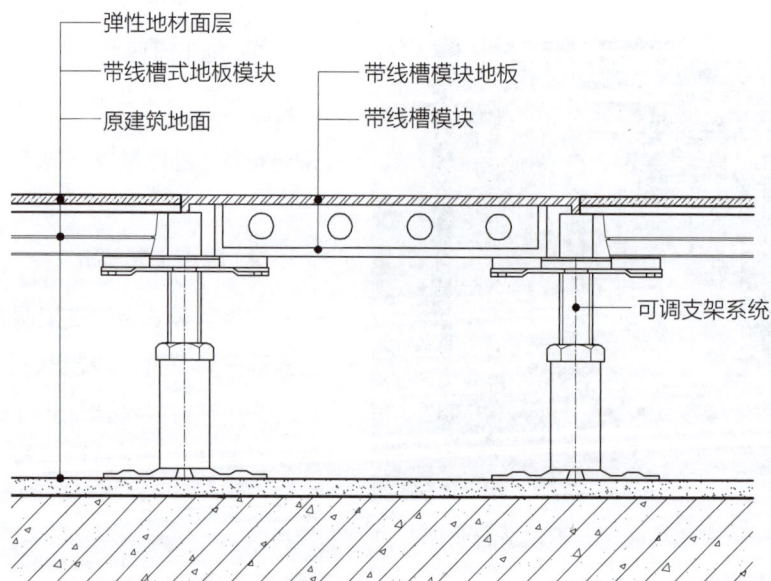

立面图

── / 小贴士 / ──

　　网络地板将电线等隐藏在面层材料下方，有利于网络综合布线，减少安装时间，但是装饰效果比较单一，更适用于现代智能化办公空间。

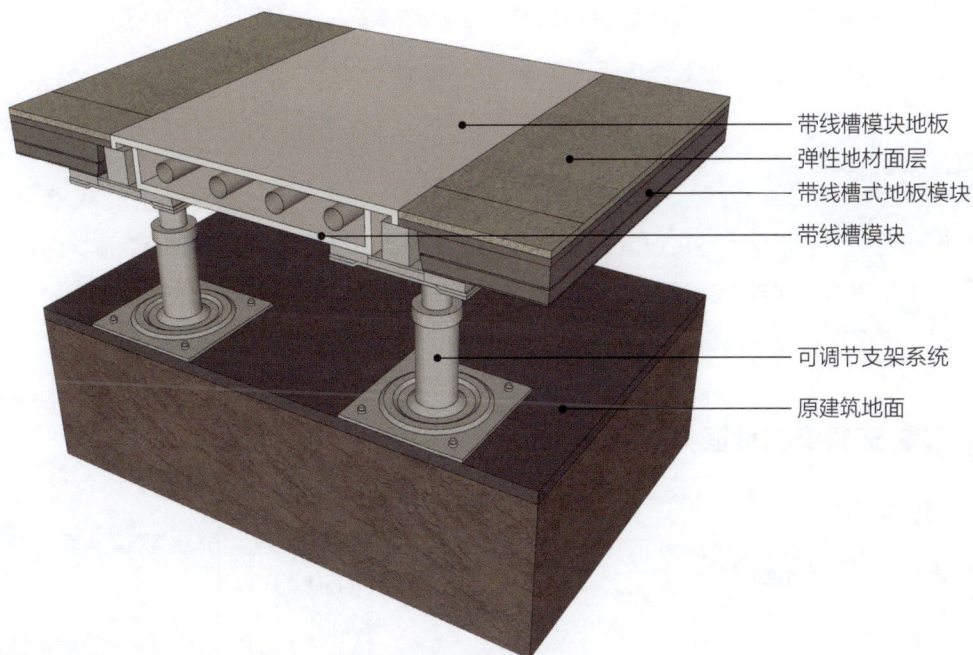

带线槽模块地板
弹性地材面层
带线槽式地板模块
带线槽模块

可调节支架系统
原建筑地面

三维示意图

1 施工流程

清理基层→定位、弹线→安装支架系统→安装地板模块→安装带线槽模块→安装弹性地材面层→固定带线槽模块盖板。

2 重点工艺解析

①根据室内空间的长宽，找到空间的中心，再根据设计图纸进行套方、分格、弹线。

②在确认网络地板面层下的电缆、管线等安装无误后再铺设面层及盖板。

在网络地板上直接铺设地毯，既能起到装饰效果，又能有利于布线

六、楼地面特殊部位的装饰构造

在楼地面的装饰构造中，还存在一些拼接和收边等装饰构造。这些细节部分的装饰构造手法可以令地面的设计呈现出更加多样的变化，以提升室内装饰美感。

1. 地面变形缝

地面变形缝是指为了避免因昼夜温差、不均匀沉降以及地震引起的楼面或地面变形，而在变形的敏感部位或其他必要的部位设置的将整个建筑断开的构造。从构造上来看，地面变形缝既要与基层脱开，又要求在表面覆盖填缝材料，要保证合理的位置和可靠的强度。装饰时，要考虑到地面图案和分格。

参考案例 1 **环氧磨石地面伸缩缝**

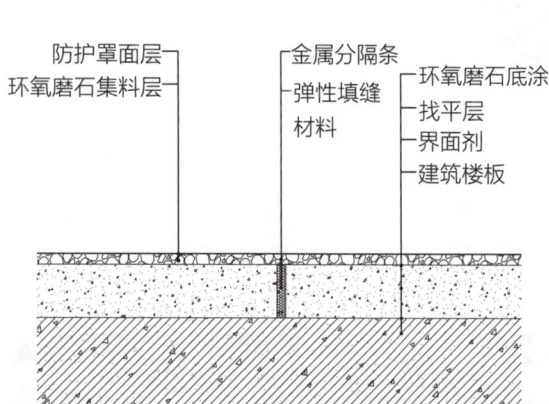

节点图

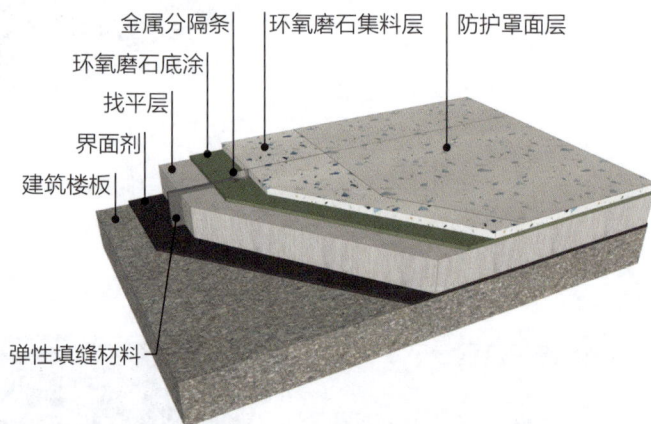

三维示意图

带有鹅卵石图案的地面灵动且具有节奏感，为原本素雅的书店增添趣味性

① 施工流程

清理基层→涂刷界面剂→做找平层→涂刷环氧磨石底涂→放样→设置金属分隔条→铺料→做防护罩面层→抛光、打蜡。

② 重点工艺解析

找平层纵向伸缩缝、横向伸缩缝的间距不宜大于 6mm，根据现场合理设置伸缩缝，伸缩缝宽 5~8mm。在找平层的伸缩缝中填充弹性填缝材料，面层伸缩缝填柔性填缝胶或采用分隔条。找平层采用跳仓法施工，可有效避免找平层因初期温度变化而收缩造成的裂缝。

参考案例2 地面结构缝石材铺贴

石材饰面　　石材饰面　　阻火带　　密封条

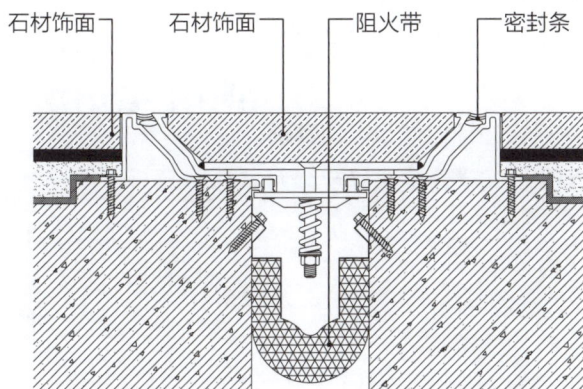

节点图

石材饰面
石材饰面

阻火带　密封条

三维示意图

1 施工流程

基层处理→预留槽口→安装阻火带→加防水保护层→安装外侧型材→安装内侧型材→安装滑杆→安装盖板→安装密封条。

2 重点工艺解析

①用M6膨胀螺栓将外侧型材压在止水带上，每500mm钉一个膨胀螺栓，交错排列。

②安装石材做盖板，每500mm打一个孔，中心孔板跟滑杆孔对齐，用螺钉拧紧。

室外的石材铺贴地面耐腐蚀性较强，且与整个大环境的融合度极高

2. 不同材质地面的连接处理

在建筑装饰中，有时为了满足使用需求或美观需求，在同一房间内地面的不同部位，或不同房间的地面，会采用不同的材质进行拼接，常见的组合有水磨石和地砖、地砖和木地板、石材与地毯、不同材质的地毯等。这些材质的交接处，应重点考虑其装饰构造的处理，否则容易出现翘起或高度不平的现象。

另外，对于不同材质地面的交接处，应采用较为坚固的材料做边缘构件，以使其顺利地过渡。当分界线位于同一房间内时，其构造可根据使用要求或设计方案来确定；为了美观不同房间的分界线，一般与门框裁口线相一致。

参考案例 1 **石材与水磨石相接地面**

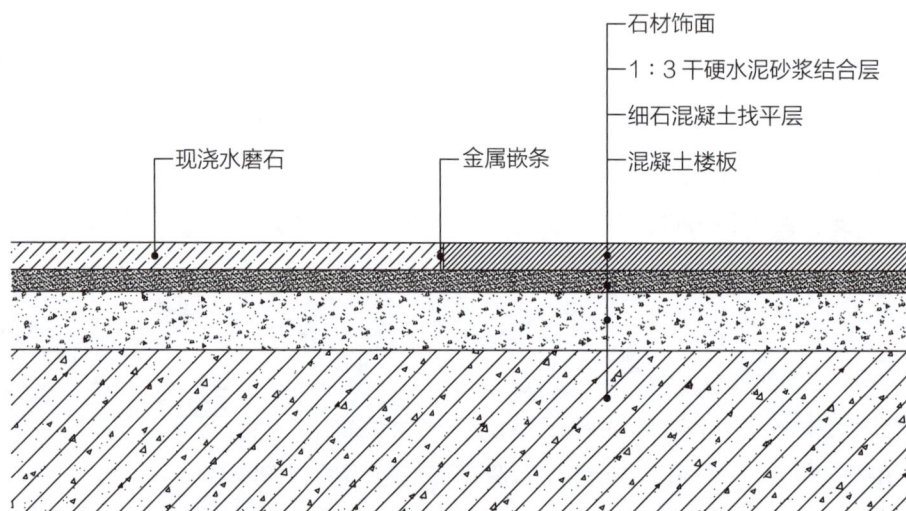

石材饰面
1∶3 干硬水泥砂浆结合层
细石混凝土找平层
混凝土楼板

现浇水磨石　　金属嵌条

节点图

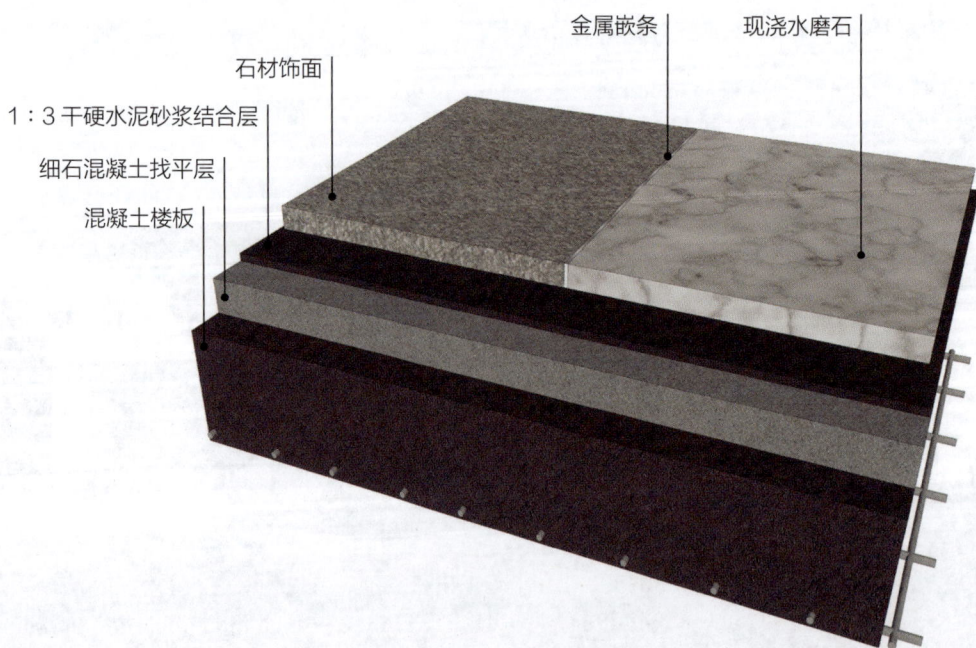

金属嵌条　　现浇水磨石

石材饰面
1∶3 干硬水泥砂浆结合层
细石混凝土找平层
混凝土楼板

三维示意图

① 施工流程

基层处理→做找平层→弹线预排→用水泥砂浆做黏结层→铺贴石材→现浇水磨石。

② 重点工艺解析

铺贴应从里向外逐步挂线进行，缝隙宽度可根据设计要求来定，但若没有要求，则石材缝隙应不大于 1mm，水磨石缝隙应不大于 2mm。

/ 小贴士 /

石材与水磨石间的连接用金属嵌条来完成，通常采用黄铜或者其他与石材或者水磨石色彩相搭配的金属。

对于图书馆这类人流量较大的场所来说，水磨石施工简单，耐磨性也强，同时还具有一定的装饰性。再在局部区域使用石材，让空间更具变化性，不会过于单调

参考案例2 **石材与木地板平接地面**

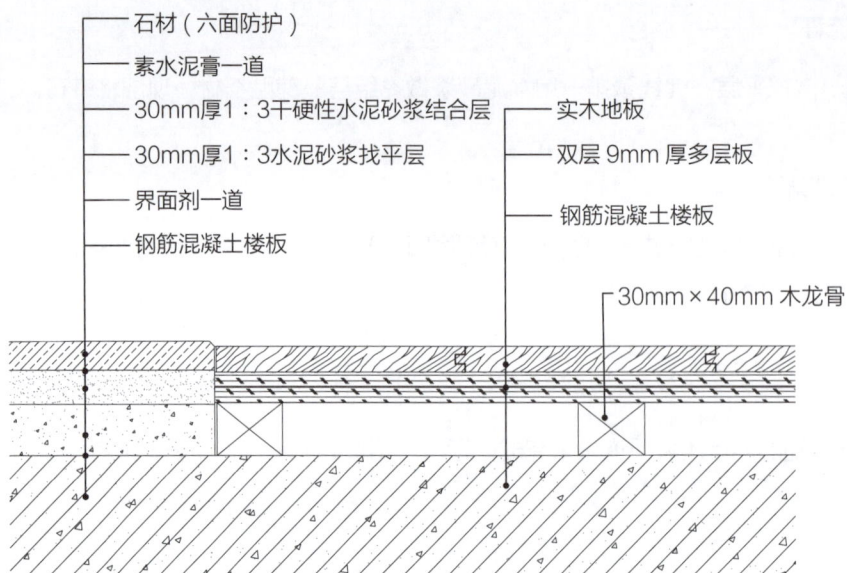

石材（六面防护）
素水泥膏一道
30mm厚1：3干硬性水泥砂浆结合层
30mm厚1：3水泥砂浆找平层
界面剂一道
钢筋混凝土楼板

实木地板
双层 9mm 厚多层板
钢筋混凝土楼板

30mm×40mm 木龙骨

节点图

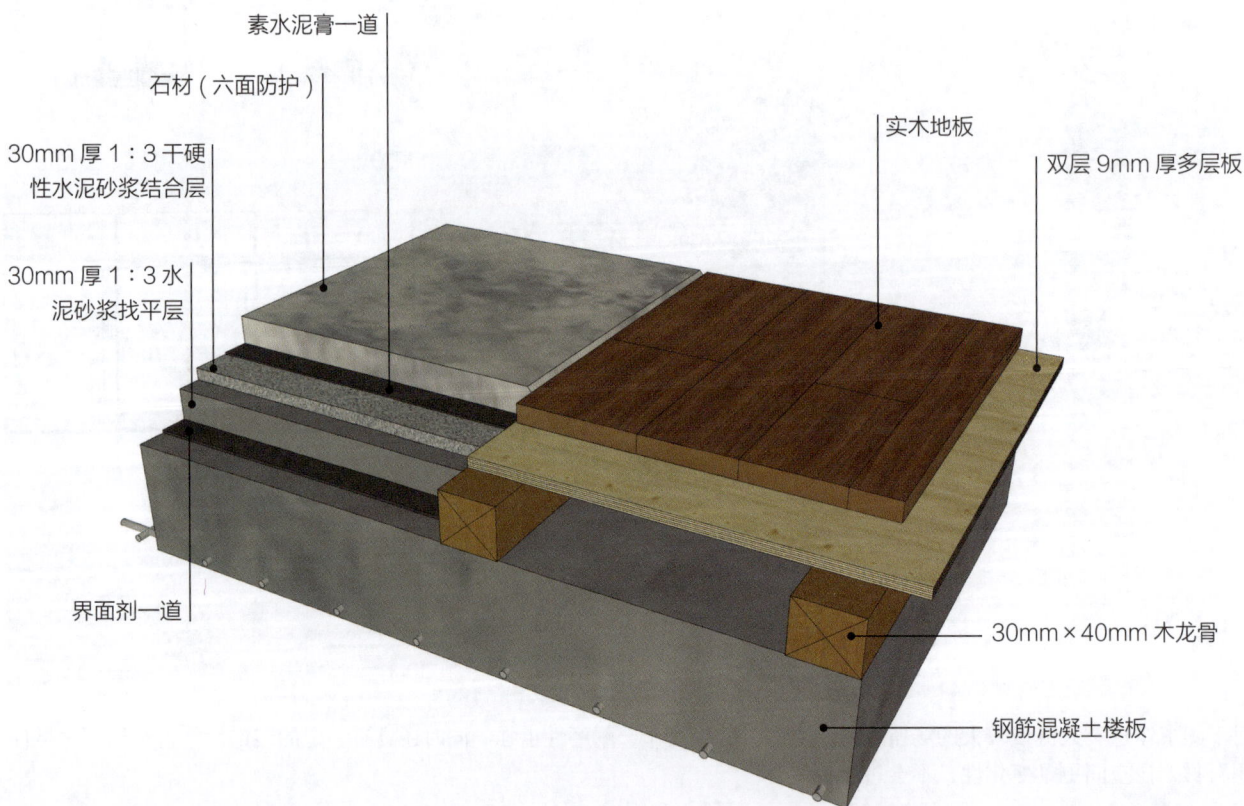

素水泥膏一道

石材（六面防护）

30mm 厚 1：3 干硬性水泥砂浆结合层

30mm 厚 1：3 水泥砂浆找平层

界面剂一道

实木地板

双层 9mm 厚多层板

30mm×40mm 木龙骨

钢筋混凝土楼板

三维示意图

花砖与地板组合，不仅美观还具有划分区域的作用，将玄关位置单独隔离出来，防止换鞋时将外面的灰尘带进室内，有效减少清洁的次数

① 施工流程

基层处理→弹线→安装木龙骨→安装多层板→安装木地板→做找平层→水泥砂浆做黏结层→铺贴石材。

② 重点工艺解析

①在清理基层的时候要注意，安装实木地板要求基层坚硬、平整、洁净、不起砂，且含水率不高于8%。

②在安装木龙骨之前先对其进行防火、防腐处理，根据弹线的位置，在紧贴石材的部位安装一个木龙骨。

③对多层板进行防火涂料三度的防火处理，在安装时，先从贴近石材的一端进行固定。

④在用水泥砂浆做找平前，要预控好石材与木地板的完成面尺寸，用调整找平厚度的方式来控制石材完成面的尺寸。

⑤在石材与木饰面板的收口处可以将其侧边倒3mm的斜边，让侧边见光，形成极小的滑坡。

参考案例 3 石材与木地板搭接地面

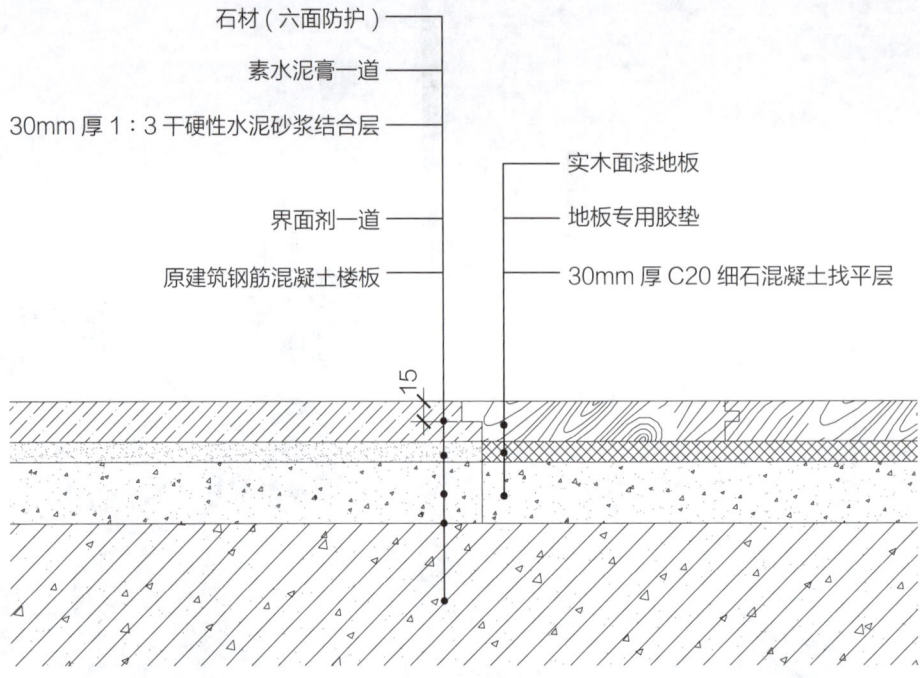

石材（六面防护）

素水泥膏一道

30mm 厚 1：3 干硬性水泥砂浆结合层

界面剂一道

原建筑钢筋混凝土楼板

实木面漆地板

地板专用胶垫

30mm 厚 C20 细石混凝土找平层

15

节点图

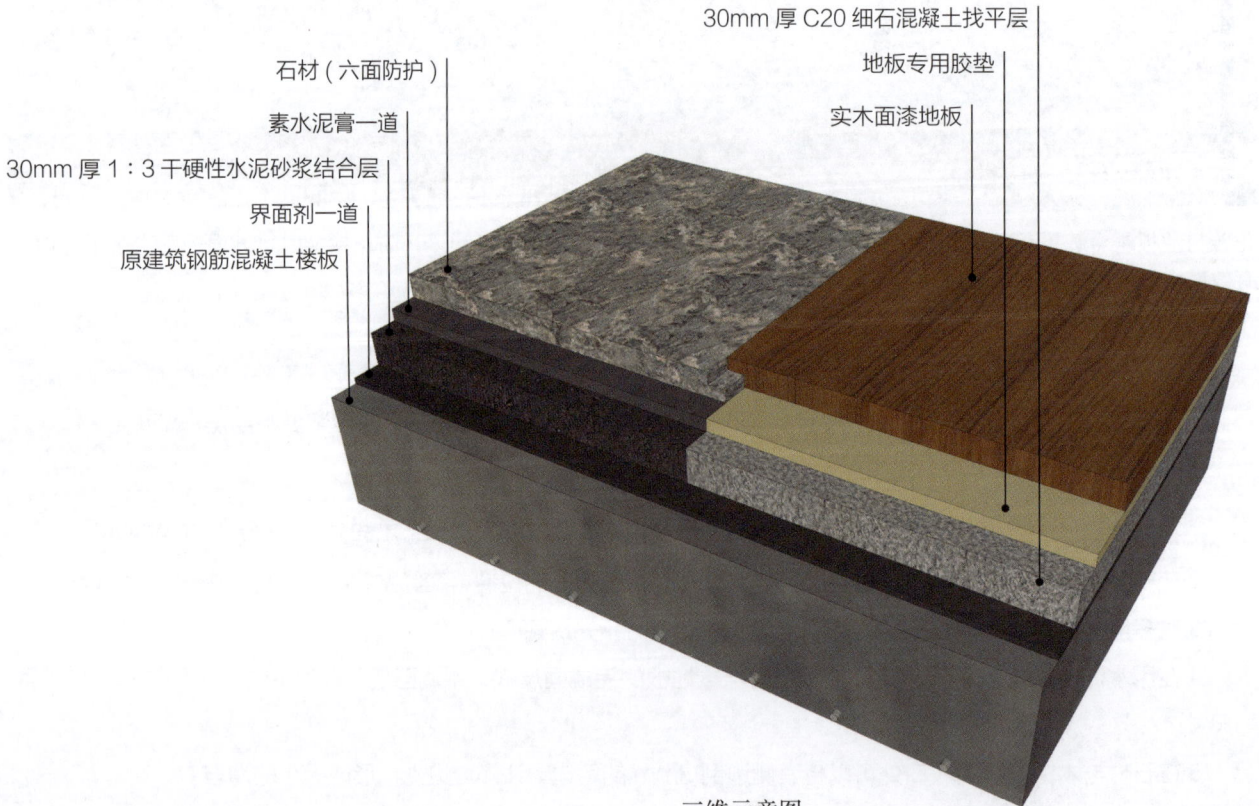

30mm 厚 C20 细石混凝土找平层

地板专用胶垫

实木面漆地板

石材（六面防护）

素水泥膏一道

30mm 厚 1：3 干硬性水泥砂浆结合层

界面剂一道

原建筑钢筋混凝土楼板

三维示意图

1 施工流程

基层处理→涂刷界面剂→做找平层→做黏结层→涂刷素水泥膏一道→铺贴石材→铺设胶垫→铺贴木地板。

2 重点工艺解析

①在做找平层时要注意，木地板部位要用细石混凝土做30mm 左右的找平层。

②而石材部位则是用 1：3 的干硬性水泥砂浆做 30mm 厚的黏结层，保证石材和木地板表面相平。

③在石材和木地板相接的位置，将石材的侧边倒 5mm×10mm 的凹槽。

④在木地板临近石材的边缘处，反向倒 5mm×10mm 的凹槽，并在安装时，用胶水将其与石材的对应位置进行固定。木地板在安装时应错缝安装，且在临墙处预留 5mm 宽的伸缩缝。

/ 小贴士 /

搭接的方式使衔接处更加自然，适用于大面积的开敞空间。

在玄关区铺设拼花石材，其他临近空间运用木地板铺贴，有效划分空间，且带来变化的美感

参考案例 4 地砖与不锈钢嵌条相接地面

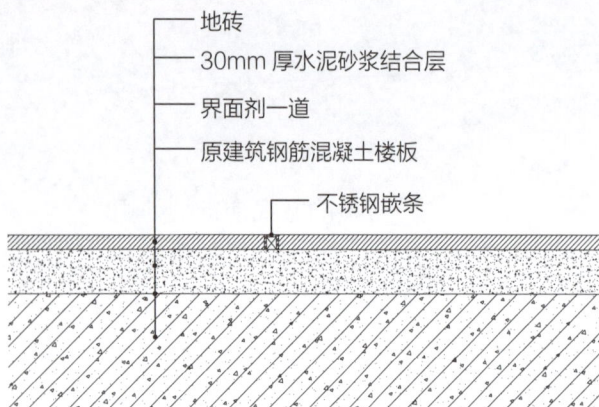

地砖
30mm 厚水泥砂浆结合层
界面剂一道
原建筑钢筋混凝土楼板

不锈钢嵌条

节点图

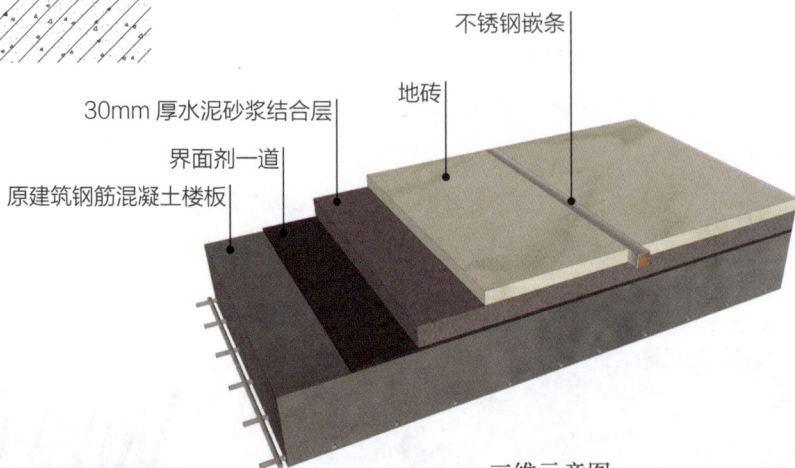

不锈钢嵌条
地砖
30mm 厚水泥砂浆结合层
界面剂一道
原建筑钢筋混凝土楼板

三维示意图

根据屏风的分格方式，用不锈钢嵌条将地砖分为不同的大小，让地面与其形成呼应，增强了装饰效果

1 施工流程

基层处理→涂刷界面剂→用水泥砂浆做黏结层→铺贴地砖→固定不锈钢嵌条。

2 重点工艺解析

用云石胶点固或者用 AB 胶来安装 1.5mm 厚的拉丝不锈钢嵌条。

参考案例 5 石材与地砖相接地面

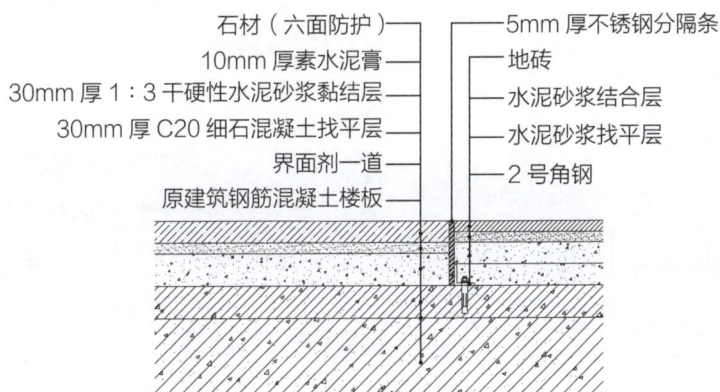

石材（六面防护）
10mm 厚素水泥膏
30mm 厚 1：3 干硬性水泥砂浆黏结层
30mm 厚 C20 细石混凝土找平层
界面剂一道
原建筑钢筋混凝土楼板

5mm 厚不锈钢分隔条
地砖
水泥砂浆结合层
水泥砂浆找平层
2 号角钢

节点图

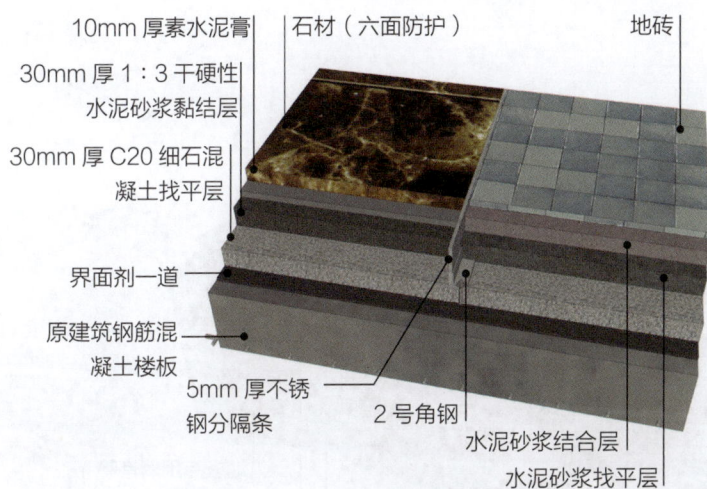

10mm 厚素水泥膏
30mm 厚 1：3 干硬性
水泥砂浆黏结层
30mm 厚 C20 细石混
凝土找平层
界面剂一道
原建筑钢筋混
凝土楼板
5mm 厚不锈
钢分隔条

石材（六面防护）

地砖

2 号角钢
水泥砂浆结合层
水泥砂浆找平层

三维示意图

1 施工流程

基层处理→弹线→涂刷界面剂→做找平层→水泥砂浆找平→涂刷素水泥膏一道→安装石材→固定角钢→做找平→铺黏结层→铺设地砖。

2 重点工艺解析

将 2 号角钢与不锈钢分隔条焊接在一起，用螺栓将角钢与地面固定。

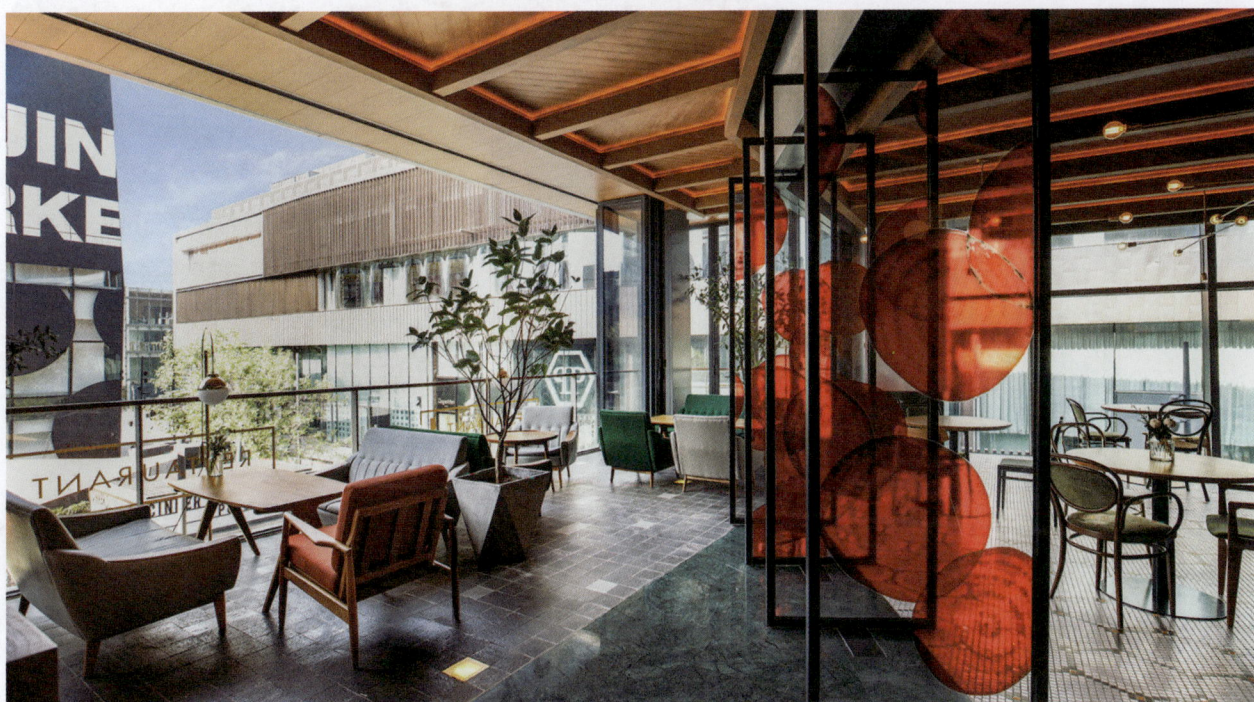

石材与地砖相结合铺贴的地面，在材质上的契合度非常高，且充满了变化性，令整个餐饮空间的地面具有非常高的装饰美感

参考案例6 **地砖—门槛石—木地板相接地面**

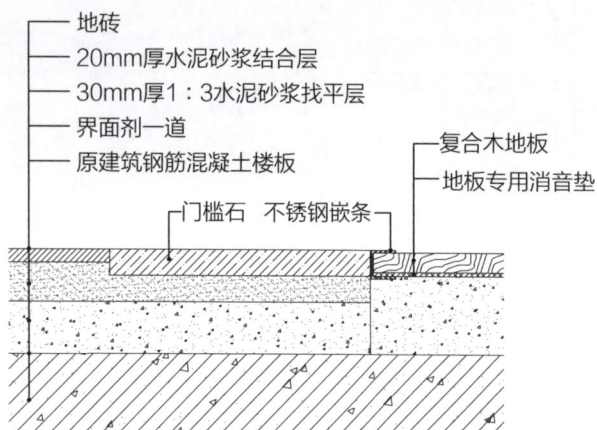

- 地砖
- 20mm厚水泥砂浆结合层
- 30mm厚1:3水泥砂浆找平层
- 界面剂一道
- 原建筑钢筋混凝土楼板
- 复合木地板
- 地板专用消音垫
- 门槛石　不锈钢嵌条

节点图

/ 小贴士 /

　　地砖—门槛石—木地板相接地面不带防水结构，且地砖、门槛石和木地板相平，更加适用于除卫生间、厨房和阳台外的空间的相接处。

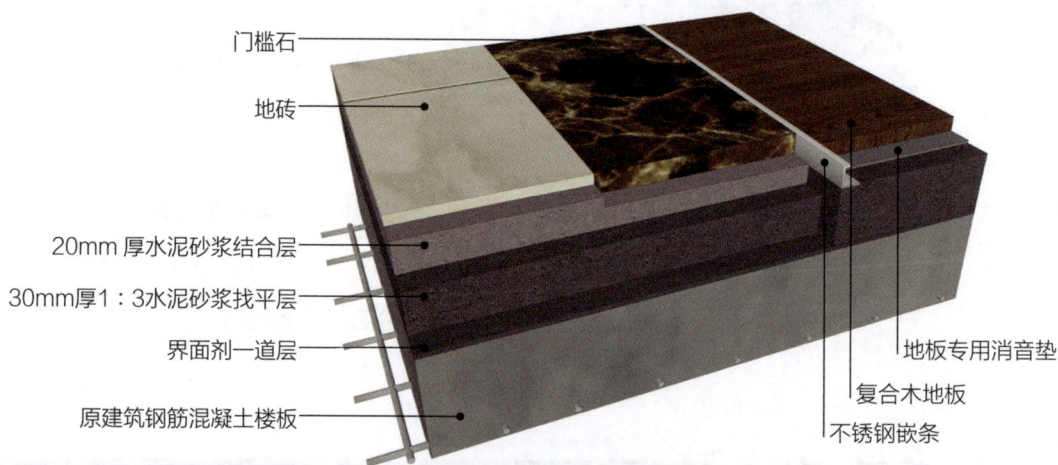

- 门槛石
- 地砖
- 20mm 厚水泥砂浆结合层
- 30mm厚1:3水泥砂浆找平层
- 界面剂一道层
- 原建筑钢筋混凝土楼板
- 地板专用消音垫
- 复合木地板
- 不锈钢嵌条

三维示意图

① 施工流程

　　基层处理→涂刷界面剂→做找平层→用水泥砂浆做黏结层→铺贴门槛石→铺贴地砖→固定收边条→铺贴消声垫→铺贴木地板。

② 重点工艺解析

　　U 形收边条既能调节木地板的膨胀率，还能起到衔接和收口的作用。

瓷砖做厨房的地面材料，更加容易清洁，且白色瓷砖与厨房整体色调更搭，而木地板则中和了颜色过冷的厨房空间

参考案例7　**木地板与自流平相接地面**

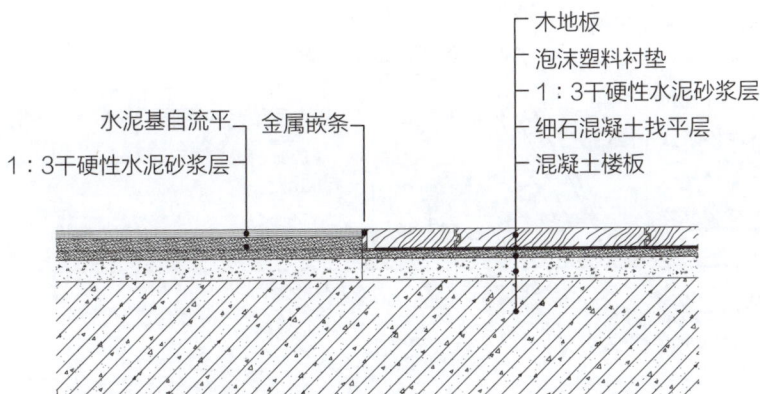

水泥基自流平　金属嵌条
1∶3干硬性水泥砂浆层

木地板
泡沫塑料衬垫
1∶3干硬性水泥砂浆层
细石混凝土找平层
混凝土楼板

节点图

/ 小贴士 /

　　木地板和自流平之间应预留5~10mm的缝隙放置专用的活动金属收边条，调节木地板的胀缩，起到衔接和收口的作用。

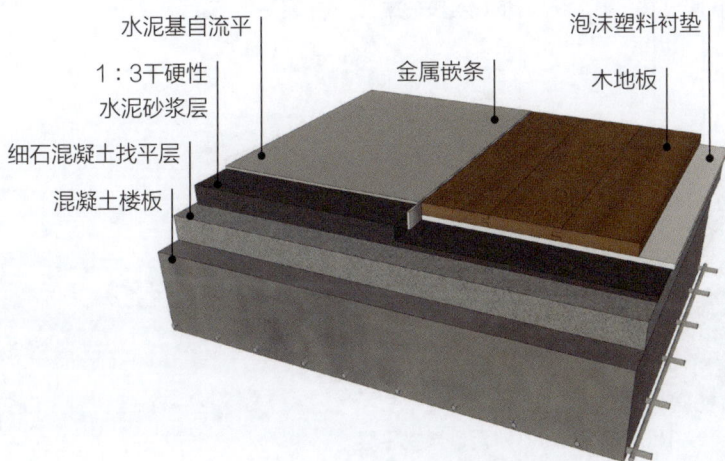

水泥基自流平
1∶3干硬性水泥砂浆层
细石混凝土找平层
混凝土楼板

金属嵌条

泡沫塑料衬垫
木地板

三维示意图

💡 **1 施工流程**

　　基层处理→做找平层→做干硬性水泥砂浆层→铺设塑料衬垫→铺设木地板→安装金属收边条→做水泥基自流平。

💡 **2 重点工艺解析**

　　干硬性水泥砂浆是普通砂浆，坍落度比较低，适合做中间层，多用于铺装工程中。

厨房区域的地面是耐脏的同时不显脏的自流平，将开放区域分成了厨房和客厅两部分

参考案例 8　木地板与玻璃相接地面

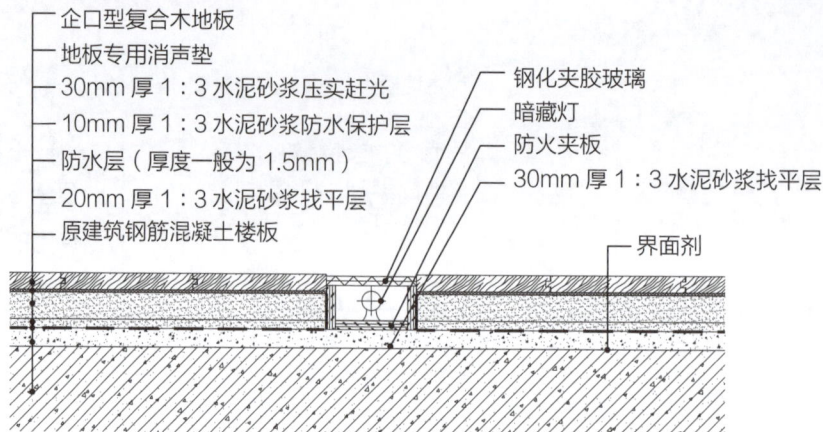

- 企口型复合木地板
- 地板专用消声垫
- 30mm 厚 1:3 水泥砂浆压实赶光
- 10mm 厚 1:3 水泥砂浆防水保护层
- 防水层（厚度一般为 1.5mm）
- 20mm 厚 1:3 水泥砂浆找平层
- 原建筑钢筋混凝土楼板
- 钢化夹胶玻璃
- 暗藏灯
- 防火夹板
- 30mm 厚 1:3 水泥砂浆找平层
- 界面剂

节点图

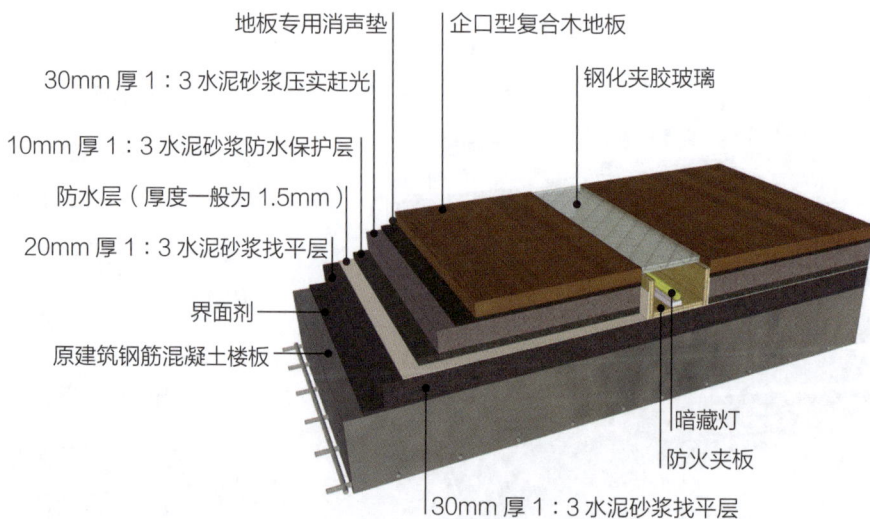

- 地板专用消声垫
- 企口型复合木地板
- 30mm 厚 1:3 水泥砂浆压实赶光
- 钢化夹胶玻璃
- 10mm 厚 1:3 水泥砂浆防水保护层
- 防水层（厚度一般为 1.5mm）
- 20mm 厚 1:3 水泥砂浆找平层
- 界面剂
- 原建筑钢筋混凝土楼板
- 暗藏灯
- 防火夹板
- 30mm 厚 1:3 水泥砂浆找平层

三维示意图

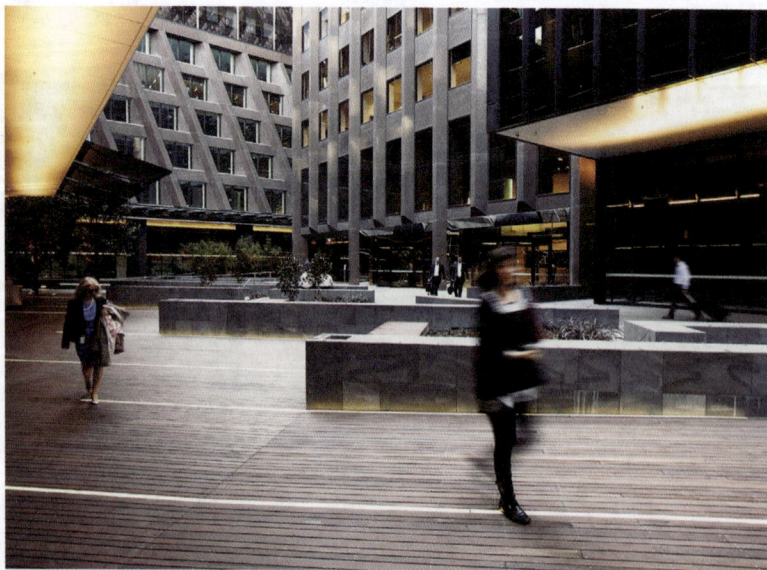

玻璃下方安装灯带，在开敞的室外空间保证了足够的光源，同时，这种不同长短的玻璃，给地面增加了造型，让木地板地面不会显得过于单调

1　施工流程

基层处理→涂刷界面剂→做找平层→做防水→做防水保护层→铺设消音垫→安装木地板→固定防火夹板→安装钢化夹胶玻璃。

2　重点工艺解析

①用 JS 防水涂料或聚氨酯涂膜来做约 1.5mm 厚的防水层。

②用 1:3 的干硬性水泥砂浆做 10mm 厚的防水保护层。

③通过设计图纸确定玻璃的位置，安装防火夹板。

第四章

门窗装饰节点构造

门窗是建筑围护构件中的重要构件，也是建筑装饰装修工程的重要组成部分，具有实用和美化的双重功能。此外，门窗的形式、尺寸、色彩、线形、质地等也对建筑装饰有着极大的影响，因此被纳入建筑立面设计范围。门窗设计施工时，要符合保温、隔热、隔声、防水、防火等功能要求。另外，寒冷地区有节能的需求，要求自门窗缝隙损失的热量不超过全部采暖耗热量的 25%。

一、门窗的基础知识

1. 门窗的分类

按所用材料分类：包括木门窗、钢门窗、铝合金门窗、塑料门窗（塑钢门窗）等。

按功能要求分类：包括保温门窗、隔声门窗、防火门窗、防盗门窗、特殊门窗等。

按开启方式分类：门可分为平开门（单开、双开）、弹簧门（单扇、双扇）、推拉门（单边推拉、两边推拉）、旋转门、感应门等；窗可分为平开窗、落地窗等。

2. 门窗的常用五金构造

拉手：门窗拉手有普通拉手、底板拉手、管子拉手、铜管拉手、不锈钢双管拉手、方形大门拉手、双排（三排、四排）铝合金拉手、铝合金推板拉手等类型。款式多样，可根据设计效果和需要选择。门锁使用的为执手，一般是用执手配相应的锁具，并用执手开关门窗。

合页：合页有普通合页、插芯合页、轻质薄合页、方合页、抽心合页、单（双）管式弹簧合页、H形合页、斜面脱卸合页、蝴蝶合页、单旗合页、轴承合页、双轴合页、尼龙垫圈无声合页、纱门弹簧合页、扇形合页及钢门窗合页等类型。

门窗锁：门窗锁可分为插锁、弹子锁、球形门锁和专业门锁等。若用户对保密性的要求高，还可选用组合门锁和电子卡片门锁等产品。

自动闭门器：自动闭门器按照安装位置的不同，可分为地弹簧、门顶弹簧、门底弹簧和弹簧门弓等类型。①地弹簧：安装在门下地面内，是将顶轴套于门扇顶部的一种液压式自动闭门器，当门扇向内或向外开启角度不到90°时，它能使门扇自动关闭；当门扇开启到90°时，可保持开启状态。②门顶弹簧：又称为门顶弹弓，是装在门顶上的一种液压式自动闭门器。③门底弹簧和弹簧门弓：是装在门下部的弹簧自动闭门器。

门窗定位器：门窗定位器一般安装在门窗扇的中部或下部，作用为固定门窗扇。常用的有风钩、橡胶头门钩、门轧头、脚踏门挚和瓷粒定门器等。

二、门窗的设计原则与规范

1. 门窗的设计原则

坚固耐久：坚固指的是门窗本身的质量应结实耐用，并且安装牢固、稳定；耐久包含抵御损伤和优良的装饰质量两大部分。门窗坚固、耐久的性质会影响到建筑房屋通风、采光的质量。

开启灵活：若启闭门窗时有阻滞现象，开关需要很大力气，会极大地影响门扇开启的灵活性。门窗开启不灵活一般由以下三个因素造成：门窗框、扇变形，密封条松动脱落；五金配件损坏；门窗安装质量差，超出允许偏差较多，且未及时调整。为保证门窗开启灵活，应在门窗施工的前、中、后期注意以上三方面的问题，保证灵活的门扇开启，给业主带来良好的使用感受。

密闭性：门窗的密闭性会影响建筑房屋基础的性能（水密性、气密性等），决定门窗密闭性最关键的两方面因素是门窗的密封胶条及门窗的安装施工。门窗的密闭性对业主的居住体验影响很大，而且还会对房屋的使用寿命及隔声效果产生影响，故应在上述两个方面加强注意。

便于维修、清洁：门窗使用的舒适度会影响家居生活的幸福度，而使用体验良好、美观的门窗必不可少的就是维修与清洁，便于维修、清洁的门窗会为其增色几分。

2. 门窗装饰构造的标准规范

门窗的一般规定：①门窗的选用应根据建筑所在地区的气候条件、节能要求等因素综合确定，并应符合国家现行建筑门窗产品标准的规定。②门窗的尺寸应符合模数，门窗的材料、功能和质量等应满足使用要求。门窗的配件应与门窗主体相匹配，并满足相应技术要求。③门窗应满足抗风压、水密性、气密性等要求，且综合考虑安全、采光、节能、通风、防火、隔声等要求。④门窗与墙体应连接牢固，不同材料的门窗与墙体连接处应采用不同的密封材料及构造做法。⑤有卫生要求或经常有人员居住、活动房间的外门窗宜设置纱门或纱窗。⑥当凸窗窗台高度低于或等于 0.45m 时，其防护高度从窗台面起算不应低于 0.9m；当凸窗窗台高度高于0.45m 时，其防护高度从窗台面起算不应低于 0.6m。

门的设置规定：①门应开启方便、坚固耐用；②手动开启的大门扇应有制动装置，推拉门应有防脱轨的措施；③双面弹簧门应在可视高度部分装透明安全玻璃；④推拉门、旋转门、电动门、卷帘门、吊门、折叠门不可作为疏散门；⑤开向疏散走道及楼梯间的门扇开足后，不应影响走道及楼梯平台的疏散宽度；⑥如果是全玻璃门，应选用安全玻璃或采取防护措施，并设防撞提示标志；⑦门的开启不应跨越变形缝；⑧当设有门斗时，门扇同时开启时两道门的间距不应小于 0.8m；⑨有无障碍要求时，应符合现行国家标准《无障碍设计规范》GB 50763 的规定。

窗的设置规定：①窗扇的开启形式应方便使用，安全和易于维修、清洗；②公共走道的窗扇开启时不得影响人员通行，其底面距走道地面高度不应低于 2.0m；③公共建筑临空外窗的窗台距楼地面净高不得低于0.8m，否则应设置防护设施，防护设施的高度由地面起算不应低于 0.8m；④居住建筑临空外窗的窗台距楼地面净高不得低于 0.9m，否则应设置防护设施，防护设施的高度由地面起算不应低于 0.9m；⑤当防火墙上必须开设窗洞口时，应按现行国家标准《建筑设计防火规范》GB 50016 执行。

天窗的设置规定：①天窗应采用防破碎伤人的透光材料；②天窗应设有防冷凝水产生或引泄冷凝水的措施，多雪地区应考虑积雪对天窗的影响；③天窗应设置方便开启清洗、维修的设施。

三、不同开启形式的门装饰构造

门常见的开启方式有平开门、弹簧门、推拉门、感应门以及旋转门等。其中，平开门和推拉门在室内空间的应用十分普遍，具有安装简便的特点。感应门和旋转门一般用于酒店、商场等公装中的入门处，几乎不在室内空间中运用。

1. 平开门

平开门是指合页装于门侧面、向内或向外开启的门。平开门可分为单扇开和双扇开两种，根据开门方向又分为单向开启和双向开启。平开门适用于任意场景当中。

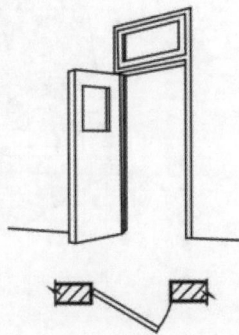

示意图

参考案例 1 平开木门（单开）

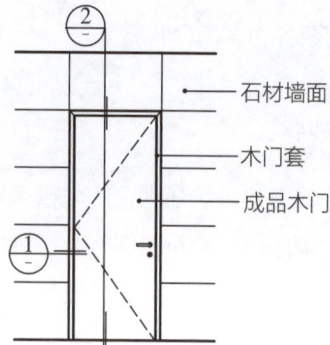

平立面图

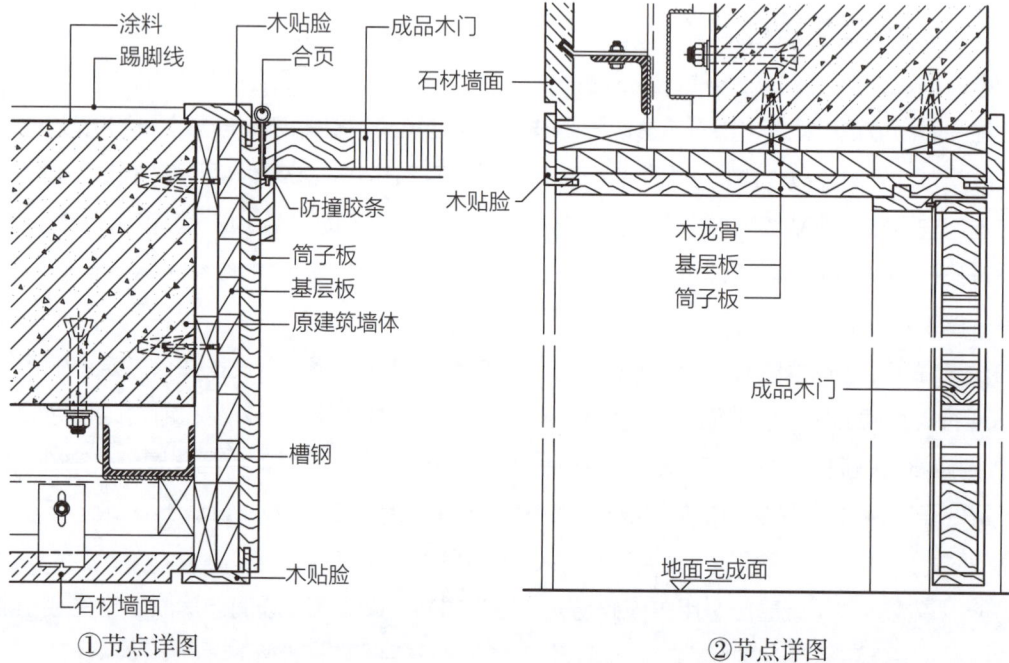

①节点详图

②节点详图

三维示意图

1 施工流程

施工准备→定位弹线→ 组装门套→门套矫正→安装门板→调整门板与门套间隙→安装门套装饰线→安装门档条→安装门锁、把手及门吸。

2 重点工艺解析

①将门套横板压在两竖板之上，然后根据门的宽度确定两竖板的内径并用钉枪固定。左右两面固定好后，可用刀锯在横板与竖板的连接处开出一个贯通槽，以便线条顺利连通。门套的正反两面均需开贯通槽，开好后将门套放入门洞。

②根据门的宽度截三根木条，取门套上、中、下的三点，将木条撑起。在门套的侧面，上、中、下三点分别打上连接片，连接片直接固定在门套的侧面，门套与墙体紧连。

③固定门套前可将木条暂时取下，以便搬动门板，待门安装后再支撑起。先将合页安装在门板上，然后在门板底部垫约 5mm 的小板，将门板暂时固定在门套上面。

④门板固定好后，可取下底部垫的小木板，试着将门关上，调整门左右与门套的间隙。根据需要调整间隙，使其形成一条宽 3~4mm 的直线，然后依次将连接片与门套、墙体固定结实。

⑤切割门套装饰线条，线条入槽时为避免损坏线条，可垫纸。用锤子将装饰线条从根部轻轻砸入，先装两边，再装中间。

⑥将门挡条切成 45° 斜角，将门关至合适位置，先钉门挡条横向部分，之后再钉竖向部分，最后将门挡条上的扣线涂上胶水，之后扣入门挡条上面的槽中。

⑦将门把手和门锁按设计图纸用螺钉固定在门扇上，安装时应先用钻头在门板上钻出螺钉长度一半的深度，再将螺钉旋入，不要直接用铁锤将螺钉钉入。把手及门锁安装完成后安装固定门吸。

平开木门的材质与空间中的定制柜相呼应，显得自然、温馨，且整体性非常强

──── / 小贴士 / ────

门芯为木料，表面贴有多层板和木饰面板，经高温压制而成的木门被称为实木复合门。其门芯多为松木、杉木等木料，具有重量轻、不易变形开裂的优点，但因所用木料的特性，此类木门容易损坏，且价格较为昂贵。

参考案例 2 **平开木门（双开）**

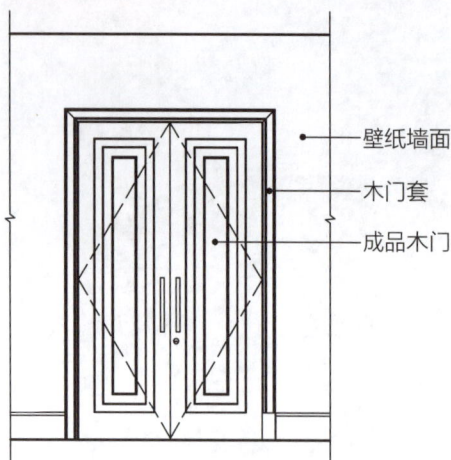
立面图

壁纸墙面
木门套
成品木门

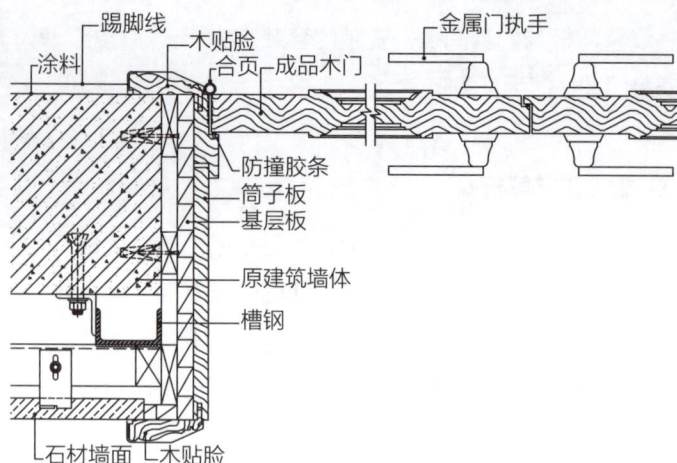
节点图

踢脚线
木贴脸
合页
成品木门
涂料
金属门执手
防撞胶条
筒子板
基层板
原建筑墙体
槽钢
石材墙面　木贴脸

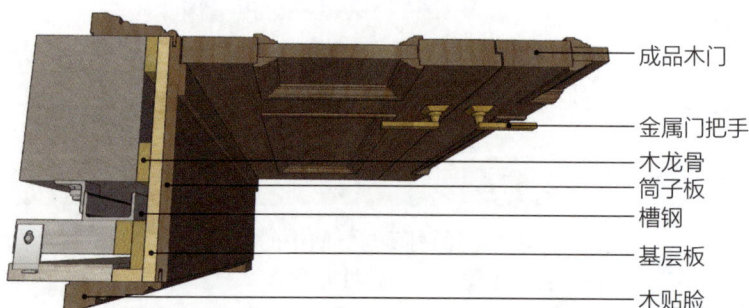
三维示意图

成品木门
金属门把手
木龙骨
筒子板
槽钢
基层板
木贴脸

1 施工流程

施工准备→定位弹线→安装地弹簧→组装门套→门套矫正→安装门板→安装门套装饰线→安装门挡条→安装门锁、把手及门吸。

2 重点工艺解析

①弹出门套及地弹簧的安装位置线，使木门的转轴中心与地弹簧转轴中心重合。

②将地弹簧转轴插入木门的转轴孔，保持门扇垂直及上下转动轴心重合，调节关门速度，用合页将门板固定在门套上。

双开木门适合门洞较大的空间，门上的条纹装饰纹样具有节奏美感

/ 小贴士 /

以天然木料为原料，经干燥、抛光等工序制作而成的成品木门，被称为实木门，这种门的隔声、保温效果良好。实木门的选材通常是一些有价值的木材，因此价格高昂，开裂后不易修复。

参考案例3　金属平开门

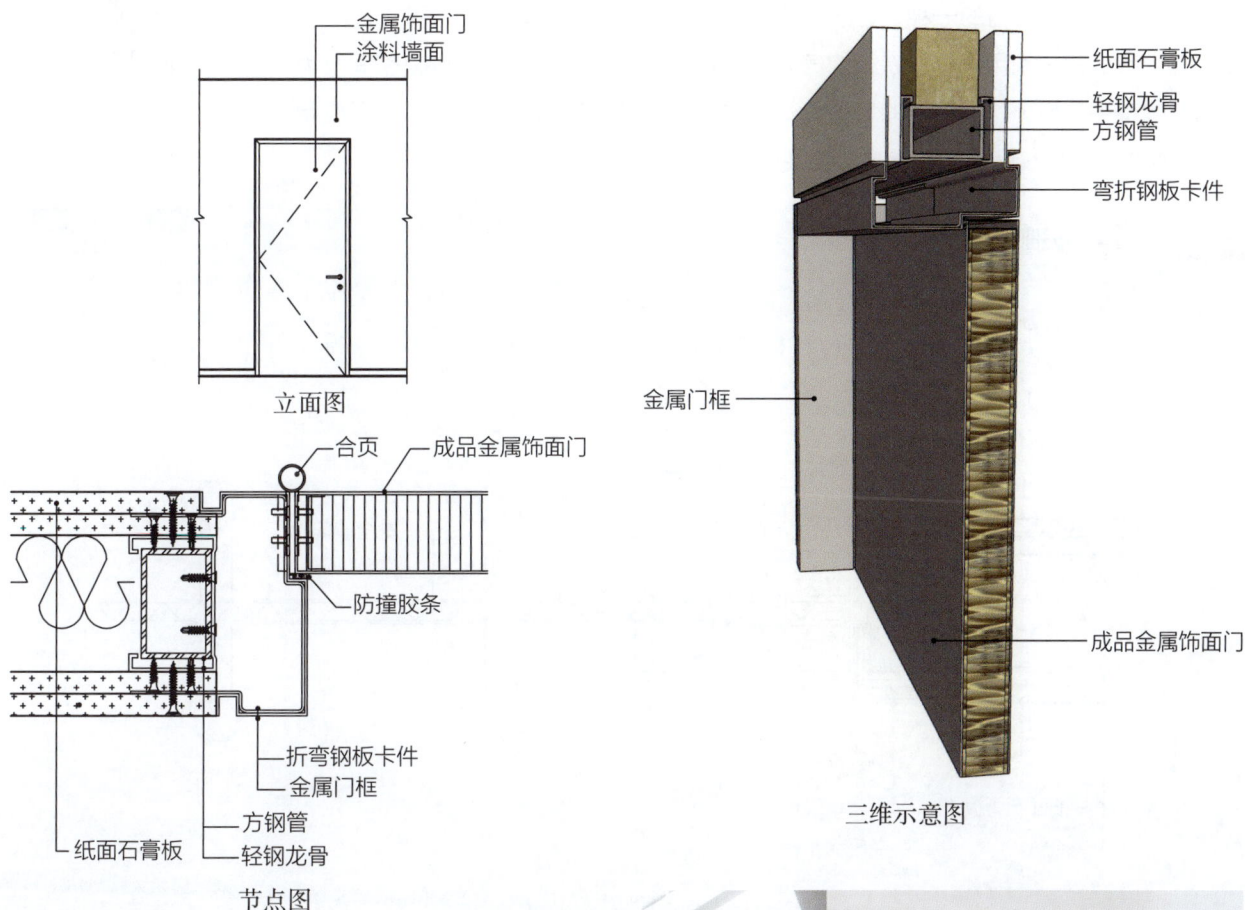

金属饰面门
涂料墙面

立面图

合页　成品金属饰面门
防撞胶条
折弯钢板卡件
金属门框
方钢管
轻钢龙骨
纸面石膏板

节点图

纸面石膏板
轻钢龙骨
方钢管
弯折钢板卡件
金属门框
成品金属饰面门

三维示意图

① 施工流程

施工准备→弹线→定位→安装门框→门口四周塞缝→安装门扇→安装五金配件→清理验收。

② 重点工艺解析

平开门固定后，应及时用防水砂浆塞缝，并提前把基层清洗干净，先刷一道素水泥浆，再用1:2.5防水砂浆塞缝，要求塞满、塞严。隔天浇水养护，三天后取下固定木楔，并用同样方法将木楔洞补实。

/ 小贴士 /

金属门由金属或合金制作而成，因其材质坚固，具有良好的防盗性和防磨损性，通常用在大门处。另外，金属门的隔声效果最好，可以用在有一定隔声要求的建筑中。

黑色哑光金属门在整体净白的空间中十分突出，具有破势而出的装饰效果

2.弹簧门

弹簧门属于平开门的一种，它的安全性能较高，并且使用方便。但弹簧门的开启方式导致其空间利用率低，狭小的房间并不适用，此类门通常用在办公空间及大型商业超市中。另外，弹簧门的地弹簧安装精度对其使用寿命影响很大，所以应用时应注意地埋式门轴弹簧的质量。

参考案例 **玻璃弹簧门**

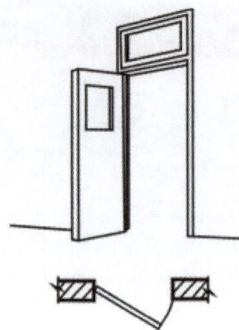

示意图

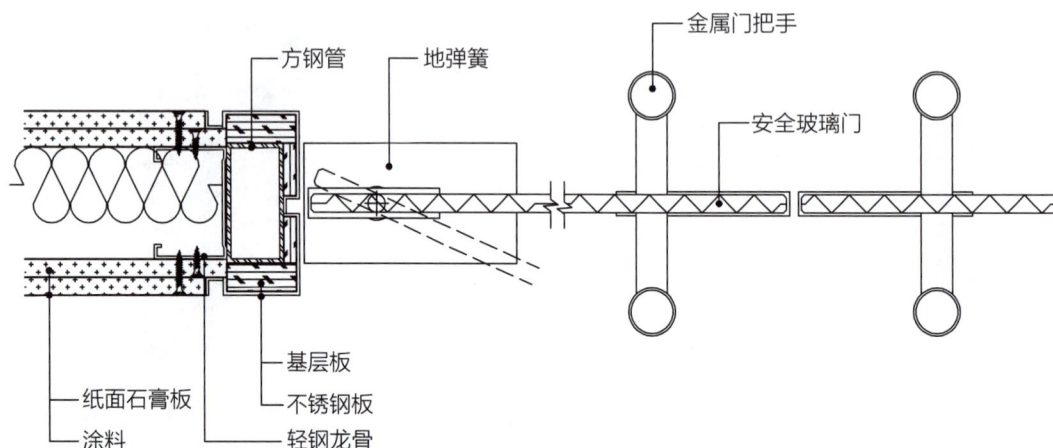

剖面节点图

（标注：方钢管　地弹簧　金属门把手　安全玻璃门　纸面石膏板　涂料　基层板　不锈钢板　轻钢龙骨）

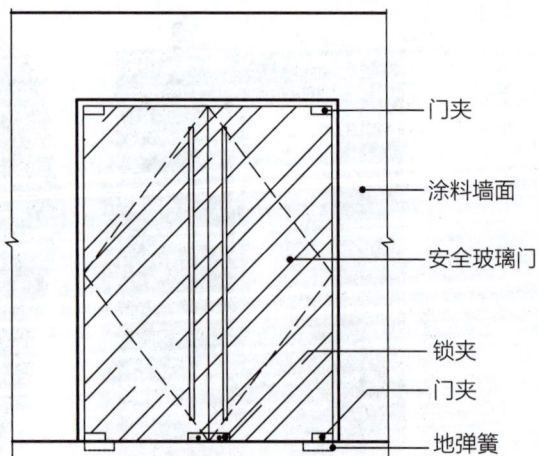

立面节点图

（标注：门夹　涂料墙面　安全玻璃门　锁夹　门夹　地弹簧）

1 施工流程

施工准备→定位弹线→安装地弹簧→组装门套→门套矫正→安装门板→安装门套装饰线→安装门挡条→安装门锁和把手。

2 重点工艺解析

①在墙面地面弹出门部件的安装线，并画线做好标记，使玻璃门与门夹转轴重合。

②用玻璃吸盘将装好门夹的门扇吸紧抬起，将地弹簧转轴插入玻璃门转轴孔内。调节地弹簧三个方向的螺钉，保持门扇垂直及上下转动轴心重合。最后调节完关门速度，盖上地弹簧装饰盖。

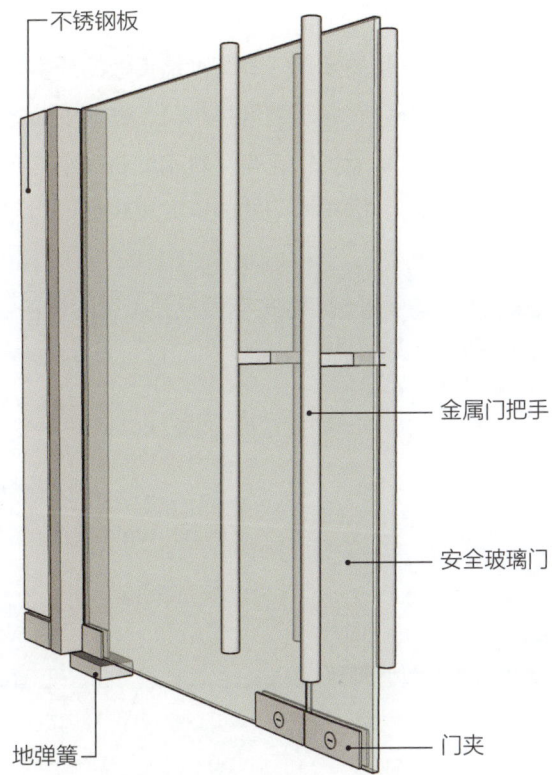

不锈钢板

金属门把手

安全玻璃门

地弹簧

门夹

三维示意图

弹簧玻璃门通透、明亮，给人以整洁的视感

3. 推拉门

推拉门以推、拉的方式实现门的开启和关闭，门扇可以是夹板门或实木门等类型。按照安装方式的不同，推拉木门可分为贴墙明装推拉木门、贴墙安装推拉木门以及联动推拉木门。另外，推拉门需安装轨道，轨道有吊轨和地轨等结构形式。此类门占据空间小，可灵活分隔空间。同时，推拉木门的隔声效果较强，且可根据需要设计出一定的隐蔽性。

备注：推拉门宜选用嵌入式抠手，需要考虑门挡的定位及限位销的设置。

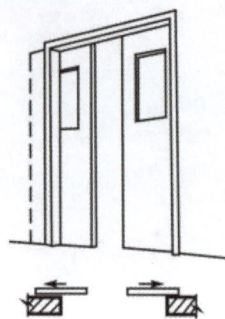

示意图

参考案例 1　玻璃推拉门

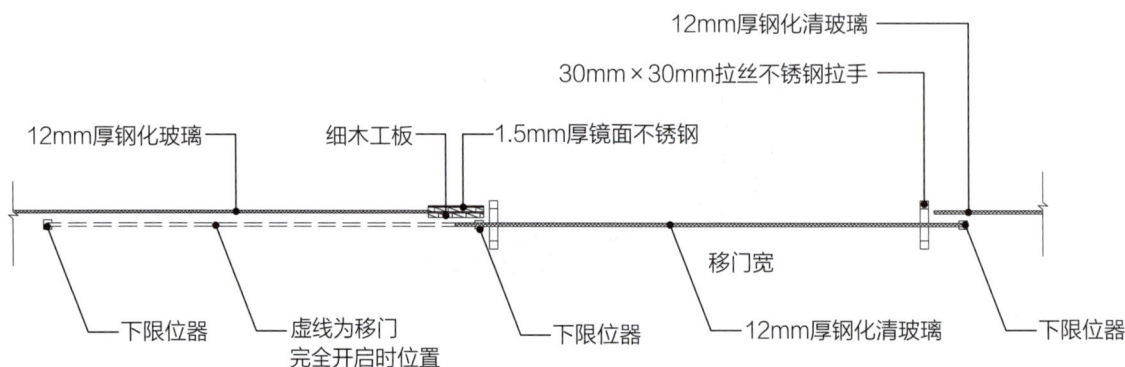

剖面图

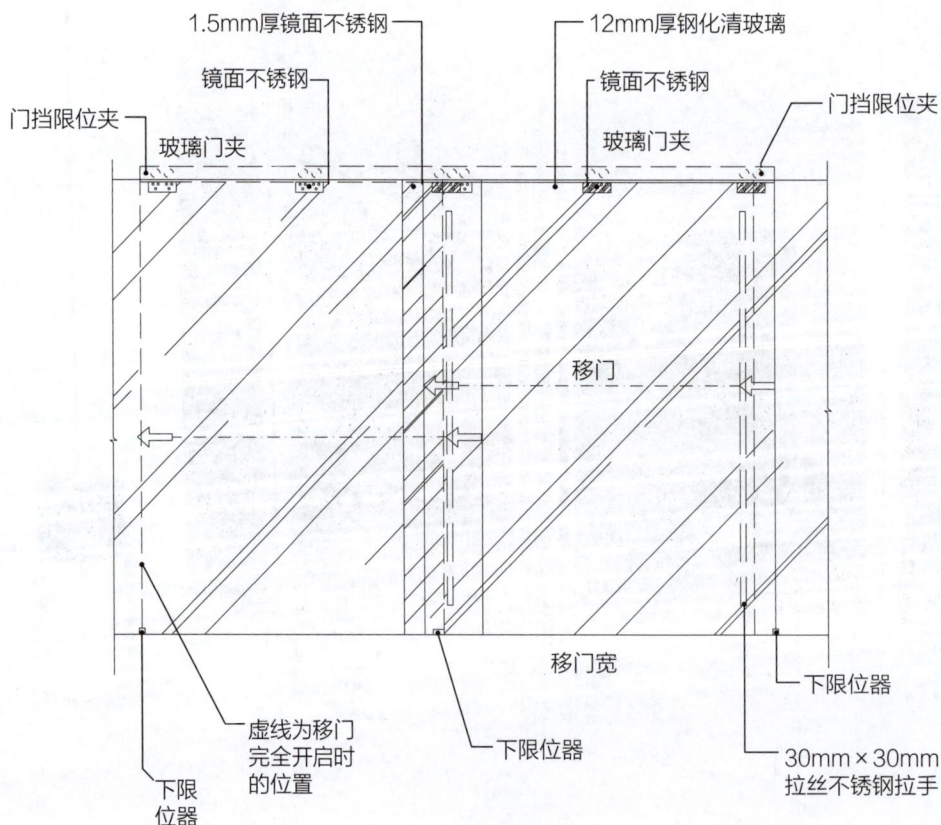

立面图

镜面不锈钢玻璃门夹　　1.5mm 厚镜面不锈钢

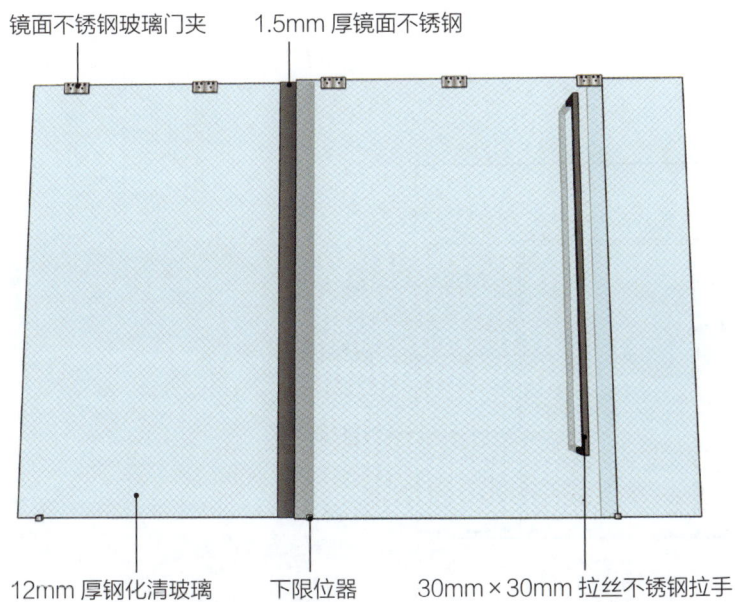

12mm 厚钢化清玻璃　　下限位器　　30mm×30mm 拉丝不锈钢拉手

三维示意图

1 施工流程

安装上轨道→安装下轨道→安装滑轮→安装玻璃门扇→安装限位器→安装门把手。

2 重点工艺解析

在玻璃上方安装镜面不锈钢材质的玻璃门夹，并将门扇与上、下滑道固定，左侧移门一端嵌入包 1.5mm 厚镜面不锈钢的细木工板中。

玻璃推拉门外观简练、透亮，给整个空间带来协调简洁、符合现代美学的装饰效果

参考案例 2　推拉木门（贴墙暗装）

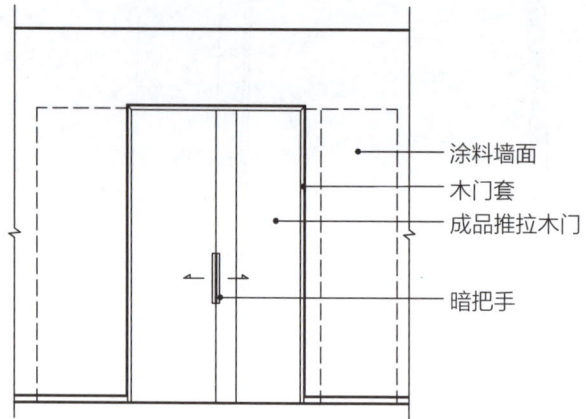

涂料墙面
木门套
成品推拉木门
暗把手

立面图

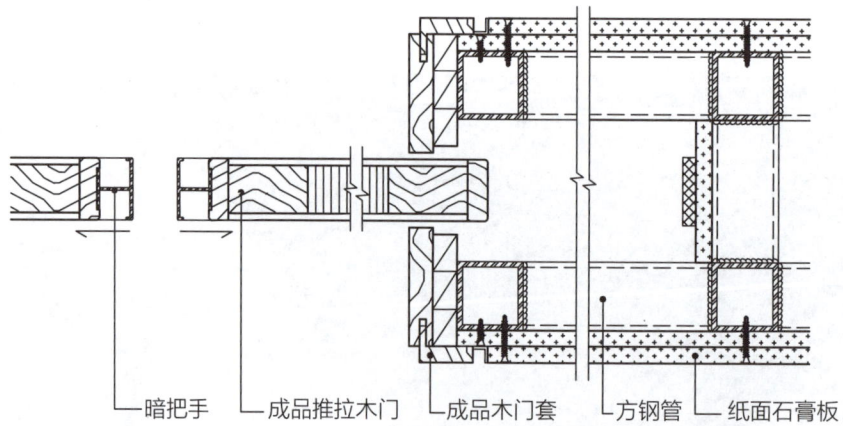

暗把手　　成品推拉木门　　成品木门套　　方钢管　　纸面石膏板

节点图

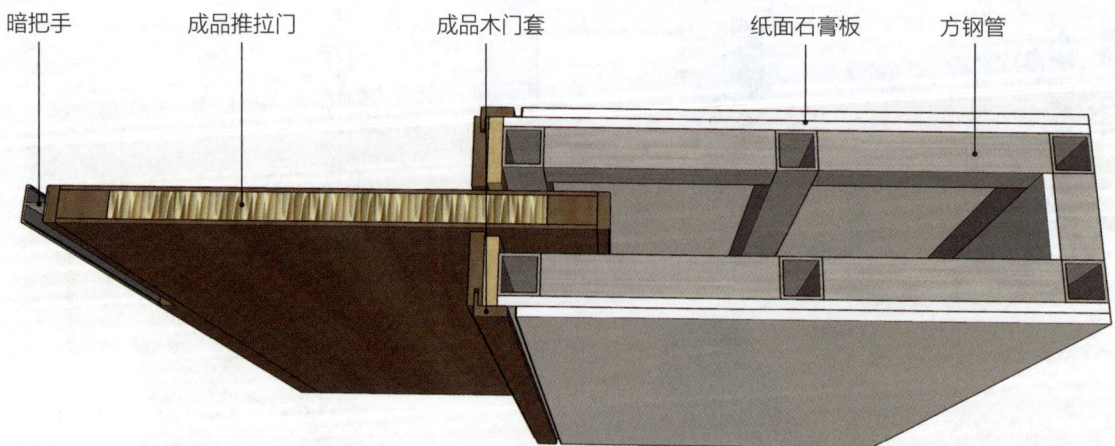

暗把手　　　成品推拉门　　　成品木门套　　　　纸面石膏板　　方钢管

三维示意图

1 施工流程

墙面施工→安装门套→安装上、下滑道→安装滑轮以及门扇→安装限位器。

2 重点工艺解析

①用方钢管在纸面石膏板墙面两侧设置暗藏的门滑道，与门相撞的方管贴防撞条。

②将带暗把手的推拉门与滑道中的滑轮固定，并试推拉木门，检查滑道是否顺畅。

推拉木门与墙面、地面融为一体，整体性非常高，整个设计低调又很有质感

参考案例3 推拉木门（联动）

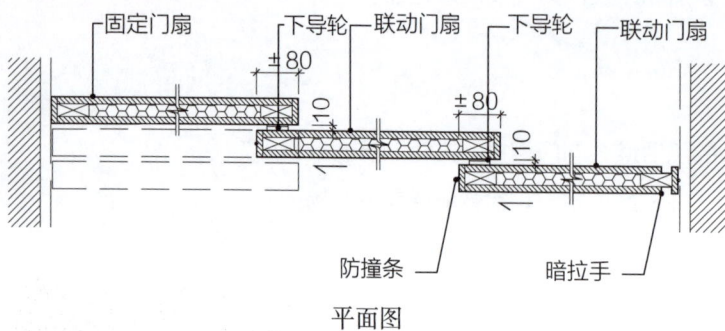

平面图

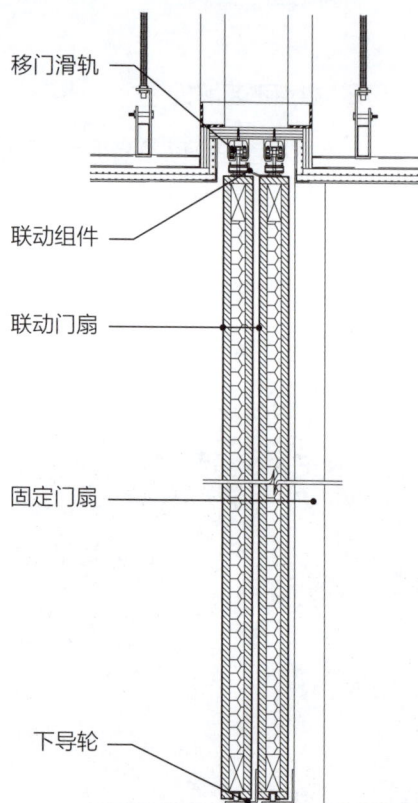

立面图

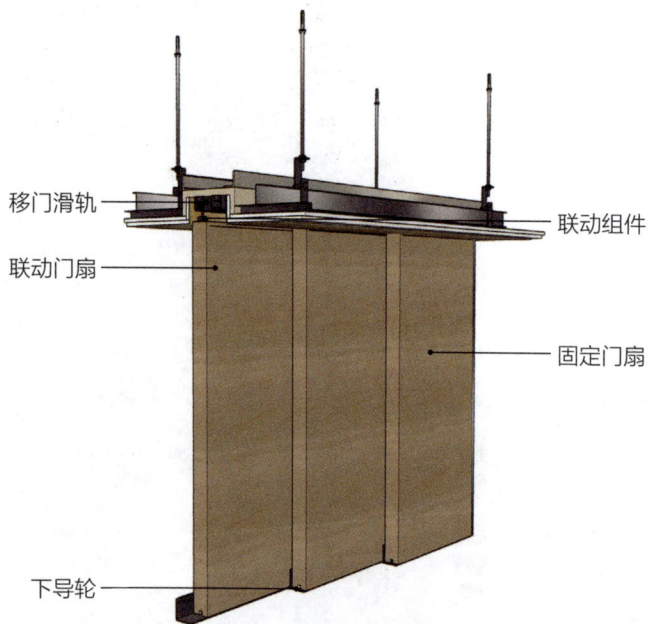

三维示意图

① 施工流程

安装轨道盒→安装上轨道→安装上、下滑道→安装固定门扇→安装联动门扇。

② 重点工艺解析

在联动门扇侧面贴防撞条并加工暗把手，并在门扇上、下分别安装联动组件与下导轮，确保联动组件与下导轮均与导轨相接。

— / 小贴士 / —

联动门的轨道维修较为方便，可以实现空间利用的最大化，但隔声效果较差。另外，定制联动推拉门时应注意门扇尺寸，预留出门框重叠的部分，并选择适配的五金配件。

干净的浅木色联动门，为空间增添了温暖的气息

4. 感应门

感应门可以看作推拉门的一种,其门扇可以用无框的全玻门,也可以用铝合金或不锈钢做外框。感应门的控制系统利用微波感应系统或超声波、红外线传感器进行开启控制。感应自动推拉门一般由机箱、控制电路、门扇及轨道组成。

感应自动推拉门的地面构造上装有导向性下轨。进行地面施工时,应在相应位置预埋 50mm×75mm 的方木,长度为开启门宽的 2 倍。安装门体前,先将方木条撬出地面,而后在原方木条的位置安装下轨道。自动门上部需要安装机箱,用 18 号槽钢作为支撑横梁,横梁两端与墙体内的预埋钢板焊接牢固。

参考案例 1　**玻璃感应门(固定墙面)**

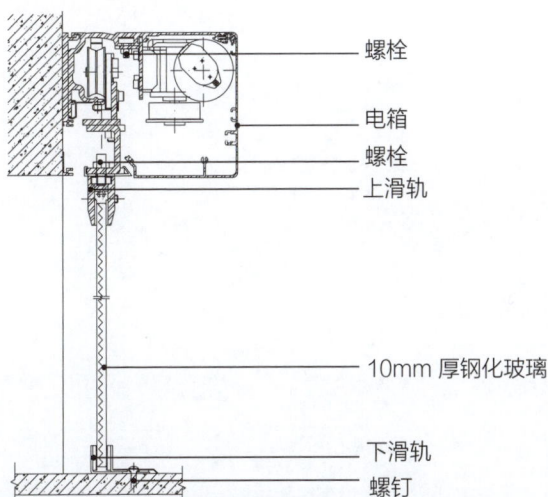

- 螺栓
- 电箱
- 螺栓
- 上滑轨
- 10mm 厚钢化玻璃
- 下滑轨
- 螺钉

节点图

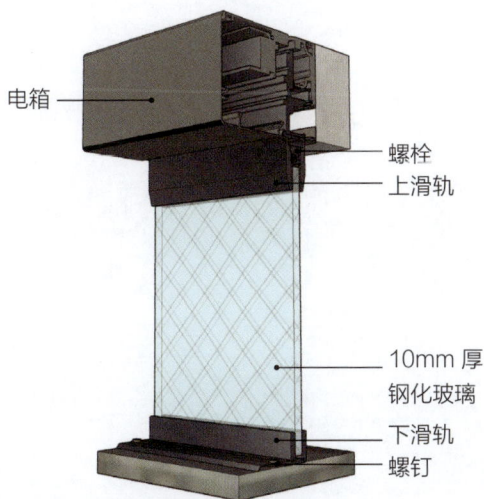

- 电箱
- 螺栓
- 上滑轨
- 10mm 厚钢化玻璃
- 下滑轨
- 螺钉

三维示意图

玻璃感应门使用方便、开启轻松,为人员进入大堂提供了便捷性

① 施工流程

施工准备→定位放线→预埋地滑轨固定件→地面滑轨安装→固定机箱→安装门扇→调试。

② 重点工艺解析

在建筑外墙面安装机箱,应确认安装位置正确后再进行固定,机箱预留安装滑轨的空间用槽钢与螺栓连接移门滑轨。

/ 小贴士 /

电箱固定在墙面的玻璃感应门安装方便,受门柱、大门原有结构的影响较小,同时不对其他结构造成破坏。另外,将机箱固定于墙面的电子感应门,避免了移门占用入口空间,很大程度上地提高了空间利用率,可以用作居民楼或写字楼大堂的大门。

参考案例 2 玻璃感应门（固定顶棚）

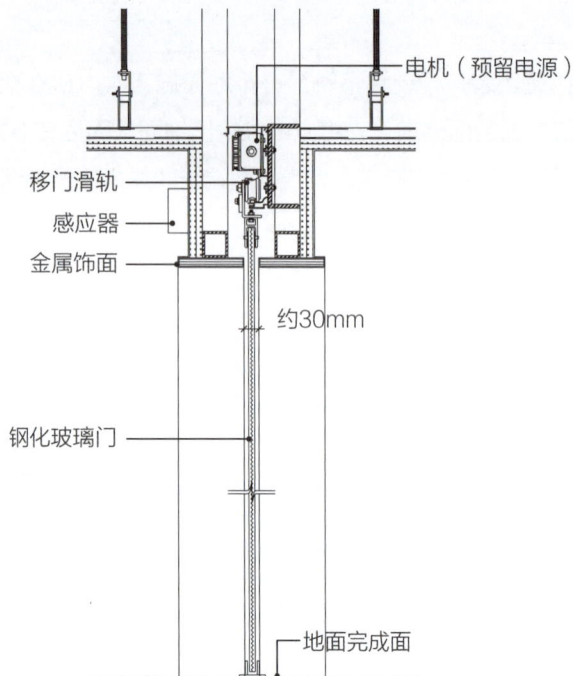

电机（预留电源）

移门滑轨
感应器
金属饰面

约30mm

钢化玻璃门

地面完成面

节点图

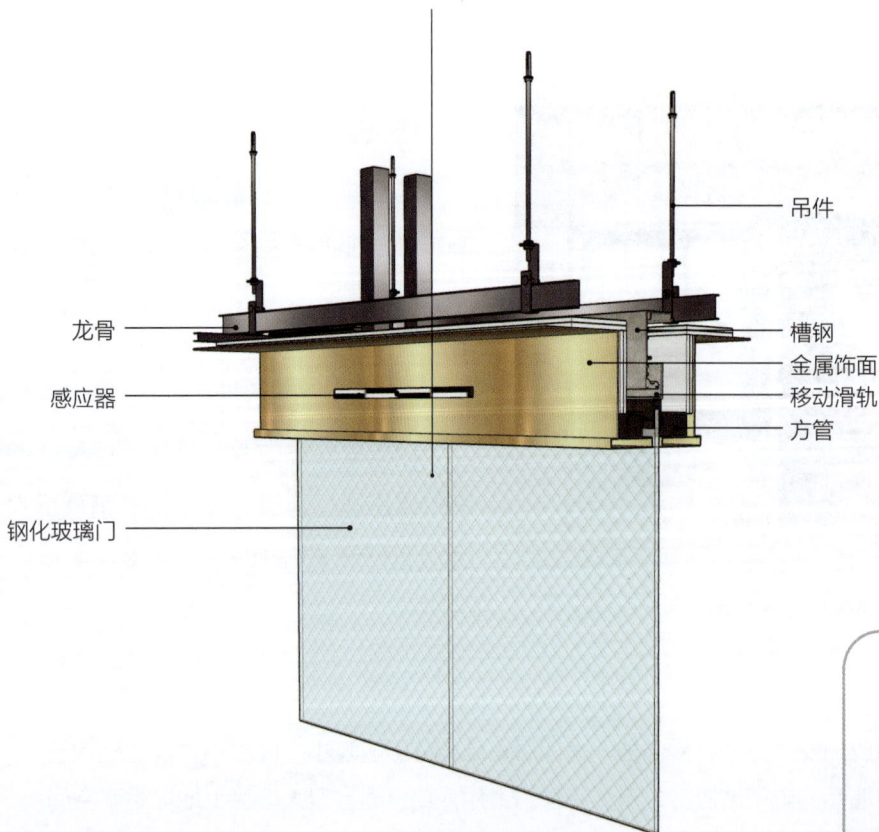

吊件

龙骨

槽钢
金属饰面
移动滑轨
方管

感应器

钢化玻璃门

三维示意图

/ 小贴士 /

　　玻璃感应门适用于宾馆、酒店、写字楼等空间中，应用非常广泛。感应门具有降低噪声、防尘、防风等功用。

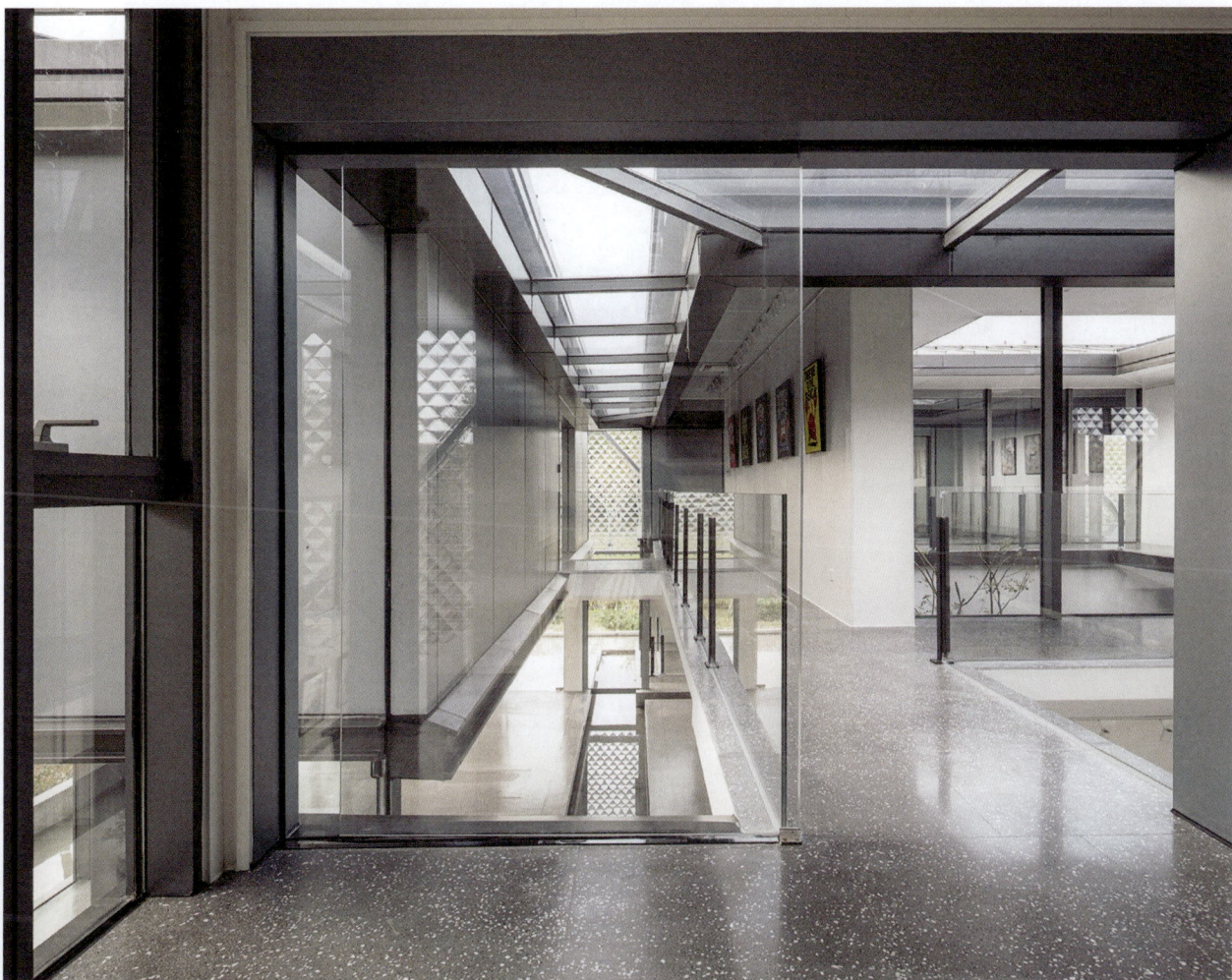

通透、明亮的玻璃感应门起到分隔空间的作用，同时不会影响光线的穿透

1 施工流程

施工准备→定位放线→预埋地滑轨固定件→地面滑轨安装→固定机箱→安装横梁→安装门扇→调试。

2 重点工艺解析

①预埋滚轮导向铁件或预埋槽口木条。槽口木条采用长度为开启门宽两倍的方木。

②安装地面滑轨时，需注意下轨道顶标高应与地坪面层标高一致或略低 3mm 左右。

③埋设钢板，并与横梁的槽钢牢固连接，预留电源的电机与槽钢固定，并在电机下将移门滑轨与槽钢连接。

④安装方管，固定横梁尺寸大小，并贴金属饰面。金属饰面的拆装应方便后续的检测维修，一般可采用活动条密封，注意安装后不能使门受到安装应力。

⑤检查上、下滑轨是否顺直、平滑，不顺滑处用磨光机打磨平滑后安装滑动门扇。滑动门扇尽头装弹性材料。门扇滑动应平稳、顺畅。

⑥感应门安装完成后，对探测传感系统和机电装置进行反复调试，将感应灵敏度、探测距离、开闭速度等调试至最佳状态，以满足使用要求。

5.旋转门

旋转门可减少室内温度的散失，控制进出人数，多用于中、高端建筑中。选择旋转门时，其尺寸应与预留的门洞尺寸相匹配，避免因尺寸不合导致旋转门安装困难，影响后期的正常使用。另外，根据使用场景的不同，应选择不同翼扇的旋转门。一般来说，人流量较大的场所选择少翼的旋转门较好，其中又以两至三翼的旋转门为宜。考虑到旋转门使用的轻便性，旋转门所用到的各类型材应结合起来，考虑其重量适用，以保证门体的质量及使用的方便。

示意图

参考案例 **玻璃旋转门**

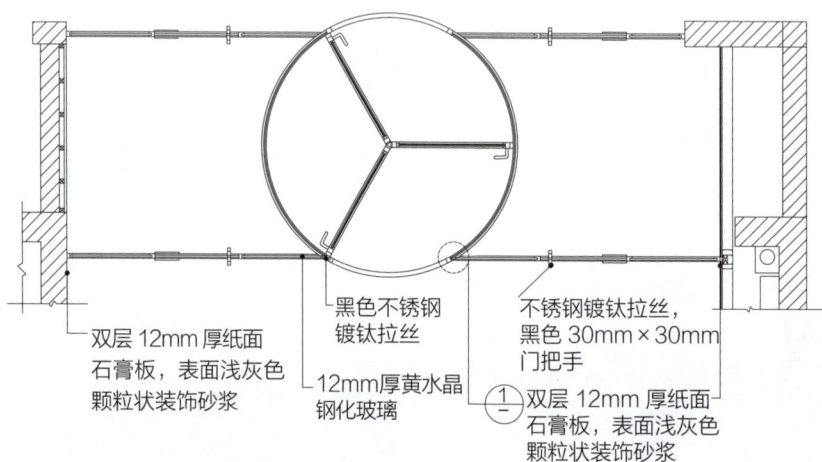

双层 12mm 厚纸面石膏板，表面浅灰色颗粒状装饰砂浆

黑色不锈钢镀钛拉丝

12mm厚黄水晶钢化玻璃

不锈钢镀钛拉丝，黑色 30mm×30mm 门把手

① 双层 12mm 厚纸面石膏板，表面浅灰色颗粒状装饰砂浆

剖面图

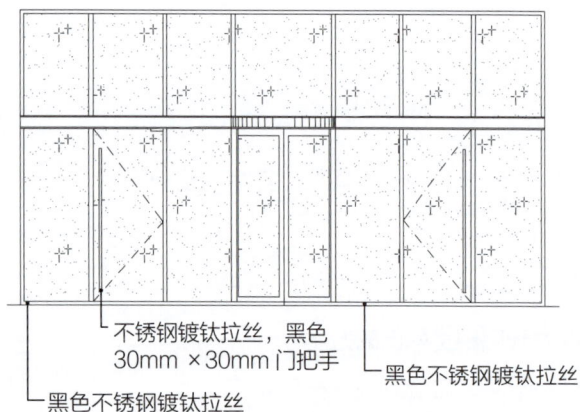

不锈钢镀钛拉丝，黑色 30mm×30mm 门把手

黑色不锈钢镀钛拉丝

黑色不锈钢镀钛拉丝

立面图

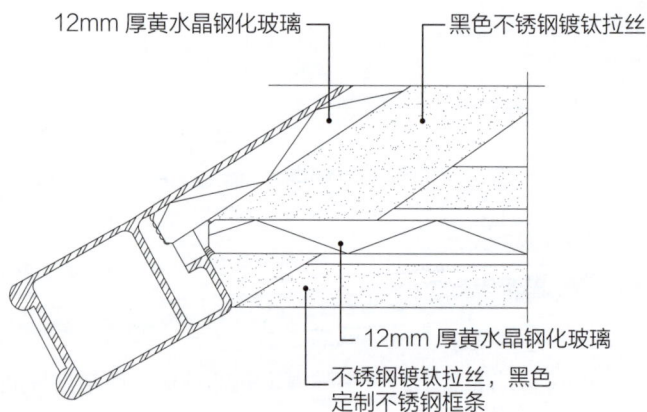

12mm 厚黄水晶钢化玻璃

黑色不锈钢镀钛拉丝

12mm 厚黄水晶钢化玻璃

不锈钢镀钛拉丝，黑色定制不锈钢框条

①节点详图

/ 小贴士 /

玻璃旋转门以不锈钢为框架，钢化玻璃为门面，其旋转功能可以很好地抵抗风力，减少室内温度的耗散，具有节能与隔离空气的作用。玻璃旋转门经常被用在商场、酒店等营业场所中，既有效提高了人口的流通性，又不会因人员拥挤导致安全问题。另外，转门玻璃一般厚 5~6mm，活扇与转壁之间利用毛条密封，门扇多向逆时针方向旋转，门扇的旋转主轴下部有可调节阻尼的装置，以保证门扇旋转的平稳。

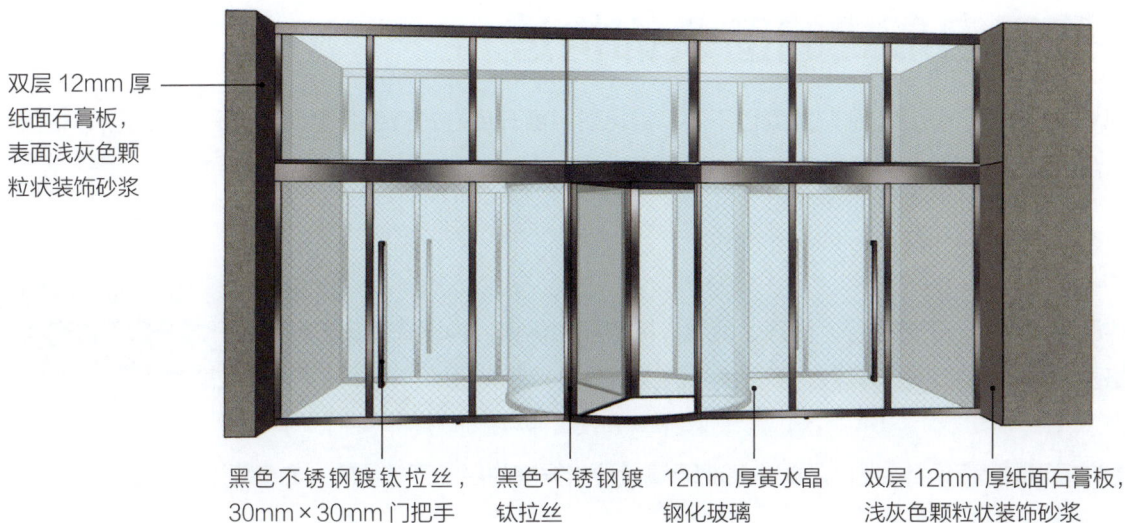

双层 12mm 厚
纸面石膏板，
表面浅灰色颗
粒状装饰砂浆

黑色不锈钢镀钛拉丝，　　黑色不锈钢镀　　12mm 厚黄水晶　　双层 12mm 厚纸面石膏板，
30mm×30mm 门把手　　钛拉丝　　　　钢化玻璃　　　　浅灰色颗粒状装饰砂浆

三维示意图

① 施工流程

测量放线→安装下弧夹、外轨→安装内轨→安装机电梁→安装旋转弧扇、曲面玻璃→安装玻璃胶条→安装固定扇→安装包扣板→调试。

② 重点工艺解析

①开立柱孔，安装立柱。将下弧夹与立柱连接，并用螺栓紧固。检查外轨的连接件备齐后，将外轨抬至立柱上并立即固定，固定时每端不应少于两条螺栓。安装完后检查外轨位置是否准确，调整外轨连接缝隙、水平度并修整接缝。

商场的入口处常见玻璃旋转门，其玻璃材质为空间带来了通透感，转动时形成的圆形空间还具备一定的造型感

②在内轨中心安装主从动轮，并将紧固钢弧板、内轨辐条的 T 型螺栓和密封毛条提前装至内轨槽内，确定安装正确后，将内轨安装到外轨上。用两端连接板和钢弧板将内轨拼接。

③安装旋转门的悬臂及铝轨，并对压器安装板、驱动电机安装板、门轨道连接板等机电梁的构件进行安装。

④在下弧夹玻璃槽内垫缓冲垫块，将弧扇安装到内轨上，调整弧扇在圆周上的位置和垂直度，与立柱、下夹的间距，安放固定曲面玻璃。

⑤安装外弧玻璃胶条，注意胶条接缝处连接美观，接好后用胶液黏合。调节外弧玻璃间隙，并安装接缝胶条，再对外侧密封胶条进行安装，为保证胶条密封的牢固性，可在局部填充结构胶。

⑥检测固定扇门框的尺寸，对角线误差应小于 2mm，高度与宽度应小于 2mm，若大于此范围则应进行调整，之后再安装固定门扇。

⑦下夹弧形内外板在包扣板黏结前进行预弯，弧度与下夹弧度一致，避免起拱或翘曲。立柱内侧包扣板需规则贴附在立柱上，确保长度合适，没有翘曲变形。

⑧通电观察门体运行情况，按要求调整传感器的检测范围及门体的位置参数。最后安装旋转门顶部防尘板并贴装专用封条。

四、不同开启形式的窗装饰构造

室内的规划格局不同，适用的窗户类型也不同。常见的门窗开启方式有平开窗、推拉窗、落地窗等类型，常见木窗、铝合金窗、塑钢窗、断桥铝窗等多种材质类型。

1. 平开窗

平开窗的开启面积大，密封性好，隔声、保温、抗渗能力优良。内开式擦窗方便；外开式开启不占空间。平开窗的分格灵活性较大，可以将其做成多种线条的立面效果，故其适用于整体效果要求较高的建筑，如住宅楼、别墅等。

备注：窗户把手的高度设计要因人而异，即把手高度要根据室内经常开关窗的人的身高进行设定。

参考案例 1 **平开石材饰面窗（单开）**

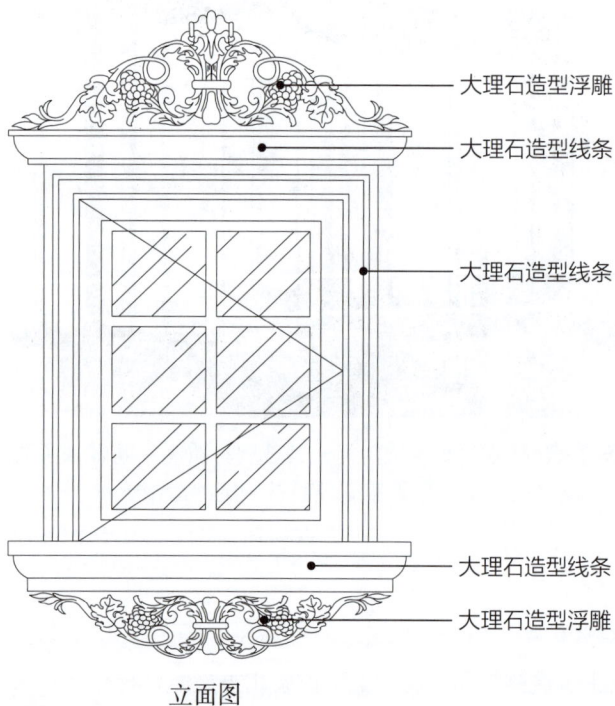

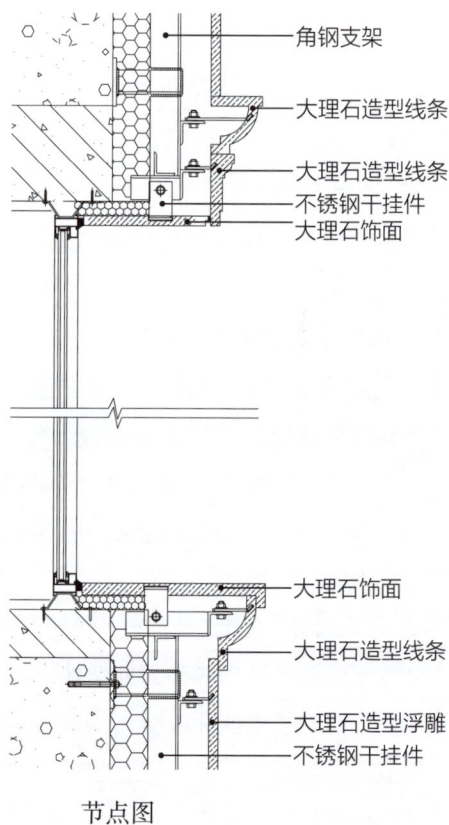

大理石造型浮雕
大理石造型线条
大理石造型线条
大理石造型线条
大理石造型浮雕

立面图

角钢支架
大理石造型线条
大理石造型线条
不锈钢干挂件
大理石饰面
大理石饰面
大理石造型线条
大理石造型浮雕
不锈钢干挂件

节点图

/ 小贴士 /

石灰石窗台拼接无缝，结构致密不渗透，材质环保无辐射，但其表面硬度较大理石窗台稍差，并且磕碰后易导致缺损，影响窗户的美观。

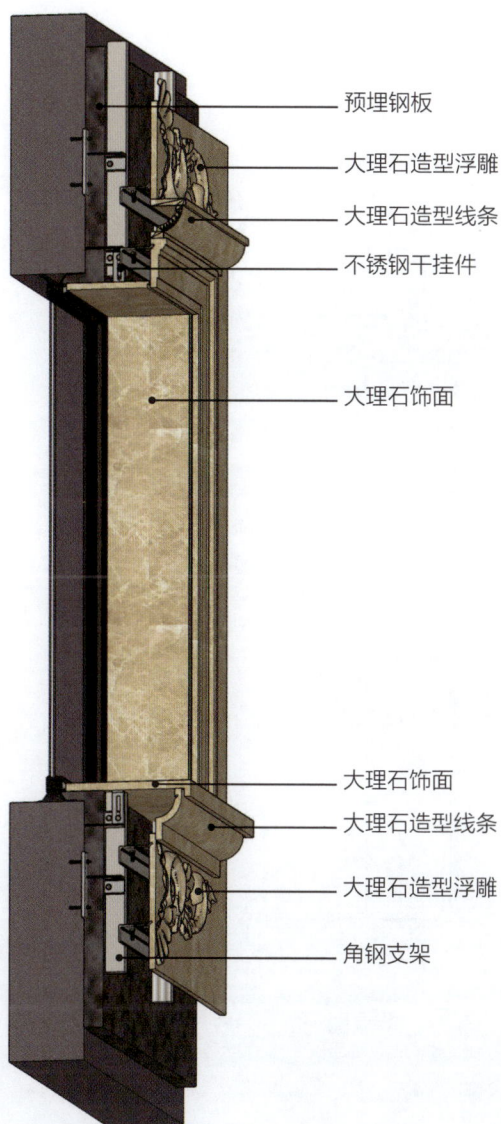

预埋钢板

大理石造型浮雕

大理石造型线条

不锈钢干挂件

大理石饰面

大理石饰面

大理石造型线条

大理石造型浮雕

角钢支架

三维示意图

利用大理石浮雕塑造的造型窗的细节感十分抓人，其精美的设计令人叹为观止

① 施工流程

定位弹线→安装窗框→安装玻璃→安装五金件→安装窗台→清理表面。

② 重点工艺解析

①窗框两侧与上侧用电锤在外墙打孔，用胀管钉固定，用固定贴片将窗框四周固定。确定安装位置正确后，用密封胶进行密封。

②在窗的一侧槽口固定好密封条，安好玻璃，定位后再在对侧进行固定并向槽口的空腔注入密封胶填缝固定。

③在窗玻璃上预留的孔洞内安装窗户的锁具把手，调试确定无误后再进行下一步操作。

④窗台采用大理石造型浮雕饰面，通过不锈钢干挂件与墙面 80mm 厚的挤塑聚苯板保温层固定。

参考案例 2　平开石材饰面窗（双开、有副窗）

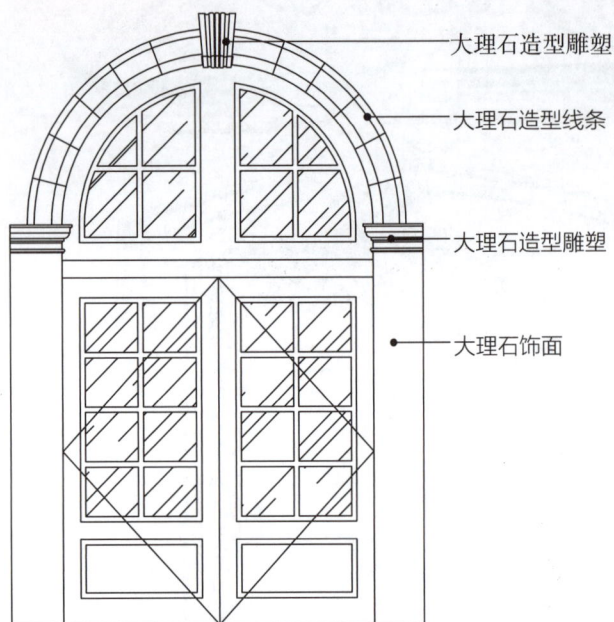

大理石造型雕塑

大理石造型线条

大理石造型雕塑

大理石饰面

立面图

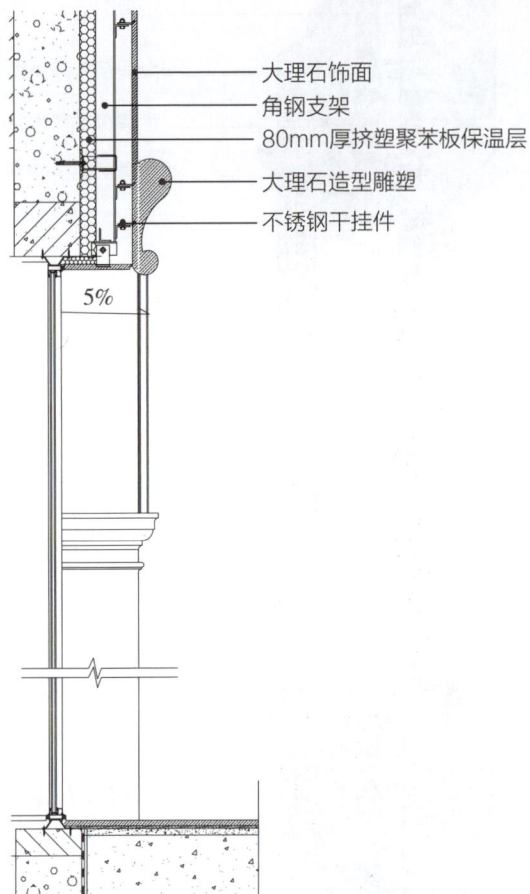

大理石饰面
角钢支架
80mm厚挤塑聚苯板保温层
大理石造型雕塑
不锈钢干挂件

5%

节点图

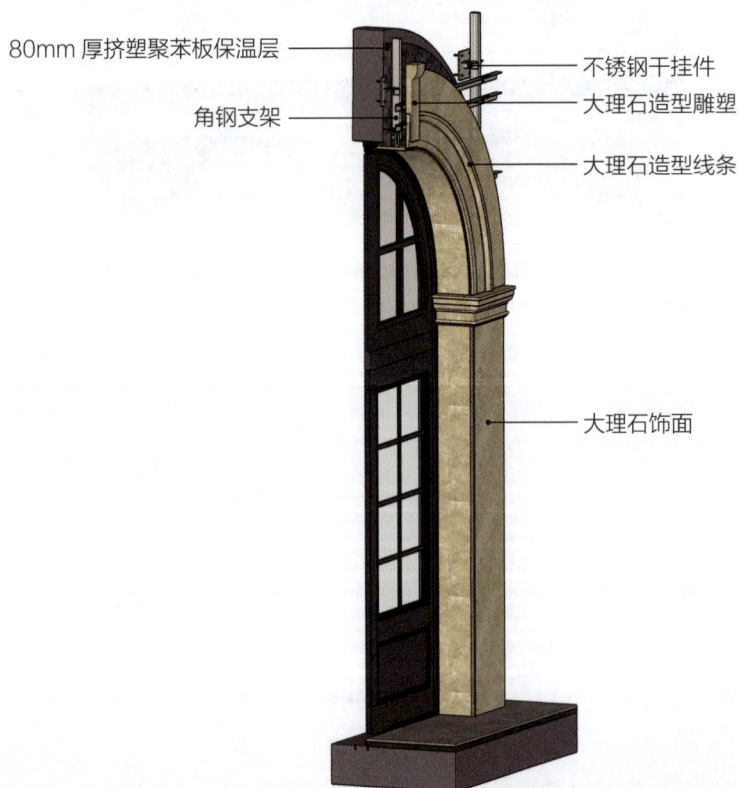

80mm 厚挤塑聚苯板保温层
角钢支架

不锈钢干挂件
大理石造型雕塑
大理石造型线条

大理石饰面

三维示意图

1 施工流程

定位弹线→安装成品副窗→安装窗框→安装玻璃→安装五金件→安装窗台→清理表面。

2 重点工艺解析

①依据黄金比例的原则，成品副窗的高度在 200~600mm 之间，固定在窗洞上方。

②窗台采用大理石造型线条饰面，通过不锈钢干挂件与角钢支架固定。

弧形的窗户造型感十足，有种欧洲街头风情

───── / 小贴士 / ─────

副窗又称亮子，在窗户上方，有辅助采光和通风的作用，可以按平开、固定及上、中、下悬的开启方式进行分类。另外，高度大于 1.5m 的窗户，为防止变形，通常会把上边的活动窗框改为固定的副窗，但因不易清洁等原因，较少应用在住宅内。

参考案例3 **平开石材饰面窗（双开、无副窗）**

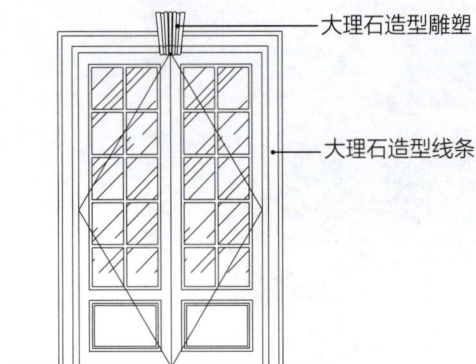

立面图

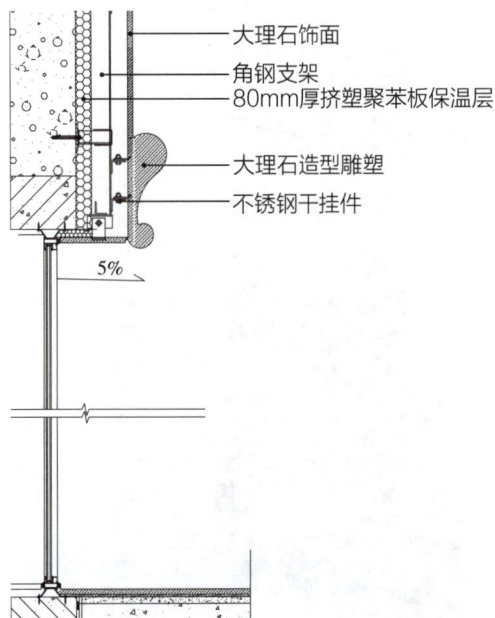

大理石饰面
角钢支架
80mm厚挤塑聚苯板保温层
大理石造型雕塑
不锈钢干挂件

5%

节点图

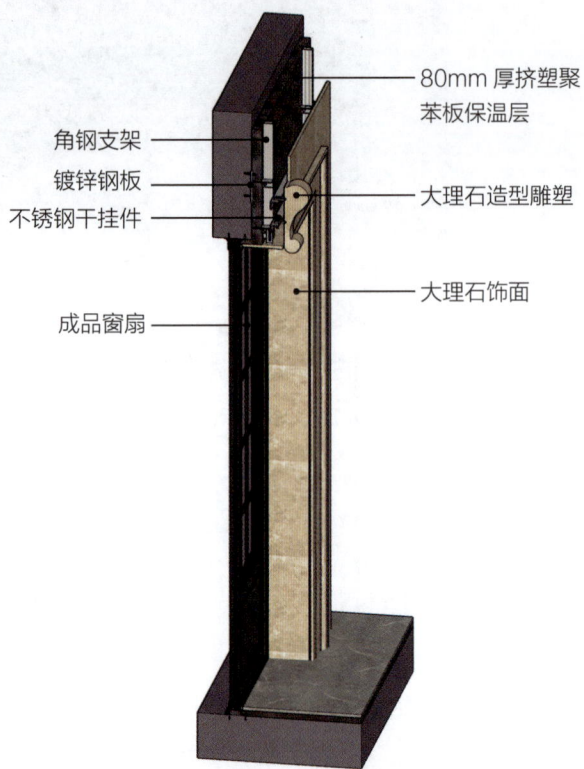

角钢支架
镀锌钢板
不锈钢干挂件
成品窗扇

80mm 厚挤塑聚苯板保温层
大理石造型雕塑
大理石饰面

三维示意图

💡 **1 施工流程**

定位弹线→安装窗框→安装玻璃→安装五金件→清理表面。

💡 **2 重点工艺解析**

①窗框两侧与上侧用电锤在外墙打孔，用胀管钉固定，用固定贴片将窗框四周固定。确定安装位置正确后，用密封胶进行密封。

②在窗的一侧槽口固定好密封条，安好玻璃并定位后，再在对侧进行固定并向槽口的空腔注入密封胶填缝固定。

带有石材装饰的窗户与建筑整体所表现的奢华、大气之感相协调

参考案例4 平开木质窗

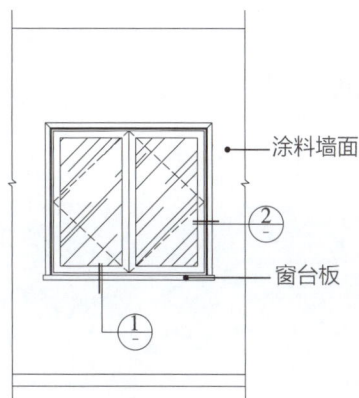

立面图

涂料墙面
窗台板

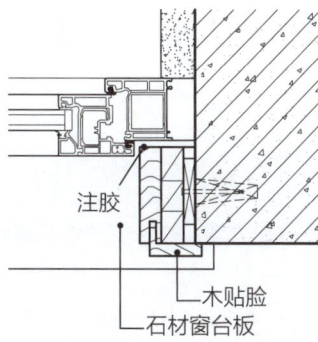

①节点详图

注胶
木贴脸
石材窗台板

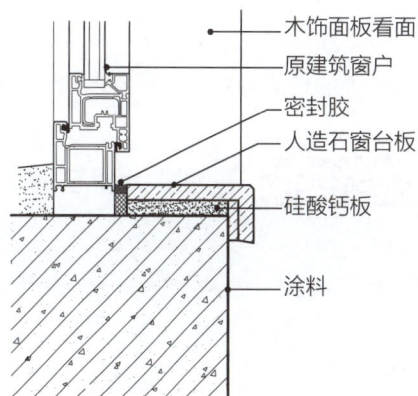

②节点详图

木饰面板看面
原建筑窗户
密封胶
人造石窗台板
硅酸钙板
涂料

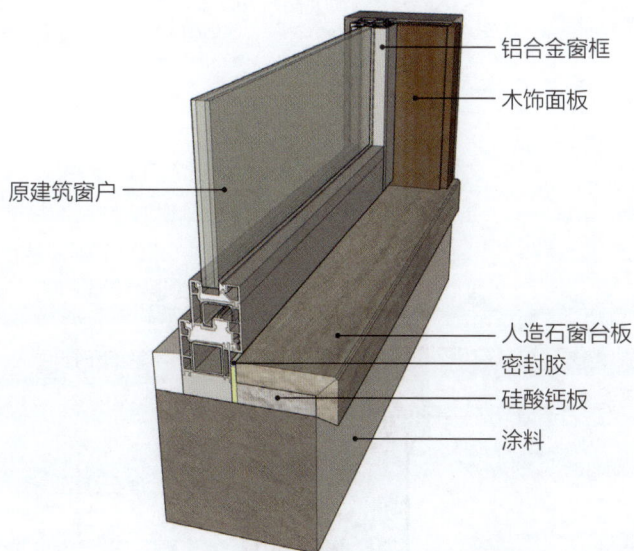

三维示意图

铝合金窗框
木饰面板
原建筑窗户
人造石窗台板
密封胶
硅酸钙板
涂料

/ 小贴士 /

　　木质窗的视觉效果和触觉效果相较其他材料材质的窗户更好，用在中式或日式的建筑中，可以创造出和谐宜人的室内环境。

平开木窗的造型简洁大方，在以石材铺贴的空间中显得低调而内敛

① 施工流程

　　定位弹线→安装窗框→安装玻璃→安装五金件→安装窗台→清理表面。

② 重点工艺解析

　　安装人造石窗台板以及木饰面板，并在窗台和木饰面板与窗套间的间隙中注密封胶。

2. 落地窗

落地窗的采光、通风性能良好，且可以增加空间的阔度，窗外的风景一览无遗，室内外情景交融，丰富居室内容，用在酒店、办公大楼中可以使视觉效果更加高端大气。但落地窗存在面积大，散热快的缺陷，会导致较为严重的耗能问题，并且落地窗的造价通常较高，因其采用大面积玻璃，清洁维护起来费时、费力。

参考案例 1　落地窗大理石造型

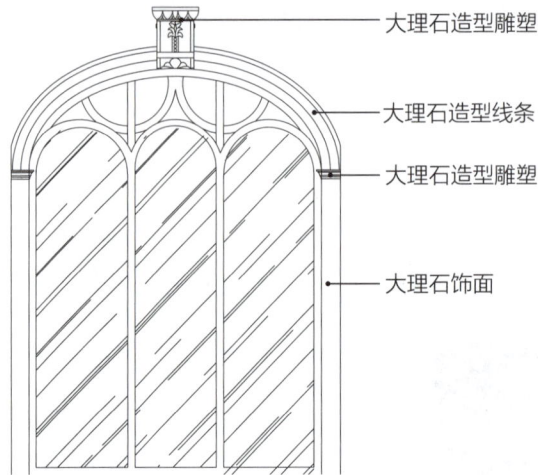

大理石造型雕塑
大理石造型线条
大理石造型雕塑
大理石饰面

立面图

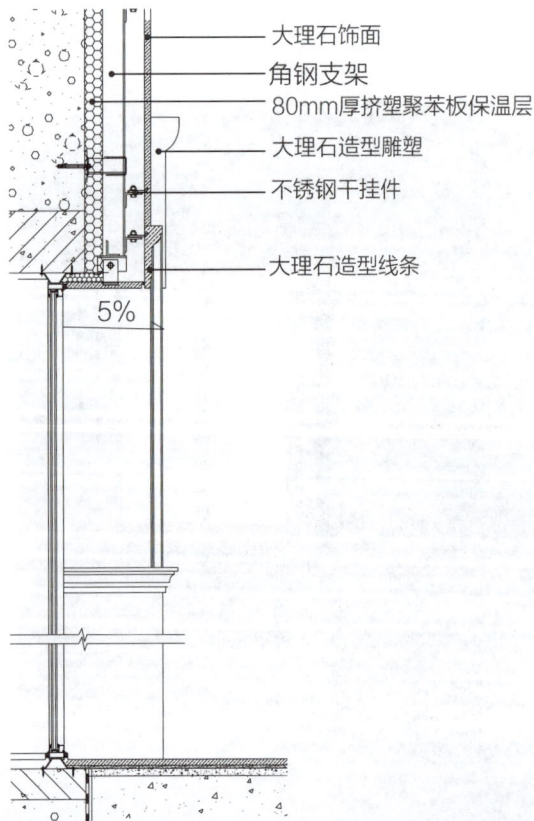

大理石饰面
角钢支架
80mm厚挤塑聚苯板保温层
大理石造型雕塑
不锈钢干挂件
大理石造型线条
5%

节点图

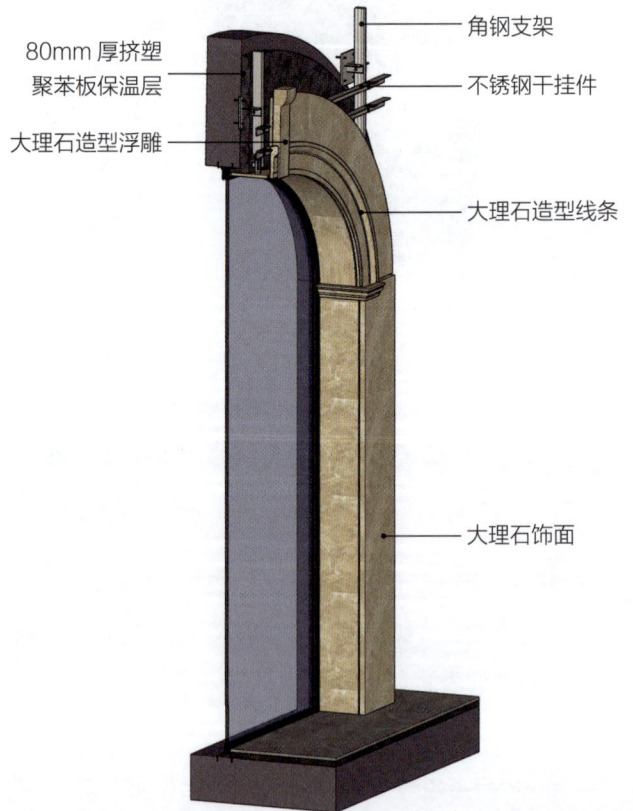

80mm 厚挤塑聚苯板保温层
大理石造型浮雕
角钢支架
不锈钢干挂件
大理石造型线条
大理石饰面

三维示意图

阳台中的落地窗为室内带来良好的采光，令人可以充分放松

① 施工流程

定位弹线→连接固定件→安装窗框→安装玻璃→安装五金件→安装大理石饰面→表面处理。

② 重点工艺解析

①用电钻在柱和墙上钻孔，塞入膨胀螺栓，拧紧螺栓，将其固定在墙洞内，螺栓外露部分要抹密封胶后装上盖帽。用自攻螺钉将固定片与窗框固定。

②确定窗框上下、内外朝向，用落地窗专用膨胀螺栓直接连接，用发泡剂填充窗框与洞口之间的间隙，30分钟后去除外溢的发泡剂。

③将玻璃装入窗框，四边垫入不同厚度的玻璃垫片，边框处的垫块用PVC胶固定，玻璃用压条固定。

④用不锈钢干挂件将大理石造型雕塑及线条饰面与墙面80mm厚挤塑聚苯板保温层上的角钢支架固定。

⑤用建筑密封膏嵌填窗框内外侧与洞口间隙，要求密实平整、宽窄均匀并形成坡度。最后做玻璃面、框扇表面卫生，去除剩余部分的保护贴膜。

参考案例2　落地窗（防透光）

定制石膏线条表面米白色涂料

移门顶上安装限位

银白色金属漆

深灰紫色涂料

2500
2060

100　100
130　110
110
100

100

100

100

1000

150

深灰紫色涂料

踢脚表面米白色
全亚光硝基漆

110　725　　725　110
1670

扣手　插销

5mm厚压花玻璃
（香梨）

5mm厚压花玻璃（香梨）

踢脚表面米白色
全亚光硝基漆

立面图（尺寸单位：mm）

75系列轻钢龙
骨内填吸声棉

双排LED灯带

白冰绸铅垂线加强

原建筑玻璃窗

米白色涂料

75系列轻钢龙
骨内填吸声棉

385　274　111　20

274　385
111　20

深灰紫色涂料

110　725　　725　110
1670

深灰紫色涂料

①节点详图（尺寸单位：mm）

移门顶上
安装限位

深灰紫色
涂料

扣手

插销

定制石膏线条表
面米白色涂料

银白色金属漆

5mm 厚压花
玻璃（香梨）

踢脚表面米白色
全亚光硝基漆

三维示意图

1　施工流程

定位弹线→安装背景饰面构件→
连接固定件→安装窗框→安装玻璃→
安装五金件→安装饰面→表面处理。

2　重点工艺解析

①在原建筑玻璃窗前装设铅垂
线加强的白冰绸，并在落地窗后安
装双排 LED 灯带。

②与窗框相连的窗沿用表面涂
有米白色涂料的定制石膏线条，并
用硅胶填充缝隙。

防透光的落地窗功能性更加强大，既
保证了室内充足的光线，还具有良好
的私密性，非常适合对隐私要求较高
的公寓住宅

第五章

楼梯装饰节点构造

　　楼梯是楼房建筑的重要构件，是建筑楼层上下联系的重要竖向交通设施。楼梯可以影响建筑空间的构成和建筑的形式，它的动感及其对视觉的冲击力是建筑设计中最为活跃的因素之一，所以楼梯又被称为"小建筑"。楼梯的设计应注意：坚固耐用，安全、防火；有足够的通行宽度，具备一定的疏散功能；有美观的造型和良好的装饰效果。此外，还应保证有足够的宽度、合适的坡度，且选材正确、施工方便。

一、楼梯的基础知识

1. 楼梯的分类

按材料可分为：钢筋混凝土楼梯、木楼梯、铝合金楼梯、钢楼梯及复合材料楼梯等。

按使用性质可分为：主要楼梯、辅助楼梯、疏散楼梯及消防楼梯等。

按平面布置形式可分为：直行楼梯、平行楼梯、折行楼梯、螺旋楼梯及弧形楼梯等。

2. 楼梯的组成

楼梯一般由梯段、平台及栏杆、扶手组成。其中，梯段为楼梯的主要使用和承重部分，由若干个踏步组成。平台为两楼梯段之间的水平板，有楼层平台、中间平台之分，主要作用在于让人们在连续上楼时在平台上稍加休息，故又称为休息平台。同时，平台还是梯段之间转换方向的连接。栏杆和扶手是梯段的安全设施，一般设置在梯段的边缘和平台临空的一边，要求坚固可靠，并且有足够的安全高度。

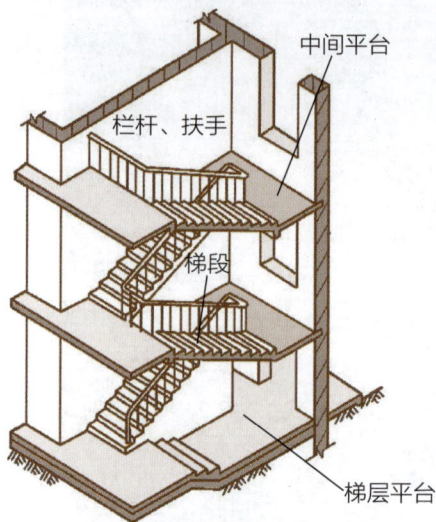

楼梯的组成

二、楼梯的设计原则与规范

1. 楼梯的设计原则

安全性原则：设计楼梯时，必须考虑楼梯的安全性能，不管是家装中还是公装中，都不容忽视。施工时必须按照楼梯的设计规范进行操作，否则会带来巨大的安全隐患。

实用性原则：楼梯的设计涉及梯段、踏步、平台、净空高度等多个尺寸，应该按照一定的标准合理把握，必须从使用者的角度进行设计和施工。一般情况下，楼梯的坡度范围是 23°~45°，适宜坡度是 30°。太陡或太宽的楼梯不能满足人体工程学的使用要求。

美观性原则：在安全和实用的前提下，还必须考虑楼梯的美观效果，楼梯在家居生活中具有很强的装饰作用。如果是别墅空间的楼梯设计，则美观性更加重要。

2. 楼梯装饰构造的标准规范

楼梯踏步的设计要求：①为减少人们上下楼梯时的疲劳、适应人的行走习惯，一个梯段的踏步数最多不超过 18 级，最少不少于 3 级，若超过 18 级则需要增设休息平台。②若在室内空间中设有台阶，台阶处的踏步数不应少于 2 级。当高差不足 2 级时，应设置为坡道而非台阶。③踏步处应设置防滑措施，如台面拉槽、嵌条等。

楼梯踏步的尺寸要求：一般成人行走时的步距为 600~620mm，抬高一步的高度为 300mm 左右。故对成人而言，踏步高度在 150mm 左右较为舒适，且不宜小于 100mm。梯段的宽度应根据通行人数的数量和建筑防火的要求来确定。通常情况下，作为主要通行道路使用的楼梯，其楼梯宽度应至少满足可供两个人并行通过（即不小于两股人流）的宽度。在计算通行量时，每股人流按 [0.55+(0~0.15)]m 计算，其中 0.55m 为单股人流所占据的宽度，0~0.15m 为人在行进当中的摆幅。住宅梯段的宽度一般大于等于 1.1m，公共建筑的宽度一般大于等于 1.3 m。

不同人数通行所需的楼梯踏步宽度（mm）

类别	楼梯段	备注
单人通过	≥ 750	不满足单人携物通过
	≥ 900	不满足单人携物通过
双人通过	1100~1400	
多人通过	1650~2100	

注：以每股人流宽度为 550mm+（0~150）mm 为计算依据。

不同建筑类别所需的楼梯踏步宽度（mm）

楼梯类别		最大宽度	最小宽度
住宅楼梯	住宅公共楼梯	260	175
	住宅套内楼梯	220	200
宿舍楼梯	小学宿舍楼梯	260	150
	其他宿舍楼梯	270	165
老年人建筑楼梯	住宅建筑楼梯	300	150
	公共建筑楼梯	320	130
托儿所、幼儿园楼梯		260	130
小学学校楼梯		260	150
人员密集且竖向交通繁忙的建筑和大学、中学学校楼梯		280	165
其他建筑楼梯		260	175
超高层建筑核心筒内楼梯		250	180
检修及内部服务楼梯		220	200

楼梯踏步宽度的计算方式：

只有一侧有扶手的楼梯，应计算墙面完成面至扶手中心线的直线距离；两侧都有扶手的楼梯，应计算扶手中心线到扶手中心线的直线距离。

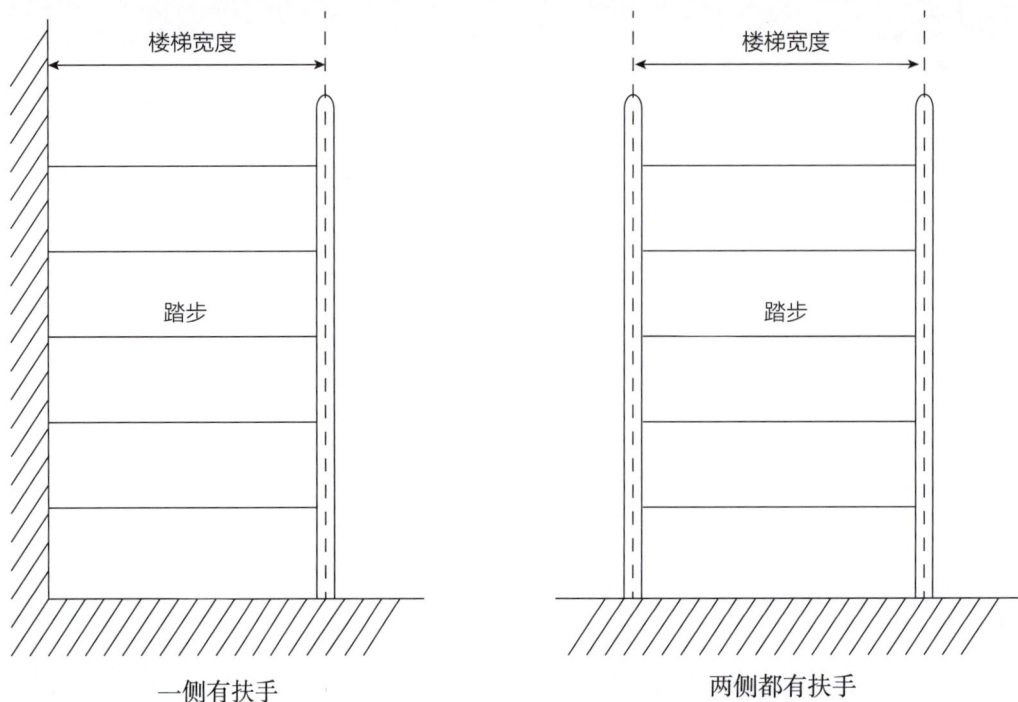

一侧有扶手　　　　　　　　两侧都有扶手

平台的宽度要求： 平台的宽度是指从墙面到楼梯转角扶手中心线之间的距离。为使楼梯平台处不形成瓶颈，梯段改变方向处扶手转向端处的平台最小宽度不应小于梯段宽度，且不得小于 1.2m，有搬运大型物品需要的还应适量加宽。

平台及梯段净高要求： 楼梯平台上部及下部过道处的净高不应小于 2m，梯段净高（从踏步前缘量至上方突出物下缘间的垂直高度）不宜小于 2.2m。

扶手的设置要求： 楼梯应至少一侧设扶手，梯段净宽达三股人流时应两侧均设扶手，达四股人流时，中间还应加设扶手。楼梯栏杆应采取不易攀登的构造，如果用垂直杆件作栏杆，其杆间距离不应大于 0.11m。

三、不同平面布置形式的楼梯节点构造

常见的楼梯平面布置形式包括直行楼梯、平行楼梯、折行楼梯、剪刀楼梯四种。在建筑材料上，钢筋混凝土楼梯应用最广；铝合金、木楼梯和复合材料楼梯形式灵活，在家庭居室、小别墅中常使用；钢楼梯相对轻巧，连接跨度大，在一些特殊场所使用较多。

1. 直行楼梯

直行楼梯中，常见单跑和多跑两种形式。直行单跑楼梯是指沿一个方向上楼，中途不改变方向，且无中间平台的楼梯，仅适用于层高较小的建筑；直行多跑楼梯则是指在直行单跑楼梯的基础上增设了中间平台。

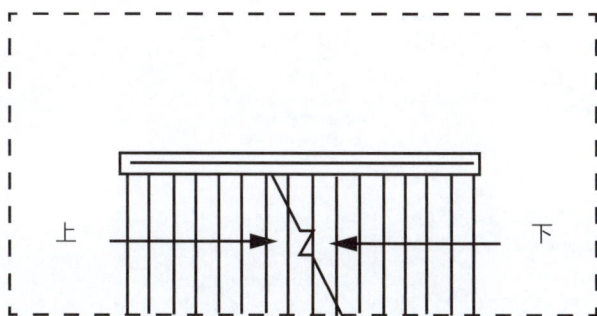

直行单跑楼梯平面图

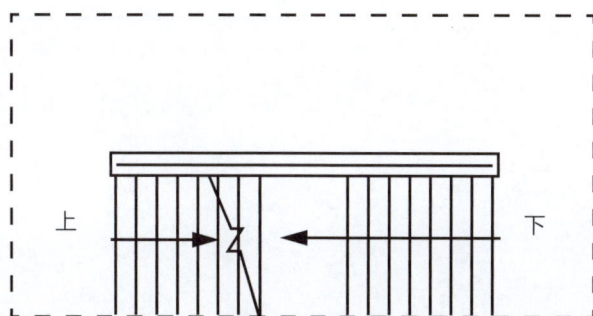

直行多跑楼梯平面图

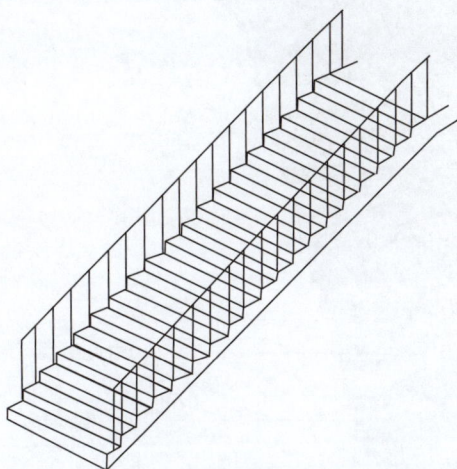

直行单跑楼梯立面图

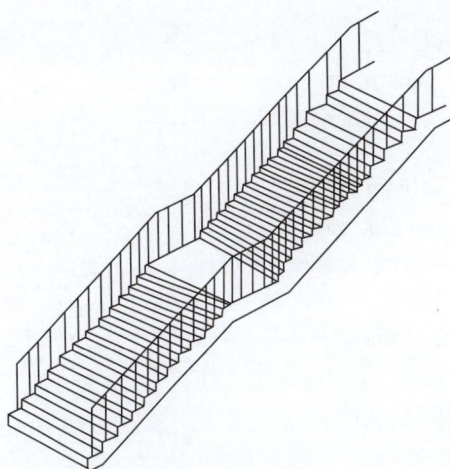

直行多跑楼梯立面图

参考案例 1　玻璃结构直行多跑楼梯

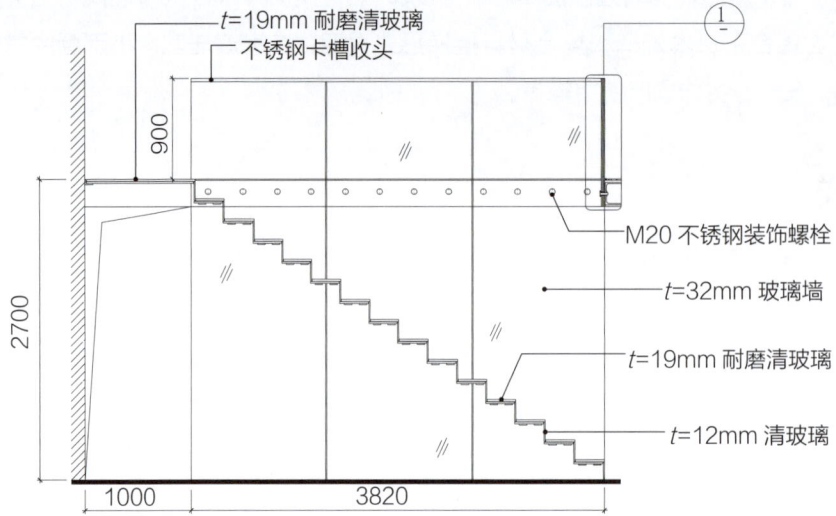

t=19mm 耐磨清玻璃

不锈钢卡槽收头

①

900

2700

M20 不锈钢装饰螺栓

t=32mm 玻璃墙

t=19mm 耐磨清玻璃

t=12mm 清玻璃

1000　　3820

立面图（尺寸单位：mm）

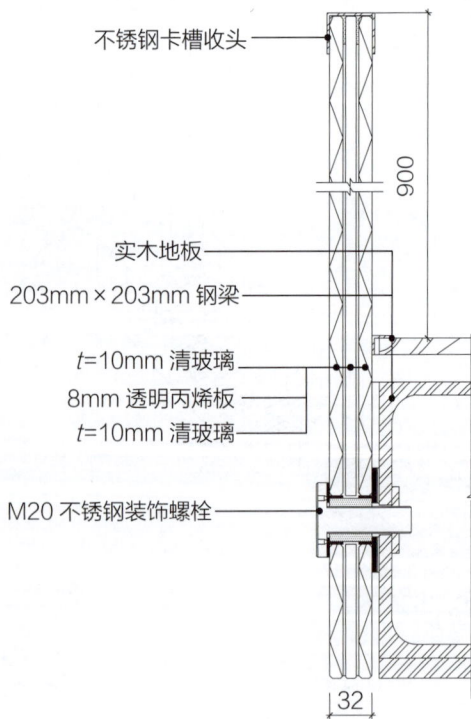

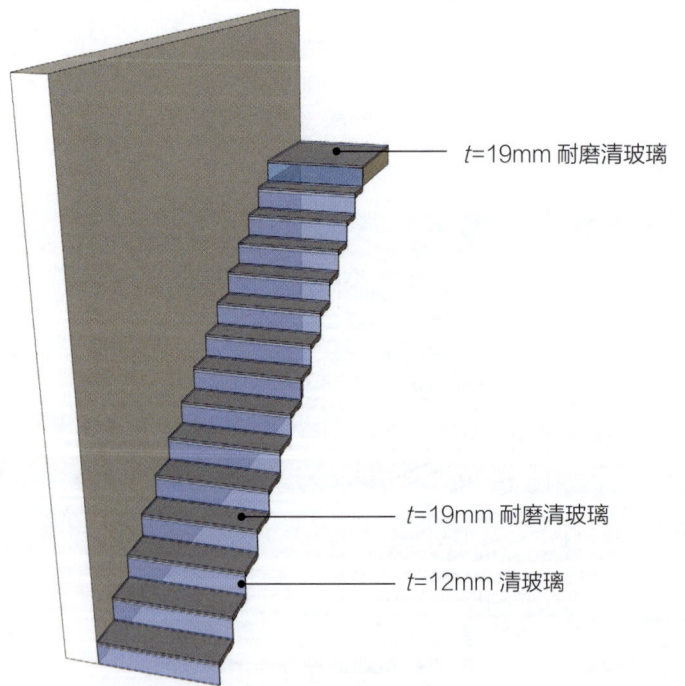

不锈钢卡槽收头

900

实木地板

203mm×203mm 钢梁

t=10mm 清玻璃

8mm 透明丙烯板

t=10mm 清玻璃

M20 不锈钢装饰螺栓

32

①节点图（尺寸单位：mm）

t=19mm 耐磨清玻璃

t=19mm 耐磨清玻璃

t=12mm 清玻璃

三维示意图

1 施工流程

安装楼梯骨架→安装楼梯踏步板→安装楼梯围栏。

2 重点工艺解析

①核对楼梯的高度，确保与图纸高度吻合。确定楼梯上挂和底座的位置，注意"L"形的楼梯还需要确定转弯处地支撑或墙支撑的详细位置。确定好位置后固定上挂和底座。

②将踏步取出，确定楼梯踏步板的安装位置。从上至下逐步安装，有踏步小支撑的，还要调节小支撑的高度，将小支撑与踏步板连接。每一个踏步板均需如此安装。

③先确定所需安装立柱的位置，打眼安装立柱，然后固定立柱底座，将上面的配件拧松，装拉丝和扶手。将拉丝和扶手安装好后调节至最合适的位置，最后拧紧所有围栏上面的螺钉。

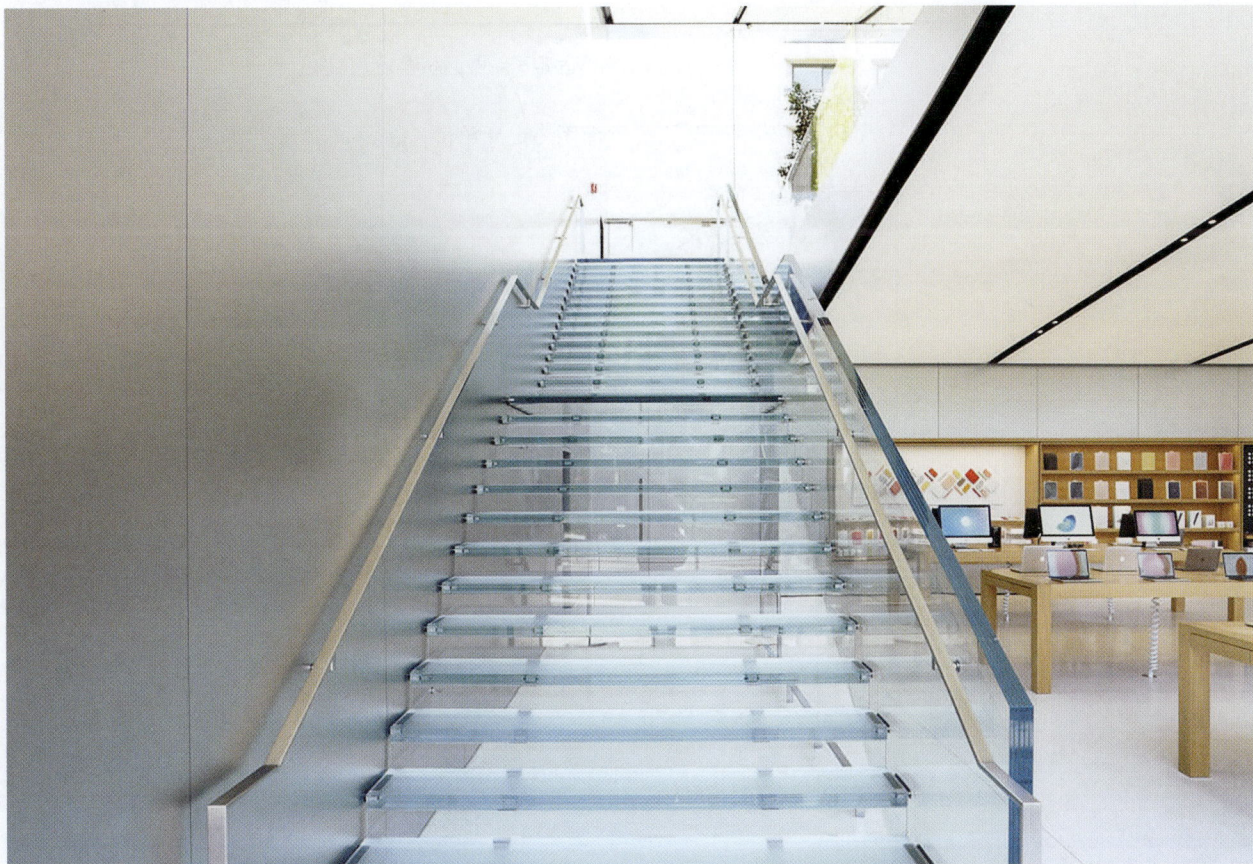

玻璃材质的直行多跑楼梯在视觉上较为通透轻盈，给人以活泼感，适合现代风格的建筑

参考案例2 **大理石结构直跑楼梯**

220 220 220 220 220 220 220 220 220 220 200 220 220 420

3000（16等分）

双层纸面石膏板
表面乳白色涂料

乳白色涂料

12 号工字钢

雅士白大理石

白桦饰面上有 5mm 宽
3mm 深褐色勾缝

$\frac{1}{}$

90

150 50 500 50 150
900

12 号工字钢固定于新做钢筋混凝土底座上

立面图（尺寸单位：mm）

雅士白大理石

1：3 水泥砂浆

新做钢筋混凝土底座

3

30 20

397.5

3

150

20 3

90

30 20

雅士白大理石

乳白色涂料

浅驼色地毯

地毯胶层

找平层

①节点详图（尺寸单位：mm）

12 号工字钢

雅士白大理石

12 号工字钢固定于新做钢筋混凝土底座上

三维示意图

1 施工流程

基层处理→放线→铺设底模→钢筋绑扎→安装梯段板侧模→安装踏步侧模→模板支撑加固→浇筑楼梯→拆除模板→涂抹水泥砂浆→铺贴大理石→安装栏杆。

2 重点工艺解析

①楼板的底模材料通常以木胶合板为主，一般采用 12mm 厚的整块木胶合板，并在其下方设置 40mm×90mm 的方木楞，木楞的间距通常为 150mm。木楞下采用 ϕ48mm 的钢管牵杠（牵杠是大横杆的俗称。大横杆又称纵向水平杆，俗称顺水杆，是沿脚手架连续布置的纵向水平杆件，它承托小横杆并将荷载传给立杆）。牵杠的间距为 600mm，支撑采用 ϕ48mm 钢管进行整体的排架，间距为 800mm×800mm。在底模的拼缝处粘设密封胶带，相邻的模板缝处黏设海绵条以防止漏浆产生孔洞。

②采用 12 号工字钢在踏步下方进行加固，并在地面的标记处钻孔，将钻孔清理干净，检验合格后再将工字钢的螺栓植入，并用化学固定剂将螺栓固定在孔中。

③浇筑完成后需要进行养护，待强度达到标准后方可进行拆模。

④需要铺贴大理石的位置（如踏步、踏步侧面及其他位置上）涂 1 : 3 的水泥砂浆作黏合剂，并在相应的位置铺贴大理石，注意对其进行灌缝擦缝处理。

/ 小贴士 /

大理石楼梯更适合室内已铺设大理石地面的居室，以统一室内色彩和材料。因大理石触感生硬且表面较滑，一般会给大理石踏板加防滑条。

大理石结构的直行多跑楼梯品质感较强，给人以大气的视觉感受

2. 平行楼梯

平行楼梯中，比较常见的为平行双跑楼梯，上完一层楼刚好回到原起步方位，与楼梯上升的空间回转往复性吻合，因此当上下多层楼面时，平行双跑楼梯比直跑楼梯更节约交通面积，并且可以缩短人流行走距离，是常用的楼梯形式之一。

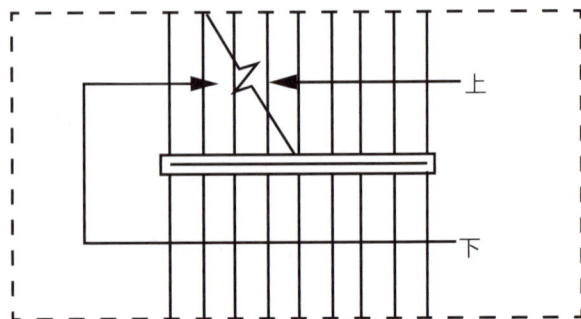

平行双跑楼梯平面图

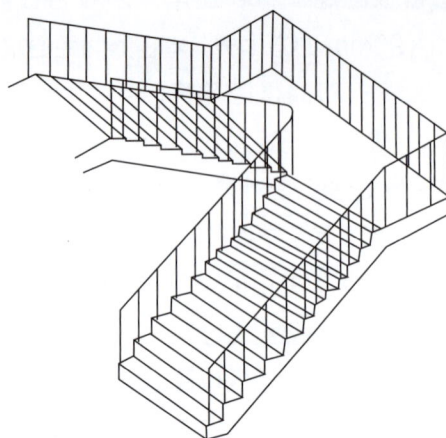

平行双跑楼梯平面图

参考案例 1 **钢木结构平行双跑楼梯**

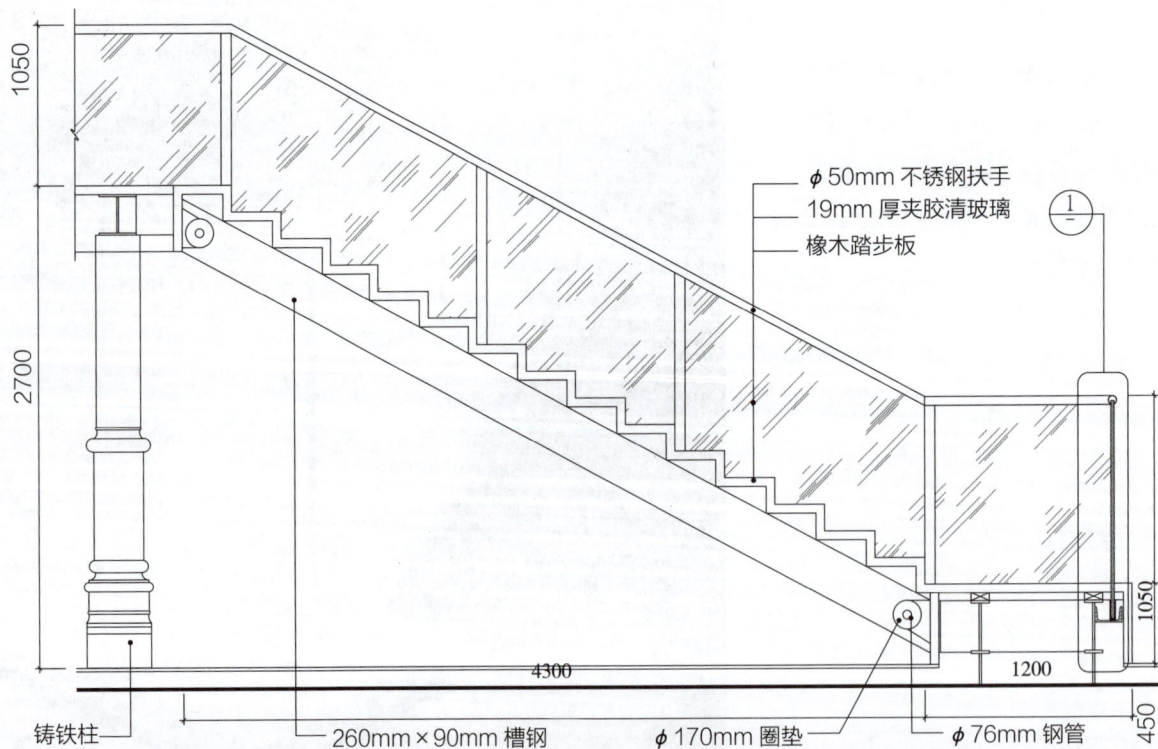

- ϕ 50mm 不锈钢扶手
- 19mm 厚夹胶清玻璃
- 橡木踏步板

1050
2700
1050
4300
1200
450

铸铁柱　260mm×90mm 槽钢　ϕ 170mm 圈垫　ϕ 76mm 钢管

立面图（尺寸单位：mm）

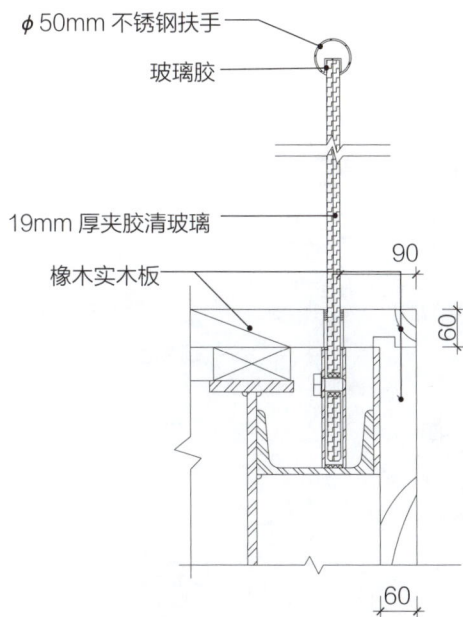

φ50mm 不锈钢扶手

玻璃胶

19mm 厚夹胶清玻璃

橡木实木板

90

60

60

①节点详图（尺寸单位：mm）

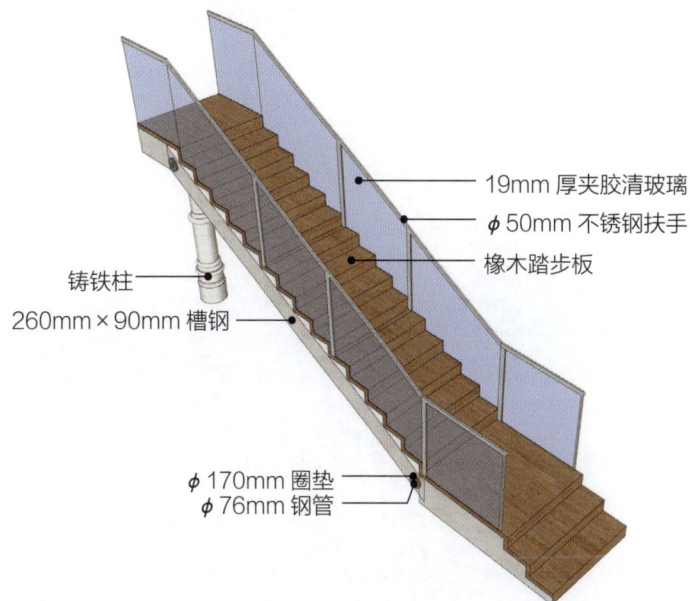

19mm 厚夹胶清玻璃

φ50mm 不锈钢扶手

橡木踏步板

铸铁柱

260mm×90mm 槽钢

φ170mm 圈垫

φ76mm 钢管

三维示意图

1 施工流程

基层处理→现场放线→固定主立柱→焊接中间平台→安装楼梯框架→安装梯段侧板→安装踏步角钢→铺贴橡木→安装栏杆。

2 重点工艺解析

在安装侧板时，需要通过螺钉与框架进行固定。

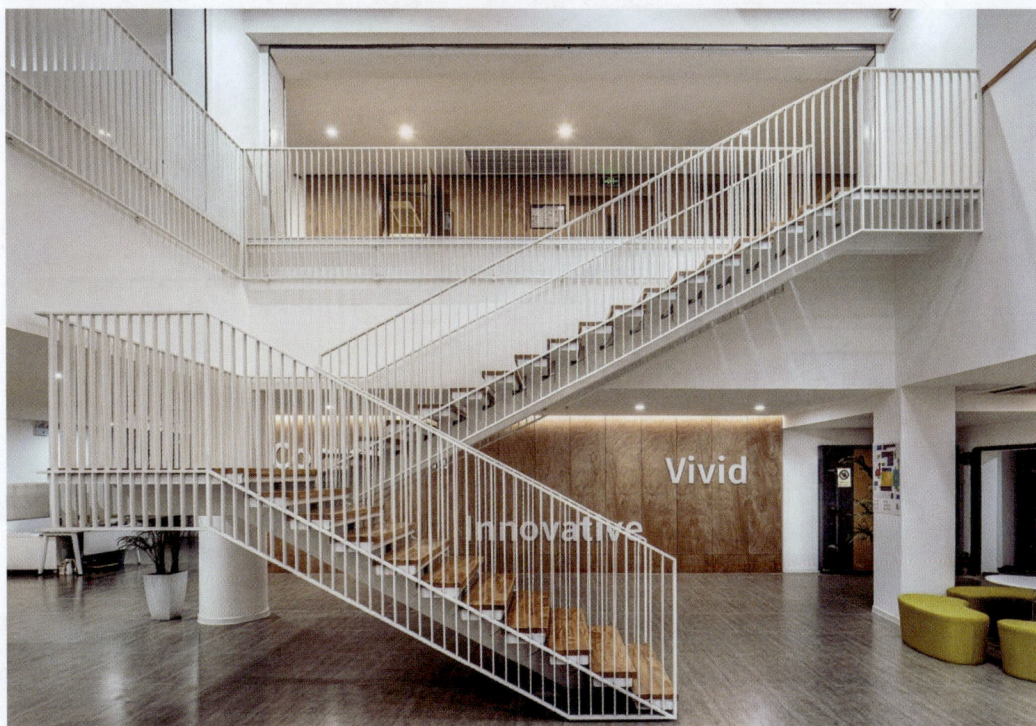

钢木楼梯是木楼梯和钢楼梯的完美结合体，既具有木楼梯的舒适感，也避免了钢楼梯易产生噪声的缺点

参考案例2 混凝土结构平行双跑楼梯

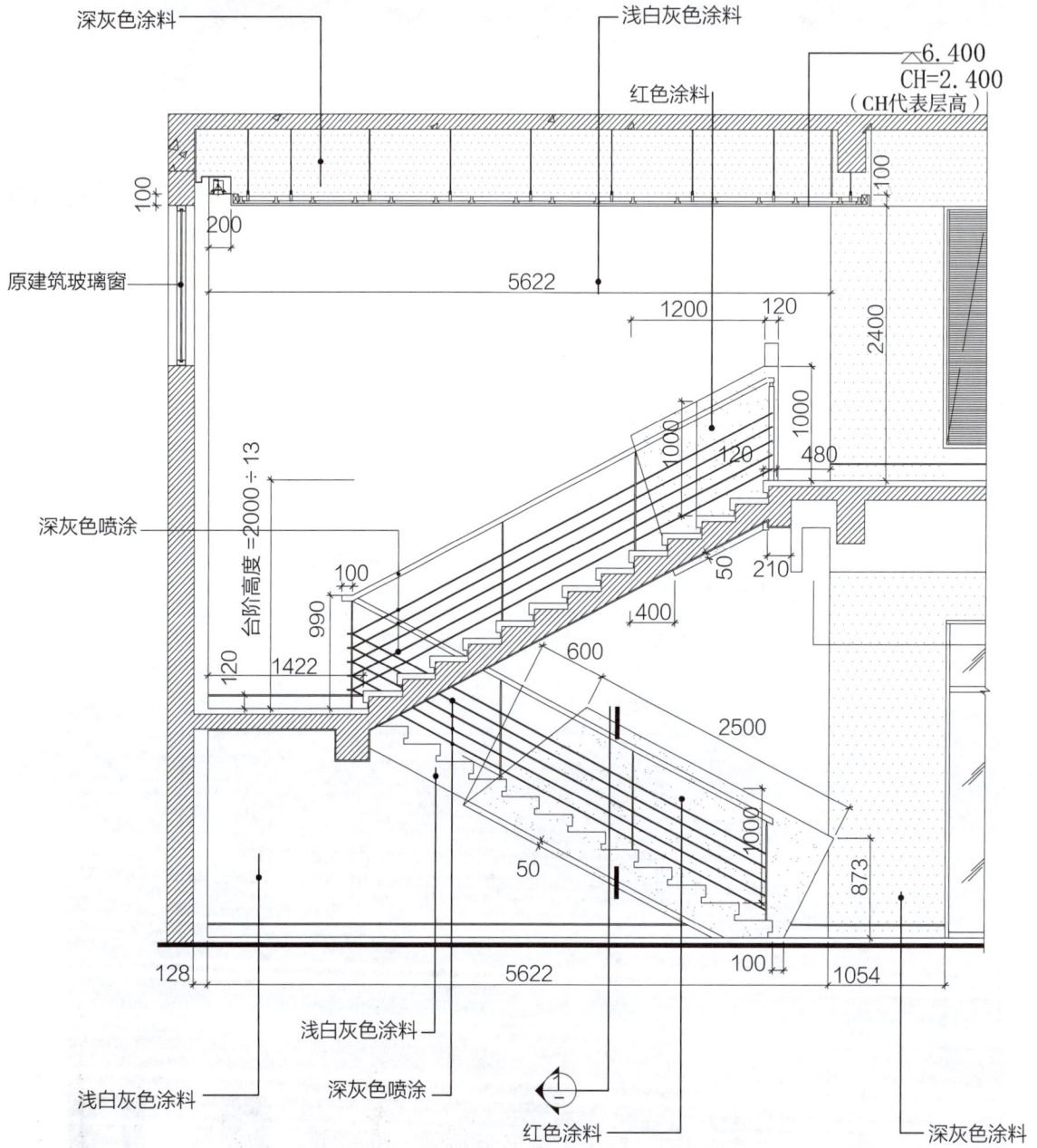

深灰色涂料

浅白灰色涂料

红色涂料

△6.400
CH=2.400
（CH代表层高）

100

200

原建筑玻璃窗

5622

1200   120

2400

1000

1000

120

480

深灰色喷涂

台阶高度=2000÷13

100

990

1000

120   210

50

400

120   1422

600

2500

1000

50

873

50

128

5622

100   1054

浅白灰色涂料

深灰色喷涂

浅白灰色涂料

红色涂料

深灰色涂料

立面图（尺寸单位：mm）

红色涂料

拉丝不锈钢
（40mm×40mm 方钢）

红色涂料细木工板

拉丝不锈钢 ϕ8mm 圆钢

浅白灰色地砖（600mm×600mm）
1：3 水泥砂浆

红色涂料　　　　浅白灰色涂料

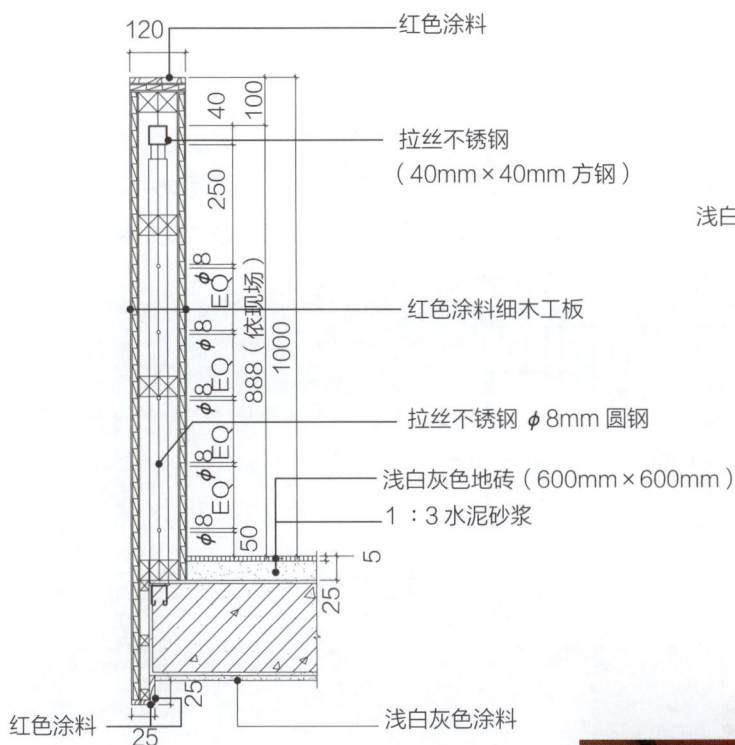

①节点详图（尺寸单位：mm）

浅白灰色涂料
深灰色喷涂
红色涂料

三维示意图

1 施工流程

现场放线→搭设立杆及横杆→铺设底模→钢筋绑扎→安装侧模→填充混凝土→脱模→模板支撑加固→成品保护→铺贴踏步饰面→安装扶手。

2 重点工艺解析

每层的钢筋绑扎时应先把平台预埋筋埋入墙体。

/ 小贴士 /

混凝土结构楼梯主要包括现浇混凝土楼梯和预制装配式混凝土楼梯。其中，现浇混凝土楼梯的整体性好，刚度大；预制装配式混凝土楼梯造价低，施工效率高。另外，混凝土结构楼梯整体自重大，结构板较厚，但它更加稳定，不易出现晃动，使用年限也更长。最常用于高层写字楼或公寓大楼。

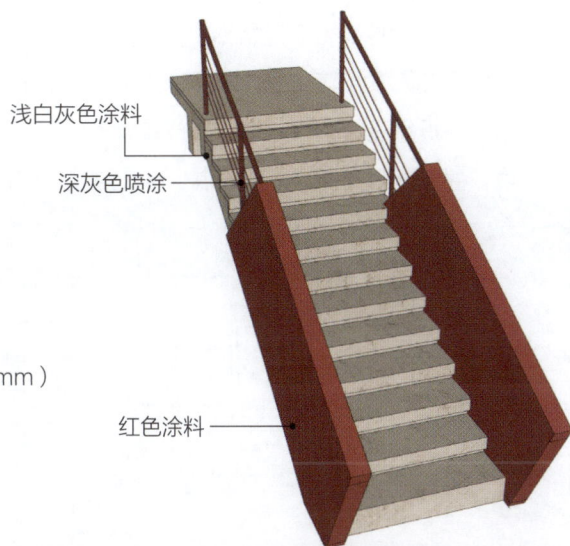

混凝土楼梯粗犷、原始，在人员流动较多的办公大楼中使用，耐用又耐脏

3. 折形楼梯

折形楼梯多为多跑的形式，其人流导向比较自由，折角可为 90°，也可大于或小于 90°。当折角大于 90°时，其行进方向性类似于直行双跑楼梯，因而常用于导向性强，仅上一层楼的影剧院、体育馆等建筑的门厅中；当折角小于 90° 时，其行进方向回转延续性有所改观，形成三角形楼梯间，可用于上多层楼的建筑中。

备注：折行三跑楼梯的中部形成较大的梯井，由于有三跑梯段，因而常用于层高较高的公共建筑中；而楼梯井较大，存在一定安全隐患，故供少年儿童使用的建筑不宜采用此种楼梯。

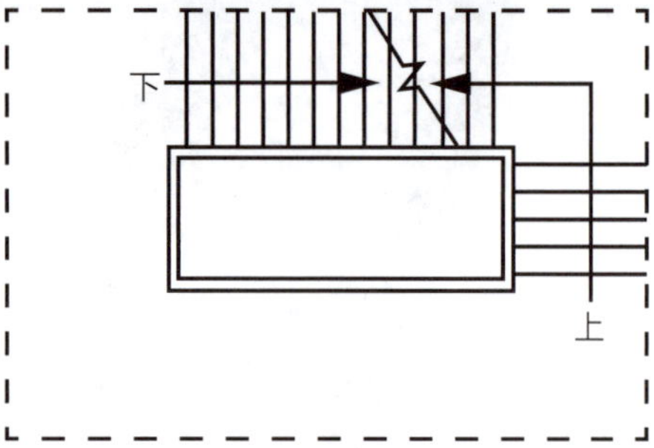

折形双跑楼梯平面图 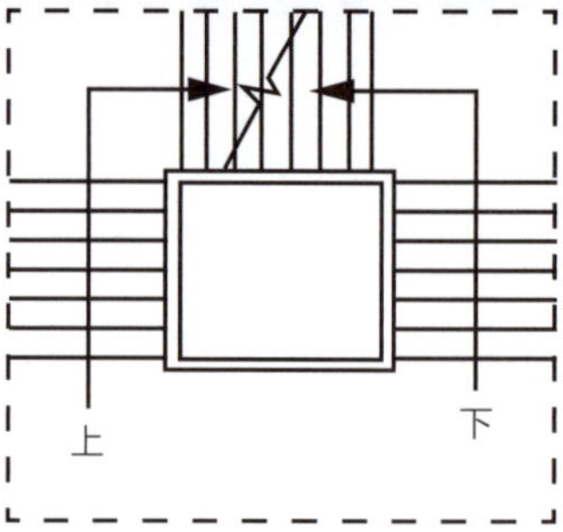　　　　折形多跑楼梯平面图 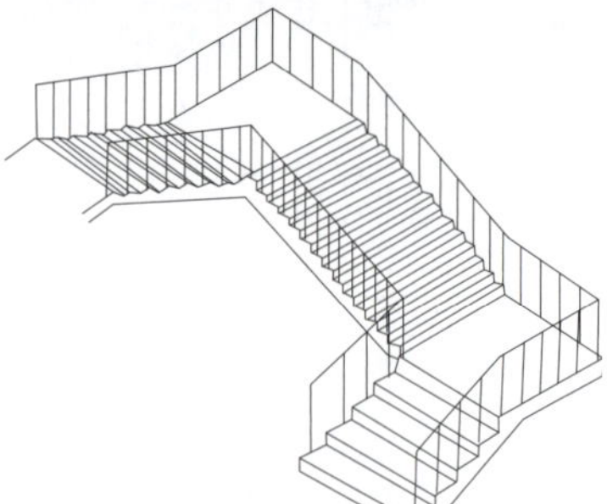　　　　折形楼梯立面图

参考案例 1　大理石结构折形三跑楼梯

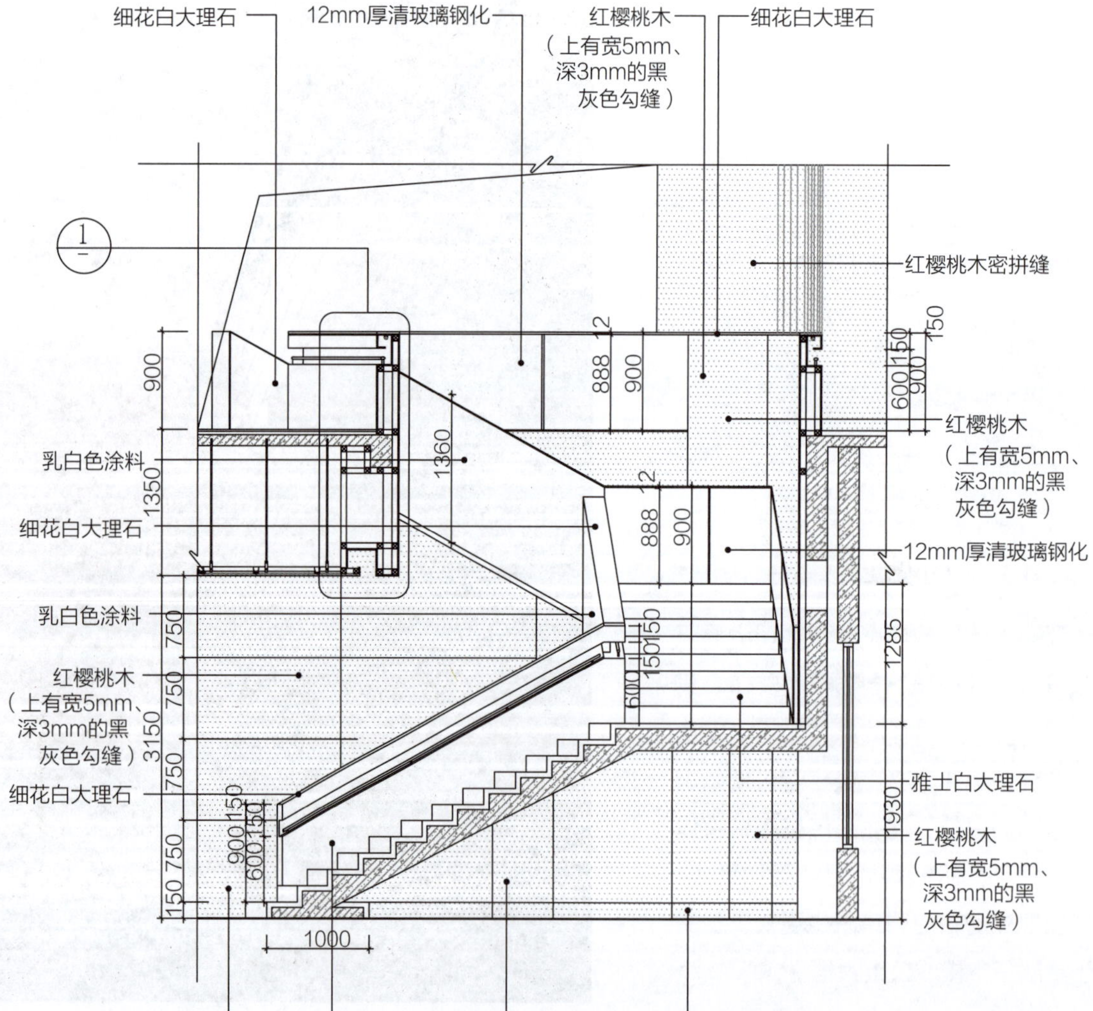

立面图（尺寸单位：mm）

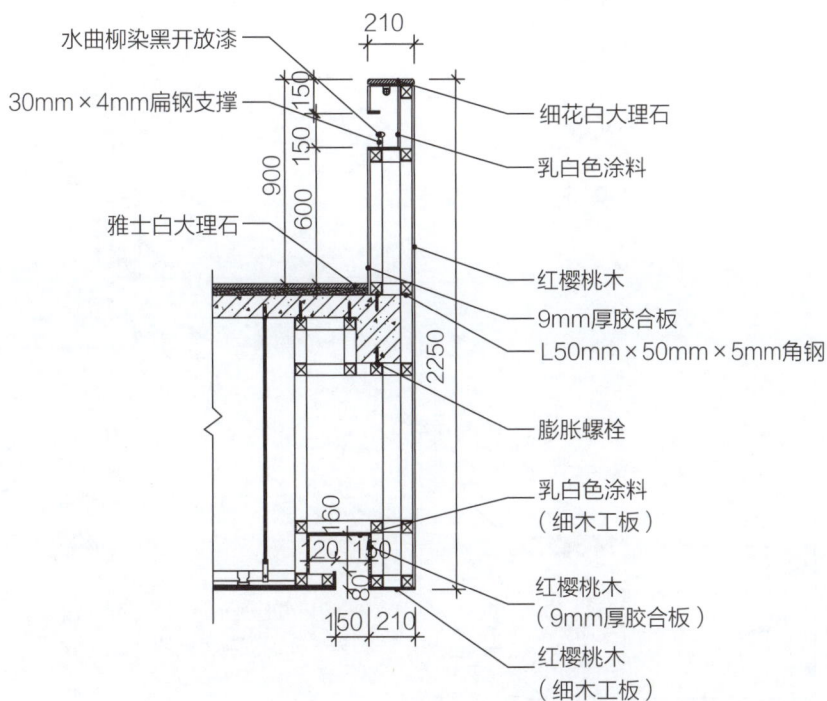

水曲柳染黑开放漆

30mm×4mm扁钢支撑

细花白大理石

乳白色涂料

雅士白大理石

红樱桃木

9mm厚胶合板

L50mm×50mm×5mm角钢

膨胀螺栓

乳白色涂料
（细木工板）

红樱桃木
（9mm厚胶合板）

红樱桃木
（细木工板）

210

900 / 600 / 150 / 150 / 150

2250

160 / 120 / 150

150 / 210

①节点详图（尺寸单位：mm）

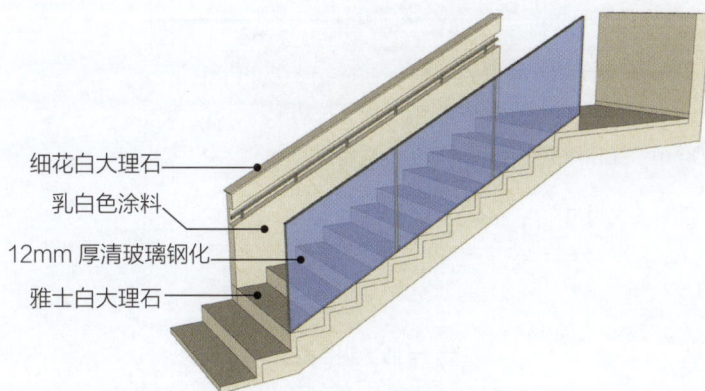

细花白大理石

乳白色涂料

12mm 厚清玻璃钢化

雅士白大理石

三维示意图

大理石折形楼梯的构造紧凑、样式美观，可在一定程度上提升空间的装饰效果

1 施工流程

现场放线→搭设立杆及横杆→铺设底模→钢筋绑扎→安装梯段板侧模→安装踏步侧模→填充混凝土→脱模→成品保护→安装栏杆。

2 重点工艺解析

铺贴石材时，应注意踏步侧面与平面接口处的处理。

参考案例2 **钢结构折形多跑楼梯**

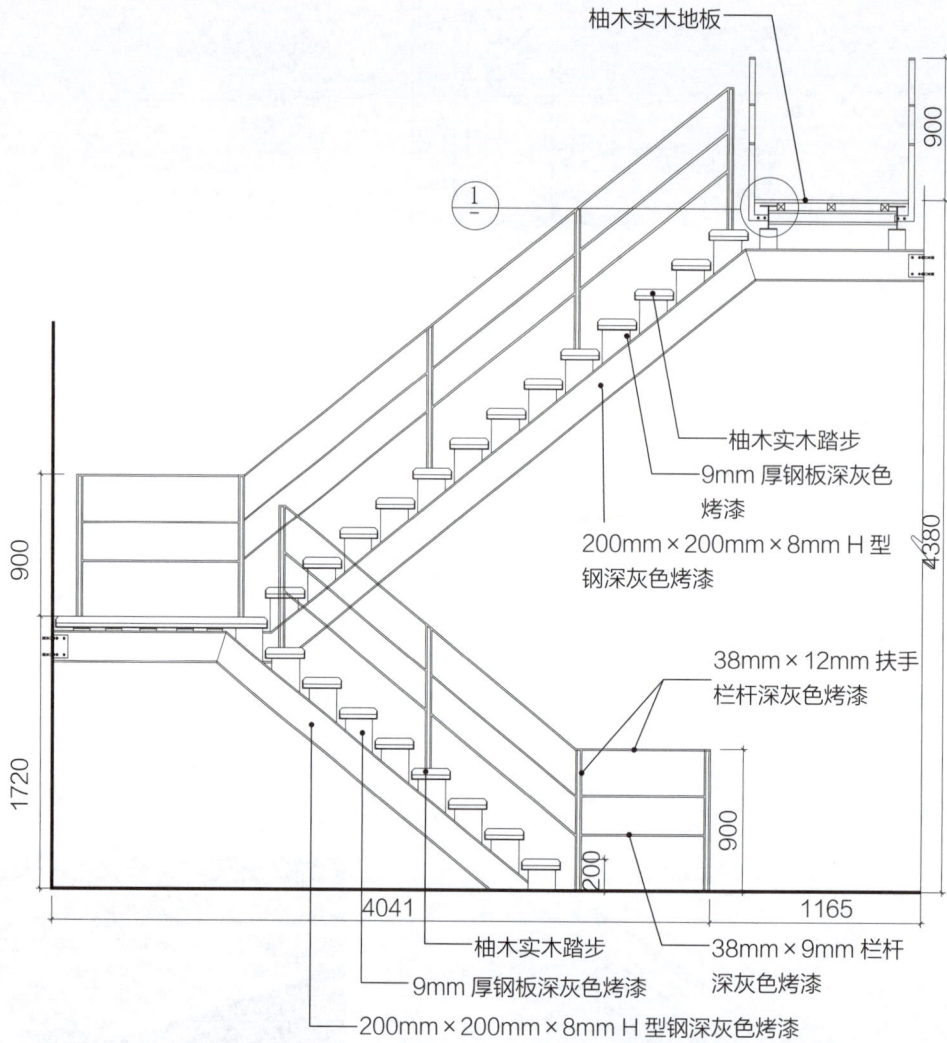

柚木实木地板

900

①

4380

900

柚木实木踏步
9mm 厚钢板深灰色烤漆
200mm×200mm×8mm H 型钢深灰色烤漆

38mm×12mm 扶手栏杆深灰色烤漆

1720

900

200

4041

1165

柚木实木踏步
9mm 厚钢板深灰色烤漆
200mm×200mm×8mm H 型钢深灰色烤漆

38mm×9mm 栏杆深灰色烤漆

立面图（尺寸单位：mm）

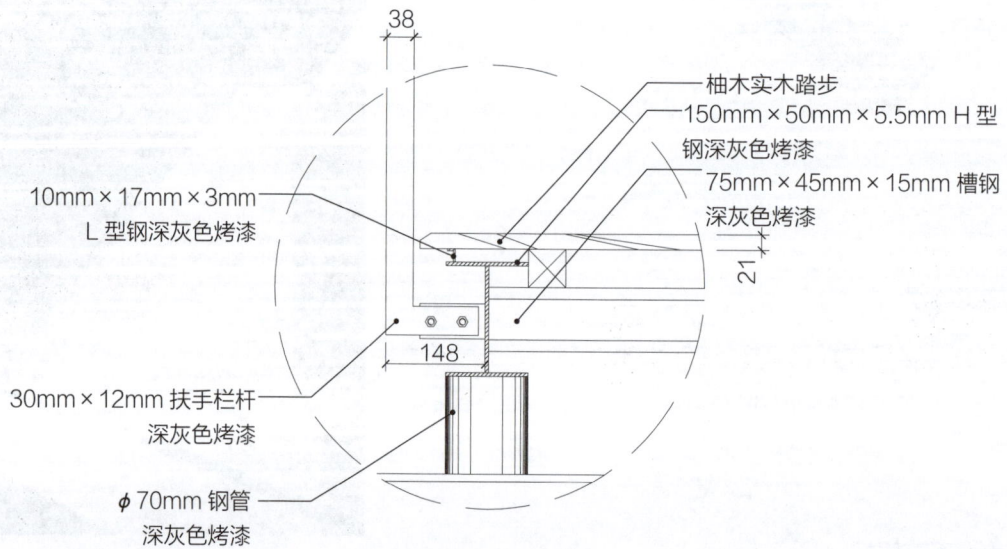

38

柚木实木踏步
150mm×50mm×5.5mm H 型钢深灰色烤漆
75mm×45mm×15mm 槽钢深灰色烤漆

10mm×17mm×3mm L 型钢深灰色烤漆

21

148

30mm×12mm 扶手栏杆深灰色烤漆

φ70mm 钢管深灰色烤漆

①节点详图（尺寸单位：mm）

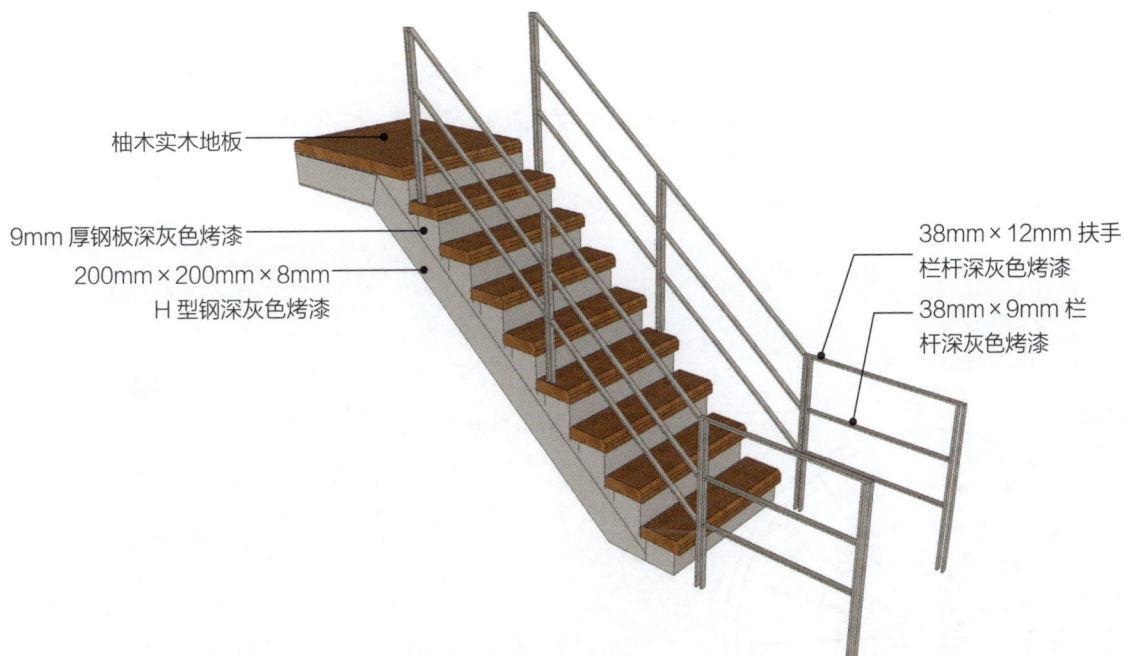

柚木实木地板

9mm 厚钢板深灰色烤漆

200mm×200mm×8mm
H 型钢深灰色烤漆

38mm×12mm 扶手
栏杆深灰色烤漆

38mm×9mm 栏
杆深灰色烤漆

三维示意图

/ 小贴士 /

　　钢结构楼梯造型功能强，除了折形楼梯外，还可以做出许多造型别致的楼梯，如 90° 转弯斜角型、S 形全方位旋转型、180° 旋转型等，不仅造型多样，线架也十分美观大方。但是人们在钢结构楼梯上、下楼梯时相比其他材料的楼梯会产生较大的声响，若业主选择采用钢结构楼梯，最好铺贴实木踏步以减少噪声。

钢结构折形多跑楼梯迂回婉转，增加了室内的动感效果，木材和铁艺的搭配具有温润感，又不乏现代性

1 施工流程

　　基层处理→现场放线→固定主立柱→焊接中间平台→安装梯段框架→安装梯段侧板→安装踏步角钢→填充水泥砂浆→铺贴装饰面层→安装栏杆。

2 重点工艺解析

　　①在放线的位置焊接中间平台时，焊接必须采用满焊，只有专业焊工才能保证钢结构楼梯的焊接质量，保证楼梯能达到标准。所有的钢件都要涂刷防锈漆，特别是焊接点的位置，以提高防腐性，有效提高使用寿命。

　　②在墙面的标记处钻孔，并将钻孔处理干净。检验合格后将钢架楼梯的框架用螺栓与墙面固定，并用化学固定剂将螺栓固定在孔中。

4. 旋转楼梯

　　旋转楼梯中，常见螺旋形楼梯和弧形楼梯两种。其中，螺旋形楼梯平面呈圆形，平台与踏步均呈扇形平面，踏步内侧宽度较小，行走时不安全。这种楼梯不能作为主要人流交通和疏散楼梯使用，但其造型美观，常作为建筑小品布置在庭院或室内。弧形楼梯与螺旋形楼梯的不同之处在于其围绕一个较大的轴心空间旋转，且仅为一段圆弧形，其扇形踏步内侧宽度较大，坡度较缓，可以用来通行较多人流。

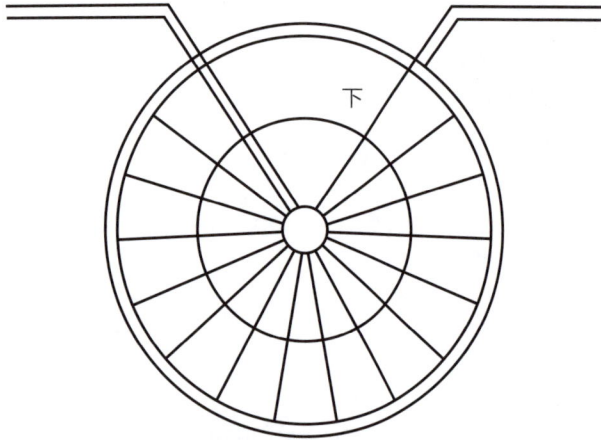

螺旋形楼梯平面图

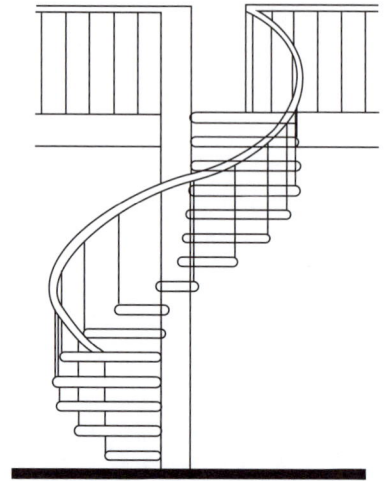

螺旋形楼梯立面图

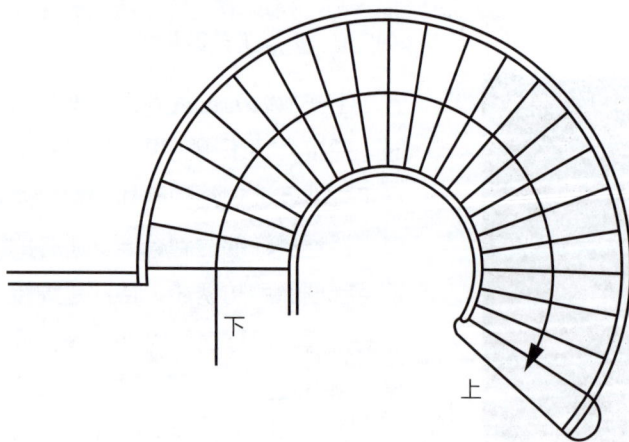

弧形楼梯平面图

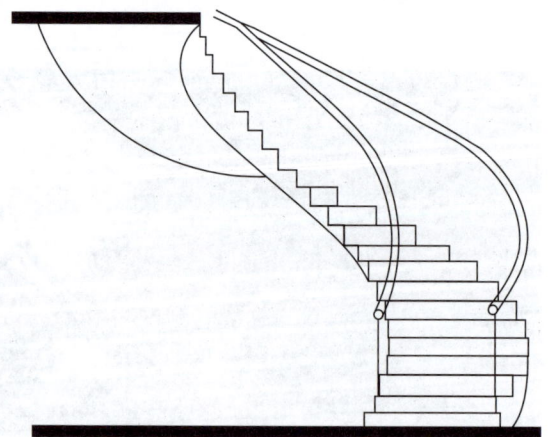

弧形楼梯立面图

参考案例 1　**木制结构螺旋形楼梯**

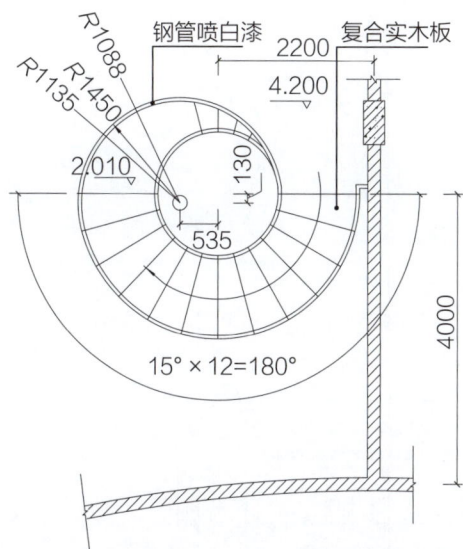

节点图（尺寸单位：mm）

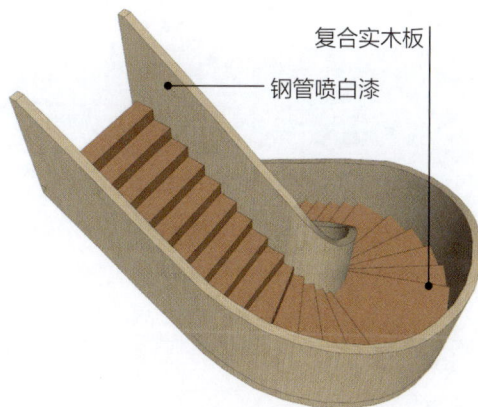

复合实木板

钢管喷白漆

钢管喷白漆

复合实木板

三维示意图

木质结构的螺旋形楼梯具备完美的造型感，有着"圆融"的美好寓意

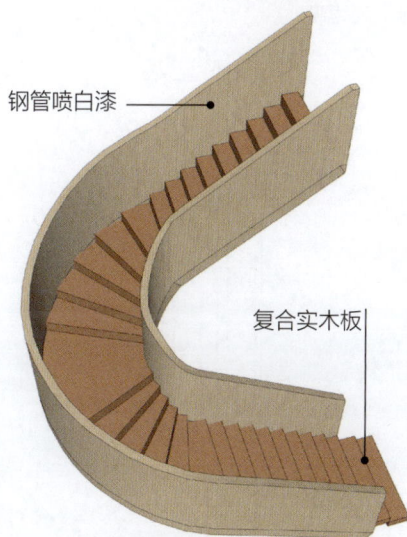

1　施工流程

现场放线→定点挂线→定梯段底板线→安装底模→安装侧模板→绑扎钢筋→浇筑混凝土→脱模→成品保护。

2　重点工艺解析

①根据施工图纸找到楼梯圆心的位置，以圆心从内弧到外弧的距离为半径，在地面上弹出两条半圆弧作为旋转楼梯的水平投影线，以此为基准线。

②根据图纸上标注的角度，将经纬仪放在圆心上，在外圆弧上分出每个踏步和休息平台的宽度，定出分隔点。

③在上层楼梯口的位置固定一根木方，在木方的中间定出一个点，使其与地面上的圆心重合，利用这两点进行挂线，并在线上画出每个踏步的高度，建立中垂线。如此就能从垂直和水平两个方向上控制踏步。

④按照梯段板的厚度、踏步尺寸，每个踏步反出一个点，将各点相连后，即可定出梯段地板线。

参考案例 2 大理石结构弧形楼梯

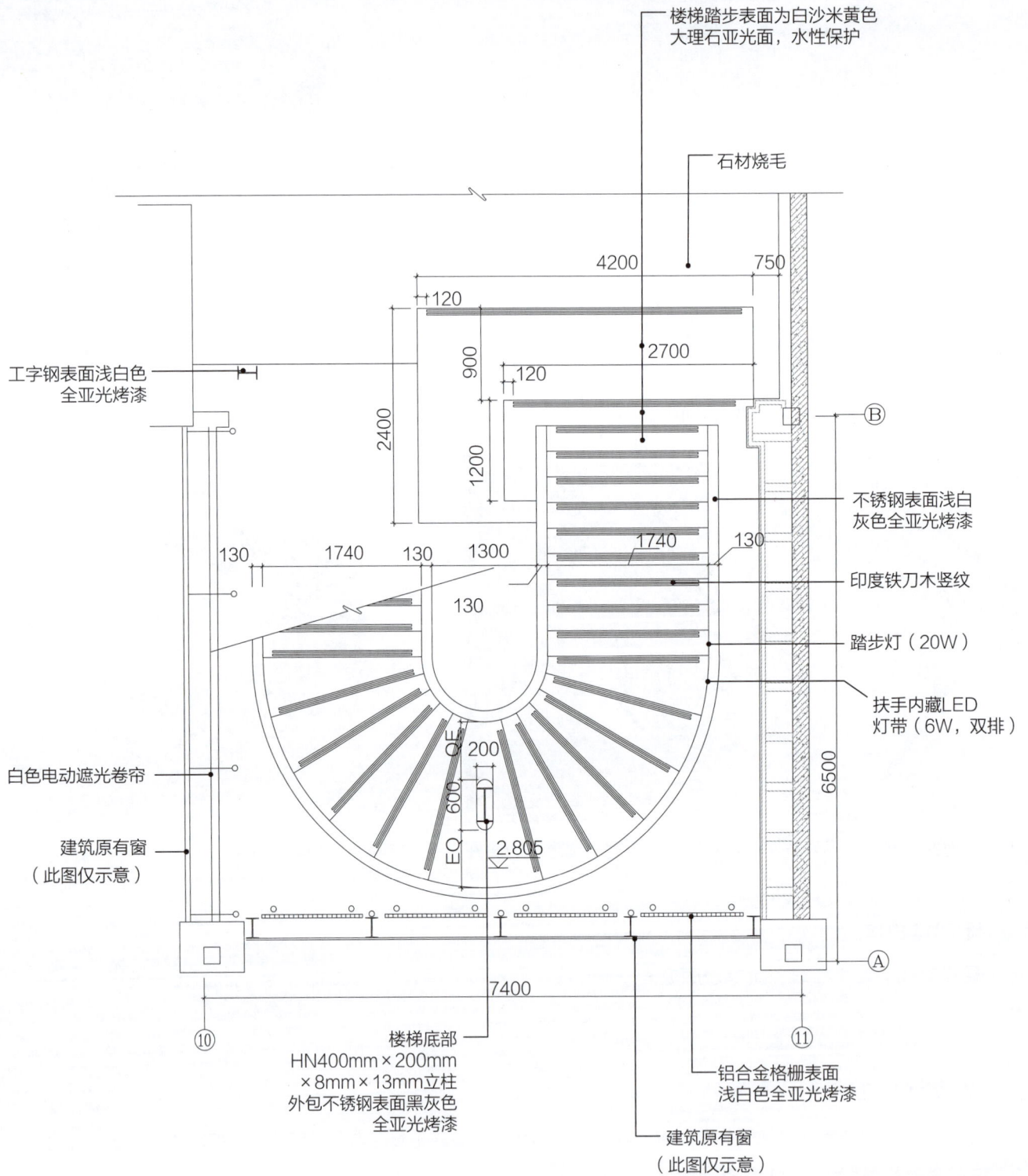

楼梯踏步表面为白沙米黄色
大理石亚光面，水性保护

石材烧毛

工字钢表面浅白色
全亚光烤漆

不锈钢表面浅白
灰色全亚光烤漆

印度铁刀木竖纹

踏步灯（20W）

扶手内藏LED
灯带（6W，双排）

白色电动遮光卷帘

建筑原有窗
（此图仅示意）

4200

750

120

2700

900

120

2400

1200

130   1740   130   1300

1740   130

130

130

6500

200

600

EQ

EQ

2.805

7400

楼梯底部
HN400mm×200mm
×8mm×13mm立柱
外包不锈钢表面黑灰色
全亚光烤漆

铝合金格栅表面
浅白色全亚光烤漆

建筑原有窗
（此图仅示意）

⑩   ⑪   Ⓑ   Ⓐ

大理石结构弧形楼梯一层平面图（尺寸单位：mm）

工字钢表面浅白色
全亚光烤漆

楼梯踏步表面为
白沙米黄色大理
石亚光面

印度铁刀木竖纹

1.5mm厚不锈钢
镀钛拉丝浅黑灰

石材烧毛

447 130　　1740　　130　　　3700

150

120

2850

印度铁刀木竖纹

1.5mm厚不锈钢
镀钛拉丝浅黑灰

不锈钢表面浅白灰色
全亚光烤漆

印度铁刀木竖纹

踏步灯（20W）

扶手内藏LED灯
带（6W，双排）

6500

EQ
200
EQ 600
EQ

5300

EQ 1260 EQEQ 1260 EQEQ 1260 EQEQ 1260 EQ

7400

⑩　　　　　　　　　　　　　　　⑪

铝合金格栅表面
浅白色全亚光烤漆

建筑原有窗
（此图仅示意）

大理石结构弧形楼梯二层平面图（尺寸单位：mm）

建筑原有窗
（此图仅示意）

合金格栅表面浅白色
全亚光烤漆

工字钢表面浅白色
全亚光烤漆

浅白色涂料

不锈钢表面浅白色
全亚光烤漆

工字钢表面浅白色
全亚光烤漆

不锈钢表面浅白色
全亚光烤漆

工字钢表面浅白色
全亚光烤漆

1.5mm厚不锈钢镀
钛拉丝浅黑灰

17mm厚超白玻璃
白色渐变夹胶

17mm厚超白玻璃
白色渐变夹胶

印度铁刀木竖纹

工字钢表面浅白色
全亚光烤漆

白沙米黄色大理石

黑灰色涂料

1785

1785

1100
1165

4.300

4300

± 0.000

600
4150
7110

300 1200 900
2400

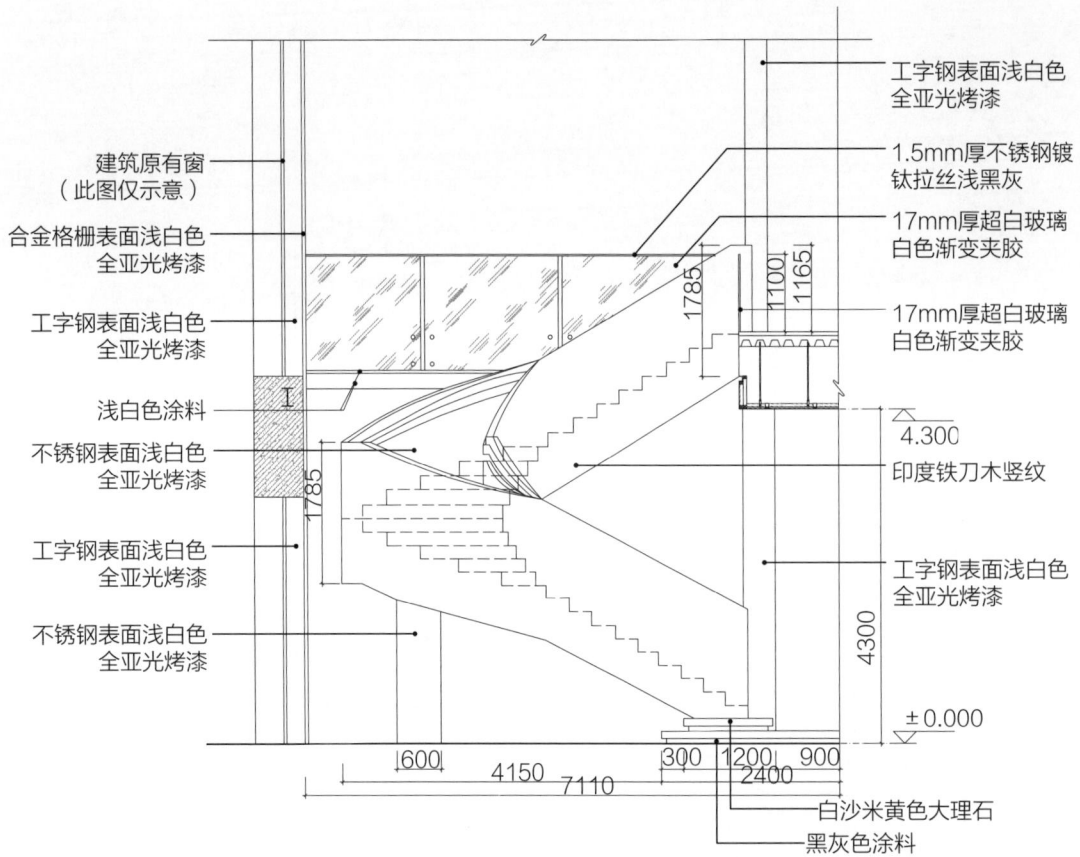

大理石结构弧形楼梯 A 立面图（尺寸单位：mm）

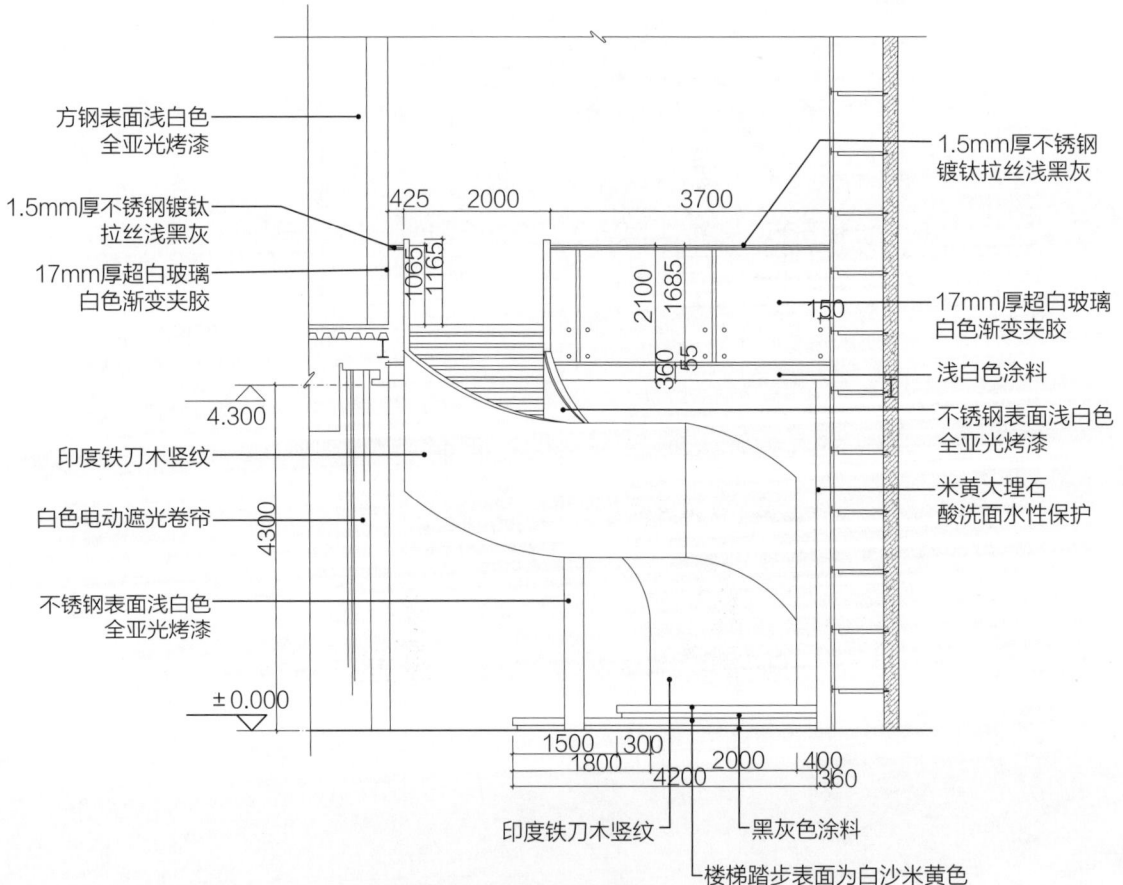

方钢表面浅白色
全亚光烤漆

1.5mm厚不锈钢镀钛
拉丝浅黑灰

17mm厚超白玻璃
白色渐变夹胶

4.300

印度铁刀木竖纹

白色电动遮光卷帘

不锈钢表面浅白色
全亚光烤漆

± 0.000

1.5mm厚不锈钢
镀钛拉丝浅黑灰

17mm厚超白玻璃
白色渐变夹胶

浅白色涂料

不锈钢表面浅白色
全亚光烤漆

米黄大理石
酸洗面水性保护

425   2000   3700

1065
1165

2100
1685

360
55

150

4300

1500 300   2000   400
1800   4200   2000   360

印度铁刀木竖纹

黑灰色涂料

楼梯踏步表面为白沙米黄色

大理石结构弧形楼梯 B 立面图（尺寸单位：mm）

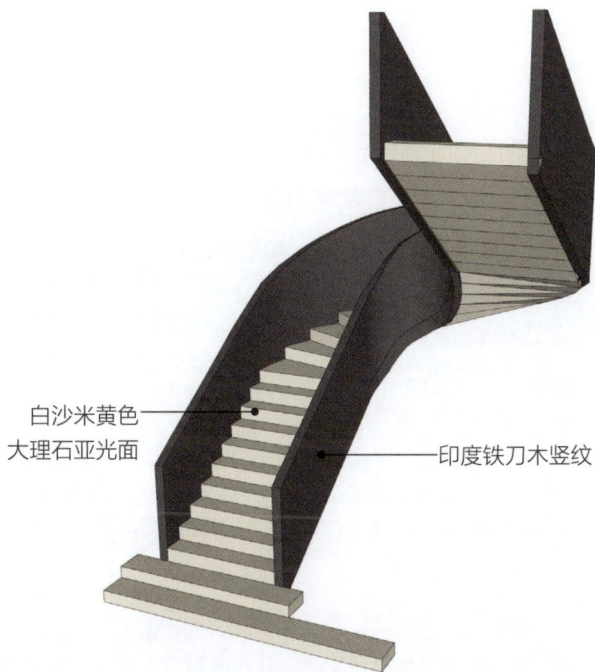

白沙米黄色——
大理石亚光面

————印度铁刀木竖纹

三维示意图

1 施工流程

现场放线→定点→挂线→定梯段底板线→固定横杆和立杆→安装底模→安装侧模板→绑扎钢筋→浇筑混凝土→脱模→成品保护。

2 重点工艺解析

①在楼梯蹬角的位置安装立杆，在立管上放置可调节的 U 形顶托，用扣件将横杆与立杆连接起来，然后用扣件连接内圆与外圆的弧形钢管，也可以使用短钢管进行拼接。

②在弧形的钢管上铺设配制好的梯底模板，楼梯底模板可以选用竹胶板模板，用木方作次楞，每铺一块梯底模板，再根据内外圆梯底的标高示意图来调整顶托，定出相应标高。

大理石结构的弧形楼梯以其弯曲、自然的曲线美，营造出恢宏、大气的室内氛围，可以聚焦空间内人群的视线，形成室内空间的视觉中心

四、楼梯踏步的节点构造

楼梯踏步是梯段的重要组成部分，其水平表面为踏步面，垂直部分为踏步踢板，踏步前端边缘为踏步前缘。总的来说，楼梯踏步主要可分为木质、砖石、玻璃、塑胶等几种，可以根据室内风格、颜色，结合楼梯的建筑方式来具体挑选，同时宜结合空间人口情况，如有老人和小孩最好考虑舒适性和防滑等。

楼梯踏步常见材料选择

类型	简介
木质踏步	木质踏步是最常见的楼梯踏步，可分为超耐磨、强化和实木三种。超耐磨型价格比较便宜，但容易热胀冷缩；强化型比较稳定，不易变形；实木型价格较贵，有着类似地板的自然花纹，但养护比较麻烦，所用树种不同，每平方米的价格不同。木踏步让人感觉自然、亲切、安全、舒适，因而特别适合三口之家、三代同堂等有老人、小孩的家庭
砖石踏步	砖石踏步又分为天然石材和瓷砖两大类，包括大理石、花岗岩和瓷砖等，款式非常多，也是比较常见的一种楼梯踏步材料，耐磨度、稳定度相对都比较高，但是触感比木质地材要冷硬，且表面易滑，使用时需要设置止滑垫、防滑条，不太适合有老人、孩子的家庭
玻璃踏步	玻璃踏步应用在家居环境中比较少，并不是所有楼梯都能够使用玻璃踏步，底部为钢结构的款式才适用。玻璃踏步相比其他几种更加个性、时尚，并且养护方便，但即使做了钢化处理的玻璃踏步也不能承受重物，材质比较脆弱
塑胶踏步	塑胶踏步的普通款多用于人流比较大的场所，家居中多用仿石材、木纹等款式。塑胶踏步的价格比较低，具有出色的防滑效果，而且养护比较方便，耐磨、防潮、防虫蛀，但是耐热性差，被烟头等烫过后会留下明显的痕迹

1.整体装饰面踏步的装饰构造

整体装饰面踏步是指踏步板与梯段整体浇筑在一起，以形成整体踏步，比较常见的为水泥砂浆踏步。在施工时要求抹灰层之间、抹灰层与基层之间必须黏结牢固，无脱层、空鼓，面层无爆灰和裂缝等缺陷。表面要光滑、洁净，颜色均匀，无抹纹，线角和灰线要平直方正，清晰美观。

参考案例 1 **水泥踏步（方形）**

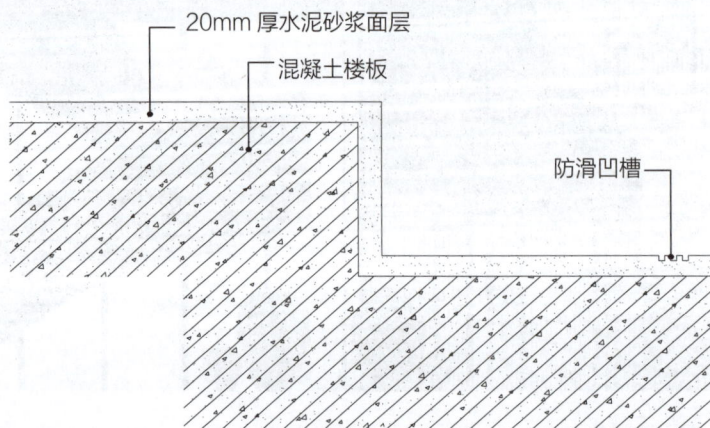

20mm 厚水泥砂浆面层
混凝土楼板
防滑凹槽

节点图

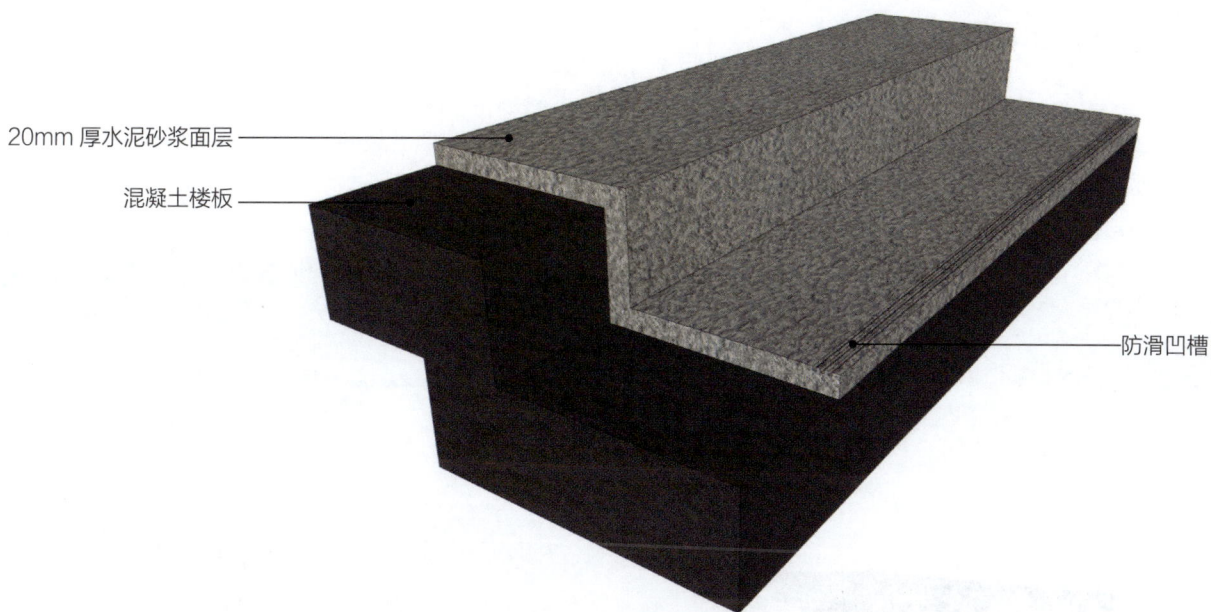

20mm 厚水泥砂浆面层

混凝土楼板

防滑凹槽

三维示意图

1　施工流程

踏步基层安装→基层材料处理→放线→踏步面层安装→防滑带设置→完成面处理。

2　重点工艺解析

①在混凝土基层上刷 20mm 厚水泥砂浆面层，确保面层的厚度均匀一致，无蜂窝、孔洞等缺陷。

②将水泥砂浆面层表面灰尘、杂物清理干净，并定期洒水养护。

水泥方形踏步占用的空间较少，且造型利落，比较适合用在简约类型的空间中

参考案例2 **水泥踏步（梯形）**

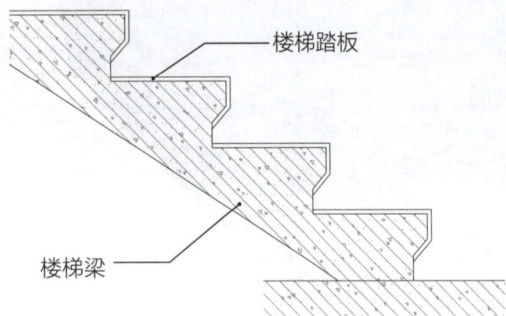

楼梯踏板
楼梯梁

节点图

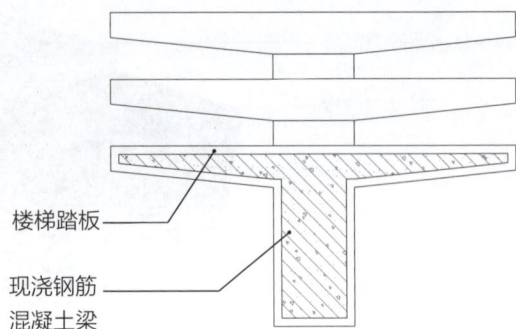

楼梯踏板
现浇钢筋混凝土梁

剖面图

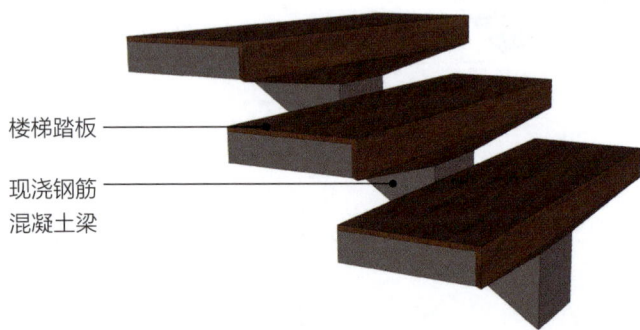

楼梯踏板
现浇钢筋混凝土梁

三维示意图

/ 小贴士 /

　　梯形的踏步形式比方形更具设计感，但施工相对复杂，这样就丢失了水泥踏步施工简便的优势，因此在日常生活中，方形踏步的形式更为普遍。

1 **施工流程**

　　踏步基层安装→基层材料处理→放线→踏步面层安装→防滑带设置→完成面处理。

2 **重点工艺解析**

　　浇注方形加长边 × 短边 × 高 =1000mm×200mm×55mm 的钢筋混凝土梁并注意养护。

梯形楼梯在造型上做了一些变化，丰富了室内空间的装饰性

2. 铺贴类装饰面踏步的装饰构造

　　贴面类装饰踏步所使用的材料为块状材料，如瓷砖、地砖、水磨石板、花岗岩板、大理石板、青石板等。此类材料一般用水泥砂浆作结合层，使其与原踏步面固定。

参考案例 1　石材踏步（混凝土楼梯，有灯带）

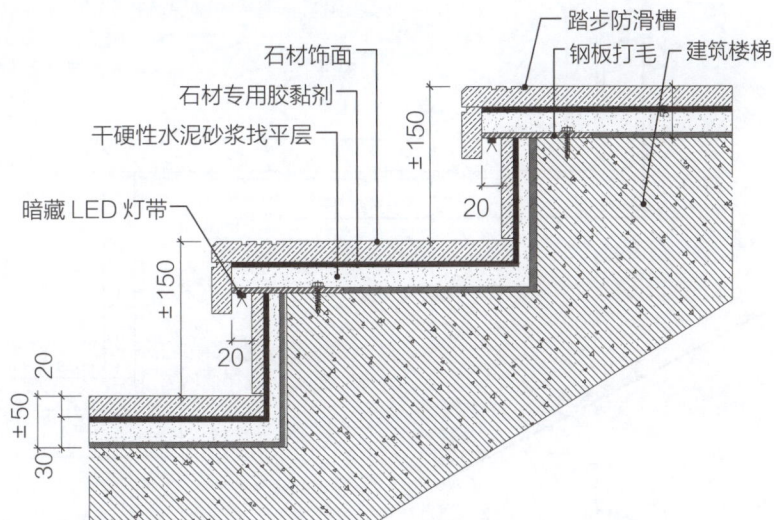

节点图（尺寸单位：mm）

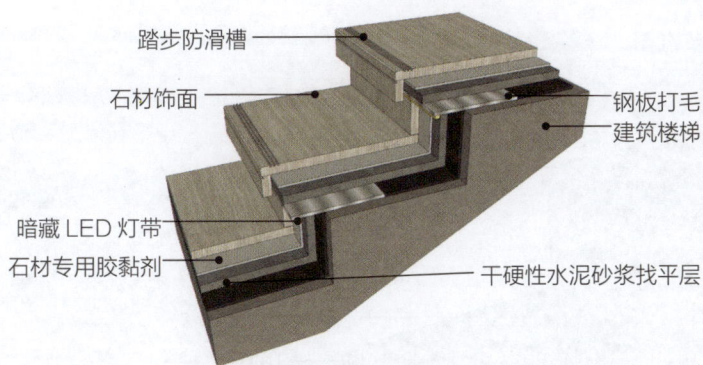

三维示意图

💡 **施工流程**

　　踏步基层安装→基层材料处理→放线→踏步面层安装→防滑带设置→完成面处理→安装灯带。

💡 **重点工艺解析**

　　LED 灯带应安装在踢步踢板与踏步前缘间预留的空间内。

在踏步中安装向下照射的灯带，既能清晰地照射楼梯，还能避免使人眼产生眩光，保护人眼

参考案例2 石材踏步（混凝土楼梯）

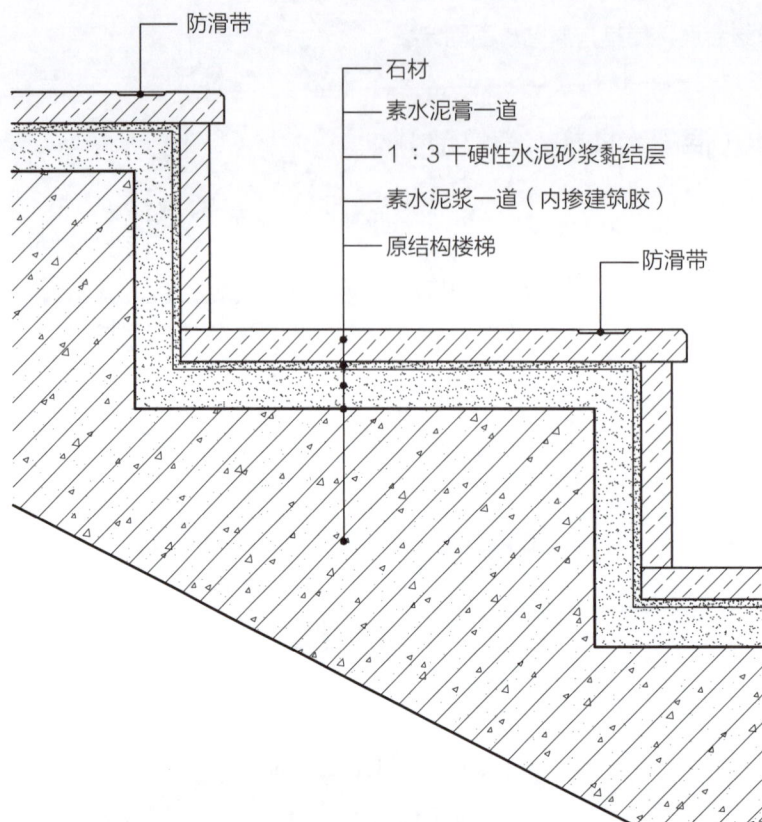

防滑带

石材
素水泥膏一道
1：3干硬性水泥砂浆黏结层
素水泥浆一道（内掺建筑胶）
原结构楼梯

防滑带

节点图

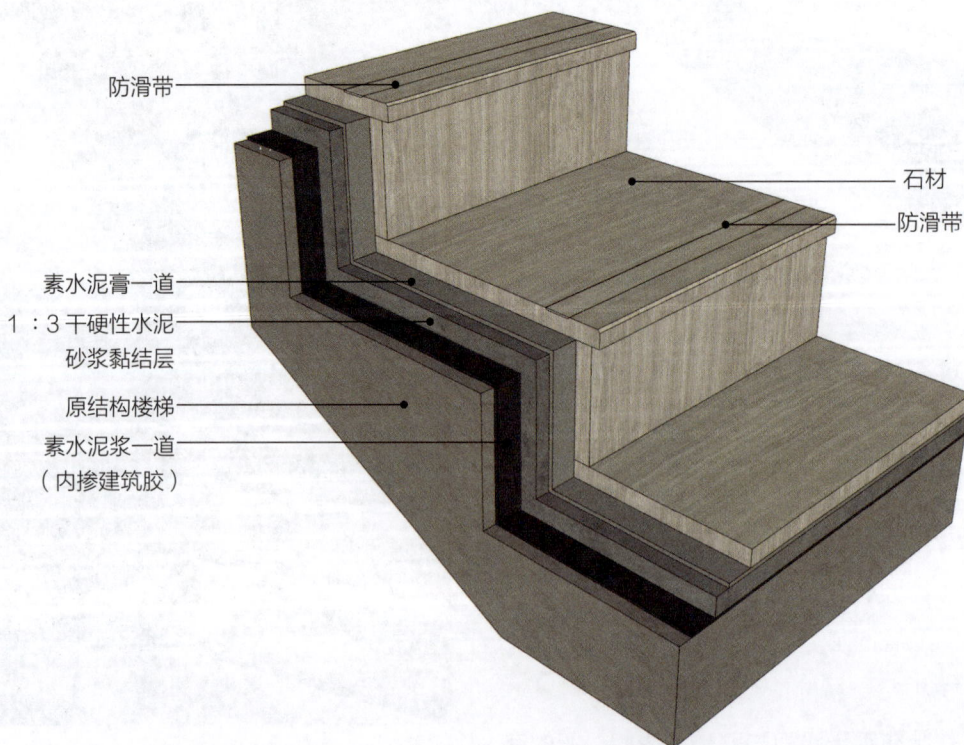

防滑带

素水泥膏一道
1：3干硬性水泥
砂浆黏结层

原结构楼梯

素水泥浆一道
（内掺建筑胶）

石材
防滑带

三维示意图

白色大理石的踏步使楼梯整体显得干净、整洁，与室内空间轻奢的基调相符。另外，由于混凝土的楼梯结构占据的空间较大，为防止部分空间浪费的问题，可在楼梯下方设计储物空间来辅助收纳

① 施工流程

踏步基层安装→基层材料处理→放线→踏步面层安装→防滑带设置→完成面处理。

② 重点工艺解析

①对混凝土面进行检查清理，使用水泥砂浆进行找平处理，然后测出各梯段踏步的踏面和踢面尺寸，按测量出的尺寸加工石材。石材除尺寸应准确外，还需厚度一致，踏面石材外露部分端头要磨光处理。

②在楼层和休息平台面层标高，从楼梯侧墙弹出一条斜线，休息平台楼梯起跑处的侧墙上也要弹出一条垂直线，两面层标高差除以梯段踏步数，精确到毫米的斜线与垂直线相交，从交点分别向下、向内弹出水平和垂直的各踏步的面层位置控制线。

③为防止行走时跌滑，在楼梯踏步表面应采取防滑措施。一般是在踏步口设防滑条或留 2~3 道凹槽。防滑条长度通常按踏步长度每边减去 150mm。常用的防滑材料有金刚砂、水泥铁屑、橡胶条、塑料条、金属条、马赛克、缸砖、铸铁和折角铁等。

④对石材拼缝进行灌缝、擦缝处理，最后对石材进行晶面处理。

参考案例3 石材踏步（钢结构楼梯）

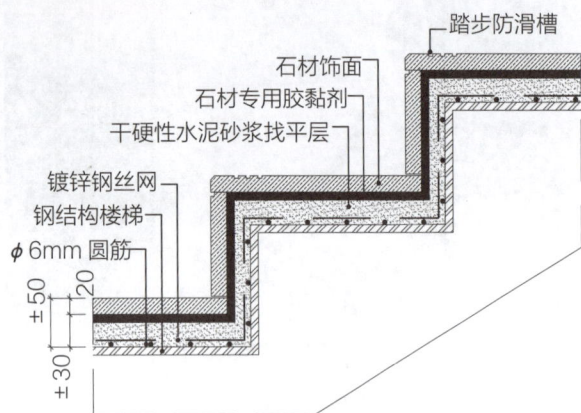

踏步防滑槽
石材饰面
石材专用胶黏剂
干硬性水泥砂浆找平层
镀锌钢丝网
钢结构楼梯
ϕ6mm 圆筋
±50
20
±30

节点图（尺寸单位：mm）

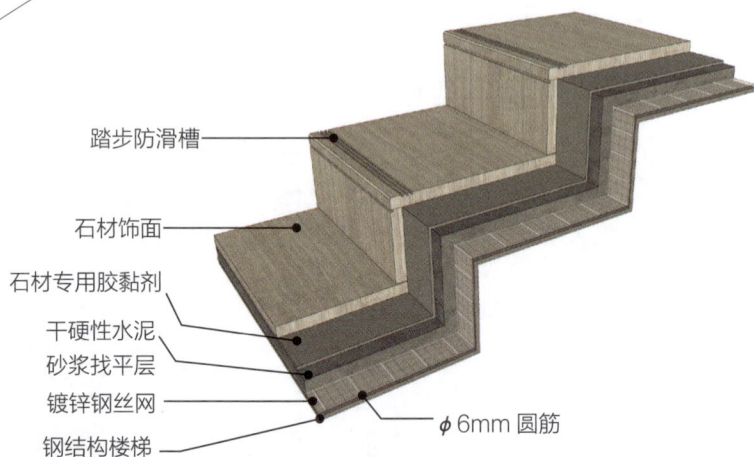

踏步防滑槽
石材饰面
石材专用胶黏剂
干硬性水泥
砂浆找平层
镀锌钢丝网
钢结构楼梯
ϕ6mm 圆筋

三维示意图

/ 小贴士 /

钢结构楼梯自重较轻，抗震性能好，可回收利用，节省用地，而且建设工期相对较短，省去了等待现浇混凝土凝固的时间，没有混凝土楼梯工期容易受天气影响的问题。

1 施工流程

踏步基层安装→基层材料处理→放线→踏步面层安装→防滑带设置→完成面处理。

2 重点工艺解析

钢结构楼梯应先按一定间距铺设直径为 6mm 的圆筋，再铺设镀锌钢丝网，最后用干硬性水泥砂浆进行找平。

石材踏步坚毅、硬朗，在配色沉稳的空间中也不会显得突兀，反而有增强整体空间氛围表达的效果

参考案例 4 | 石材踏步（钢结构楼梯，有灯带）

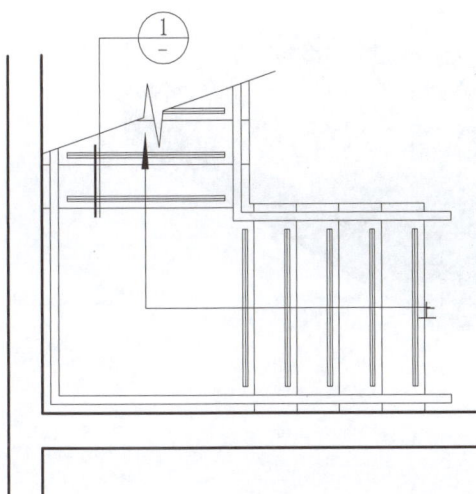

平面图

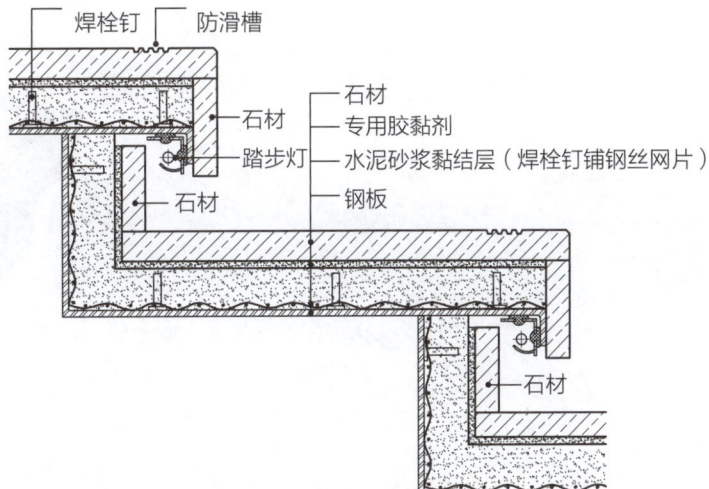

焊栓钉　防滑槽

石材
专用胶黏剂
踏步灯
水泥砂浆黏结层（焊栓钉铺钢丝网片）
石材
钢板

石材

①节点详图

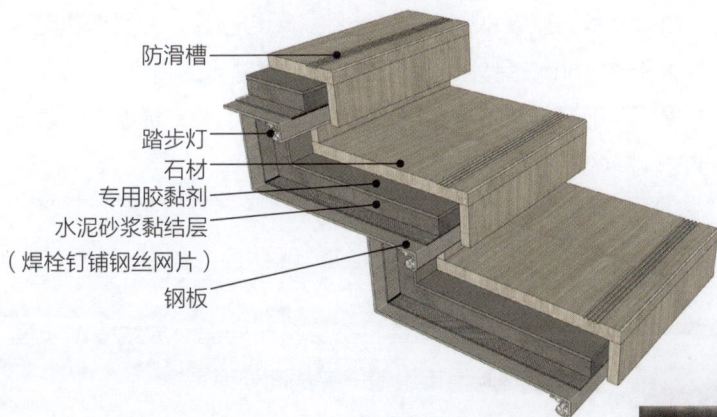

防滑槽
踏步灯
石材
专用胶黏剂
水泥砂浆黏结层
（焊栓钉铺钢丝网片）
钢板

三维示意图

／ 小贴士 ／

楼梯踏步面的照明应满足供夜间或条件较差时使用的要求。照明的灯带不仅能照亮踏步面、提示高差，还可以增加楼梯的观赏性、艺术性。

① 施工流程

踏步基层安装→基层材料处理→放线→踏步面层安装→防滑带设置→完成面处理→安装灯带。

② 重点工艺解析

在踢步踢板与踏步前缘间预留的空间内安装暗藏 LED 灯带。楼梯踏步的踢板安装可以采用点粘方式直接将石材粘在钢板上。

深色大理石踏步与灯带相结合，为空间增添了几分现代气息

参考案例 5 地砖踏步

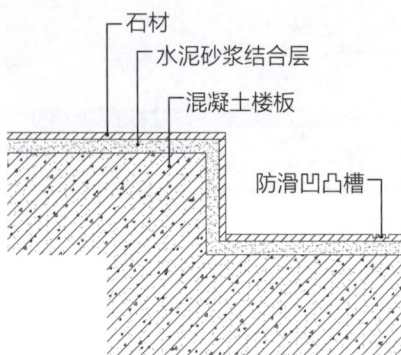

石材
水泥砂浆结合层
混凝土楼板
防滑凹凸槽

节点图

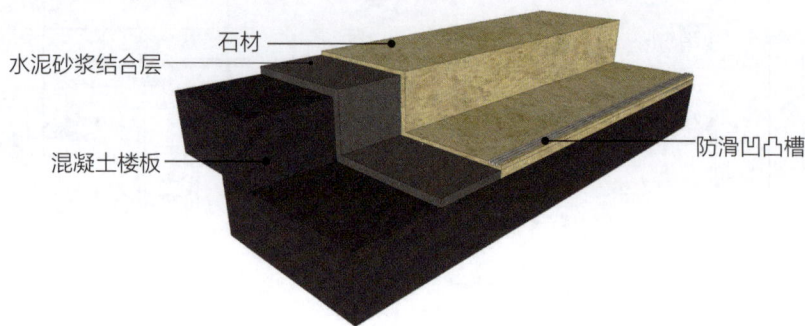

石材
水泥砂浆结合层
混凝土楼板
防滑凹凸槽

三维示意图

/ 小贴士 /

　　地砖踏步要求砖面层表面洁净，图案清晰，色泽一致，接缝平整，深浅一致，周边顺直，并且板块无裂缝、掉角等缺陷。楼层梯段相邻踏步高差不应大于 10mm。另外，地砖踏步比石材踏步的耐磨性更好，价格也相对便宜，但地砖硬脆的特性使其更容易损坏，而且施工不当会出现起壳剥落的现象，铺贴后还需要进行一段时间的养护。故选择地砖作楼梯踏步时，需做好一定的取舍。

灰色地砖踏步形成的带有弧度的楼梯，为整个空间增加了动感效果

① 施工流程

　　踏步基层安装→基层材料处理→放线→踏步面层安装→防滑带设置→完成面处理。

② 重点工艺解析

　　在混凝土基层及防滑地砖背面刮一道水泥砂浆作结合层，按从上往下、先立面后平面地铺贴地砖。

3. 木踏步的装饰构造

木踏步楼梯要注意防潮、防蛀、防火。木踏步一旦受潮，就容易变形开裂，涂料也会脱落，因此在踏步安装时应预留伸缩缝，为其热胀冷缩预留出空间。木踏步楼梯的梁除了可以使用钢筋混凝土外，还可以采用型钢或实木。

备注：日常清洁木地板踏步时，切忌用大量的水来擦洗，用清洁剂喷洒表面后再用软布擦洗干净即可。

参考案例 1　木地板踏步（混凝土楼梯）

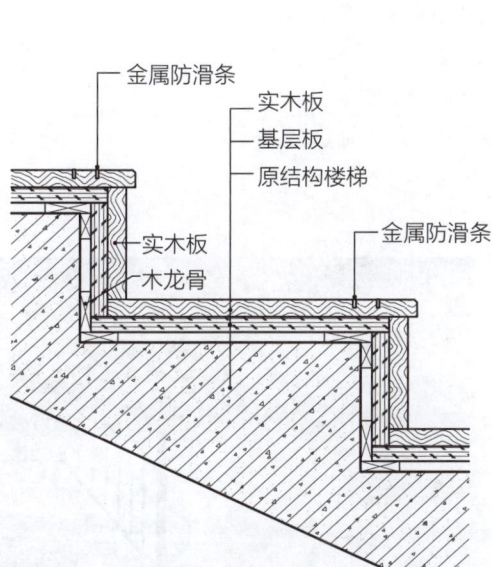

节点图

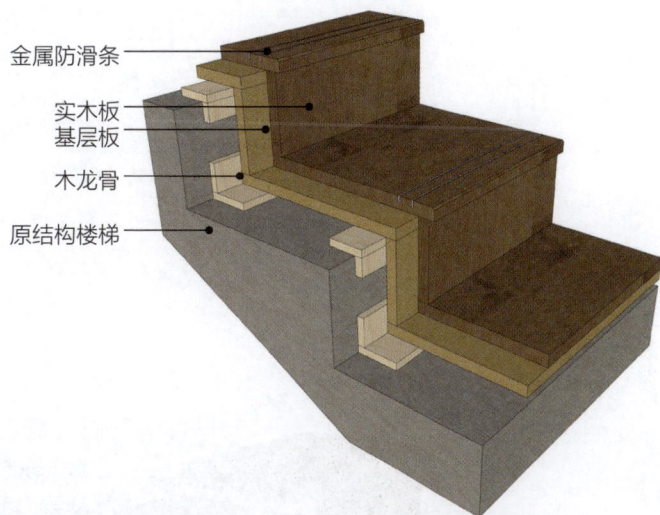

三维示意图

① 施工流程

踏步基层安装→基层材料处理→放线→踏步面层安装→防滑带设置→完成面处理。

② 重点工艺解析

①在原结构楼梯基面设木龙骨，在木龙骨上方再铺设一层基层板，最后进行木地板踏步的安装，也可用专用胶直接黏贴。注意木龙骨和基层板均需做防火防腐处理。

②将木踏步表面胶迹及污渍清理干净，并做好成品保护，防止污染。

木地板材质的踏步与原木色调的空间相呼应，烘托了室内空间温馨的氛围

参考案例 2 木地板踏步（混凝土楼梯，有灯带）

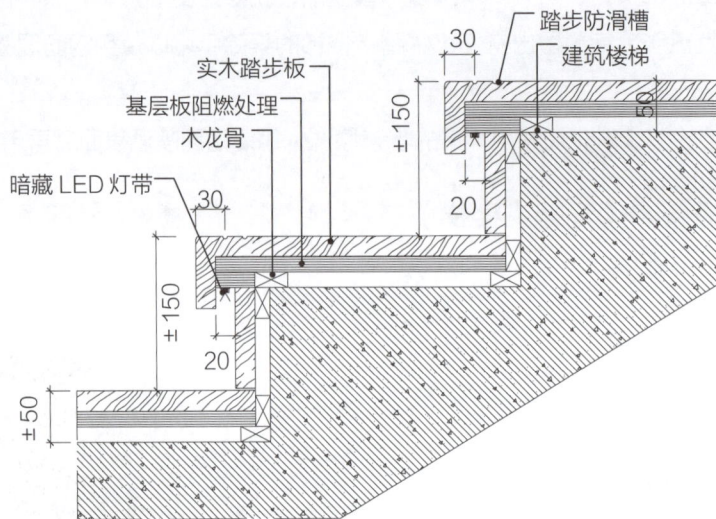

节点图（尺寸单位：mm）

实木踏步板
基层板阻燃处理
木龙骨
暗藏 LED 灯带
踏步防滑槽
建筑楼梯

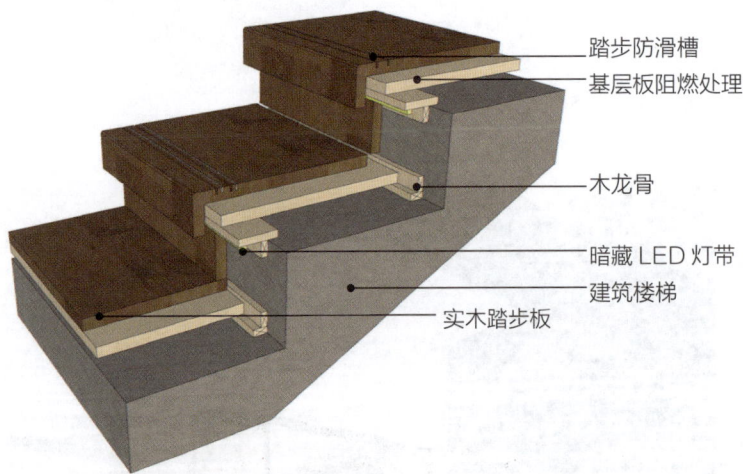

三维示意图

踏步防滑槽
基层板阻燃处理
木龙骨
暗藏 LED 灯带
建筑楼梯
实木踏步板

木质踏步搭配铁艺栏杆，自然感与现代感融合得恰到好处，灯带的加入则令楼梯空间更加具有人性化特征

① 施工流程

踏步基层安装→基层材料处理→放线→踏步面层安装→防滑带设置→完成面处理→安装灯带。

② 重点工艺解析

在踢步踢板与踏步前缘间预留的空间内安装暗藏 LED 灯带。楼梯踏步的踢板安装可以采用点粘方式直接将石材粘在钢板上。

参考案例3　**木地板踏步（钢结构楼梯）**

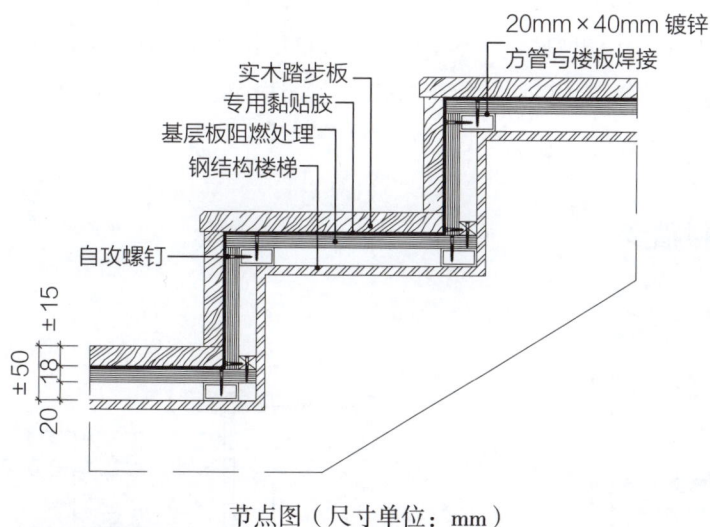

20mm×40mm 镀锌
方管与楼板焊接
实木踏步板
专用黏贴胶
基层板阻燃处理
钢结构楼梯
自攻螺钉

±50　±18　±15
20

节点图（尺寸单位：mm）

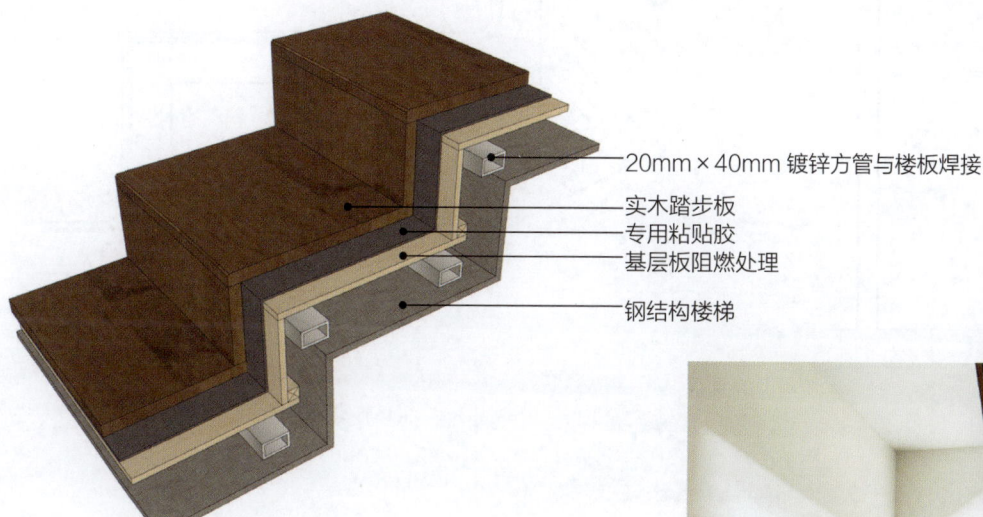

20mm×40mm 镀锌方管与楼板焊接
实木踏步板
专用粘贴胶
基层板阻燃处理
钢结构楼梯

三维示意图

1　施工流程

踏步基层安装→基层材料处理→放线→踏步面层安装→防滑带设置→完成面处理。

2　重点工艺解析

在钢结构楼梯上方焊接 20mm×40mm 的镀锌方管，用自攻螺钉将经阻燃处理的基层板与方管固定，基层板与梯段基层间的空隙用木条插入固定，木地板踏步用专用胶黏剂进行贴装。

镂空的木地板踏步楼梯显得十分轻盈，搭配玻璃栏杆，大幅提升空间的格调美

4. 弹性地材踏步的装饰构造

弹性地材是指在外力作用下发生变形，但外力解除后能完全恢复到变形前形状的地面材料。主要包括 PVC 地材、橡胶地材、亚麻地材、运动地材、软木地材等。弹性地材踏步的使用寿命长达 30~50 年，具有卓越的耐磨性、防污性和防滑性，这类材质的踏步行走起来十分舒适，其优越的特性使其广泛地应用于家居、医院、学校、写字楼等空间中。

参考案例 弹性地材踏步

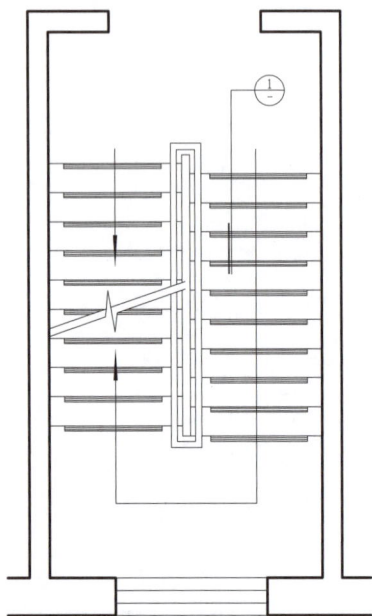

平面图

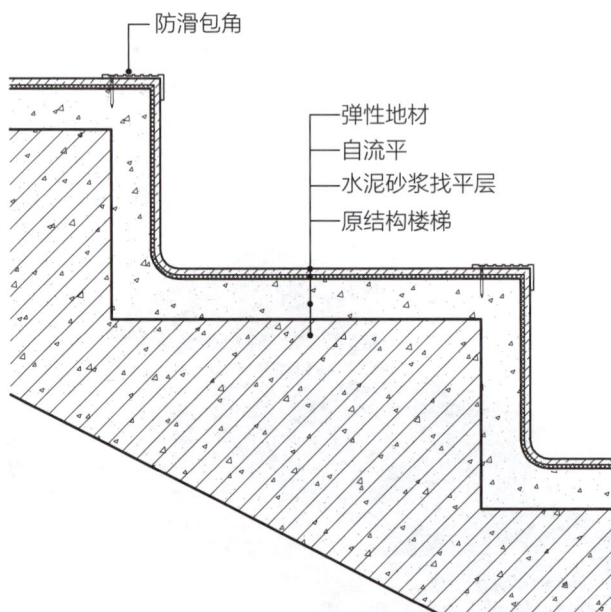

①节点详图

防滑包角
弹性地材
自流平
水泥砂浆找平层
原结构楼梯

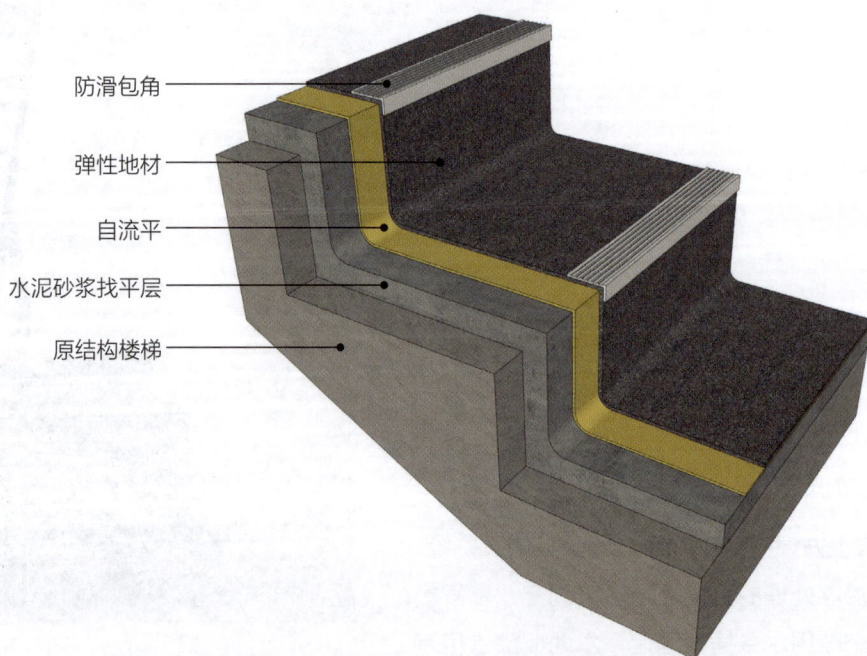

防滑包角
弹性地材
自流平
水泥砂浆找平层
原结构楼梯

三维示意图

绿色的弹性地材踏步与木质的栏板相结合，仿佛塑造出一处自然秘境，令人的呼吸都畅快起来

1 施工流程

踏步基层安装→基层材料处理→放线→踏步面层安装→防滑带设置→完成面处理。

2 重点工艺解析

①在水泥砂浆找平层上，应采用具有自动流平或稍加辅助流平功能的材料，现场搅拌后摊铺成面层。弹性地材可用螺钉与找平层、自流平层固定安装。

②将弹性地材表面的灰尘、污渍清除干净，并做好成品保护，防止外界因素的污染。

5. 地毯踏步的装饰构造

地毯踏步设计要用楼梯专用地毯。地毯踏步有着很好的防滑、静音功能，通常用在有静音要求的居室、办公空间内或酒店的楼梯上。另外，在踏步上铺设地毯时必须固定牢固，不能有卷边、翻起现象，其表面要平整，视线范围内不能有明显的拼接缝隙。

参考案例 1 **地毯踏步（混凝土楼梯）**

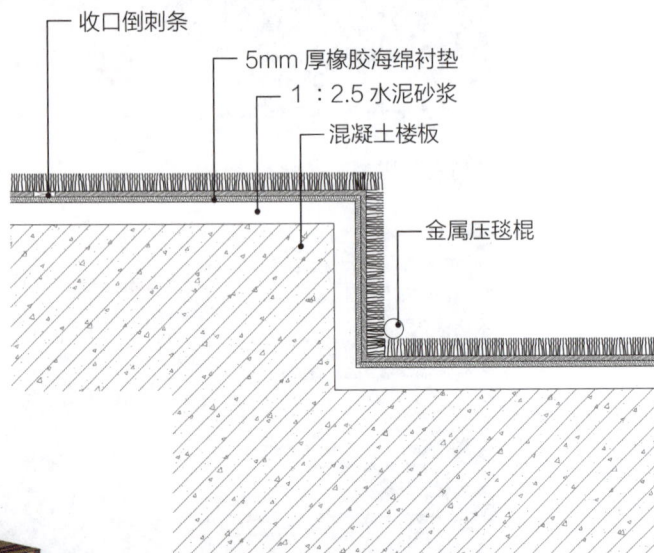

收口倒刺条
5mm 厚橡胶海绵衬垫
1：2.5 水泥砂浆
混凝土楼板
金属压毯棍

节点图

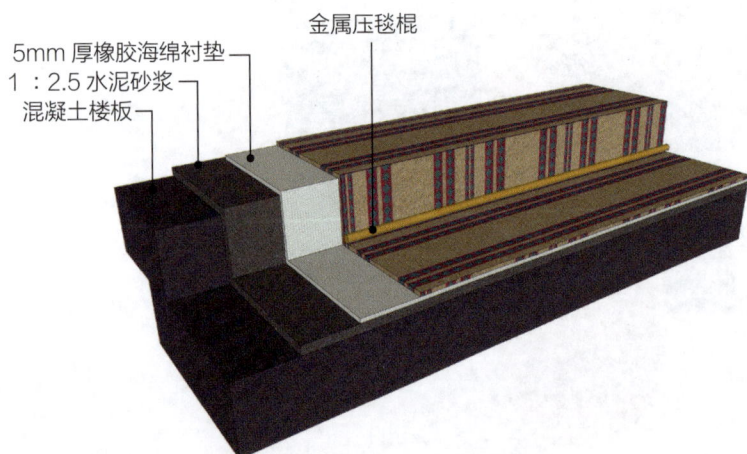

5mm 厚橡胶海绵衬垫
1：2.5 水泥砂浆
混凝土楼板
金属压毯棍

三维示意图

地毯踏步用在办公空间中，做成较宽的台阶，可以成为一个开放式的阅读区，人们可以在这个区域内交流互动

1 施工流程

踏步基层安装→基层材料处理→放线→踏步面层安装→防滑带设置→完成面处理。

2 重点工艺解析

混凝土基层上刷 1：2.5 水泥砂浆，5mm 厚橡胶海绵衬垫通过收口倒刺条用螺钉固定，铺贴地毯，金属压毯棍于阴角压地毯。

参考案例2　地毯踏步（钢结构楼梯）

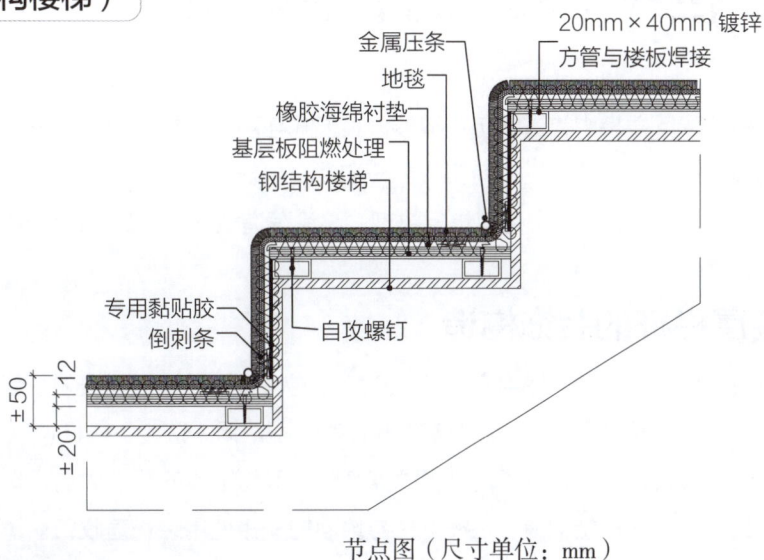

金属压条
地毯
橡胶海绵衬垫
基层板阻燃处理
钢结构楼梯
20mm × 40mm 镀锌
方管与楼板焊接

专用黏贴胶
倒刺条
自攻螺钉

±50
±20　12

节点图（尺寸单位：mm）

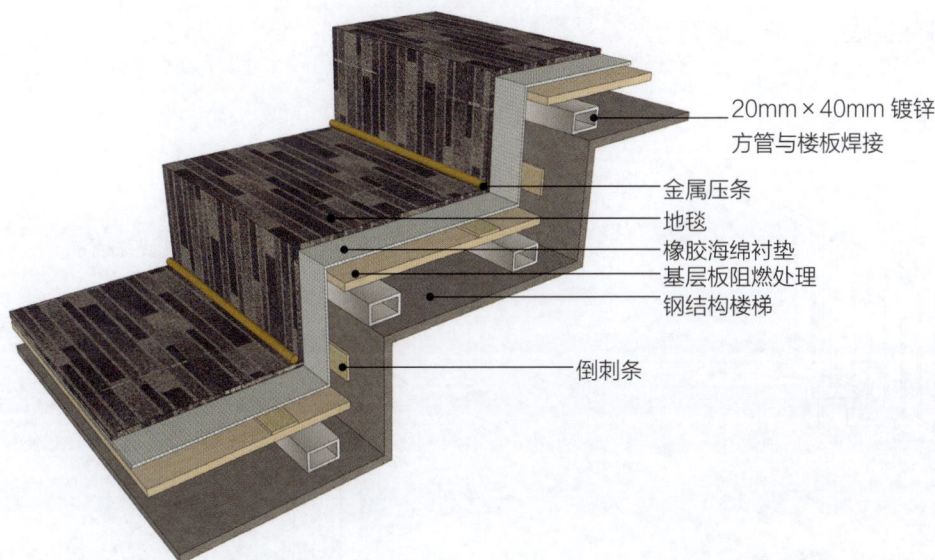

20mm × 40mm 镀锌
方管与楼板焊接
金属压条
地毯
橡胶海绵衬垫
基层板阻燃处理
钢结构楼梯
倒刺条

三维示意图

① 施工流程

踏步基层安装→基层材料处理→放线→踏步面层安装→防滑带设置→完成面处理。

② 重点工艺解析

按设计图纸将 20mm × 40mm 镀锌方管与钢结构楼梯的踏步面基层焊接，经阻燃处理的基层板用自攻螺钉水平地与方管固定，将倒刺条在踏步踢板基层从基层板上方至方管用专用胶黏剂固定。铺贴橡胶海绵衬垫与地毯，金属压条于阴角压地毯。

地毯踏步的吸声作用较强，在对安静度需求较高的空间中尤其适用

五、栏杆（板）的节点构造

栏杆是建筑楼梯中的重要防护构件，其形式与功能同样重要，它既是保障楼梯安全的功能构件，又是不可或缺的装饰构件。形式上栏杆有实心栏杆和镂空栏杆之分，其中实心栏杆又称为栏板。栏板就是将栏杆的连接杆换成了整体的板，栏板上可以进行雕刻、喷涂等造型设计，其中比较常见的为玻璃材质。

1. 金属栏杆的装饰构造

金属栏杆防腐防锈，使用寿命长，安装方便快捷，且可塑性极强，因此被广泛运用在室内外建筑中。在材质的细分上，金属栏杆又分普通钢制栏杆，铜、不锈钢（钛金）栏杆，以及铸、锻铁栏杆等类型。

在进行施工设计时，普通钢制栏杆安装时一般与踏步的预埋件进行焊接，预埋件采用钢板，钢板一面焊呈U形的钢筋，埋入原结构内；栏杆立柱与地面的交接处用装饰盖收口。铸、锻铁栏杆采用同样的方式固定。由于铜、不锈钢（钛金）栏杆的种类较多，除了可采用与预埋件焊接的方法外，不锈钢栏杆还可用膨胀螺栓与栏杆上的法兰座连接，可直接将栏杆立柱固定在地面上。

参考案例 1 **不锈钢栏杆**

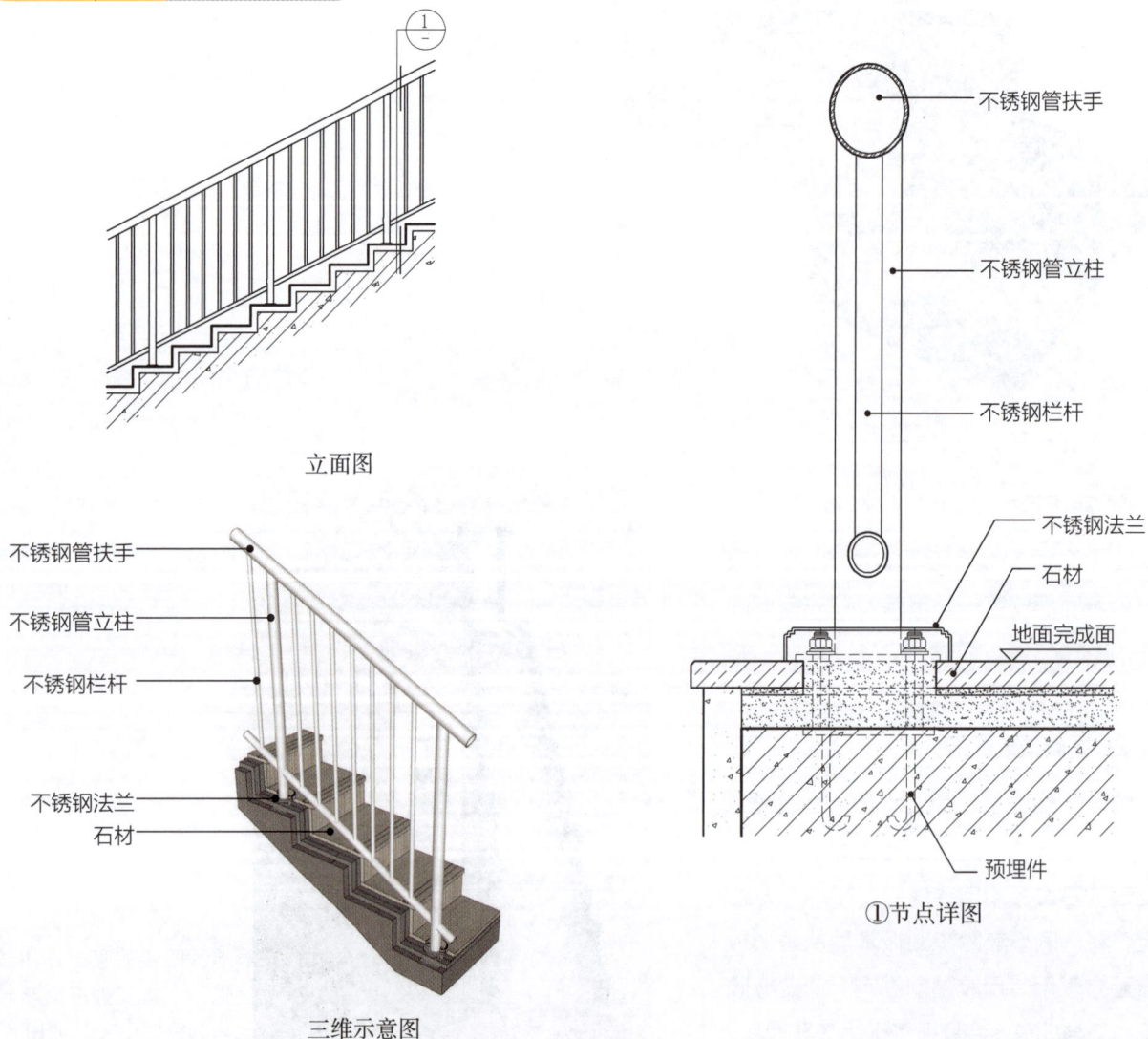

立面图

不锈钢管扶手
不锈钢管立柱
不锈钢栏杆
不锈钢法兰
石材

三维示意图

不锈钢管扶手
不锈钢管立柱
不锈钢栏杆
不锈钢法兰
石材
地面完成面
预埋件

①节点详图

不锈钢栏杆在整体空间中具有实用性，其光泽可为空间带来一些视觉变化

1　施工流程

弹线打孔→安装固定件→焊接立柱→安装不锈钢栏杆→安装扶手→现场清洁。

2　重点工艺解析

①焊接立杆后，用不锈钢法兰在钢板上扣严，并在立杆上端加工出不锈钢管扶手的岔口。

②把不锈钢扶手直接放入立柱的岔口中，从一端向另一端顺次点焊安装，相邻扶手应安装对接准确，接缝严密。

③不锈钢栏杆立杆间距应不大于 110mm，且栏杆的安装位置应保证楼梯净宽符合相关规范要求。

④将沿焊缝每边 30~50mm 范围内的油污、毛刺、锈斑等清除干净，将地面与施工完成的栏杆表面灰尘擦净，保证施工完成后现场干净、整洁。

/ 小贴士 /

　　不锈钢栏杆安装方式简单，不会出现褪色、泛黄等现象，也无须进行日常维护，并且对环境不会产生污染问题，故广泛地运用在各类建筑构件中。

参考案例 2 金属转角栏杆

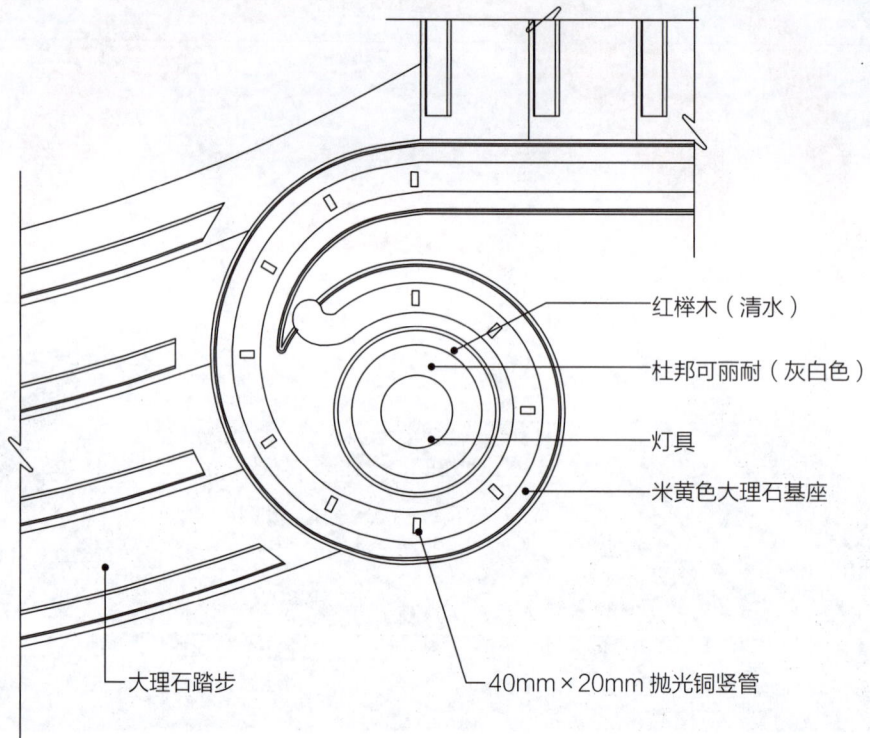

红榉木（清水）

杜邦可丽耐（灰白色）

灯具

米黄色大理石基座

大理石踏步

40mm×20mm 抛光铜竖管

平面图

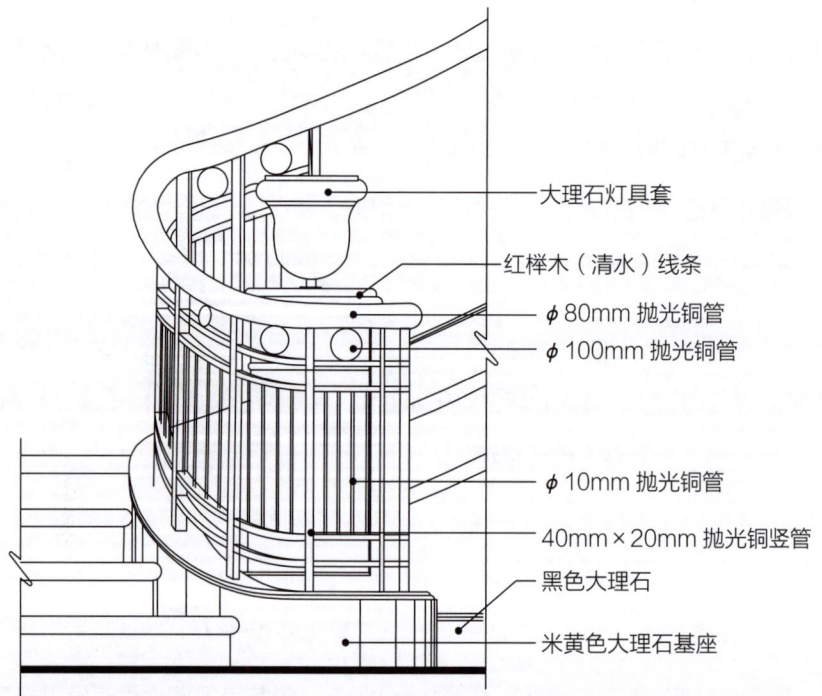

大理石灯具套

红榉木（清水）线条

φ80mm 抛光铜管

φ100mm 抛光铜管

φ10mm 抛光铜管

40mm×20mm 抛光铜竖管

黑色大理石

米黄色大理石基座

立面图

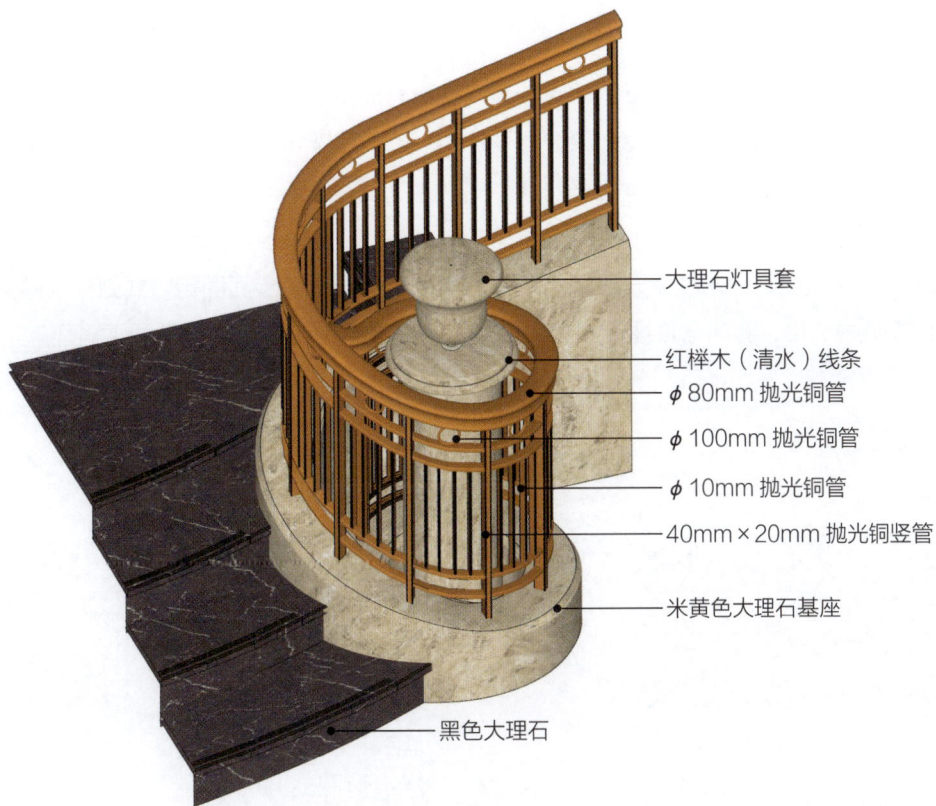

大理石灯具套

红榉木（清水）线条

ϕ 80mm 抛光铜管

ϕ 100mm 抛光铜管

ϕ 10mm 抛光铜管

40mm×20mm 抛光铜竖管

米黄色大理石基座

黑色大理石

三维示意图

① 施工流程

弹线打孔→安装固定件→焊接立柱→安装栏杆→安装扶手→现场清洁。

② 重点工艺解析

楼梯转角处的扶手应根据施工图纸的尺寸，严格定制出相应的弧度，扶手与栏杆铜管焊接后，再与通直的铜管扶手密焊，对扶手间的焊缝进行处理，至扶手面光滑不扎手。

/ 小贴士 /

金属楼梯的栏杆转角处通常会做成圆角，方便人员通行，这种方式相较于方角的栏杆，具有一定的施工难度。

圆弧形的金属栏杆刷上金色涂料后，体现出优雅、贵气，同时也展现出一定的设计感

2. 实木栏杆的装饰构造

实木栏杆的外观漂亮、大气，给人以典雅的感觉，其本身具有的木材本身的花纹给人带来自然的美感。另外，实木栏杆还具有款式多样，触感冬暖夏凉，易于打理的优点。但是实木栏杆的价格较高，在选择时应考虑预算问题。选用实木栏杆时应挑选优质硬木，以统一树种的木材加工，其含水率一般为8%~18%，要避免因含水量流失造成栏杆变形的问题。

在进行设计施工时，实木栏杆与木扶手一般采用榫接加胶固定。与木踏步面固定方式为：在踏面底部预埋板，用4mm厚的扁钢做成套筒，套筒与预埋件焊接，将栏杆的榫头插入套筒，而后用木螺栓固定。

参考案例 **实木栏杆**

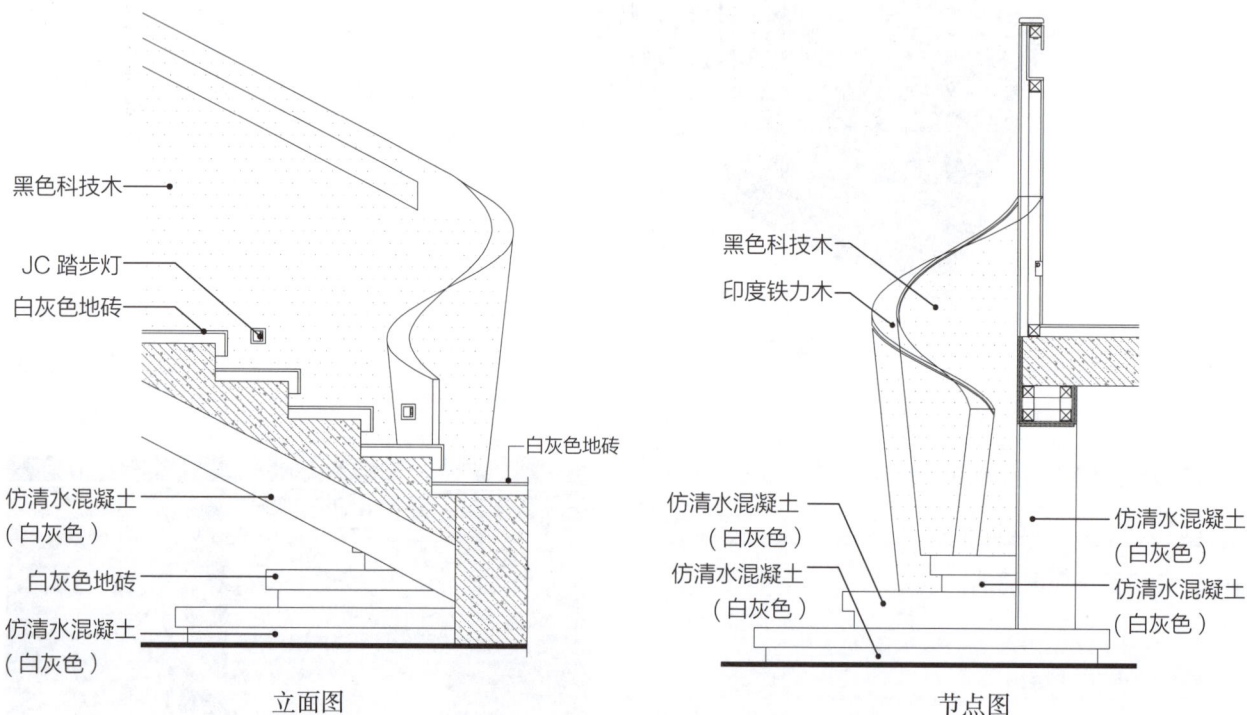

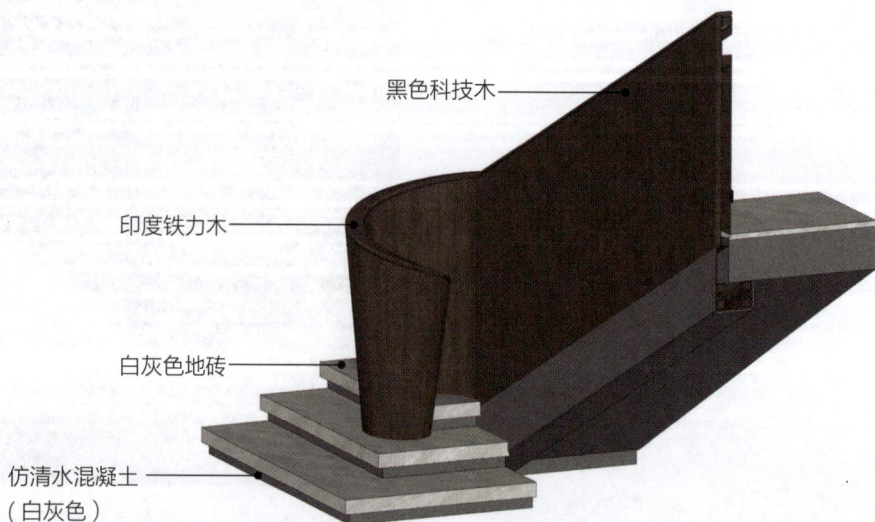

立面图

节点图

三维示意图

实木栏杆与木质踏步及地面融为一体，形成大面积的空间区域，烘托出温馨、治愈的空间氛围

① 施工流程

弹线打孔→安装栏杆骨架→安装栏杆→安装扶手→安装软管灯带及踏步灯→安装梯面地砖→现场清洁。

② 重点工艺解析

①安装栏杆骨架时需预埋钢板，将 30mm×30mm 竖向方钢与钢板焊接后，按施工要求在相应位置焊接方钢与角钢，并在角钢内固定木龙骨。

②在栏杆骨架外贴 9mm 厚胶合板，并安装内衬 3mm 厚胶合板的黑色科技木饰面板，同时预留出安装 LED 软管灯带及 JC 踏步灯的位置。

③在栏杆骨架顶部固定细工木板，将印度铁力木的扶手安装在细工木板上方。

④在栏杆安装完成的梯面应刷一层 1：3 的水泥砂浆，铺贴白灰色的地砖。

3. 玻璃栏板的装饰构造

　　玻璃栏板设计应采用钢化玻璃，与镀锌钢骨架结合，既具有安全性，又坚固耐用。另外，玻璃栏板的使用寿命长达 10 年以上，清洗方便，并且维护成本也不高。但需要注意的是，玻璃是脆性材料，不能与边框直接接触，对安装尺寸的要求是保证玻璃在荷载作用下在框架内不与边框直接接触，并且能够适当地变形。同时，玻璃的抗剪切变形能力较差，在玻璃被破坏前，其本身的平面内变形幅度是非常小的，故玻璃与框架间应留有一定的缝隙，以"吸收"一定的形变量，避免因很小的楼层变形造成玻璃的破坏。另外，未经处理的玻璃边缘十分锋利，而其外露边是人体容易接触和划碰的位置，因此玻璃栏板所有外露边缘均要求磨边、倒角、抛光。

/ 小贴士 /

玻璃栏板的两种类型：

　　玻璃栏板有全玻式和半玻式两种类型。其中，全玻式栏板全部用玻璃制作，栏板上部采用木质、不锈钢或黄铜扶手搭配。扶手与栏板的连接方式有三种：一是在木扶手或金属扶手下部开槽，将玻璃栏板插入槽内，用玻璃胶封口固定；二是在金属扶手下部安装卡槽，将玻璃栏板嵌装在卡槽内，用玻璃胶封口固定；三是用玻璃胶将玻璃栏板与金属扶手黏结在一起；四是利用配件与扶手连接。栏板下方与楼梯的连接方式有两种：一是用角钢将玻璃板夹住，而后用玻璃胶固定玻璃并封缝；二是使用整体装饰面或石材饰面楼梯，在安装玻璃栏板的位置留槽，槽底加垫橡胶垫块，将玻璃栏板放在槽内，用玻璃胶封闭。

　　半玻式栏板一般由金属作支撑，其固定方式有三种：一是用金属卡槽将玻璃栏板固定在金属立柱间，用玻璃胶黏结；二是在栏板立柱上开槽，将玻璃栏板嵌装在立柱上，并用玻璃胶固定；三是用玻璃连接件与金属支撑连接。

参考案例 1　玻璃栏板（无立柱，有扶手）

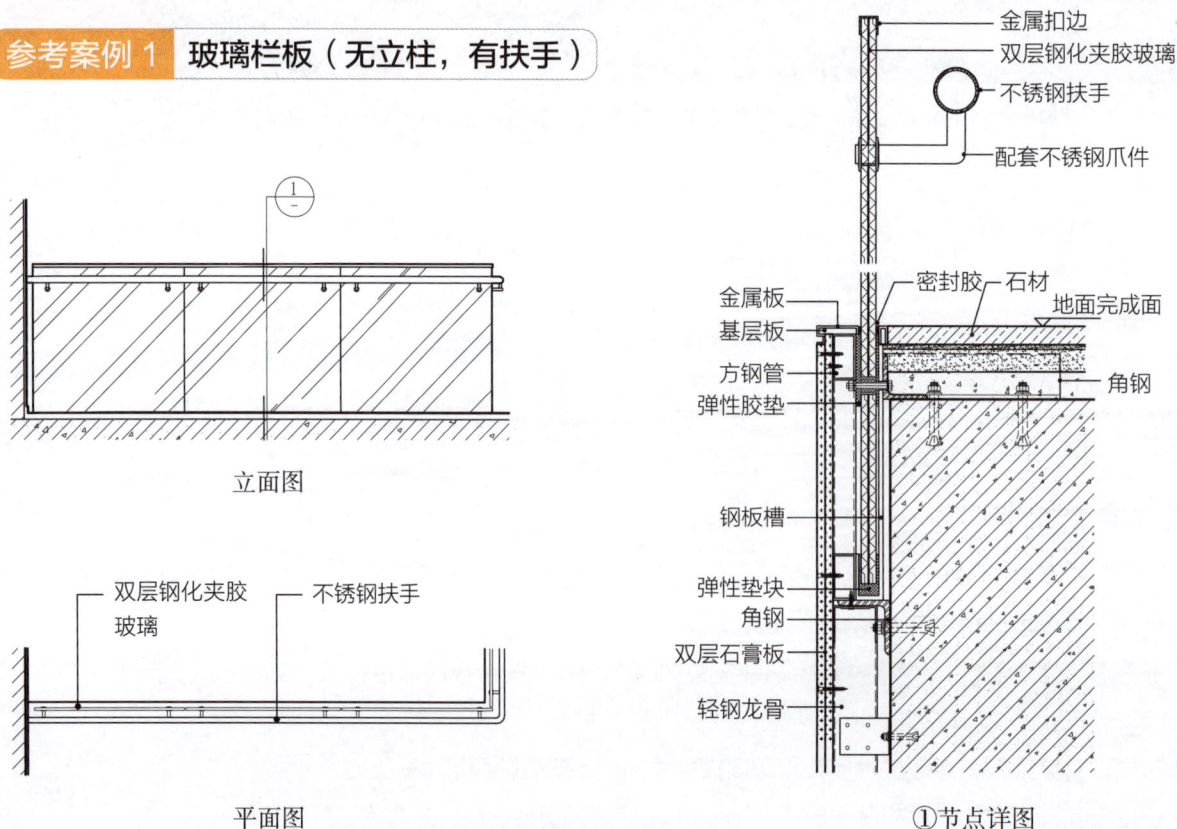

立面图

平面图

双层钢化夹胶玻璃
不锈钢扶手

①节点详图

金属扣边
双层钢化夹胶玻璃
不锈钢扶手
配套不锈钢爪件

金属板
基层板
方钢管
弹性胶垫
密封胶　石材
地面完成面
角钢
钢板槽
弹性垫块
角钢
双层石膏板
轻钢龙骨

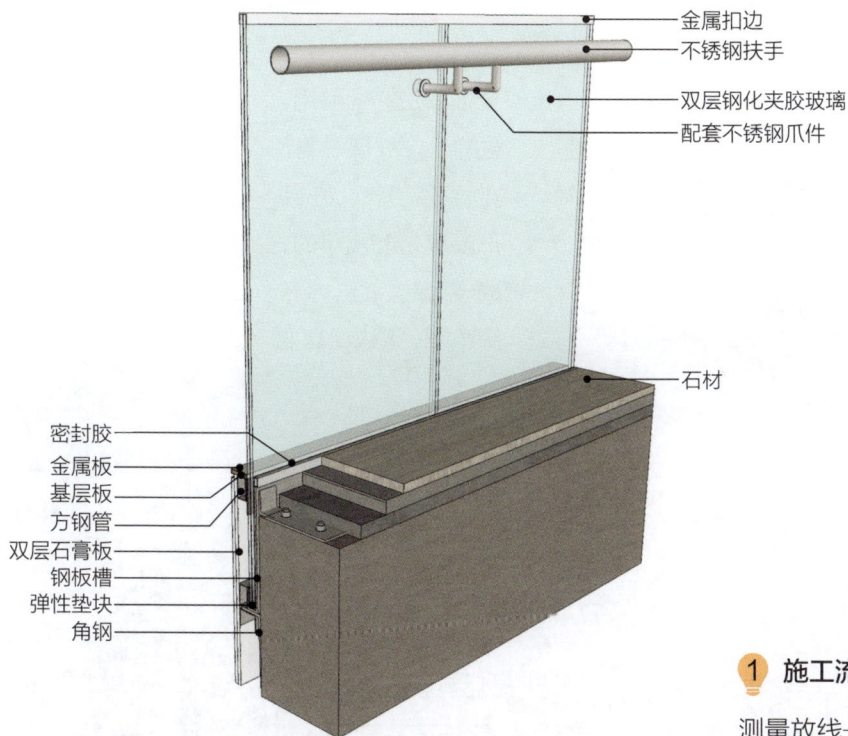

金属扣边
不锈钢扶手
双层钢化夹胶玻璃
配套不锈钢爪件
石材
密封胶
金属板
基层板
方钢管
双层石膏板
钢板槽
弹性垫块
角钢

三维示意图

带有扶手的玻璃栏杆增加了空间的通透感，同时也具备一定的安全性

1 施工流程

测量放线→钻孔安装固定件→安装钢板槽→安装玻璃→安装扶手→现场清洁。

2 重点工艺解析

①将钢板槽与墙面固定，槽底垫弹性垫块，方便玻璃的安装。钢板槽表面需用轻钢龙骨骨架的双层石膏板作饰面。

②将双层钢化夹胶玻璃底部放入钢板槽内，用密封胶固定，玻璃上方固定金属扣边，防止玻璃锐利的边角伤人。

③按设计图纸在玻璃表面打孔，安装不锈钢扶手配套的不锈钢爪件，然后将扶手与爪件焊接，并清洁焊缝。

/ 小贴士 /

使用玻璃栏板时，要提前规避由地震等不可抗力引起的楼层变形及其造成的楼梯框架变形的问题。因为这些外力会传递到玻璃上，导致玻璃破裂，所以应选用弹性密封材料以吸收这种外力。另外，这种无立柱的形式使玻璃栏板的载荷能力比有立柱的要低，但是不影响日常使用。

参考案例2　玻璃栏板（无立柱，无扶手）

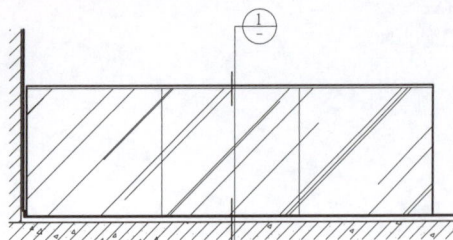

立面图

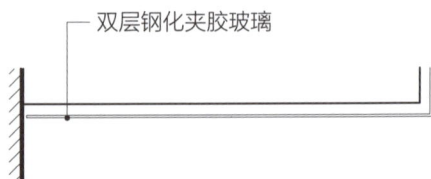

双层钢化夹胶玻璃

平面图

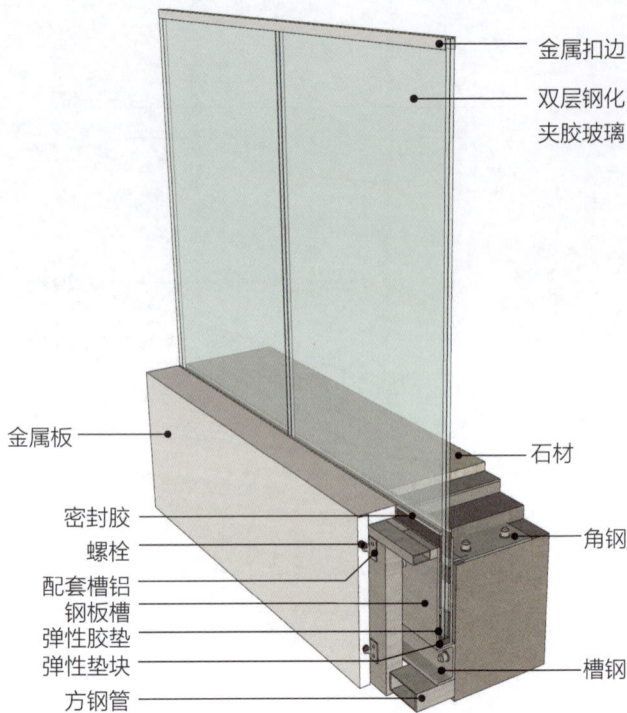

金属扣边
双层钢化
夹胶玻璃

金属板
石材
密封胶
螺栓
配套槽铝
钢板槽
弹性胶垫
弹性垫块
方钢管
角钢
槽钢

三维示意图

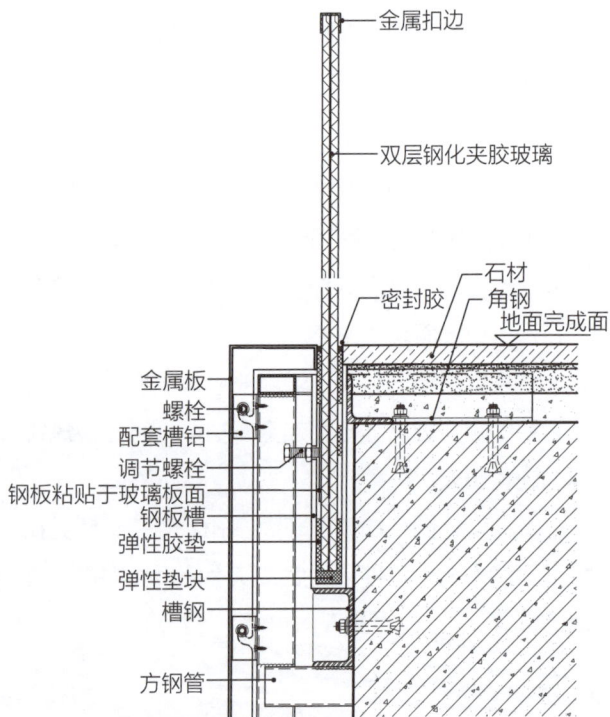

金属扣边

双层钢化夹胶玻璃

石材
角钢
地面完成面
密封胶

金属板
螺栓
配套槽铝
调节螺栓
钢板粘贴于玻璃板面
钢板槽
弹性胶垫
弹性垫块
槽钢

方钢管

①节点详图

1 施工流程

测量放线→钻孔安装固定件→安装钢板槽→安装玻璃→安装扶手→现场清洁。

2 重点工艺解析

安装固定钢板槽后，表面用以横竖向方钢管为骨架的金属板与钢板固定作饰面。

室外空间中无立柱无扶手的玻璃栏板令空间显得更加通透，视线不会被阻碍和截断，视野也更加开阔

参考案例3　玻璃栏板（有立柱，有扶手）

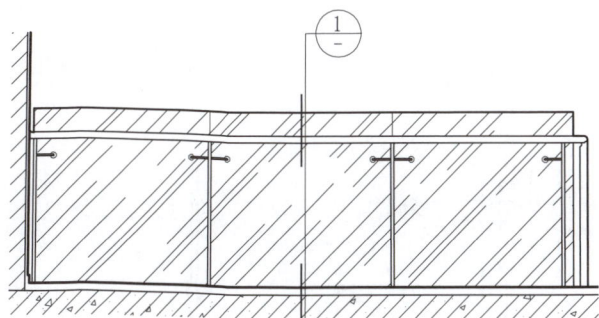

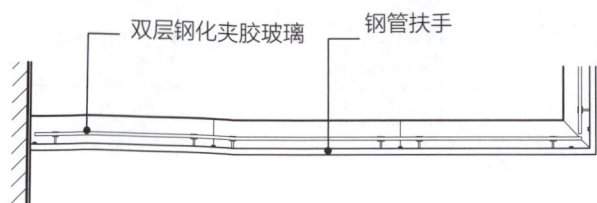

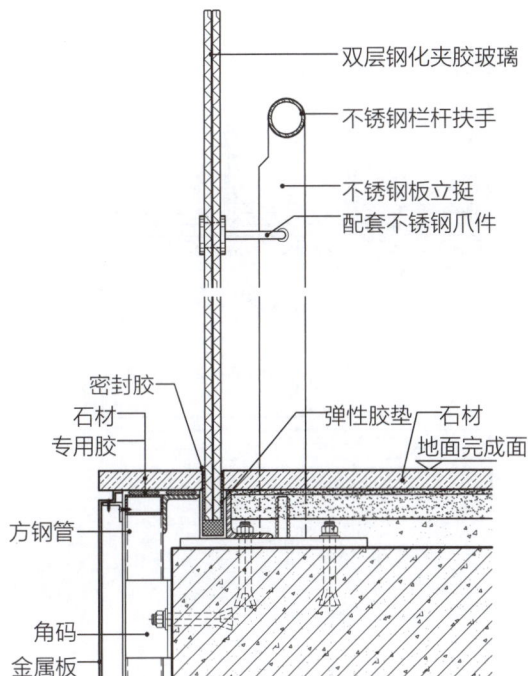

立面图

- 双层钢化夹胶玻璃
- 钢管扶手

平面图

- 双层钢化夹胶玻璃
- 不锈钢栏杆扶手
- 不锈钢板立挺
- 配套不锈钢爪件
- 密封胶
- 石材
- 专用胶
- 方钢管
- 角码
- 金属板
- 弹性胶垫
- 石材
- 地面完成面

①节点详图

— / 小贴士 / —

立柱的形式多变，可以做成不同形式，其支撑能力不会减弱，还具有更好的美观效果，通常被用于商场或者一些室外景观中。

1　施工流程

测量放线→钻孔安装固定件→安装钢板槽→安装玻璃→安装立柱扶手→现场清洁。

2　重点工艺解析

玻璃开孔安装不锈钢爪件与不锈钢立柱连接，立柱底端与作固定件用的地面钢板焊接，立柱上方依据扶手圆度开岔口，将扶手与立柱焊接。

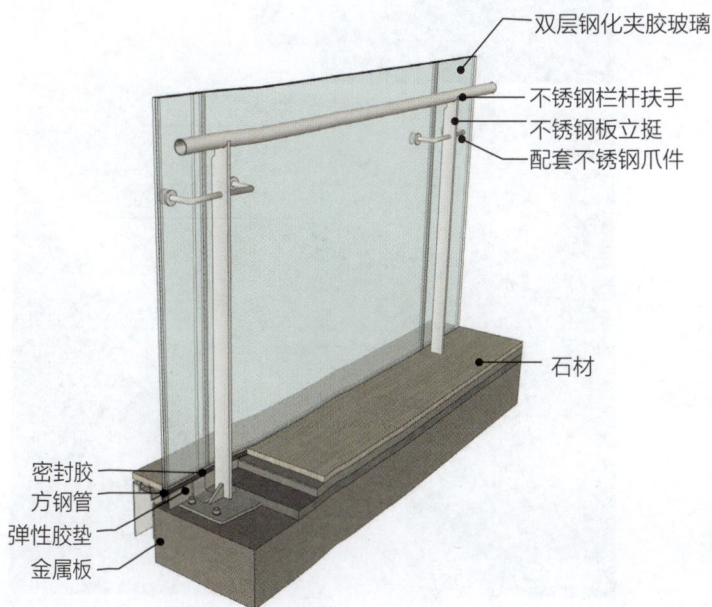

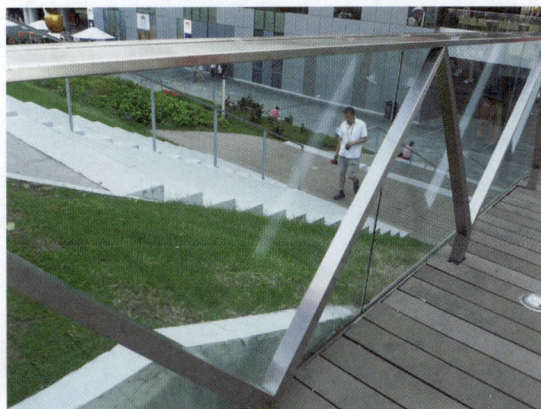

- 双层钢化夹胶玻璃
- 不锈钢栏杆扶手
- 不锈钢板立挺
- 配套不锈钢爪件
- 石材
- 密封胶
- 方钢管
- 弹性胶垫
- 金属板

三维示意图

带有立柱和扶手的玻璃栏板的安全性更高，三角形的立柱在一定程度上丰富了整个楼梯的装饰性

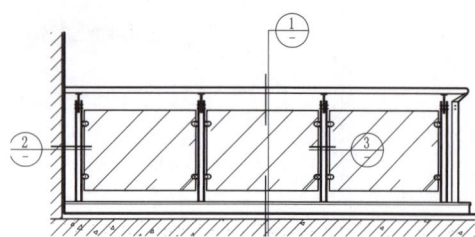

参考案例4 玻璃栏板（有立柱，有地台）

立面图

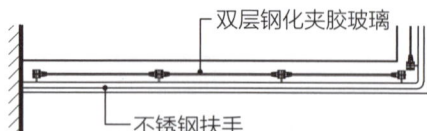

双层钢化夹胶玻璃

不锈钢扶手

平面图

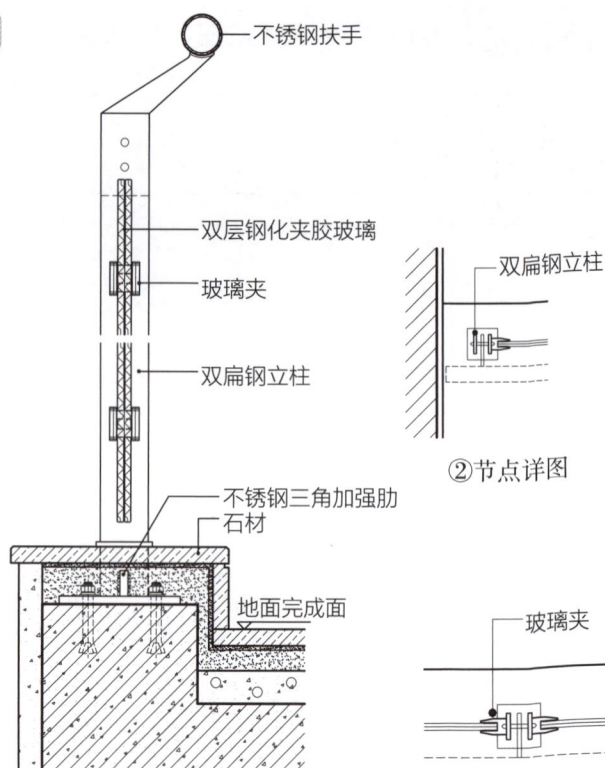

不锈钢扶手

双层钢化夹胶玻璃

玻璃夹

双扁钢立柱

双扁钢立柱

②节点详图

不锈钢三角加强肋

石材

地面完成面

玻璃夹

①节点详图

③节点详图

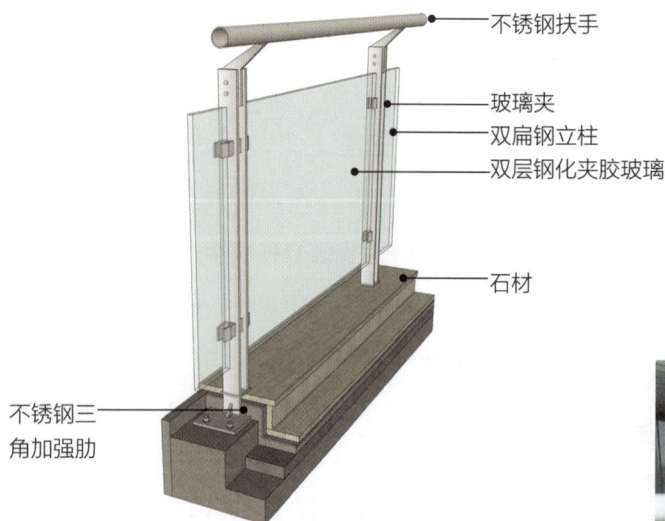

不锈钢扶手

玻璃夹

双扁钢立柱

双层钢化夹胶玻璃

石材

不锈钢三角加强肋

三维示意图

1 施工流程

测量放线→钻孔安装固定件→安装立柱扶手→安装玻璃→现场清洁。

2 重点工艺解析

玻璃栏板通过玻璃夹与立柱固定，并对栏板玻璃做磨边处理。

在户外空间中，楼梯加入地台的设计会令立柱和玻璃更加稳固，起到加固的效果